科学出版社"十三五"普通高等教育本科规划教材

水 文 学

（第三版）

管 华 主编

科 学 出 版 社

北 京

内 容 简 介

  本书系统地介绍了水文学的基本知识、基本理论和基本研究方法。全书共分十章，其中绪论阐述了水文学的研究对象、水文现象的特点、水文学的产生和发展；第一章论述了水循环与水量平衡的理论；第二章论述了水循环各环节的概念和理论；第三章至第六章分别论述了海洋、河流、湖泊、沼泽、冰川、地下水等各种水体的水文规律和研究方法；第七章论述了水资源开发与利用和水质分析与保护的基本理论与方法；第八章论述了人类活动水文效应及其控制问题；第九章论述了水文区划的基本理论与方法。

  本书可作为大学地理科学专业及相关专业的教材或参考书，也可作为水利、国土管理、城乡规划、环境保护、资源开发与管理等相关专业的研究生、教师、科技人员、管理人员等广大实际工作者的参考用书。

图书在版编目（CIP）数据

水文学/管华主编. —3 版. —北京：科学出版社，2020.6
科学出版社"十三五"普通高等教育本科规划教材
ISBN 978-7-03-065483-0

Ⅰ．①水… Ⅱ．①管… Ⅲ．①水文学–高等学校–教材 Ⅳ．①P33

中国版本图书馆 CIP 数据核字（2020）第 100232 号

责任编辑：文 杨 郑欣虹/责任校对：何艳萍
责任印制：师艳茹/封面设计：迷底书装

科学出版社 出版
北京东黄城根北街 16 号
邮政编码：100717
http://www.sciencep.com
天津安泰印刷有限公司印刷

科学出版社发行 各地新华书店经销
*
2010 年 6 月第 一 版　开本：787×1092 1/16
2016 年 1 月第 二 版　印张：19
2020 年 6 月第 三 版　字数：486 000
2024 年 6 月第二十九次印刷

定价：59.00 元
（如有印装质量问题，我社负责调换）

《水文学》第三版编委会名单

主　编　　管　华

副主编　　李景保

编著者　　（以姓氏笔画为序）

吕殿青　朱　琳

朱影影　许武成

许清涛　李景保

张　静　张云吉

张振华　陈子玉

管　华

第三版前言

党的二十大报告明确提出"推动绿色发展，促进人与自然和谐共生"。推动绿色发展，需要诸多专业理论和技术支撑。地理科学就是研究此类知识的学科之一。水是自然、地理环境活跃的组成要素之一，也是一种人类赖以生存的重要的物质基础资源。作为研究地球上水体的自然规律及其与环境和人类相互关系的学科，水文学是地理科学的重要分支学科。在水文学迅速发展和水资源日益紧缺的今天，掌握水文现象的基本规律和水文学的基本理论与研究方法，对地理工作者十分重要。

我们编写的《水文学》（第二版）于2014年被评为"十二五"江苏省高等学校重点教材建设项目。本教材出版以来，得到了全国高等师范院校及其他高等学校广大读者的大力支持，被不少学校选为教材和教学参考书。近年来，水文学得到了快速发展，涌现出大量新的研究成果。同时，在使用过程中，编者发现本教材在编写内容上依然存在一些问题。因此，特对本教材进行再次修订，以臻完善。

此次本教材的修订之处主要有以下几个方面：①补充了水文学新近研究成果，以期反映水文科学的发展前沿；②针对地理科学专业的特点和教学内容需要，对部分章节的内容做了调整。补充了水资源与水质管理的基本内容和人类活动水文效应基本理论方面的内容，以满足地理研究对水文分析方法的需要，加强对水文学应用研究领域内容的介绍。

本教材绪论和第一章由管华编写，第二章由吕殿青编写，第三章由张振华、张云吉编写，第四章由许武成编写，第五章由陈子玉编写，第六章由张静、朱琳编写，第七章由管华、朱影影、许清涛编写，第八章由李景保、朱影影、管华编写，第九章由管华、朱影影编写。初稿完成后，由管华定稿。

本教材第三版的修订和出版，得到了科学出版社的大力支持，使用本教材的许多院校的教师对本教材提出了宝贵的修改意见，编者在此一并表示谢忱。

编　者

2023 年 6 月修改

第二版前言

我们编写的《水文学》由科学出版社于 2010 年出版以来，得到了高等师范院校及其他类型学校广大读者的大力支持，不少学校选为教材和参考书。2014 年，本教材被评为"十二五"江苏省高等学校重点教材建设项目。

近年来，水文学又有大的发展，涌现出大量的新的研究成果。同时，本教材在使用过程中，发现其中存在一些编写体系和内容安排方面的问题。因此，特对本教材进行修订，以弥补上述不足。

本教材的修订之处主要有以下几个方面：①针对地理科学专业的特点和教学要求，对部分章节作了内容调整，更加注重对水文学基本概念、基本理论和研究方法的论述，删减部分过于偏重水文学专业的内容；②补充水文学新近研究成果，充分反映水文科学的发展前沿；③补充完善水文统计方法方面的内容，满足地理学研究对水文分析方法的需要；④第七章调整为水资源与水质保护，充实水文学应用研究领域内容的介绍。

本教材第二版的修订和出版，得到了科学出版社赵峰先生的大力支持，适用本教材的许多院校的教师对本教材提出了宝贵的修改意见，编著者在此一并表示衷心的谢意。

编　者

2015 年 10 月 6 日

第一版前言

　　水是自然地理环境中活跃的组成要素之一，也是一种人类赖以生存的重要的物质基础资源。作为探讨地球上水体的自然规律及其与环境和人类社会相互关系的学科，水文学是地球科学的一个重要分支学科。在水文科学迅速发展和水资源日益紧缺的今天，掌握水文现象的基本规律和水文学的基本理论与研究方法，对地理工作者而言十分重要。

　　水文学是大学本科地理科学专业的一门专业基础课程，着重阐述水文科学的基本知识、基本理论和基本方法。为了满足我国大学地理科学专业水文学课程教学的需要，我国先后出版了多部水文学教材。这些教材各具特色，为我国的大学地理科学专业的水文学教育事业做出了重大贡献。近年来，水文科学发展迅猛，产生了诸多新的理论、方法和技术。同时，大学地理科学专业教育也随着我国大学教育形势的发展而发生了重大变化。因此，编写一部适应当前水文科学发展和大学地理科学专业教育新形势的水文学教材，实属必要。为适应我国高等师范大学资源与环境类专业教学的需要，科学出版社于 2008 年策划出版一套全国普通高等教育师范类地理系列教材，《水文学》为其中之一。在接受了《水文学》的编写任务之后，我们于 2009 年 3 月在徐州召开了《水文学》编辑委员会会议，讨论确定了编写的指导思想和内容提纲，进行了编写任务分工，商定了编写体例。之后，集中时间完成书稿编写与通编定稿工作，遂成此书。

　　本教材共分 10 章，其中绪论阐述了水文学的研究对象、水文现象的基本特点、水文学的产生和发展；第一章论述了水文循环与水量平衡的基本理论；第二章论述了水分循环各环节的概念和理论；第三章至第六章分别论述了海洋、河流、湖泊、沼泽、冰川、地下水等各种水体的水文规律和研究方法；第七章论述了水资源开发与利用和水质分析与保护的基本理论与方法；第八章论述了人类活动的水文效应问题；第九章论述了水文区划的基本理论与方法。在书稿编写过程中，我们竭力使此书体现资料的时代性、体系的完整性、对象的师范性和内容的水文地理性等特色。本书是为师范大学地理科学专业编写的教材，也可作为水利、国土管理、城乡规划、环境保护、资源开发与管理等专业的研究生、教师、科技人员、干部，以及广大实际工作者的参考用书。

　　本书绪论和第一章由管华编写，第二章由吕殿青编写，第三章由张振华、张云吉编写，第四章由许武成编写，第五章由陈子玉编写，第六章由张静、朱琳编写，第七章由管华、许清涛编写，第八章由李景保编写，第九章由管华编写。初稿完成后，首先由管华、李景保审阅修编，最后由管华通编定稿。

　　本书编写过程中，作者得到了多方面的关心和帮助，许多水文和地理工作者为本书提供了丰富的资料，作者所在单位为本书的编写提供了良好的条件，科学出版社韩芳编辑为本书的编辑出版做了大量的工作，在此编著者一并表示谢忱。由于作者的学识有限，书中谬误之处在所难免，恳请广大读者不吝赐教。

编　　者

2009 年 6 月

目　　录

绪　　论

一、水文学的研究意义与研究对象

（一）水文学的研究意义

水在地球上广泛存在，在与人类关系最为密切、对人类影响最大的地球表层，水是最为常见的物质之一。水相对集中分布，构成了地球上的水体，自然界的各种水体共同组成了地球的水圈。水体是指以一定形态存在于自然界的水的聚积体。地球上的水体类型多样，按照在地球上分布的部位，大致可以分为三类，即大气水体，如气态的水汽、液态的水滴、固态的冰晶等；地表水体，如液态的海洋、河流、湖泊、沼泽，固态的冰川、积雪；地下水体，如液态的地下水、土壤水分、固态的冻土、气态的土壤水汽。地球表面的 70.8% 是海洋，被水所覆盖；29.2% 是陆地，其上也存在多种水体。水有溶剂性、流动性和常温下三种相态可以共存与相互转化三个基本性质，这决定了水在地球自然地理环境系统中和人类社会中的重要功能。

在自然地理环境中，水既可以自由流动，又相对聚集，是自然地理环境最为活跃的组成成分之一，是各种自然要素相互沟通、发生联系的重要介质和途径，在自然地理环境能量转化和物质循环过程中发挥着多种重要作用。水流具有很强的侵蚀力，是塑造地貌的重要外营力。水是成云致雨的物质基础，是丰富多彩的天气现象形成的基本条件，在天气现象发生与变化中充当着重要的角色。水是维持生命存活、保证生物体正常生长发育必需的物质之一，水分状况是区域动植物特征的重要形成因子，在土壤发育和区域景观特征形成中也起着重要作用。因此，水文研究是自然地理学的重要研究内容之一，也对分析自然地理其他要素和综合特征有着重要作用。

水是人类社会生存与发展不可或缺的自然资源，在人类生产与生活活动中有着非常重要的作用。水的溶解能力极强而黏滞性很低，是地球上最好的天然溶剂和输送介质，具有生物体养分输送、水生生物供氧、物体洗涤除污、污染物处理、物质运输等多方面的经济社会功能，还具有景观构成、文化形成等多种社会价值，在工业、农业、交通运输、城市卫生、环境保护、旅游等经济社会各个生产领域都有着十分广泛的利用。同时，水也是导致洪涝灾害发生的物质。人类如果掌握了水的客观自然规律，就能够控制和利用水资源，使之为人类造福；反之，人类如果不了解水的客观规律，甚至实施违背自然规律的水事行为，水就会形成自然灾害，给人类带来严重的灾难。因此，人类应该开展水文和水资源研究，掌握水文规律，最大限度地兴水利和除水害，让水造福于人类。20 世纪 50 年代以来，随着世界人口的剧增和经济的迅猛发展，人类对水资源的需求量急剧增加，同时对水的污染和破坏迅速加剧，导致了全球性水资源危机的出现，水问题日益成为限制人类社会可持续发展的主要因子。因此，加强水文学研究对人类社会的生存与发展意义重大。

（二）水文学的研究对象与概念

"水文学"一词英文"hydrology"的"hydro"来源于希腊语中的"budor"，意为"水"；"logy"来源于拉丁语中的"logia"，意为"学科"。中文中，天文、地文、人文等中的"文"字意为现象、状况，则"水文"意为"水情"。顾名思义，水文学为"水的科学"。

研究水的学科较多，它们从不同的角度探索水某方面的特征和规律。例如，物理学的水研究主要探索水的密度、比热、导电性等物理性质；化学的水研究主要探索水的组成、结构、极性等化学性质；环境学的水研究着重探索水环境污染及其防治与保护，水资源学着重探索水资源开发利用与管理保护；生态学的水研究着重探索水生态系统的组分、结构、形成、演化、功能、调控等特征与维护；气象学的水研究主要探索大气水分的运动和变化规律。水文学则主要研究地球表层中水体的形成、演化、分布、运动和变化规律。当然，各学科的水研究也有交叉，但其主要研究任务具有一定的规定性。水文学以自然界的水为研究对象，主要研究内容包括揭示自然界中水的形态、演化、分布、运动、质量等规律；分析水与自然环境及人类社会的关系及其相互影响和作用；探讨人类的水资源开发利用与水环境保护等。由此可见，水文学是一门以探索自然界水的基本规律为研究目的的学科，属于自然科学中地球科学的一门分支学科。

关于水文学的定义，目前有数种观点。1962年美国联邦政府科技委员会曾把"水文学"定义为一门关于地球上水的存在、循环、分布，水的物理、化学性质及环境（包括与生活有关事物）反映的学科。1987年《中国大百科全书》所给出的水文学定义为关于地球上水的起源、存在、分布、循环运动等变化规律和运用这些规律为人类服务的知识体系。在我国学术界应用较为普遍的定义指出，水文学是研究地球上水的性质、分布、循环、运动变化规律及其与地理环境、人类社会之间相互关系的学科。还有定义认为，水文学是研究各水体的形成、分布、理化性质、运动变化规律及水体与周围环境相互作用的科学。上述定义在水文学的研究对象上存在一定的差异，但都将水文学的研究对象规定为地球上自然界中全部的水或一切形态的水体，似乎过于宽泛。实际上，目前水文学仅限于对地表水体和地下饱和水体的研究，即对包括河流、湖泊、沼泽、冰川、积雪等在内的陆地水体、海洋和地下水的研究，尤其集中于对陆地水体的研究。大气水体和土壤水分的研究，主要由土壤学和气象学与气候学完成；水资源和水环境问题研究则主要由水资源学和水环境学完成；水的形成及其物理、化学、生物性质研究则主要由水物理学、水化学和水生物学完成。基于这种事实，可将水文学定义为研究地球表面水体的形成、演化、分布和运动规律，与自然环境和人类社会的关系及相互作用的学科。

二、水文学的研究方向和分支学科

（一）水文学的研究方向

水文学诞生之后，经过长期的发展，逐步形成了三个研究方向，即地理研究方向、物理研究方向和工程研究方向。

地理研究方向将水作为自然地理环境的一个构成要素，探索其时空分布和变化规律，以及其与其他自然地理环境要素和人类社会的关系。地理研究方向是水文学的传统研究方向，早在水文研究尚为自然地理学的分支研究领域时即已出现，最初被称为"水文地理学"，后改称为"地理水文学"，着重研究水体运动变化的自然规律和总体演化趋势，重点分析水文现象的地域差异性，尤其重视一些宏观的水文现象问题研究，如全球水量平衡、人类活动的水文效应、水文要素与其他自然地理要素间的相互作用和影响关系等。

物理研究方向着重运用数学和物理学的原理、定理和定律，建立和运用水文模型，模拟水文现象及其演化过程，探讨水文现象的物理机制。

工程研究方向着重在全面了解水文过程的基础上，探讨与水利工程规划、设计、施工和运营管理关系密切的问题，如河流的最大流量、最高水位的推算等。

（二）水文学的分支学科

水文学自形成以来，研究工作不断深入，理论与方法技术不断完善，研究内容不断拓展。水文学的迅速发展，促进了学科的分化，形成了许多分支学科。

按研究水体，水文学可以分大气水文学、地下水文学和地表水文学三个分支。大气水文学又称水文气象学，主要研究大气水体的水文现象，是水文学与气象学相互交叉、渗透和融合而形成的一门边缘学科。地下水文学又称水文地质学，主要研究地下水体的水文现象，是水文学与地质学相互交叉、渗透和融合而形成的一门边缘学科。地表水文学主要研究各种地表水体的水文现象，是水文学历史较为悠久、发展较为成熟的分支，目前已经形成较为庞大的学科体系，主要包括海洋水文学和陆地水文学两个分支。海洋水文学主要研究海洋水体的水文现象，是一个具有旺盛生命力的较为年轻的学科，发展十分迅速。陆地水文学是水文学的传统分支学科，发展最为成熟和细化，狭义的水文学仅指陆地水文学，其分支学科有河流水文学、湖泊水文学、沼泽水文学、冰川水文学等。

按研究目的和方法，水文学有水文测验、水文预报、水文与水利计算三个传统分支学科。水文测验是进行水文观测和资料整编方法技术研究的学科。为了了解水体长时间的变化规律，需要进行长期的定位观测，以收集准确而又有代表性的基本水文资料。进行这种观测的机构称为水文站，目前我国建有16000多个水文站。此外，对于无站地区要进行短期性的水文调查。进行水文观测和调查常用的仪器最基本的有水尺、流速仪、自记水位计、测深杆等。长期定位观测和短期水文调查所获得的基本水文资料，要运用科学的方法、全国统一的规范加以系统地整理汇编，以供国民经济建设部门使用。这些水文观测方法、手段、仪器及资料整编的研究，就是水文测验的研究内容。水文预报是根据实测及调查的水文资料，在研究水文现象变化规律的基础上，预报未来短期内（数天或数月）的水文情势，为防洪抗旱及水利工程建设、管理、运用提供依据的学科。水文预报是水文学中理论性最强的分支学科，原因是它需要以揭示水文循环的客观自然规律为基础，通过建立有关模型来实现。水文与水利计算是根据长期实测及调查的水文资料，加以科学的统计，并结合成因分析，计算推估未来长期（数十年甚至上百年）的水文情况，为水利、水电工程建设、规划、设计提供依据的学科。近些年来，随着新理论、新方法和新技术在水文学研究中的成功引用，水文学形成了多个方法技术性的新的分支研究领域，如实验水文学、比较水文学、随机水文学、模糊水文学、系统水文学、水文模拟技术、同位素水文学、水文信息系统技术、水文遥感技术等。

按研究内容，水文学有区域水文学、部门水文学和应用水文学三个主要分支。区域水文学又称水文地理学，是地理学和水文学相互交叉和渗透而形成的边缘学科，主要研究水文现象的区域差异，重点研究特殊地区的水文规律，分支学科有流域水文学、河口水文学、山地水文学、平原水文学、山坡（坡地）水文学、干旱区水文学、喀斯特水文学、黄土水文学、岛屿水文学、行政区水文学等。部门水文学主要研究水分循环的各个环节，分支研究领域有蒸发研究、大气水分输送研究、降水研究、径流学等。应用水文学是水文学与相关技术学科相交叉而形成的边缘学科和研究领域，主要研究水文学在特殊领域的应用问题，分支学科和研究领域有工程水文学、农业水文学、城（都）市水文学、森林水文学、雨水利用研究等。

三、水文现象的主要特点

水文现象是指自然界的水在其循环过程中存在和运动的各种形态。例如，河湖水位涨落、冰情变化、冰川进退、地下水运动、水质变化等，均属水文现象。对各种水体水文现象的长期观测和研究表明，在自然和人类因素的影响下，各种水文现象具有一些共同的基本特点。

（一）成因上的自然性和人为性

水文现象这一特点的含义，是指水文现象是由自然环境和人类活动的共同作用与影响而形成的。水文现象是自然现象的一种，其形成受到自然规律的控制与决定，其基本特征主要来自自然环境。例如，河流洪水期和枯水期的形成与特征，就是由降水的雨季和旱季所决定的。水文现象的特征也受到人类活动的影响，最显著的就是河流受到水库蓄、放水调节后而形成的下游水位和流量特征。由此可见，水文现象的形成与变化，不仅受到地质、地貌、气象气候、土壤、植被等自然因素的制约，还受到人类为调节径流而实施的生物措施和工程措施等的影响，而且随着科学技术的进步，人类活动对水文现象的影响也将日益增强。

（二）时程上的周期性和随机性

水文现象这一特点的含义，是指水文现象随着时间的变化而表现出有规律的周期性和不规则的随机性。换言之，即水文现象的出现既有必然性，又有偶然性。水文现象的特征主要源自气候条件，而区域气候现象具有显著的周期性。例如，温度的高低、降水的多少、气压的高低，都有以年为周期的变化规律，水文现象也就由此继承了这种周期性。此外，受到天文因素等的影响，水文现象还具有一些其他长度的周期性，如由太阳活动而形成的洪水和干旱的 11 年周期。虽然水文现象具有明显的周期性，但是影响水文现象的因素繁多，这些因素都处于不断的变化之中，它们的组合在时程上就表现出更为复杂的变化，从而使水文现象的发生具有了时间上的随机性。具有周期性的水文特征多是常规水文现象，而具有随机性的水文特征多是极值水文现象，它们的出现常表现为水文灾害事件。

（三）地域上的相似性和差异性

水文现象这一特点的含义，是指同一水文现象在不同区域的表现既有相似之处，又有独特之处。在不同的区域，如果水文现象的影响因素基本相同或相似，则它们的水文特征也相似。例如，我国北方广大地区不同河流的水文特征具有高度的一致性。不同地区的水体因受地区自然要素的影响，水文现象特征不可能完全相同，从而具有差异性。例如，同属我国东部季风区，秦岭—淮河一线以南地区和以北地区的河流具有不同的水文特征，这表现在多个方面，如流量、季节分配、年际变化、冰情等。

（四）运动的同在性和独立性

水文现象这一特点的含义，是指水分的各种运动方式同时进行，并且各自独立进行。水分的运动方式有蒸发、大气水汽输送、降水、下渗、地表径流、地下径流等，这些运动方式在任一地区无时无刻不在进行，原因是它们的驱动力每时每刻都在发生作用，所以它们具有同在性，并因此而相互影响。虽然水分的各种运动方式同时存在，但它们又是各自独立进行的，具有独立性，不会因其他某种运动方式的存在、消失和变化而存在、消失和变化。

四、水文学的研究方法

（一）成因分析法

水文学的成因分析法是以确定性水文模型模拟为基础的，揭示水文现象成因机制的概念型水文研究方法。该方法根据具体的水文问题，以水文观测和实验数据资料为基础，通过建立和运用确定性水文模型，模拟水文过程，揭示水文现象的机理，分析水文现象的成因和变化规律，进行水文现象发展变化趋势的预报。

（二）数理统计法

水文学的数理统计法是以随机性水文模型为基础的，揭示水文现象统计规律的经验型水文研究方法。该方法基于水文特征值的出现具有随机性的基本特点，以长期水文观测数据资料为基础，运用概率论与数理统计及其他随机数学方法，建立和运用随机性水文模型，分析水文现象的统计规律，进行水文现象的长期预测。

（三）地理综合法

水文学的地理综合法是运用地理比拟方法研究水文现象基本规律的水文研究方法。该方法以水文现象地域分异规律为依据，通过建立经验公式和绘制等值线图，揭示水文要素特征值的区域分布特征。这种方法多用于无资料地区。

五、水文学的发展

（一）水文学的发展阶段

人类自在地球上出现之后，就与水结下了不解之缘。人类在漫长的防御水旱灾害和与水资源开发利用的实践中，不断认识水文现象，积累水文知识，发展和引入新的理论与方法技术，逐步形成和发展了水文学。水文学的发展最早可以追溯到 17 世纪 70 年代，1674 年，佩罗（Perrault）和马略特（Mariotte）定量研究了降水形成的河流和地下水量大小，标志着水文学的产生。但是，由于人们认识能力的限制和相关的数学、力学等学科研究的局限，水文学发展十分缓慢。1856 年达西提出著名的达西多孔介质流动定律（简称达西定律）。之后，人类积累的水文学知识越来越多，水文观测实验仪器不断被发明和使用，水文学理论体系逐步完善。

关于水文学的发展过程，曾有多位学者进行过探讨。例如，周文德根据研究方法的进步，将水文学发展过程划分为哲学思索时期、观测开始时期、水文观测时期、实验时期、近代水文研究时期、经验主义时期、合理时期和理论化时期八个阶段；陈家琦根据研究内容特点，划分为"地理水文学"形成与发展阶段、"工程水文学"发展阶段和"水资源水文学"形成与发展阶段三个阶段；黄锡荃根据学科特征，划分为水文现象定性描述阶段、水文科学体系形成阶段、应用水文学兴起阶段和现代水文学阶段四个阶段。从学科发展特征的角度考虑，可以将水文学的发展过程划分为如下四个阶段。

1. 知识积累时期（16 世纪末以前）

人类自在地球上出现开始，为了自身生存与发展的需要，就与水发生关系，开展了大量利用水资源和防御洪涝干旱灾害的活动。中国传说中的大禹治水可能发生于 5000 年前。公元前 4000 年，古埃及人为了开垦土地而在尼罗河上修筑水坝，古希腊人和古罗马人开挖灌溉水渠。中国人在公元前 256 年修建了都江堰，581～618 年开挖了京杭大运河。

这一时期开始出现原始的水位、雨量观测和水流特性观察，并对水文现象进行了定性描述和推理解释。公元前 3500 年～公元前 3000 年古埃及人开始观察尼罗河水位，公元前 2300 年古代中国人开始观测河水涨落，公元前 4 世纪古印度人开始观测雨量。1500 年，达·芬奇（da Vinci）提出了浮标测流速的方法，发现了过水断面面积、流速和流量之间的关系，提出水流连续性原理。

这一时期，古代哲学家对水的循环运动及其起源等问题发生了兴趣，提出和发展了相关思想。公元前 450 年～公元前 350 年，柏拉图（Plato）和亚里士多德（Aristotle）提出了水循环的假说。公元前 27 年，维特鲁维厄斯（Vitruvius）提出了具有现代概念意义的水循环理论。15 世纪末，达·芬奇和伯纳德·帕里希（Bernard Palissy）对水循环均有较高水平的认识和理解。

这一时期，尤其是早期，受到人类对自然界认识能力的限制，人们对水循环等水文现象的了解和认识还不全面，主要是产生了一些基于猜想的假说，而没有基于观测数据的推理，缺乏对水文现象的理论解释。虽然积累和丰富了水文学知识，但是缺少水文科学的归纳和总结，尚未出现科学意义上的水文学。

2. 学科形成时期（17 世纪初～19 世纪末）

17 世纪，水文观测实验仪器不断被发明和使用，各国普遍建立起水文站网和制定了统一的观测规范，使实测水文数据成为科学分析水文现象的依据，从而使水文研究走上了科学的道路，促进了现代水文学的形成。当时，佩罗、马略特、哈雷（Halley）等开展的一系列研究工作，被认为是现代水文学诞生的标志。佩罗应用他对塞纳河流域的降雨和径流进行三年观测所获得的数据和流域面积数据，说明了径流的降雨成因，首次将对水循环的认识提高到定量描述的高度。马略特在塞纳河上，建立了基于流速和河流横断面面积的流量计算方法。哈雷通过对地中海海水蒸发率的观测，提出了蒸发是河流径流的主要支出途径的观点，发展了水循环理论。

这一时期，近代水文理论发展迅速。18 世纪，水文学理论和水力学理论不断涌现。19 世纪，实验水文学兴起，地下水文学得到大的发展。1738 年，伯努利（Bernoulli）提出了水流能量方程，即著名的伯努利定理。1775 年，谢才（Chezy）提出了明渠均匀流公式，即著名的谢才公式。1802 年，道尔顿（Dalton）提出了阐述蒸发量与水汽压差比例关系的道尔顿定理。1856 年，达西（Darcy）基于实验提出了地下水渗流基本定律，即著名的达西多孔介质流动定律。1871 年圣维南（de Saint-Venant）推导出了明槽一维非恒定渐变流方程组，即著名的圣维南方程组。1889 年，曼宁（Manning）提出了计算谢才系数的曼宁公式。1895 年，雷诺（Reynolds）提出了描述紊流运动的雷诺方程组和紊流黏滞力的概念。1899 年，斯托克斯（Stokes）推导出了计算泥沙沉降速度的斯托克斯公式。这些卓越的研究成果的出现，为水文学的形成奠定了理论基础。

这一时期，近代水文观测仪器开始出现，18 世纪以后发展更为迅速，为水文学定量研究的发展提供了技术基础，同时水文观测也取得了重大进展。1610 年圣托里奥（Santorio）研制出了流速仪。1639 年卡斯泰利（Castelli）研制出了雨量筒，1732 年皮托（Pitot）发明了新的测速仪皮托管，1790 年沃尔特曼（Woltmann）研制出了转子式流速仪，1870 年埃利斯（Ellis）发明了旋桨式流速仪，1885 年普赖斯（Price）发明了旋杯式流速仪。对河流的系统观测始于19 世纪。19 世纪初，欧洲国家开始对莱茵河、台伯河、加龙河、易北河、奥得河等开展水情观测，并结合理论推算等综合方法，建立流量资料序列。1965 年开始观测死海水位。在中国，1736 年黄河老坝口开始设立水尺并观测水位和报汛，1742 年北京开始记录逐日天气和雨雪起讫时间及入土雨深，1841 年北京开始以现代方法观测降水量。

这一时期实现了对水文现象的定性描述向定量表达的转变，初步建立起了水文学的理论基础，但是很多成果都是经验性的，水文学基本理论尚未完全建立起来。

3. 应用水文时期（20 世纪初～60 年代）

进入 20 世纪，为满足世界上大规模兴起的防洪、灌溉、水力发电、交通运输、农业、林业和城市等建设事业的需要，服务于社会和水利工程建设的水文预报和水文水利计算得到快速发展，极大地促进了水文学研究方法的理论化和系统化。

在这一时期，出现了许多实用性水文学研究成果。1914 年海森（Hazen）提出了应用正态概率格纸选配流量频率曲线的方法，1942 年福斯特（Foster）提出了应用皮尔逊Ⅲ型曲线选配频率曲线的方法，从此概率论与数理统计的理论与方法开始被系统地应用于水文研究。1930～1950 年，水文现象理论分析得到发展并开始取代经验分析，这一进展的具体体现，就是谢尔曼单位线、霍顿渗透理论、泰斯方程、彭曼水面蒸发计算公式等的提出。

这时期的水文观测也得到进一步发展，美国等西方国家开始实施水文研究方案，水文站逐渐在世界范围内发展成为国家规模的站网。我国的水文观测也取得突破性进展，1910 年在天津设立了我国第一个水文站海河小孙庄水文站，1913 年在长江吴淞口设立了潮位观测站。

这一时期的水文学以服务社会的应用性分支学科大发展为特色。在此时期，水文学理论体系进一步完善，水文观测技术进一步成熟，应用水文学得到极大发展，首先形成了分支学科工程水文学，之后农业水文学、森林水文学、城市水文学等分支学科相继诞生。因此，有学者将该阶段称为应用水文学时期、实践时期、近代化时期等。

4. 现代化时期（20 世纪 60 年代以来）

20 世纪 60 年代以来，全球性水资源、水环境问题日益突出，社会向水文学提出的全新的重大研究课题日益增多，使水文学面临着前所未有机遇和挑战，促使水文学加快"现代化"步伐，尽快进入现代水文学阶段。同时，以"三论"（系统论、信息论、控制论）、计算机技术和 3S 技术[地理信息系统（geographic imformation system，GIS）技术、遥感（remote sensing，RS）技术、全球导航卫星系统（global navigation satellite system，GNSS）技术]为代表的新理论、新方法和新技术大量涌现，为水文学研究提供了新的途径和手段，使水文学的"现代化"成为可能。水文学的这种发展形势，极大地丰富了水文学的研究内容，促使水文学派生出许多新的分支学科，并促进了水文学研究方法的"现代化"。因此，有学者将水文学发展的这一时期称为"现代化"时期。

（二）水文学研究的新进展

1. 无资料流域水文研究

无资料或资料缺乏流域的水文研究，是近代国际水文水资源研究的一个热点问题。目前研究发展较快，在理论基础、技术方法及应用研究方面都取得了很多新的成果。最新进展表现为：利用遥感方法，结合水量平衡计算，估算陆面蒸发量；典型区水文实验与区域遥感数据相结合，建立水文模型，并进行水资源量估算；水文循环不同要素（降水、蒸发、径流等）多水平、多尺度模拟及预测；将集总的时变增益非线性系统模拟方法推广到无资料流域水文预测；大尺度分布式水文模型用于无资料区水资源量评估；利用长系列气象信息，进行无资料区水量/能量平衡估算。

2. 不确定性、非线性和尺度研究

水文不确定性、非线性和尺度问题一直是水文学研究的热点问题。从目前的总体情况来看，这些问题在数学方法研究、技术方法研究方面取得了很多新的成果，但在实际应用上仍存在很多困难，需要进一步深入研究。

水文系统中不确定性存在的广泛性和复杂性及其研究方法仍处于探索阶段，使得水文不确定性问题成为当今水文科学研究一直在探讨的热点问题。最新进展表现为，采用不确定因素多准则集成技术，评估水资源系统完整性；采用风险分析方法，估计洪水、干旱等水文极值事件的风险；利用多数据源对比分析，估计水文模型参数的不确定性；采用不确定数据源的随机分布和识别，研究水文模型不确定性量化方法。

研究水文非线性问题一直是水文学探讨的热点。最新进展表现为：把过去传统的集总非线性分析方法与分布式水文模型相结合，建立分布式时变增益水文模型；复杂非线性关系中找简单关系，采用水文系统识别方法，建立水文模型。

尺度问题是国际水文学研究的前沿性课题。水文学研究的范围跨的尺度宽泛，小到水质点，大到全球气候变化与水文循环模拟。水文学的物理方法，主要应用于微观尺度。随着向流域和全球的中或宏观尺度扩展，原来的"理论"模型需均化和再参数化，并产生新的机理。这导致相邻尺度间的水文联系太复杂，关系很不清楚。尺度问题是目前水文模型研究、无资料流域水文预报（predictions in ungauged basins，PUB）研究的关键问题。最新进展表现为，全球数据资料在无资料地区推广应用，进行水文计算和预测；典型区实验资料与大尺度遥感资料相结合，采用数据同化技术，建立水文模型；降尺度和升尺度尺度转化的统计学方法；基于地理信息系统平台，利用多尺度遥感数据和水量平衡原理，研究降尺度和升尺度技术方法。

3. 生态水文学

生态水文学是 20 世纪 90 年代发展起来的一个交叉学科，主要研究水文系统与生态系统的变化响应关系。在国际水文学研究中，生态水文学研究表现出旺盛的生命力，取得了很多研究成果，不断推动水文学与生态学的交叉研究。最新进展表现为，把过去单一的植被生态进行推广，特别是与水文学交叉，建立了生态水文学体系；利用水循环过程实验与分析，揭示水与生态的关系，研究确定生态阈值，特别是湿地、河流的生态阈值；运用生态水文学观点和原理，对水资源进行水质调度。

4. 水文模型及资料获取、参数识别

水文模型是对自然界中复杂水文现象的近似模拟，是水文科学研究的一种手段和方法，一直是水文学研究的重点。随着科学技术的发展和人们认识水平的提高，水文模型的研究也在不断发展。例如，随着水文循环中各个组成要素的深入研究，以及计算机、地理信息系统（GIS）和遥感技术的迅速发展，构造具有一定物理基础的流域分布式水文模型成为可能，是目前水文模型的重要发展方向。最新进展表现为分布式水文模型新方法的提出和改进，特别是针对无资料地区的水文模型；实验研究和物理机制研究相结合，改进美国 MOPEX 参数估计方法；参数估计的稳定性分析，包括局部最优和全局最优的参数估计方法；土壤水参数在地下水模型中的应用及影响分析；依据典型区实验数据，估算水文模型参数及可靠性分析的方法。

5. 气候变化的水文响应研究

全球许多地区，由于气候变化带来的水文系统变化，影响到区域的水资源利用。在许多不发达国家，自然变化和人类活动带来气候变化，导致洪水和干旱，直接影响到社会经济发展，威胁粮食安全和生命安全。因此，研究气候变化对水文系统的影响及水文系统的响应过程是十分重要的，也是目前研究变化环境下水文循环变化和水资源利用的重要方面。

最新进展表现为：气候变化与农业生产的变化关系量化方法；气候变化对陆面蒸发、河流径流变化和水资源系统的影响作用大小量化方法；气候变化条件下的水资源安全量化方法；气候变化和人类活动对区域水文影响的辨识方法；气候变化对发展中国家的影响分析；气候变化对水资源利用的影响及分析模型。

6. 地表/地下水资源可持续利用研究

针对世界日益突出的水问题和 21 世纪面临的压力，国际水资源学术界一直在研究水资源的可持续利用问题。把地表-地下水资源看成是一个系统，考虑社会经济发展、水资源利用和生态系统完整性保护。最新进展表现在：地下水可持续利用的准则及量化方法；地下水可开采的临界阈值及指标；基于 GIS 建立地下水水量模型、水质模型；地表/地下水资源可持续利用管理模型及对策制定方法。

7. 城市水文学及水资源研究

城市区是存在于自然界的一个特殊区域。在这个特殊区域中，人类活动强烈，水文效应和水资源特征变异较大，水文循环过程更加复杂，城市水文学研究面临的困难会更大。另外，由于城市建设和大量人口的聚集，对原来自然系统进行大规模的改造，城市水系统发生了本质变化，引起了一些新的水问题，包括水资源短缺、水环境污染、城市洪水。城市水文水资源研究的重点是讨论城市化对水文过程的影响、城市水文模型、城市水资源可持续利用模型及计算方法和对策制定等。最新进展表现在：用模糊数学方法评估城市水文极值灾害风险；以 GIS 为工具研究大型城市水资源管理；多准则进行城市水资源供需分析；大型城市水文模型、水质模拟；城市水体综合状态的表达指标；城市水资源和水环境承载能力计算模型。

8. 土地利用/覆被变化对水文过程、水量和水质影响研究

土地利用/覆被变化是自然-人工作用导致下垫面变化，影响径流过程的重要因素。随着全球变化研究的不断深入，土地利用/覆被变化及其影响作用和过程日益引起国际学者的关注，很多组织已经提出了一系列研究计划，如国际地圈生物圈计划（International Geosphere

Biosphere Programme，IGBP），是目前全球生态与环境研究的热点和前沿问题。最新进展表现为：土地利用/覆被变化的影响，过去主要针对水量，现在进一步研究了对水质的影响关系，并进一步推广到生态系统；量化研究了土地利用/覆被变化与农业氮循环、地下水之间的关系；量化研究了土地利用决策对水质和生态系统的影响作用。

9. 水文循环变化的同位素技术和遥感技术研究

自 20 世纪 80 年代以来，联合国教育、科学及文化组织（United Nations Educational Scientific and Cultural Organization，UNESCO）、世界气象组织（World Meteorological Organization，WMO）、国际科学理事会（International Council for Science，ICSU）等实施了一系列国际水科学计划，如国际水文计划（International Hydrological Programme，IHP）、世界气候研究计划（World Climate Research Program，WCRP）、全球能量与水循环试验项目（Global Energy and Water Exchanges Project，GEWEX）、国际地圈生物圈计划（IGBP）、世界水资源评估计划（World Water Assessment Program，WWAP）等，目的是从全球、区域和流域不同尺度和交叉学科途径，探讨全球变化和人类活动影响下的水文循环及其伴随的各种资源与环境问题。进入 21 世纪以后，环境变化与人类活动影响下的水文循环研究成为热点。这其中需要借助大量的技术方法进行综合研究，如同位素技术和遥感技术。

最新进展表现在：同位素水文学、遥感技术在无资料流域水文预报中的应用；人工示踪剂和同位素技术在水文循环研究中的应用；同位素技术和遥感技术相结合在变化环境下水文循环研究中的应用。

（三）水文学的发展趋势

纵观近些年来国际上水文学的研究，可以看出当前水文学研究有以下发展趋势：①水文学基础研究方面，重点研究领域有水循环机理与模拟研究；水文-生态耦合系统模拟研究；大气-土壤-植被界面水文特征与过程研究；水文现象的不确定性问题；水文现象的非线性问题；水文系统研究的尺度问题。②水文应用研究方面，重点研究领域有全球气候变化的区域水文水资源响应；生态环境需水问题；区域水资源可持续利用管理系统；水资源规划与管理风险分析；重点区域水文预报。③水文方法技术研究方面，重点研究领域有水文信息的采集与量化方法和技术；"3S"技术在水文中的应用；水文风险分析方法；水文模拟技术；水文预测、预报方法与技术。具体而言，重点关注以下研究课题。

1. 继续加强无资料流域或资料缺乏流域的水文学方法及应用研究

无资料流域水文预报（PUB）被国际水文科学协会（International Association of Hydrological，IAHS）确定为下一个国际水文十年（2003～2012 年）研究计划。尽管该计划仅仅执行两年时间，但取得了很多研究成果。然而，由于该问题本身的复杂性和研究方法的局限性，在此方面的研究仍然"任重而道远"。在今后一段时间内， PUB 仍将是国际水文科学研究的热点问题之一，特别需要加强无资料流域或资料缺乏流域的水文学方法及应用方面的研究。

2. 进一步开展水文学基础问题与应用领域研究

现代水文学十分重视从宏观和微观两个方面深入开展水文基础问题和应用课题的研究。在基础问题方面，重点是从宏观和微观的角度，探讨水文基本规律及其与生态环境的关系问题。在宏观层面上，着重研究全球气候变化、人类活动影响和自然环境下的水文循环；在微观层面上，着重研究土壤-植被-大气系统（SVAT）中水分与热量的交换、"三水"（大气降水、地表水、地下水）和"四水"（大气降水、地表水、地下水、土壤水）及"五水"（大气降水、地表水、地下水、土壤水、植物水）的转化规律。在应用领域方面，重点探讨水资源可持续开发利用和水生态环境维护与保护、水文极值问题的预测和防灾减灾、全球冰圈与气候和温室效应的关系等问题。

3. 进一步开展水文不确定性、水文非线性和水文尺度问题的理论探索

水文不确定性、水文非线性和水文尺度问题，是解决水文系统复杂性问题的三个难点，也是目前水文学需要解决的关键问题。这些问题的研究将对水文学的发展起到重要的推动作用。但由于这些问题本身存在难以解决的属性，从理论方法方面仍需要进一步探索。水文不确定性问题、水文非线性问题和水文尺度问题仍将是未来国际水文科学研究的热点问题。

4. 强调水文学与生态学、环境学、社会科学的交叉研究

随着社会经济发展和水问题的日益突出，水与社会、生态、环境之间的关系越来越复杂，解决自然变化和人类活动影响下的水问题，必须加强水文学与生态学、环境学、社会科学的交叉研究。例如，土地利用土地覆被变化、城市化等对水文和水质的影响等，均是现代水文学的重点研究课题。然而，目前关于这方面的研究还不能满足实际的需要。因此，迫切需要加强水文学与生态学、环境学、社会科学的交叉研究。这是研究自然和人类共同作用下水文学理论及服务社会的重要基础。

5. 加强自然变化和人类活动影响下的水文循环变化机理研究

国际地球科学关于水的前沿问题突出反映在：水文循环的生物圈方面，自然变化和人类活动影响下的水资源演变规律，土地利用变化对水质的影响，城市化对地表和地下水质的影响，水与土地利用/覆被变化、社会经济发展之间的相互作用与影响，水资源可持续利用与水安全等。自然变化和人类活动影响下的水文循环变化机理研究，是国际水文科学积极鼓励的创新前沿领域。

6. 强调社会-经济-水资源-生态耦合建模和协调发展的研究

目前的水文模型多数是针对确定的下垫面条件，或者是把自然变化和人类活动作为模型的输入因子进行考虑，实际上不能把社会经济变化、人类活动影响及生态系统变化耦合起来建立水文模型。这就阻碍了水文模型作为基础模型对全球气候变化和人类活动影响的研究及水资源可持续利用的研究。因此，在水文模型方面，需要把社会-经济-水资源-生态耦合在一起，建立一个能反映社会经济系统变化、水资源系统变化、生态系统变化的耦合模型；在水资源可持续利用研究方面，需要综合考虑社会-经济-水资源-生态的作用，建立协调发展模型，促进社会经济协调发展。这是水文学基础研究和服务社会的重要研究方面。

7. 高新技术方法在水文学中的应用研究

随着科学技术的发展及在水文学中的广泛应用，水文学得到长足发展。例如，现代信息技术的应用，使复杂、困难的水文信息获取成为现实，原来不能得到或需要很大代价才能得到的水文信息，现在可能或容易得到，为深入研究水文学问题提供了支持；计算机技术的应用，使复杂的水文数学模型计算成为可能，并能模拟各种可能复杂情景。把高新技术应用到水文学中，针对水文学特点开展应用研究，是现代水文学研究的需要。现代水文学十分重视以信息技术、系统分析技术、计算机技术和 3S 技术为代表的新技术的应用，解决水文研究的水文信息挖掘、水文系统模拟等问题，使之成为水文学研究的重要发展方向之一。

复习思考题

1.什么是水文学？水文学的主要研究内容是什么？

2.水文现象的主要特点有哪些？

3.何为水体？水体有哪些类型？

4.水文学有哪些分支学科？

5.水文学有哪些研究方法？

6.水文学的发展阶段及各阶段的特点是什么？

7.当前水文学研究有哪些新进展？

8.水文学的发展趋势是什么？

主要参考文献

邓绶林. 1985. 普通水文学. 2 版. 北京: 高等教育出版社.

丁兰璋, 赵秉栋. 1987. 水文学与水资源基础. 开封: 河南大学出版社.

管华, 董庆超. 2000. 自然资源学概论. 西安: 西安地图出版社.

胡四一. 2006. 水文学及水资源的学科前沿和研究需求. 水文, 26(3): 1-4.

黄锡荃. 1993. 水文学. 北京: 高等教育出版社.

刘昌明. 2001. 21 世纪中国水文科学研究的新问题新技术和新方法. 北京: 科学出版社.

刘昌明, 何希吾. 1998. 中国 21 世纪水问题方略. 北京: 科学出版社.

南京大学地理系, 中山大学地理系. 1978. 普通水文学. 北京: 人民教育出版社.

王红亚, 吕明辉. 2007. 水文学概论. 北京: 北京大学出版社.

王燕生. 1992. 工程水文学. 北京: 水利电力出版社.

夏军, 左其亭. 2006. 国际水文科学研究的新进展. 地球科学进展, 21(3): 256-261.

杨火文, 徐宗学, 李哲, 等. 2018. 水文学研究进展与展望. 地理科学进展, 31(1): 36-45.

赵秉栋, 管华. 1996. 水资源学概论. 开封: 河南大学出版社.

左其亭, 王根中. 2002. 现代水文学. 郑州: 黄河水利出版社.

第一章　地球上的水循环与水量平衡

第一节　地球上水的分布

水是地球上分布最为广泛的物质之一，它以液态、固态和气态形式存在于地表、地下、空中及生物有机体内，形成了海洋、河流、湖泊、沼泽、冰川、地下水及大气水等各种水体，这些水体组成了一个统一的相互联系的地球水圈。在整个地球 5.1 亿 km^2 的表面上，约 3/4 为水所覆盖，这是地球区别于太阳系其他行星的主要特征之一，地球因此而有"水的星球"之称。

水在地球上的分布很不均匀。地球上的总水量，绝大部分集中于海洋，少部分分布于陆地表面和地下，极少部分悬浮于大气中和储存于生物有机体内。海洋是地球上最为庞大的水体，水分多以液态形式而存在，少部分以固态形式而存在于高纬海区；陆地上的水体类型最为多样，南极大陆表面全部为冰雪所覆盖，高山雪线以上部分大多有冰川和积雪，广大的陆地表面分布着众多的河流、湖泊和沼泽；大气水的密度最小，以水滴和冰晶的形式浮游于近地大气层。

关于地球上水的总量及其在各种水体中的分配情况，许多位学者做过研究，提出了自己的研究结果，20 世纪 60 年代以来提出的具有较大影响的估算成果有"1967 年框根勇的估算方案"、"1970 年国际水文科学协会的估算方案"和"1974 年苏联国际水文委员会的估算方案"，其中后者得到了较为广泛的认可（表 1-1）。

表 1-1　地球上的水储量

水的类型	分布面积 /万 km^2	水量 /万 m^3	水深 /mm	占全球总量比例/%	
				占总水量	占淡水量
1.海洋水	36130	133800	3700	96.5	—
2.地下水（重力水和毛管水）	13480	2340	174	1.7	—
其中地下水淡水	13480	1053	78	0.76	30.1
3.土壤水	8200	1.65	0.2	0.001	0.05
4.冰川与永久雪盖	1622.75	2406.41	1463	1.74	68.7
（1）南极	10398	2160	1546	1.56	61.7
（2）格陵兰	180.24	234	1298	0.17	6.68
（3）北极岛屿	22.61	8.35	369	0.006	0.24
（4）山脉	22.4	4.06	181	0.003	0.12
5.永冻土底冰	2.100	30.0	14	0.222	0.88
6.湖泊水	206.87	17.64	85.7	0.013	—
（1）淡水	123.64	9.10	73.6	0.007	0.26
（2）咸水	82.23	8.54	103.8	0.006	—
7.沼泽水	268.26	1.147	4.28	0.0008	0.03

续表

水的类型	分布面积/万 km²	水量/万 m³	水深/mm	占全球总量比例/%	
				占总水量	占淡水量
8.河流水	14.880	0.212	0.014	0.0002	0.006
9.生物水	51.000	0.112	0.002	0.0001	0.003
10.大气水	51.000	1.29	0.025	0.001	0.04
水体总储量	51000	138598464	2718	100	—
其中淡水储量	14800	3502921	235	2.53	100

按照表 1-1 的估算方案，地球上的总水量约为 13.86 亿 km³，其中含盐量较高的海水为 13.38 亿 km³，占地球总水量的 96.5%，目前尚不能作为淡水资源而被人类直接利用。地球上的淡水约为 3503 万 km³，仅占地球总水量的 2.53%，其中的 68.7% 为极地冰川和冰雪，主要储存于南极和格陵兰地区，目前的经济技术条件下尚难开发利用。目前，易被人类利用的淡水是河流、湖泊水和地下水，仅是地球上淡水储量的很小一部分。

地球上各种水体的水量处于动态的变化之中，在一定的时期之内，全球的总水量在各种水体之间的分配关系会发生一定的变化，这种变化曾被称为世界性水量平衡。20 世纪 60 年代以来，全球气候变暖的趋势明显，其后果之一就是海平面的上升（表 1-2），直接威胁到世界沿海地区的安全。所以，世界性水量平衡问题一经提出，很快就引起全世界的广泛关注，并成为重要的热点研究问题之一。

表 1-2   各种水体蓄水变化量及其对海平面变动的影响

水体	蓄水变化量/（km³/a）	海平面变化量/（mm/a）
冰川	−250	0.7
湖泊	−80	0.2
地下水	−300	0.8
水库	50	−0.1
海洋	580	1.6

第二节   地球上的水循环

一、水循环的概念与类型

（一）水循环的定义

水循环又称水文循环、水分循环，是指地球上各种形态的水，在太阳辐射、地球引力等的作用下，通过水的蒸发、水汽输送、凝结降落、下渗和径流等环节，不断发生的周而复始的运动过程（图 1-1）。水循环是水的往复运动，通过其相态的不断转变而实现，由水的蒸发、水汽输送、凝结降水、地表和地下径流四个环节所组成。在太阳辐射的作用下，各种形态的水不断地从水面、陆面、植物表面蒸发，化为水汽升至空中，被气流输送到其他地区或停留在原地上空，在适当的条件下凝结成云，在重力作用下形成降水，落至地面，部分形成地表径流，部分下渗形成地下径流，部分蒸发重新回到空中，各种径流最终汇入海洋，从而完成一个完整的循环过程，开始下一个新的循环过程。

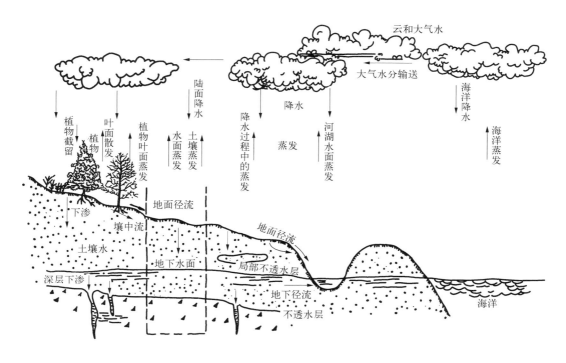

图 1-1　水循环示意图

全球多年平均降水量约为 1130mm，多年平均蒸发量与之相等，折合水量 577000m³，仅占全球总水量的 0.04%，经常参与循环的水仅是地球总水量的极小一部分。然而，正是这比例很小的水量的循环运动，在自然地理环境的形成和演化中发挥着巨大的功能，对人类社会有着巨大的自然资源和自然灾害影响作用。第一，水循环具有促进自然地理环境中物质和能量迁移转化的功能。水循环是自然地理环境中最重要的和最活跃的物质循环形式之一。地球上的水通过相态变化和循环运动，将各圈层耦合在一起，沟通了地球的各个圈层，使自然地理环境成为一个完整系统。水循环是联系大气圈和生物圈相互作用的纽带，是自然地理环境中物质和能量迁移转化的重要形式和渠道，是自然地理环境形成和演化的重要动力和作用因素。水循环参与到了地质循环、大气循环、生物循环之中，对自然地理系统结构的形成、演化与发展有着重大影响，也对区域植被、土壤等自然地理要素特征和生态系统综合特征有着重大影响作用。第二，水循环具有影响地壳运动和塑造地貌形态的功能。在水循环的下渗和径流两个环节中，地球上的水与地壳表层固体物质发生了直接的接触，对地质构造活动和地貌形态塑造有着重要作用。水分循环参与地质过程，可以影响地壳运动，对地震、崩塌、滑坡、泥石流等地质灾害的形成也有很大的激发和影响作用。水分循环的冲刷、侵蚀、堆积作用很强，是最重要的地貌外营力类型之一，是重要的地貌塑造者。第三，水循环对天气现象和气候特征具有重大影响。水循环的蒸发、水汽输送、降水三个环节均是在大气中进行的，其强弱及路经直接影响区域的天气过程，甚至可以决定区域的气候基本特征。水汽作为大气的组成成分之一，直接参与了各种天气现象的形成和变化，是丰富多彩的天气现象形成的重要角色。水循环是大气系统能量的主要传输、储存和转化者，对地表太阳辐射能具有重新再分配的功能，对区域气候特征的形成起着决定性的作用。第四，水循环具有形成区域水文现象和水资源的功能。水循环是一切水文现象形成的根源。没有水循环就没有蒸发、水汽输送、降水、径流等水的各种运动，也就不会有多姿多彩的水文现象的发生。由区域水循环状况决定的区域干湿状况，决定了区域的蒸发、径流、下渗水文特征。水循环既可以使各种水体中的水不断得到补给，又可以使水质不断得到净化，保证水资源因能够不断地形成而得以源源不断地供给，从而使水资源成为可更新资源，为实现区域水资源的可持续利用提供了有利的物质基础。总之，水循环具有重要的自然地理环境功能和社会影响作用，所以水循环是水文学重要的基础研究领域，水循环理论是水文学重要的基础内容之一。

地球上的水循环，有着其形成的内因和外因。水循环形成的内因是水具有其特殊的物理特性，即在常温下可以三态共存和相互转化，这使水在其循环过程中的转移和交换成为可能。水循环形成的外因是地球上有太阳辐射和地球引力的存在，它们为水循环的发生提供了能源和驱动力。太阳辐射是促使地球上的水发生三态转化和水汽输送的能源。太阳辐射可以促使冰雪融化、水分蒸发，其区域差异可以引起空气流动，将水汽升至空中和输送至他区。因此，太阳辐射是水循环的能量基础和动力之一。地球引力即重力，是降水和径流的能源。它保持地球上的水不向宇宙空间散逸，促使空气中凝结的水分落至地面，使地面和地下的水由高处向低处流动。因此，地球引力也是水循环的能量基础和动力之一。

在影响水循环的自然地理因素中，气象因素起着主导作用，影响着水循环的全过程，决定着水循环的周期长短、速度快慢、规模大小、环节多少等各个要素。由地质、地貌、土壤、植被等构成的下垫面因素对水循环也有显著影响，主要是加速或延缓水循环过程，也可影响水循环的环节结构等其他要素。此外，人类主观的和客观的活动，也正在对水循环施加着愈加增大的直接的和间接的影响，改变着水循环的各个要素。

（二）水循环的类型

按照水循环发生的地域范围，可以将其划分为大循环和小循环两种类型。

大循环又称外循环、全球水分循环，是指发生于海洋和陆地之间的水循环。大循环的基本特点是海陆之间有着水分的交换，水循环的四个环节齐全，构成一个完整的循环圈。在大循环中，水分既有垂直的纵向交换，又有水平的横向交换。水分的纵向交换指的是地面的海洋和陆地与天空的大气之间的水分交换，其中水分自地面运移至天空向上的输送方式是蒸发，自天空运移至地面向下的输送方式是降水。水分的横向交换指的是海洋与陆地之间的水分交换，其中水分自海洋运移至陆地的输送的方式是发生于大气之中的水汽输送，自陆地运移至海洋的输送方式主要是发生于地表和地下的径流。海洋蒸发水汽的90%仍然降落在海洋表面，只有10%降落在陆地上参加大循环。自陆地向海洋的水汽输送也有发生，但数量有限，仅占海洋蒸发量的8%。由此可见，海洋蒸发的水分主要是经陆地以径流的方式返回海洋的。

小循环又称内循环、局部水分循环，是指发生于海洋内部或陆地内部的水循环。小循环的基本特点是海陆之间无水分交换，水分交换仅发生于海洋内部或陆地内部；水循环的四个环节不一定齐全，水分的垂向运动和水平运动可同时存在，也可缺少水平运动。根据小循环发生空间所属的地理单元类型，可以将小循环划分为海洋小循环和陆地小循环两个次级类型，其中前者指发生于海洋内部的水循环，后者指发生于陆地内部的水循环。陆地小循环还可以进一步划分为外流区循环和内流区小循环。在外流区小循环的过程中，外流区存在着以降水和蒸发形式而实现的地表与空中的纵向水分交换，同时还有多余的水量以径流的方式流入海洋，这说明必然有等量的水分以水汽输送的方式从海洋上空被输送到外流区上空，因而也必然存在着横向的水分交换。在内流区小循环的过程中，内流区仅存在以降水和蒸发形式而实现的地表与空中的纵向水分交换，而不存在水分的横向交换。

与其他自然地理系统一样，水循环系统也存在着等级差异和镶嵌结构，即高层次的循环系统由低层次的循环系统组合而成，低层次的循环系统可以组合成高层次的循环系统。因此，可以对全球水循环系统进行层次的划分。应指出的是，大循环一般都包含许多小循环，通常二者是不能截然分开的。此外，大循环和小循环仅是依据水循环是否跨越陆地和海洋这两大地理单元而划分的，并无空间规模大小的含义。

二、水体的水分交换更新周期

水循环的主要功能和意义之一，就是可以使各种水体的水不断得到更新。各种水体更新的快慢不一，它们的更新速度可用更新周期来表示。水体的水分交换更新周期是指水体在参与水分循环的过程中，全部水量被交换更新一次所需的时间，在数值上等于水体的静储量与年动态水量之比，即

$$T = W_{静}/W_{动} \tag{1-1}$$

式中，T 为水体的水分交换更新周期；$W_{静}$ 为水体的静储量，即水体的多年平均储水量；$W_{动}$ 为水体的年动态水量，即水体一年内向外排出的水量。水体的水分交换更新周期越短，说明其水分动态交换速度越快，水资源的开发价值就越大。水分交换更新周期具有水资源开发规模和速度的指导意义。若取水速度不超过水体的水分交换更新速度，就可实现水资源的可持续开发利用。

各种水体的静储量和年动态水量存在较大差异，它们的水分交换更新周期也互不相同（表 1-3）。世界河流的蓄水量约为 2120km³，而通过径流注入海洋的水量为 4.7 万 km³，说明河流中的水每年要更换 22 次，更新周期为 16 天左右。大气中的水汽含量约为 1.29 万 km³，每年全球降水量约为 57.7 万 km³，是大气水汽储水量的 44.7 倍，而大气降水的唯一来源是大气水分，说明大气水分每年要更新 44.7 次，亦即其更新周期为 8 天。海洋因其巨大的储水量而更新周期要长得多。海洋水量约为 13.38 亿 km³，每年的海洋蒸发量约为 50.5 万 km³，故而其更新周期约为 2650 年。

表 1-3　各种水体的水分交换更新周期

水体	更新周期	水体	更新周期
极地冰川	10000 年	沼泽	5 年
永冻地带地下水	9700 年	土壤水	1 年
世界大洋	2500 年	河流	16 天
高山冰川	1600 年	大气水分	6 天
深层地下水	1400 年	生物水分	12 小时
湖泊	17 年		

第三节　地球上的水量平衡

一、水量平衡的概念

地球上的水不会轻易散逸到地球以外的宇宙空间去，宇宙空间的水分也很少能够来到地球上，地球上水的总量可以看作一个不变的常量。但对于任一区域或任一水体而言，任一时段的水量则可以是不同的，有着增加或减少的变化。水在循环的过程中，遵循宇宙间的普遍存在的物质不灭定律和质量守恒定律，既不会增加，也不会灭失，总量保持不变。由此，即可得到水量平衡的概念，或称水量平衡原理。水量平衡是指任意区域在任意时段内，其收入水量与支出水量的差额，必然等于蓄水量的变化量。

水量平衡是自然界的一条基本规律。它是现代水文学的理论基础之一，是研究各种水文要素之间数量关系的基本原理，也是水资源量估算的基本出发点，在水文和水资源研究中得到广泛应用。具体而言，研究水量平衡的意义，在于它可以定量揭示水循环与自然地理环境和人类社会的关系，反映水文要素之间的数量关系，检验水文观测结果的合理性，为建立水文模型提供理论基础，为区域水资源合理开发利用提供理论基础。

二、通用水量平衡方程

根据水量平衡原理，对于任一时段的任一区域，有

$$I-Q=\Delta s \tag{1-2}$$

式中，I 为时段内的收入水量；Q 为时段内的支出水量；Δs 为时段内区域的蓄水变化量。此式为水量平衡方程式的最基本形式。

对于具体区域，可以细化式（1-2）中 I 和 Q 的项目，列出具体的水量平衡方程式。假定一任意选定区域，沿该区域边界取垂直柱体，其上界为地表，下界为位于某一深度的与更下层无水分交换的底面。设该柱体在时段 $t_1 \sim t_2$ 的水量收入项有时段内降水量 P，时段内水汽凝结量 E_1，时段内地表径流流入量 R_{s1}，时段内地下径流流入量 R_{g1} 和时段内人工补给水量 q_1；水量支出项有时段内蒸发量 E_2，时段内地表径流流出量 R_{s2}，时段内地下径流流水量 R_{g2} 和时段内人工取水量 q_2；时段开始 t_1 时的蓄水量为 s_1，时段结束 t_2 时的蓄水量为 s_2。据此可列出该柱体在时段 $t_1 \sim t_2$ 的水量平衡方程，为

$$(P+E_1+R_{s1}+R_{g1}+q_1) - (E_2+R_{s2}+R_{g2}+q_2) =s_2-s_1 \tag{1-3}$$

或

$$P = (R_{s2}-R_{s1}) + (E_2-E_1) + (R_{g2}-R_{g1}) + (q_2-q_1) + (s_2-s_1) \tag{1-4}$$

式（1-4）表明，柱体范围内增加水量的唯一来源是降水。因为推导式（1-3）和式（1-4）时，划定的区域和选定的时段均是任意的，所以它们具有普遍意义，故被称为通用水量平衡方程式。

随着观测手段和实验方法的不断发展，水量平衡研究也愈加详尽。如对上述闭合柱体分为若干个层次，分层研究水量的收支情况，建立各层的水量方程，则研究成果将会更加细致和精确。

三、流域水量平衡方程

假定任意一流域为一闭合流域，即流域的地面分水线和地下分水线相重合，流域不会因地表水和地下水的径流而形成水量的流入和流出，即地表径流流入量 $R_{s1}=0$，地下径流流入量 $R_{g1}=0$，则通用水量平衡方程式（1-4）可以写为

$$P = (E_2-E_1) + (R_{s2}+R_{g2}) + (q_2-q_1) + (s_2-s_1) \tag{1-5}$$

若流域内的河流切割足够深，地下水流入河流中与地表水一起流出出口断面，则地表径流流出量和地下径流流出量之和 $R_{s2}+R_{g2}$ 可以总流出量 R 表示，即 $R = R_{s2}+R_{g2}$；水分蒸发 E_2 和水汽凝结 E_1 为一对相反的过程，二者水量之差 E_2-E_1 可用有效蒸发 E 表示，即 $E=E_2-E_1$；时段 $t_1 \sim t_2$ 的流域蓄水变化量可以 Δs 表示，即 $\Delta s= s_2-s_1$；人工补水量和取水量之差 q_2-q_1 可用人工净取水量 q 表示，即 $q = q_2-q_1$。据此，则式（1-5）可写为

$$P = E+R+q+\Delta s \tag{1-6}$$

这就是流域水量平衡方程式。

若研究时段为多水期，则 Δs 为正值，表示流域内的降水 P 除消耗于径流 R、蒸发 E 和人工取水量 q 外，还有水量盈余，增加了流域的蓄水量；若为少水期，Δs 为负值，表示径流 R、蒸发 E 和人工出水 q 不仅消耗了全部的降水量 P，而且还消耗了部分流域蓄水量。

当研究时段相当长时，必然包含多水期和少水期。如果研究区域是纯自然流域，即不存在人工取水，则 q 趋近于 0。在这样的情况下，在多年期间，Δs 有正有负，而多年平均情况则是 Δs 趋近于 0。因此，流域多年平均水量平衡方程式为

$$P_0= E_0+R_0 \tag{1-7}$$

式中，P_0 为流域多年平均降水量；E_0 为流域多年平均蒸发量；R_0 为流域多年平均径流量。此式反映的是流域的正常状况，为流域重要的水文特征值。

若式（1-7）两边同除以 P_0，得

$$\frac{E_0}{P_0} + \frac{R_0}{P_0} = 1 \tag{1-8}$$

令 $\alpha = \dfrac{R_0}{P_0}$，$\beta = \dfrac{E_0}{P_0}$，则

$$\alpha +\beta=1 \tag{1-9}$$

式中，α 为多年平均径流系数，表示降水量中转化为径流量的比例；β 为多年平均蒸发系数，表示降水量中消耗于蒸发而转化为水汽的比例。

式（1-9）表明，流域多年平均条件下，径流系数与蒸发系数之和等于 1。当两个变量之和为定值 1 时，一个变量的值大必然伴随着另一个变量的值小。因此，α 和 β 综合反映了一个地区气候的干湿状况。干燥地区蒸发系数大，径流系数小，说明降水多数消耗于蒸发而产生径流少，虽然蒸发的水量可重新产生降水，但蒸发量不能为人类在此次循环过程中利用，径流量少，水分不足。湿润地区蒸发系数小而径流系数大，说明降水量多数产生径流，而消耗于蒸发的少，水分丰沛。由此可见，α 和 β 可以用来作为地区干湿程度的衡量指标。例如，我国黄河流域 α =0.15，长江流域 α=0.51，表明长江流域比黄河流域湿

润，水资源丰富（表 1-4）。

表 1-4　中国主要流域的水量平衡

流域	面积/km²	水量平衡要素值			径流系数
		降水量/mm	蒸发量/mm	径流量/mm	
松花江	549665	525	380	145	0.28
黄河	752443	492	416	76	0.15
淮河（含沂沭泗）	261504	929	738	191	0.21
长江	1807199	1055	513	542	0.51
珠江	452616	1438	666	772	0.54
雅鲁藏布江	246000	699	225	474	0.68

　　应说明的是，如果流域的地上分水线和地下分水线不重合，即流域为非闭合流域，则存在与相邻流域的地下水交换。与外流域的这种地下水交换量，对于大流域的水量平衡影响不大，而对小流域和特殊流域，如喀斯特地区的影响不容忽视。在建立水量平衡方程时，应考虑在流域水量平衡方程式中增加相应的项目，来反映该流域与相邻流域的地下水交换量。当流域内存在跨流域调水时，也应考虑在水量平衡方程中增加相关项目以予反映。

四、全球水量平衡方程

　　地球表面有大陆和海洋两大基本单元，可以依据通用水量平衡方程，首先分别建立海洋的和陆地的水量平衡方程，然后再将它们合并为全球水量平衡方程。

　　对于任意时段的全球海洋，有

$$P_o + R_o - E_o = \Delta S_o \tag{1-10}$$

式中，P_o 为海洋降水量；R_o 为流入海洋的径流量；E_o 为海水蒸发量；ΔS_o 为海洋蓄水量的变化量。此式即为任意时段的海洋水量平衡方程。

　　若是多年平均情况，则海洋水量平衡方程为

$$P_o + R_o - E_o = 0 \tag{1-11}$$

　　对于任意时段的全球陆地，有

$$P_l - R_l - E_l = \Delta S_l \tag{1-12}$$

式中，P_l 为陆地降水量；R_l 为流出陆地的径流量；E_l 为陆地蒸发量；ΔS_l 为陆地蓄水量的变化量。此式即为任意时段的陆地水量平衡方程。

　　若是多年平均情况，则陆地水量平衡方程为

$$P_l - R_l - E_l = 0 \tag{1-13}$$

　　在式（1-10）～式（1-13）中，R_o 和 R_l 均是指由全球陆地流入海洋的径流量，只是描述事物的角度不同，可统一用 R 表示；P_o 和 P_l 之和为全球降水量 P_e，即 $P_e = P_o + P_l$；E_o 和 E_l 之和为全球蒸发量 E_e，即 $E_e = E_o + E_l$。若考虑全球的多年平均情况，将式（1-11）和式（1-13）相加，则得到多年平均的全球水量平衡方程：

$$P_e = E_e \tag{1-14}$$

此式表明，全球的降水全部用于全球的蒸发。

在式（1-14）中，没有径流 R 的体现，原因在于从全球角度看，R 是全球水文系统内部水量的位置转移，它的发生并未引起全球水量的变化。从全球水文系统整体看，R 既不是水量的收入项，又不是水量的支出项，对全球的水量平衡无任何影响，故而不会在全球水量平衡方程中体现出来。

据估算，全球海洋平均每年有 50.5 万 km^3 的水蒸发到空中，而总降水量约为 45.8 万 km^3，总降水量比总蒸发量少 4.7 万 km^3，这与陆地注入海洋的径流量相等（表 1-5），说明全球的总水量是保持平衡的。

表 1-5 地球上的水量平衡

区域	多年平均蒸发量		多年平均降水量		多年平均径流量	
	体积/km^3	深度/mm	体积/km^3	深度/mm	体积/km^3	深度/mm
海洋	505000	1400	458000	1270	47000	130
陆地外流区	63000	529	110000	24	47000	395
陆地内流区	9000	300	9000	300		
全球	577000	1130	577000	1130		

第四节 水循环研究的发展

一、水循环研究进展

20 世纪 60 年代以来，在世界面临资源与环境等全球问题的背景下，联合国教育、科学及文化组织（UNESCO）和世界气象组织（WMO）等国际机构，组织和实施了一系列重大国际科学计划，如国际水文计划（IHP）、世界气候研究计划（WCRP）及其子计划全球能量与水循环实验（GEWEX）、国际地圈生物圈计划（IGBP）及其子计划水文循环的生物圈（Biospheric Aspect of the Hydrological Cycle，BAHC）等。在这些科学计划中，水循环在全球气候和生态环境变化中所起的作用，受到极大重视，成为各项科学计划共同关注的科学问题。上述重大国际科学计划的实施，取得了丰硕的研究成果。

（一）基本资料库建立研究

资料数据是进行水循环研究的前提条件，随着上述科学计划的开展，水循环研究的资料库逐渐形成。这些数据库正为全球和区域水循环研究提供主要支持。

（二）水循环的大气过程模拟研究

大气中的水分是全球水循环过程中最为活跃的成分，是天气和地球系统中的关键因子之一。它以相态的转换影响着大气的辐射平衡，并通过云和降水直接或间接地影响着地面和空气的温度及大气的垂直运动。因为反映水汽及其运动的各种物理参数间相互作用的机制尚无法准确表达，大气中的水汽很难被精确地模拟。但是在不断地探索实践中，关于水循环大气过程的描述也取得很多的成果。

1. 水汽含量模拟研究

随着探空探测技术的进步，大气中的水汽含量得到较为系统的研究，学者们提出了多组全球水汽含量的数据。在全球尺度方面，Bannon 等绘制了北半球上空全年的水汽含量和水汽输送通量的分布图，Peixoto 计算了全年全球上空水汽输送通量散度场，Starr 和 Peixoto 通过对 IGY 资料的计算和分析，提出了北半球涡动水汽输送的大气环流机制和应当将大气中的水汽作为水循环的一个分量进行研究的看法，为水循环系统研究提供了新的概念和思路。目前，全球能量和水循环实验计划（GEWEX）中的大气水研究子计划利用卫星遥感资料分析技术，可以输出全球实时的水汽含量分布图。但它反映的是观测路径上的大气总水汽量，不能反映水汽的垂直分布。

大气中水汽的含量随着时间、地点及气象条件的不同也有较大的差异，在此基础上，演绎出一系列水汽含量的计算方法。传统的水汽含量计算方法直接利用流体静力学方程，对某一高度内的水汽含量垂直积分。该方法受资料的限制，仅在资料丰富的情况下较为实用。利用全球定位系统（GPS）资料反演大气水汽含量，较为成熟的是由天顶延迟式通过转换系数 k 推算综合水汽含量，可由 GPS 信号直接获取。但是转换系数 k 的计算因为受地理位置和观测日期、地面温度、对流层温度及大气垂直分布等因素的影响，在实际应用中存在较大的误差。也有学者提出利用水汽通道亮温（即气象卫星红外通道的观测值，通常将它以相当黑体温度来表示，并称为"亮度温度"或者"亮温"）与大气水汽含量场的关系反演大气水汽含量，但因它只能反映大气的干湿情况，难以实际应用。

随着各类气候模式、气象模型等不同时空尺度模型的应用，结合气候变化预测、数值天气预报等的需要，水汽含量也被作为各种模型输出的副产品。代表性的天气气候模型有大气环流模式（General Circulation Model，GCM）、区域气候模式（Regional Circulation Model，RCM）、欧洲中尺度预报中心（European Center for Medium-range Weather Forecasts，ECMWF）的模式、加拿大大气海洋研究中心的 MC2 模式、Hadly 气候研究中心的 HadAM3 模式等。这些模式涵盖了大量的数据信息，根据需求的不同而关注不同的输出，但输出的水汽含量在精度上有较大出入，且水汽的精确模拟依赖于水汽运动各种物理参数的准确描述，而物理参数间相互作用的机制尚无法准确表达，使得水汽的准确模拟更为困难。

水汽的准确模拟是关系到降水预报精度的关键因素之一。传统的水汽含量计算方法受观测资料限制太多，GPS 反演的方法受大气状态因素影响太多，各类天气气候模式难以准确模拟水汽运动过程。目前，常利用各类天气或气候模式输出的比湿资料结合传统的水汽含量计算方法来计算水汽含量。因此，水汽含量的准确计算依赖于各类水文气象资料的获取及天气模式的模拟精度。

2. 水汽输送与水汽收支研究

近 50 年来，结合全球能量和水循环实验（GEWEX），关于水汽输送和水汽收支的研究在区域水分循环研究方面取得了一系列的成果，代表性的有 Ronald Stewart 等的加拿大 Mackenzie 流域的水汽含量及水汽输送特征研究，Roads 的密西西比河流域的水汽收支和不同计算模式对区域水汽收支模拟效果的比较分析研究，丁一汇等的 1991 年江淮暴雨时期水汽收支和水分循环系数计算、1998 年大洪水时期全球范围水汽背景和中国各区降水过程的水汽收支分析研究，刘国纬等的中国大陆六个水文气候区域水汽输送通量散度场及其季节变化特点以及区域的水汽收支和水文循环大气过程基本特征研究。

尽管在全球和大陆尺度上的水循环过程已经取得明显的进展，揭示了大陆或部分区域尺度水循环的基本事实，但是关于区域水汽输送和水汽收支规律性的研究还很少。如何分析或解释区域或流域尺度水循环的现状，揭示水循环变化的规律，仍然是研究的难点。尤其在人类活动影响下，定性或定量分析水汽输送和水汽收支过程的自然变化与人类作用的贡献，指导区域或流域的水资源管理政策，将是未来研究的重点。

（三）水循环的陆面过程模拟研究

作为水分在陆地循环过程的反映，陆面水文过程涉及生物、土壤等一系列复杂的子系统及其相互作用的过程，较之水循环大气过程更为复杂。气象学、生物学、水文学界等从不同的角度，对此进行了较为深入的研究。1996 年以前所用的陆面过程模式主要有以下几方面缺陷：①基本上只针对水分循环的物理过程部分，而对于物理、化学以及生物过程相互关联细致部分的研究仍待深入；②陆面植被覆盖类型作为固定的地理分布并人为规定其季节变化，较少考虑生物的动态变化；③陆面覆盖的非均匀性描述尚无行之有效的方法。基于这种认识，戴永久等从多孔介质的基本理论出发，重构了土壤、雪盖和植被内的水分与能量控制方程，较为全面地考虑了影响陆面水分含量和湿度的各种要素，发展了一种能够与一般模式相耦合的陆面过程模式。张晶等在考虑降水的次网格分布特征及其对陆面水文过程影响的基础上，发展了一种陆面过程模式（LPM-ZD），实现了与区域气候模式 RCM 的耦合，对 1991 年 5～7 月江淮大暴雨时期的强降水气候特征进行了模拟；刘新仁提出了土壤水是描述气候系统、生态系统及流域水文系统的基本变量，认为土壤水是控制地-气系统水分和能量交换的关键因素，探讨了土壤水模拟方法。Kite 认为基于物理意义的分布式模型可以较好地模拟水分循环的陆面过程，但是对于大尺度的耦合天气模式则难以应用，并设计了概念型半分布式 SLURP 模型，在加拿大 Mackenzie 流域和 Columbia 河流域尝试了与数值天气预报模式的耦合，以获取数值天气预报输出数据资料进行大尺度陆面水文过程模拟，但这种耦合不是完全意义上的耦合，是一种单向嵌套（one-way linking）。此外，BAHC 计划通过野外观测实验研究，确定土壤-植物-大气系统水循环中的生物控制作用，建立各种时间和空间尺度的土壤-植物-大气系统能量和水分通量模型。目前在植被斑块尺度上，已经可以小时甚至秒为单位对水分和能量输送通量进行实际测定，开发的地面边界层中水分和能量的输送模型已经相当成熟。可是对于由不同植被构成的中尺度陆地表面而言，估算区域的平均能量和水分输送通量仍然十分困难。同时，这些研究主要是以湿润地区为对象的研究结果，若用于干旱和半干旱地区地表过程模拟，其局限性还很大。

水循环陆面过程模拟未来发展的方向，应当强调的是研发有效的陆面过程模式，以便更好地模拟水分及能量在地表-植被-土壤间传输的过程。同时，寻求一个合理的或合适的尺度和尺度转换的理论或方法，使其能够与大气模式合理地耦合起来研究陆-气间的相互作用也是陆面过程研究一直在探索的关键问题，其中，陆面覆盖非均匀性地描述将仍然是水循环陆面过程模拟的难点。

（四）陆-气相互作用的耦合

对于以系统的整体行为作为研究对象的水循环系统而言，要揭示水循环系统结构特征及水循环过程的规律，必须研究陆-气间的反馈机制。以此为研究对象，国内外学者进行了一系列的陆-气耦合技术研究，水文气象学家们对陆-气耦合技术进行了较为深入的研究。20 世纪 50 年代，在苏联"干旱区改造自然计划"的推动下，以布德科为代表的水文学家在对苏联领土的水量平衡和大气水分循环研究的基础上，提出了水文内循环的概念和分析方法。水文内循环系数是衡量陆地对大气作用程度的指标，是区域气候对陆面过程的改变所具有的敏感性的一个定量指标。研究陆-气相互作用主要是依据水分内循环系数这个反映陆面过程对区域气候影响的定量指标，寻求一些有实际意义的结论。Budyko 基于"区域蒸发产生的水汽和区域外经平流进入区域的水汽在空气中充分混合，即在流动过程中形成雨滴降落的概率相等"的假设，发展了一个用于估算大尺度区域降水再循环的一维线性模式，得到区域平均的再循环降水率，即水分内循环系数。Brubaker 等基于同样的假设将 Budyko 的模式扩展到二维平面，对于大尺度区域得出水分内循环系数的空间分布。在此基础上，Eltahir 等对 Budyko 模式作了根本改进，加强了它的物理基础，从水汽分子收支方程出发，得到再循环降水率的格点值。

Szeto 应用 Eltahir 方法，计算了加拿大 Mackenzie 流域的水分内循环系数及其时空分布。但因这类模式结构庞大，物理参数太多而难以应用。陶诗言等基于 Eltahir 模型的思想，补充了大气可降水量的月际变化为零的假设，对计算方法做了改进，使其更易于应用。但是这种假设对于多年月平均来说可近似成立，而对于短时间尺度则难以实现。

部分学者基于水量平衡原理研究陆-气耦合的水循环特征，取得了一定的研究成果。部分学者为了实现与大气过程的耦合，探索了陆-气耦合的技术或方法，提出了可与大气环流模式或一般模式耦合的陆面过程模式。但这种耦合只是一种单向嵌套，并非真正意义上的耦合。完整意义上的耦合模式应包含两种含义，即大气模式不但影响陆面模式，同时接受陆面模式的反馈。而目前的研究状况，是水循环大气过程描述的多为大尺度的过程，以陆面过程为基础的水循环研究局限于小流域尺度的应用。因此，选取何种尺度研究完整意义上的陆气相互作用下的水循环过程成为水循环研究的难点。虽然，国内外许多学者对此进行了大量的研究，但研究成果多为个例成果，至今尚无完整的尺度选取和匹配理论与方法用以指导陆-气耦合的水循环过程研究。同时，对于不同的尺度而言，有很多种变化的参量，不同尺度情景下影响水循环过程的主导因素各不相同，如何选择合适的尺度参量来研究陆-气耦合的水循环过程也是陆-气相互作用下水循环过程研究的重要方向之一。

二、水循环研究的发展趋势

随着水循环研究的深入，其研究方向主要集中在以下四个方面。

第一，基本资料的获取及四维数据同化技术的开发、观测探测技术的发展及各项观测计划的实施已经为水循环研究提供了丰富的数据库，然而这些近似于同步观测数据的整编、完整性分析、质量控制以及数据同化等工作还需要一定的时间去完成。

第二，陆地-大气系统耦合原理及途径，以及耦合模型的研制，尤其是模型尺度的选取及匹配问题。尽管国内外学者对此进行了大量的个例研究，但是并无完整的尺度选取及匹配的理论或方法用以指导陆地-大气系统耦合的水循环过程研究。因此，尺度的选取和匹配研究仍然是水循环研究的难点问题。

第三，全球变化及人类活动对水循环的影响及其反馈研究，尤其是生态环境与水资源利用之间的协调性研究，以及定量识别人类活动和气候变化对自然生态系统及水循环系统的影响。随着人类活动的加剧，对区域水循环过程的影响日益突出，加强全球变化及人类活动对水循环过程的影响及其反馈研究,揭示其响应规律是变化环境下水循环研究的主要方向之一。

第四,加强不同自然地理区域,特别是生态脆弱带的水循环过程研究并强调研究成果的应用。结合区域或流域生态环境保护及区域或流域尺度水循环实验适时地开展不同区域或流域尺度的水循环个例研究,不但可为探索区域或流域尺度的水循环研究方案提供基础,还可为区域或流域的水资源开发利用服务。因此,不同自然地理区域特别是生态脆弱区的水循环过程研究也是未来水循环研究强调的重点之一。

复习思考题

1.什么是水循环? 它有哪些环节和类型?

2.水循环的成因是什么?

3.水循环在自然地理环境和人类社会中的功能与作用有哪些?

4.水量平衡研究的意义是什么?

5.试述下渗过程的阶段和垂向分布。

6.试述径流形成过程。

7.试析水循环研究进展的基本特征。

8.水循环研究有哪些发展趋势?

主要参考文献

储开凤, 汪静萍.2004. 我国水文循环与地表水研究进展(1998-2001 年). 水科学进展. 15(3): 408-413.

储开凤, 汪静萍.2007. 中国水文循环与水体研究进展. 水科学进展.18(3): 468-473.

邓绶林.1985. 普通水文学. 2 版. 北京: 高等教育出版社.

丁兰璋, 赵秉栋.1987. 水文学与水资源基础. 开封: 河南大学出版社.

黄锡荃.1993. 水文学. 北京: 高等教育出版社.

陆桂华, 何海.2006. 全球水循环研究进展. 水科学进展, 17(3): 419-424.

南京大学地理系, 中山大学地理系.1978. 普通水文学. 北京: 人民教育出版社.

王红亚, 吕明辉.2007. 水文学概论. 北京: 北京大学出版社.

赵秉栋, 管华.1996. 水资源学概论. 开封: 河南大学出版社.

赵生才. 2002. 全球变化与中国水循环前沿科学问题——香山科学会议第 187 次学术讨论会. 地球科学进展, (8): 228-230.

左其亭, 王根中.2002. 现代水文学. 郑州: 黄河水利出版社.

第二章　水循环的基本环节

第一节　蒸发与散发

蒸发与散发简称蒸散发，是指水在有水分子的物体表面上由液态或固态转化为气态向大气散逸的现象，这种具有水分子的物体表面称为蒸发面。自然界蒸发面类型多样，根据蒸发面性质的不同，蒸发可以分为水面蒸发、土壤蒸发、植物散发或蒸腾三种类型，区域内的三者之和称为区域蒸发。蒸发与散发是海洋和陆地上的水返回大气的唯一途径，陆地上约60%的降水通过这种方式返回大气。蒸发与散发是自然界水循环和水量平衡的要素和环节之一，在区域水文特征和水资源形成中起着重要作用。

一、水面蒸发

（一）水面蒸发的物理过程

水面蒸发是充分供水条件下的蒸发现象。在蒸发水面上，同时有两种水分子运动过程，一种是进入水体的热能增加水分子的能量，使水分子获得的能量克服大于水分子的内聚力时，水分子会突破水面由液态变为气态逸入大气的过程，就是蒸发现象；另一种是水面上的水分子受水面水分子的吸力作用或本身受冷的作用，由气态变为液态从空中返回水面的过程，这就是凝结现象。因此蒸发和凝结是同时发生、具有相反物理过程的两种现象。蒸发必须消耗能量，单位水量从液态变为气态逸入空气中所需的能量称为蒸发潜热。凝结则要释放能量，单位水量从气态变为液态返回水面释放的能量称为凝结潜热。物理学已经证明，蒸发潜热与凝结潜热相同，其计算公式为

$$L=2491-2.177T \tag{2-1}$$

式中，L 为蒸发或凝结潜热；T 为水面温度。所以蒸发不仅是水的交换过程，还是热量的交换过程，是水和热量的综合反映。

（二）水面蒸发的控制条件

在蒸发和凝结的水分子运动过程中，从水面跃出的水分子数量和返回水面的水分子数量之差为实际蒸发量 E，即有效蒸发量，通常用蒸发掉的水层厚度表示。单位时间内的蒸发量称为蒸发率。蒸发量或蒸发率是蒸发现象的定量描述指标。

蒸发率或蒸发量的大小取决于三个条件，一是蒸发面上储存的水分多少，这是蒸发的供水条件；二是蒸发面上水分子获得的能量多少，这是水分子脱离蒸发面向大气散逸的能量供给条件；三是蒸发面上空水汽输送的速度，这是保证大气散逸的水分子数量大于从大气返回蒸发面的水分子数量的动力条件。供水条件与蒸发面的水分含量有关，不同蒸发面的供水条件是不一样的。例如，水面蒸发有足够的水分供给，其蒸发率就是蒸发能力，又称蒸发潜力或潜在蒸发。而裸露土壤表面只有在土壤含水量达到田间持水量以上，才能有足够的水分供

给蒸发，否则蒸发就会受到供水的限制。天然条件下的蒸发所需的能量主要来自太阳能。蒸发所需的动力条件一般有三个方面。一是水汽分子的扩散作用，其作用力大小和方向取决于大气中水汽含量的梯度。通常蒸发面上空的水汽分子在垂向分布极不均匀，越靠近水面层，水汽含量就越大，因此存在着水汽含量垂向梯度和水汽压梯度，水汽分子有沿梯度方向扩散的趋势。垂向梯度越显著，蒸发面上的水汽扩散就越强烈。但是，一般情况下水汽分子的扩散作用是不明显的。二是上、下层空气之间的对流作用，这主要是由蒸发面和空中的温差所引起的。对流作用将近蒸发面的暖湿空气不断地输送到空中，使上空的干冷空气下沉到近蒸发面，从而促进蒸发作用。三是空气紊动扩散作用，这主要是由风引起的。刮风时空气会发生紊动，风速作用越大，紊动作用就越强。紊动作用将使蒸发面上空的空气混合作用加快，冲淡空气中的水汽含量，从而促进蒸发作用。蒸发大小控制的能量和动力条件均与气象因素，如日照时间、气温、饱和差、风速等有关，故将两者合称为气象条件。

（三）水面蒸发的影响因素

影响水面蒸发的因素可以归结为气象因素和水体因素两大类，其中前者主要有太阳辐射、水面温度、水汽压差、气温、湿度、气压、风速等，后者主要有水面大小和形状、水深、水质等。

1. 太阳辐射

自然界水的汽化所需要的热能主要来自太阳辐射，蒸发强弱与太阳辐射强弱密切相关。太阳辐射越强烈，所提供的热能越多，蒸发面温度越高，从水面逸出的水分子就越多，蒸发就越强烈。太阳辐射随纬度变化而有差异，并有强烈的季节变化和昼夜变化，因此水面蒸发也呈现强烈的时空变化特性（图 2-1）。太阳辐射最强的赤道地区年蒸发量约为1100mm，最弱的两极地区仅为 120mm 左右。水面蒸发的地区差异很大，一般是干旱地区大于湿润地区。

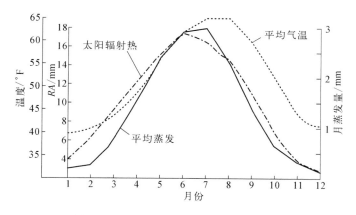

图 2-1 某地月平均水面蒸发量与太阳辐射

℉（华氏度）与℃（t）的换算关系为 $\frac{9}{5}t+32$

2. 水面温度

水温反映水分子运动能量的大小，水温高时，水分子运动速度加快，运动能量大，从水面跃入空气中的水分子就多，蒸发就强烈。因此，水面蒸发量随着水温的增加而增加。地表水体的热量主要来源于太阳辐射，水温高低取决于气温高低，因此，水面蒸发与气温年变化有着相似的规律，通常是冬季最小，夏季最大，春季和秋季呈过渡状态。

3. 饱和水汽压差

饱和水汽压差是指水面温度的饱和水汽压与水面上空一定高度的实际水汽压之差，它反映水汽温度梯度的大小。蒸发 E 与饱和水汽压差（$e_{0s}-e_z$）的关系密切，受其影响，水面蒸发一般是干旱地区大于湿润地区。二者的关系可用道尔顿定律表示

$$E=K_e（e_{0s}-e_z）\tag{2-2}$$

式中，e_{0s} 为水面温度下的饱和水汽压（水面上空气中的水汽含量达到饱和时的水汽压）；e_z 为水面以上 z 高度处的实际水汽压；K_e 为与气温、风等有关的对流、扩散系数。

式（2-2）表明，当蒸发面上方的空气处于饱和状态时（$e_0=e_z$），则跃入与逸出水面的水分子数量相等，即蒸发停止。饱和水汽差 e_0-e_z 越大，空气越干燥，蒸发就越快。对于一个封闭系统而言，蒸发量与饱和水汽压存在着正相关关系。

4. 气温

气温决定空气中水汽含量的能力和水汽分子扩散的速度。气温高时，蒸发面上的饱和水汽压比较大，有利于蒸发。当其他气象因素变化不大时，蒸发量随气温的变化一般呈指数关系，但其影响的程度没有像水温影响水面蒸发那样直接密切。

5. 湿度

空气湿度与气温有关，通过饱和水汽压差间接影响蒸发。空气湿度常用饱和差表示，也可用相对湿度来表示。饱和差越大，空气湿度越小，反之湿度越大。因此在同样温度下，空气湿度小的水面蒸发量大于空气湿度大的水面蒸发量。不同气温会造成空气相对湿度不同。当气温降低时相对湿度增加，饱和差减小，蒸发减少。所以天气冷时蒸发量小。

6. 气压

空气密度增大，气压就会增高，从而抑制水分子逸出水面，水面蒸发减小。但是气压增高同时会降低空气湿度，这又有利于水面蒸发。因此在自然条件下气压对蒸发的影响往往被其相关的气象因素所掩盖。例如，气压对蒸发的影响会在某种程度上因水汽压随纬度的变化而抵消。

7. 风速

风与气流能加强对流扩散作用，带走水面上的水分子，促进水汽交换，使水面上水汽饱和层变薄，有利于增加水面水分子的逸出。一般而言，水面蒸发量随风速的增加而增加，（图2-2）。但风对蒸发的影响有一定的限度，当风速超过某一临界值时，水层表面的水分子会随时被风完全吹走，此时风速再大也不会影响蒸发强度。相反地，冷空气的到来还会减少蒸发甚至导致凝结。

8. 水面大小与形状

水面面积大，其上空大量的水汽不易被风吹散，因而水汽含量高，不利于蒸发，反之有利于蒸发。水面形状是通过风向来影响水面蒸发的（图2-3）。在图2-3中，如果风向是 C-D 方向，则水面蒸发量较大；若风向是 A-B 方向，则水面蒸发量较小。即风向是水面窄的方向有利于水面蒸发，反之不利于水面蒸发。

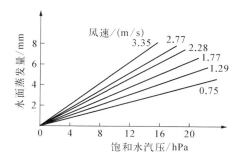

图 2-2 蒸发量与风速的关系

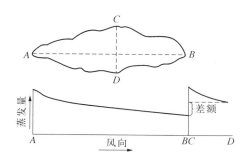

图 2-3 水面蒸发与水面宽度的关系

9. 水深

水深是通过水温变化而影响蒸发的。浅水水温变化较快，与气温关系密切，夏季水温高，水面蒸发量大；冬季则相反。深水则因水面受冷热影响会产生水的对流作用，使整个水体的水温变化较为缓慢，滞后于气温变化的时间较长，并且深水能够蕴藏更多的热量，对水温起一定的调节作用，因此，水面蒸发量的时间变化相对稳定。总之，春、夏两季浅水比深水的蒸发量大，秋、冬两季浅水比深水的蒸发量小。

10. 水质

当水中溶解有化学物质时，水面蒸发量一般会减少。例如，含盐度每增加 1%，蒸发就会减少 1%。所以，平均含盐度为 3.5% 的海水的蒸发量比淡水小 2%～3%。水质可以影响蒸发过程的原因，是含有盐类的水溶液常常在水面上形成一层抑制蒸发作用的薄膜。水的混浊度（含沙量）通过影响水的反射率从而影响热量平衡与水温，间接影响蒸发。水的颜色不同，可导致水吸收太阳辐射的热量不同，对蒸发也有影响。深色水体吸收的热量较大，故而深色污水的蒸发量一般大于清水 15%～20%。

（四）水面蒸发的确定方法

水面蒸发的确定方法有多种，归纳起来有三类，即应用仪器进行直接测量，根据水面蒸发物理机制建立理论公式进行计算，根据典型数据资料建立地区蒸发量计算经验公式进行估算，它们分别被称为器测法、理论模型法和经验公式法。

1. 器测法

器测法是直接用陆面蒸发器、蒸发池及水面漂浮蒸发器来测定水面蒸发量的方法。我国使用的蒸发器主要有 E-601 型蒸发器、口径为 80cm 带套盆的蒸发器和口径为 20cm 的蒸发器三种，其中我国水文部门普遍采用的 E-601 型蒸发器的代表性和稳定性最好。一般每日 8 时观测一次，得到蒸发器一日的蒸发水深，即日蒸发量。由于蒸发器受到自身结构和周围气候的影响，其水热条件与天然条件会有所差异，故观测的蒸发量必须要通过折算转化成天然水面蒸发量，其折算关系为

$$E=KE' \tag{2-3}$$

式中，E 为实际水面蒸发量；E' 为蒸发器观测值；K 为折算系数。

折算系数 K 因蒸发器的结构、口径大小及季节、气候等条件的不同而有所差别，一般而言冬季小于夏季，各年各月的也不相同。国内外试验资料表明，20m² 或 100m² 的大型蒸发

池观测到的水面蒸发量比较接近天然条件下的水体蒸发量。为增强蒸发观测数据可比性，世界气象组织的站网指南中规定：以苏联埋设地下的ГГИ3000cm²型蒸发器和美国埋设地下的A级蒸发器（Φ-120）作为国际上观测水面蒸发的标准仪器。我国以E-601型蒸发器为水面蒸发的标准仪器，各地不同类型蒸发器的观测资料通过实验总结出的折算系数K值进行换算（表2-1）。

表 2-1   我国部分地区不同类型蒸发器的折算系数

地区	型号	月份												年
		1	2	3	4	5	6	7	8	9	10	11	12	
北京 （官厅）	E-601				0.92	0.81	0.83	0.96	1.06	1.02	0.93			
	Φ-80				0.69	0.71	0.74	0.82	0.85	0.93	0.92			
	Φ-20				0.44	0.45	0.50	0.53	0.62	0.63	0.54			
重庆	E-601	0.77	0.71	0.73	0.76	0.89	0.90	0.87	0.91	0.94	0.94	0.90	0.85	0.85
	Φ-80	0.70	0.62	0.53	0.53	0.62	0.60	0.58	0.66	0.73	0.83	0.89	0.83	0.68
	Φ-20	0.55	0.50	0.46	0.48	0.56	0.56	0.54	0.63	0.68	0.74	0.73	0.72	0.60
武汉 （东湖）	E-601	0.96	0.96	0.89	0.88	0.89	0.93	0.95	0.97	1.03	1.03	1.06	1.02	0.97
	Φ-80	0.92	0.78	0.66	0.62	0.65	0.66	0.67	0.73	0.88	0.87	1.01	1.04	0.79
	Φ-20	0.64	0.57	0.57	0.46	0.53	0.59	0.64	0.66	0.75	0.74	0.89	0.80	0.65
江苏 （太湖）	E-601	1.02	0.94	0.90	0.86	0.88	0.92	0.95	0.97	1.01	1.08	1.06	1.09	0.97
	Φ-80	0.93	0.75	0.71	0.66	0.66	0.70	0.73	0.77	0.88	0.81	1.02	1.08	0.82
	Φ-20	0.81	0.68	0.63	0.86	0.66	0.60	0.63	0.69	0.79	0.79	0.81	0.72	0.69
广州	E-601	0.89	0.90	0.82	0.91	0.97	0.99	1.03	1.03	1.06	1.06	1.02	0.96	0.97
	Φ-80	0.72	0.70	0.60	0.61	0.62	0.68	0.68	0.72	0.76	0.81	0.81	0.78	0.71
	Φ-20	0.66	0.65	0.58	0.58	0.62	0.68	0.69	0.72	0.76	0.79	0.80	0.73	0.69

注：E-601 为面积 3000cm² 有水圈的水面蒸发器；Φ-80 为 80cm 套盆式蒸发器；Φ-20 为 20cm 小型蒸发器

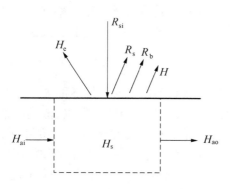

图 2-4   假设水柱的热量平衡

随着水文水资源评价精度要求的提高，水面蒸发观测仪器正在向 FZZ-1 型、AG1 型、FS-01 型的遥测、超声波及数字式蒸发器发展。

2. 理论模型法

水面蒸发是水分和热量的交换过程，同时主要受到空气动力学和热力学因素的影响。因此水面蒸发量可以通过热量平衡、水量平衡和空气动力学等原理进行理论推导而获得，具有较强的物理基础。

（1）热量平衡法。热量平衡法是基于能量守恒原理和蒸发是水分和热量交换而建立的。假设一个从水面到一定深度的水柱体，底部无垂直热交换（图2-4）。根据热量平衡原理，可建立任一时段的热量平衡方程

$$R_n - H - H_e + H_a = H_s \qquad (2\text{-}4)$$

式中，R_n 为太阳净辐射，是太阳辐射 R_{si}、反射辐射 R_r、水体长波辐射 R_b 三者之间的平衡值，

即 $R_n=R_{si}-R_r-R_b$；H 为传导感热损失；H_e 为蒸发耗热量；H_a 为出入水流带进带出的热量平衡值（H_{ai} 为入流带进热量，H_{ao} 为出流带进热量，即 $H_{ai}-H_{ao}$）；H_s 为水体储热变量。

由于 $H_e=LE$，L 为蒸发潜热；由于 H 是通过传导由水体向空中散热，不宜观测或推算，用一比值 β 将两者结合起来，即 $H=\beta H_e$ 代入式（2-4）中，可得

$$E = \frac{R_n + H_a - H_s}{L(1+\beta)} \tag{2-5}$$

式中，β 为波温比（感热损失量与蒸发耗热量之比），有

$$\beta = \frac{H}{H_e} = C_B P \frac{T_s - T}{e_{0s} - e} \tag{2-6}$$

式中，C_B 为波温常数，$C_B=6.1\times10^{-4}/℃$；P 为大气压强；T_s 为水面温度（℃）；T 为近表面温度（℃）；e_{0s} 为水面温度 T_s 的饱和水汽压；e 为 T 温度下的空气水汽压。因此，式（2-6）可改写为

$$E = \frac{R_n + H_a - H_s}{L\left(1 + 0.61\dfrac{P}{1000}\dfrac{T_s - T}{e_{0s} - e}\right)} \tag{2-7}$$

式中的各项热量收支、热储量及温度和湿度必须进行观测或计算才能获得水面蒸发量，而各项的观测或计算在实际中难度比较大，因此限制了热量平衡法在实际中的应用。

（2）水汽输送动力学法。水汽输送动力学法是以水汽输送扩散过程中的空气动力学理论为基础建立的。假定一个稳定、均匀、有紊动气流越过的无限的自由水面，可以认为靠近水面处的流态仅沿垂直方向变化，那么不论是分子扩散还是紊动扩散，根据扩散理论垂直方向上的水汽通量 E 为

$$E = -\rho K_w \frac{dq}{dz} \tag{2-8}$$

式中，E 为水汽垂直通量即水面蒸发率；ρ 为湿空气密度；K_w 为水汽扩散系数，为 z 的函数；q 为比湿即水汽含量；z 为从水面垂直向上的距离。

空气中的水汽含量不仅用比湿来表示，也经常用水气压 e 来表示，二者的关系为

$$q \approx 0.622e/p \tag{2-9}$$

将（2-9）代入（2-8）中可得

$$E = -0.622 K_w \frac{\rho}{p} \frac{de}{dz} \tag{2-10}$$

式中，p 为大气压。

根据空气紊动力学中的一系列关系式，可将（2-10）式转化为

$$E = \left(\frac{K_w \rho \bar{u}_2}{K_m p}\right) f\left[\ln(z_2/k_s)\right](e_{0s} - e_2) \tag{2-11}$$

式中，K_m 为紊动黏滞系数；$\bar{u}_2$ 为水面以上 z_2 高度处的平均风速；k_s 为表面糙度的线量度；e_2 为水面以上 z_2 处的水汽压；$f(*)$ 为某一函数关系；其他符号含义同前。

式（2-11）还可以表示成更简洁的形式：

$$E = A(e_0 - e_2) \tag{2-12}$$

$$A = \left(\frac{K_w \rho \bar{u}_2}{K_m p}\right) f\left[\ln(z_2 / k_s)\right] \tag{2-13}$$

由式（2-12）可知，水面蒸发 E 与饱和差（$e_0 - e_2$）成正比，这与 19 世纪的道尔顿定律是相一致的。由式（2-13）可知，A 是与风速、表面糙度相关的函数。

水汽输送动力学法计算水面蒸发需要专门的气象观测资料，特别是需要蒸发面温度以便求得饱和水汽压，而这些资料往往不易获取，故此法的应用受到限制。但是该法主要考虑了饱和差和风速对水面蒸发的影响，有助于理解蒸发的物理机制和选择公式中的参数。

（3）彭曼法。热量平衡法考虑了影响水面蒸发的热量条件和水汽扩散作用，而水汽输送动力学法仅关注了影响水面蒸发的风速和水汽输送的主要动力条件。彭曼（Penman）在热量平衡基础上考虑水汽输送，结合上述两种方法，于 1948 年首次提出了既具有一定理论基础又较为实用的蒸发量计算方法，其公式为

$$LE = \frac{(\Delta / \gamma)(R_n + H_a + H_s) + LB(e_{2s} - e_2)}{1 + \Delta / \gamma} \tag{2-14}$$

$$\Delta = \frac{e_{0s} - e_{2s}}{T_s - T_2} \tag{2-15}$$

$$B = \left(0.662 \frac{k_m \rho}{k_m \rho C_1^2}\right) \frac{\bar{u}_2}{\left[\ln(Z_2 / Z_1)\right]^2} \tag{2-16}$$

式中，L 为蒸发潜热；E 为水面实际蒸发量；R_n 为太阳净辐射；H_a 为出入水流带进带出的热量平衡；H_s 为水体储热变量；$\gamma = C_B \times P$（C_B 为波温常数，P 表面大气压强）；e_{2s}、e_2 分别为 2m 高处饱和水汽压和实际水汽压；T_s、T_2 分别为水面和高度 2m 处的温度；e_{0s} 为水面饱和水汽压；k_m 为紊动黏滞系数；ρ 为湿空气密度；C_1 为常数；Z_1、Z_2 为计算时分别取用的两个高程；$\bar{u}_2$ 为水面上 Z_2 处的平均风速。

由彭曼公式可知，计算时除需热量收支项资料外，某一高度处（通常定为 2m）的风速、气温、水汽压资料，都是常规气象观测的要素。如果热量收支情况简单，H_a、H_s 均可忽略不计，则彭曼公式使用就相当简便。在实际应用中为了计算方便常将有关参数值制成诺模图以供查算。

（4）水量平衡法。水量平衡法实质上是质量守恒定律的应用。对于任一水体，在任何时段内的水量平衡方程可表示为

$$S_2 = S_1 + \bar{I}\Delta t - \bar{O}\Delta t + P - E \tag{2-17}$$

式中，Δt 为计算时段长；S_1，S_2 分别为 Δt 时段初、末的水体蓄水量；$\bar{I}$ 为 Δt 时段内从地面和地下进入水体的平均入流量；$\bar{O}$ 为 Δt 时段内从地面和地下流出水体的平均出流量；P 为 Δt 时段内水面上的降水量；E 为 Δt 时段内水体水面蒸发量。

通过式（2-17）可得到水面蒸发计算公式：

$$E = P + \bar{I}\Delta t - \bar{O}\Delta t - (S_1 - S_2) \tag{2-18}$$

水量平衡法原理简明且严密，但由于各水量平衡项目的观测和计算都有一定的误差，而这些误差最终都累积到蒸发量上，造成计算结果与实际水面蒸发量有较大差别，因此，水量平衡法一般用于较长时段，如年蒸发量或多年平均蒸发量的计算。

3. 经验公式法

尽管确定水面蒸发的方法物理基础明确，理论完善，但观测项目较多，对仪器要求较高，费用较大，实际应用较为困难。在一定理论指导下，分析一些地区有代表性的水面蒸发观测资料，选择饱和水汽压、风速等作为主要参数，可以获得计算水面蒸发的经验公式，在实际中应用广泛。

大多数的经验公式是以道尔顿定律为基础的，其一般形式为

$$E = K f(u)(e_{0s} - e_z) \tag{2-19}$$

式中，$f(u)$ 为风速函数；e_{0s} 为饱和水汽压；e_z 为水面上 Z 高度的实际水汽压；K 为系数。

国外的经验公式主要有

Penman 公式：
$$E = 0.35(1 + 0.2u_2)(e_{0s} - e_2) \tag{2-20}$$

Kuzmin 公式：
$$E = 6.0(1 + 0.21u_8)(e_{0s} - e_8) \tag{2-21}$$

式中，e_2，e_8 分别为水面上 2m 和 8m 处的水汽压；u_2，u_8 分别为 2m 和 8m 高处的风速。

迈耶（Mayer）公式：

$$E = 2.54C(e_{0s} - e_a)\left(1 + \frac{u}{10}\right) \tag{2-22}$$

式中，E 为水面蒸发；e_a 为空气水汽压；u 为风速；C 为经验系数，一般取 0.36。

我国应用较为广泛的蒸发经验公式有两种，一是华东水利学院 1966 年综合国内 12 个大型蒸发池观测资料所提出的经验公式

$$E = 0.22(e_{0s} - e_{200})\sqrt{1 + 0.31u_{200}^2} \tag{2-23}$$

式中，e_{200} 和 u_{200} 分别为水面上 2m 处的水汽压和风速。

二是重庆蒸发站公式

$$E = 0.14n(e_{0s} - e_{200})(1 + 0.64u_{200}) \tag{2-24}$$

式中，E 为月蒸发量；n 为某月日数，其余符号含义同前。

水面蒸发的经验公式中各项物理量的单位是特定的，而且有其特定的适用地区和适用条件，因此在使用经验公式时要注意，不能随意扩展区域和条件。

二、土壤蒸发

（一）土壤蒸发的物理机制

土壤蒸发是指土壤孔隙中的水分离开土壤表面向大气散逸的现象。湿润土壤在蒸发过程中逐渐干燥，含水量逐渐降低，供水条件越来越差，土壤蒸发量也随之降低。根据土壤供水条件差别及蒸发率的变化，土壤蒸发可分成三个阶段（图 2-5）。

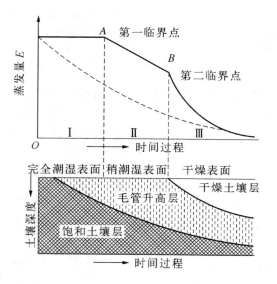

图 2-5　裸露土壤蒸发过程示意图

1. 定常蒸发率阶段

在土壤含水量大于田间持水量时，水分充分供给的条件下，水分通过毛细管作用被源源不断地输送到土壤表层供给蒸发。有多少水分从土壤表面散逸到大气中，就约有多少水分从土层内部输送到表面，水分蒸发快速进行，蒸发率相对稳定于较为恒定的常数不变，蒸发量近似等于相同气象条件下的水面蒸发，其大小主要受气象条件影响。

2. 蒸发率下降阶段

当土壤中水分由于蒸发逐渐减少至第一个临界点田间持水量以下时，土壤中毛管的连续状态逐渐受到破坏，输送到土壤表面的水分逐渐减少，不能满足蒸发需要，蒸发率明显下降，土壤蒸发量随之减小，直至毛管断裂含水量。

该阶段的蒸发量大小主要受土壤含水量的影响和控制，气象因素的影响逐渐变弱。

3. 蒸发率微弱阶段

当土壤含水量减少到第二个临界点毛管断裂含水量以下时，土壤通过毛管作用向土壤表面输送水分的机制完全被破坏，土壤水只能靠分子扩散作用而运动，土壤蒸发十分微弱，数量极少且比较稳定。中国辽宁省叶柏寿径流试验站 20 世纪 60 年代的土壤蒸发系统试验研究结果（图 2-6 和图 2-7）表明，土壤含水量大于 22%（田间持水量）时，土壤蒸发量与同气象条件下的水面蒸发量基本相等，说明此时土壤蒸发仅与气象条件密切相关；含水量在 16%～20%（毛管断裂水）时，土壤蒸发率从 6.5mm/d 下降到 1.5mm/d；土壤含水量小于 16% 时，土壤蒸发率维持在较小值 1.5mm/d 左右。

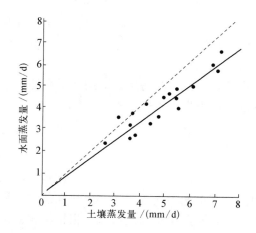

图 2-6　土壤含水量大于田间持水量时土壤蒸发量
与水面蒸发量的关系

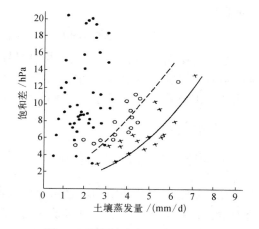

图 2-7　不同含水量下的土壤蒸发量

×为 $\theta > 20\%$ 的点据；○为 $16\% < \theta < 20\%$ 的点据；●为 $\theta < 16\%$ 的点据

土壤蒸发与水面蒸发由于介质的不同而存在很大差异，一是蒸发面性质不同，土壤蒸发是一个水土共存的界面；二是供水条件不同，土壤蒸发在第一阶段充分供水，在第二、三阶段水分供给不足，土壤蒸发是充分与不充分供水条件共存的过程；三是水分子运动克服的阻力不同，水面蒸发时主要克服水分子内聚力，土壤蒸发时既要克服水分子内聚力，还要克服土壤颗粒对水分子的吸附力，耗能更多。

（二）土壤蒸发的影响因素

影响土壤蒸发的因素较多，除前述的气象因素外，还有土壤要素，如土壤含水量、土壤孔隙性、地下水位和土壤温度梯度等。

1. 土壤含水量

中国辽宁省叶柏寿径流试验站实验研究结果（图 2-6 和图 2-7）表明，土壤含水量超过田间持水量时，土壤蒸发量最大，等于土壤蒸发能力；含水量在田间持水量和毛管断裂含水量之间时，土壤蒸发量与土壤含水量成正比例关系；含水量小于毛管断裂含水量时，土壤蒸发量很小。吉良对不同土壤不同含水量的蒸发实验研究结果表明，当实际土壤含水量大于转折点对应的临界含水量时，土壤蒸发达到土壤蒸发能力，与土壤含水量无关；而小于临界含水量时，蒸发比随含水量呈直线递减（图 2-8）。不同土壤的临界含水量和直线递减的速率也不尽相同，这些差别与土壤的质地密切相关。

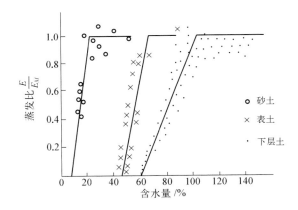

图 2-8　不同土壤的土壤蒸发与土壤含水量的关系

2. 土壤孔隙性

土壤孔隙性是指土壤孔隙的形状、大小和数量等指标的状况，它可通过影响土壤水分存在形态和连续性来影响土壤蒸发。一般而言，直径 0.1～0.001mm 孔隙的毛管作用最强，大于 0.1mm 和小于 0.001mm 的孔隙不受毛管作用影响。

土壤孔隙性与土壤质地、结构和层次等密切相关。例如，砂粒土和团聚性强的黏土因毛管多数断裂而使其蒸发小于砂土、重壤土和团聚性差的黏土。在分层明显的土壤中，上轻下重的层次结构使土壤层次界面附近的孔隙呈上大下小的"酒杯"状分布，反之呈上小下大的"倒酒杯"状分布（图 2-9）。由于毛管力总是使土壤水分从大孔隙体系向小孔隙体系输送，因此，"酒杯"状孔隙分布不利于土壤蒸发，而"倒酒杯"状孔隙则有利于土壤蒸发。

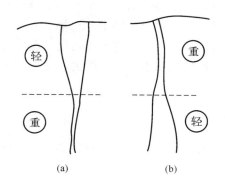

图 2-9　土壤层次与孔隙形状

3. 地下水位

地下水位主要是通过影响地下水位高低对地下水面以上土层中的土壤含水量的分布来影响土壤蒸发。土层中的土壤含水量一般分为毛管水活动区和含水量稳定区。当土层全部处于毛管水活动区内时，水分向土层表面运行迅速，土壤蒸发较大；当处于土壤含水量稳定区时，水分运移困难，土壤蒸发较小。土壤蒸发随地下水埋深的增加而递减。

4. 土壤温度梯度

从热量角度而言，土壤温度的高低显著影响着土壤蒸发。温度高蒸发快，温度低蒸发慢。温度不同的地方水汽压、表面张力亦不相同。水汽压随温度增加而增大，表面张力则相反。气态水总是从水汽压大处向水汽压小处运行，液态水总是从表面张力小处向表面张力大处运行，因此土壤水分总是由高温处向低温处运行。温度梯度影响水分运行的数量多少与土壤初始含水量有关，土壤含水量过大或过小时参与运行的水分都较少，只有在毛管断裂含水量的中等含水量范围内，参与运行的水分比较多，温度梯度对土壤蒸发的影响才比较明显。

（三）土壤蒸发的确定方法

土壤蒸发的确定方法有水汽输送法、能量平衡法、水量平衡法、器测法和经验公式法等，此处仅介绍与水面蒸发有所不同的器测法和经验公式法。

1. 器测法

土壤蒸发的测定常用称重式土壤蒸发器，通过直接称重或静水浮力称重的方法测出某一时段（一般为 1 天）蒸发器内土体重量的变化，并考虑到观测时段内降水和土壤渗漏水量，应用水量平衡原理计算土壤蒸发量。目前我国采用的仪器是 ГГИ-500 型土壤蒸发器。

据水量平衡原理，时段土壤蒸发量计算公式为

$$E=0.02（G_1-G_2）-（R+F）+P \qquad (2-25)$$

式中，E 为土壤蒸发量；R 为径流量；F 为渗漏量；P 为降雨量；G_1，G_2 分别为前后两次筒内土样重量；0.02 为 500cm^2 面积蒸发量的换算系数。还可利用张力计测定土壤水吸力，再利用土壤含水量与土壤水吸力的关系换算获得土壤的含水量变化，从而确定土壤蒸发量。此外，利用 γ 射线、中子仪及时域反射仪等物理手段测定土壤含水量的方法，已在黄土高原土壤蒸发量的确定中得到广泛应用。迄今，器测法主要适宜于单点土壤蒸发测量，由于受到下垫面条件复杂的影响，应用于大面积范围土壤蒸发量测定具有一定的局限性。

2. 经验公式法

土壤蒸发公式建立的原理与水面蒸发相同，基本公式的结构亦基本相似：

$$E_{\pm} = A_s(e'_{0s} - e_a) \qquad (2-26)$$

式中，$E_{\pm}$ 为土壤蒸发量；A_s 为反映气温、湿度、风等外界条件质量交换系数；e'_{0s} 为土壤表面水汽压，表土饱和时 e'_{0s} 等于饱和水汽压；e_a 为大气水汽压。

三、植物散发

（一）植物散发的物理机制

植物散发是植物根系从土壤中吸取水分并通过根、茎、叶、枝散逸到大气中的一种生理过程，是以植物为蒸发面的蒸发。

植物根系从土壤中吸水并向茎叶传输的动力是根土渗透势和散发拉力，植物散发是在二者的共同作用下实现的。植物根系中溶液浓度与四周土壤水浓度之间存在着梯度差，导致根土渗透势的产生，渗透压差可达十余个大气压，使得根系可以不断地吸取土壤中的水分。散发拉力是由于叶面的散发作用而引起叶肉细胞缺水，水溶液浓度增加，而向叶脉直至根系吸水的一种植物力，由其所形成的吸收水量可达植物总需水量的90%以上。

植物根系从土壤中吸水后，经根、茎、叶柄和叶脉输送至叶面，其中约0.01%用于光合作用，不足1%成为植物的组成部分，近99%为叶肉细胞所吸收，在太阳能作用下汽化，然后通过气孔向大气中散逸。因此，植物散发既是物理过程，又是生理过程，是发生于土壤-植物-大气系统中的现象，与土壤环境、植物生理和大气环境之间存在着密切关系。

（二）植物散发的影响因素

植物散发的影响因素有气象因素、土壤含水量和植物生理条件三类。

1. 气象因素

影响植物散发的气象因素与影响水面蒸发、土壤蒸发的气象因素相同，主要有温度、湿度、日照和风速等，但对植物散发而言，温度和日照的影响更为重要。

当气温在1.5℃以下时，植物几乎停止生长，散发极小。当气温超过1.5℃时，散发率随气温的升高而增强。土温对植物散发有明显的影响。土温较高时，根系从土壤中吸收的水分增多，散发加强。土温较低时，这种作用减弱，散发减小。

植物在阳光照射下，散发加强。散射光能使散发增强30%～40%，直射光则能使散发增强数倍。白天叶片气孔开启度大，水分散发强。因此，植物散发主要是在白天进行，中午达到最大，约95%的日散发量在白天发生；夜间气孔关闭，散发很弱，散发量约为白天的10%。

2. 土壤含水量

土壤水中能被植物吸收的是重力水、毛管水和一部分膜状水。当土壤含水量大于一定值时，植物根系就可以从周围土壤中吸取充足的水分以满足散发需要，植物散发强度可达到散发能力，散发量大小与植物种类关系不大，主要是与气象因素有关。当土壤含水量减小时，植物散发率随之减小。当土壤含水量下降至凋萎系数时，植物因不能从土壤中吸取水分来维持正常生长而逐渐枯死，植物散发也因此而趋于零。此时，植物类型成为控制散发的重要因素。在持续干旱期，深根植物比浅根植物散发的水量要多。在干旱条件下，旱生植物即荒漠树种的单位面积气孔较少，且接受辐射的表面积较少，散发的水分极少。湿生植物具有深达地下水位的根，散发速率多与通气层含水量无关。所有的植物都在一定程度上能控制气孔开口，即使是中生植物，即温带植物，也有一定的在旱季减低散发的能力。

3. 植物生理条件

植物生理条件在这里仅指植物的种类和植物在不同生长阶段生理上的差别。不同种类的植物因其生理特点不同，散发率也有较大差异。例如，针叶树种的散发率小于阔叶树种和草本植物，针叶林带的散发率仅为草原的 80%～90%。同一植物在不同的生长阶段的散发率也不相同。度过冬天的老针叶树的散发量仅为幼针叶树的 1/3～2/7。水稻整个生长期内几乎都是按散发能力散发的，但在不同的生长阶段，散发率相差很大（表 2-2）。

表 2-2　江苏珥陵灌溉实验站 1975 年水稻各生长阶段平均田间蒸发量　　（单位：mm/d）

水稻	稻苗复青期	分蘖期	拔节-抽穗期	成熟期
早稻	5.1	6.2	7.7	6.2
中稻	4.2	5.4	5.8	4.4
晚稻	3.8	5.2	5.9	4.0

（三）植物散发量的确定方法

植物散发量的确定较为复杂，大面积的植物散发可以通过各种散发模型等来计算，个体和小样本的植物散发可以根据植物生理特点进行直接测定，这样就形成了确定植物散发的分析估算和直接测量两类方法。

分析估算方法主要有基于水量平衡和热量估算等的各种散发模型，如林冠散发模型。林冠散发模型的基本原理，是林冠覆盖水平面积上的散发量等于较大的总叶面面积上各部分水汽通量的总和，因此任意森林面积上的散发量，是该森林覆盖面积与林冠综合散发率的乘积。设全部树叶平均散发率为 $\overline{E}_t$，森林覆盖面积为 F，森林的总叶面积为 F'，F'/F 为树叶面积指数，则林冠的综合散发率 E_t 为

$$E_t = \overline{E}_t F' / F \tag{2-27}$$

直接测量有器测法、坑测法、棵枝称重法等。器测法是将植物栽种在不漏水的容器内，土壤表面密封以防止土壤蒸发，这样水分只能通过植物散发逸出，视植物生长需要随时浇水，定时对植物及容器进行称重，最后求出总浇水量及实验时段始末植物重量差，就可以计算出散发量。坑测法是通过两个试验坑进行对比观测，其中一个栽种植物，另一个不栽种植物，二者土壤含水量之差即为植物散发量。棵枝称重法是通过裹在植枝上的特制收集器，直接收集植物棵枝分泌出的水分来确定其散发量。这两种方法都在一定程度上限定了植物生态环境，测量精度受到一定影响，加之它们不可能模拟天然条件，只能在实验条件下对小样本进行研究，因此测定结果仅具有理论价值，很难直接应用。

四、区域蒸散发

区域表面通常由裸露岩土、植被、水面、不透水面等组成，所以把区域上所有蒸发面的蒸散发综合称为区域蒸散发，亦称区域总蒸发。如果气候条件一致，区域内各处的水面蒸发量大致相等。区域内水面面积所占比重通常较小，约为 1%，因此区域蒸散发量的大小主要取决于土壤蒸发与植物散发，也可把二者合称为陆面蒸发，主要受土壤蒸发规律和植物散发规律所支配。理论上讲，确定区域蒸散发最直接、最合理的方法应是先分别确定各类蒸发面的蒸散发量，然后相加得出区域总蒸散发量。但是由于区域内的气象条件和下垫面条件十分

复杂，土壤蒸发和植物散发的确定十分困难，因此，实际工作中一般是从区域综合的角度出发，将区域蒸散发作为整体来间接估算确定区域总蒸发量，其方法有水量平衡法、水热平衡法和经验公式法等。

（一）水量平衡法

当区域内有较长时段的降雨、径流资料时，根据任意时段的区域水量平衡方程，即可推算区域的总蒸发量。任意时段区域水量平衡方程的基本形式为

$$E_i = P_i - R_i \pm \Delta W \tag{2-28}$$

式中，E_i 为时段内流域总蒸发量；P_i、R_i 分别为 i 时段内区域平均降水量和平均径流量；ΔW 为时段内流域蓄水量的变化量。

该方法在计算过程中将各项观测误差和计算误差最终归入蒸发项内，影响估算的精度。此外，较短时段的区域内蓄水变量往往难以估算，使该方法的适用性受到限制。当时段内流域的蓄水量变化甚微，如计算多年平均总蒸发量时，其精度和结果较为可靠。该方法适用于较大区域，也常用作检验其他方法的标准。

当时段内区域的蓄水量变化较大时，根据流域的蓄水情况，可将区域蒸散发分为三个阶段（图2-10）。三个阶段之间，第一个临界流域蓄水量 W_a 应该略小于田间持水量，第二个临界流域蓄水量 W_b 亦应略小于毛管断裂含水量。

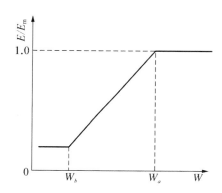

图 2-10　流域蒸散发与蓄水量的关系

根据图 2-10 所示流域蒸散发的特点建立的区域蒸散发的计算公式为

$$E = \begin{cases} E_m & W \leqslant W_a \\ 1 - \dfrac{1-C}{W_a - W_c}(W_a - W) & W_b < W < W_a \\ CE_m & W \leqslant W_b \end{cases} \tag{2-29}$$

式中，E 为流域蒸散发量；E_m 为流域蒸散发能力；W 为流域蓄水量；C 为小于 1 的系数，取值一般为 0.15～0.05。流域水量平衡的验证表明，一般情况下该方法的计算精度能够满足实际工作需要。

应用式（2-29）的关键是确定区域的蒸散发能力 E_m。区域蒸散发能力难以通过直接观测获得，实际工作中多是根据水面蒸发资料通过蒸散发系数折算获得，缺乏水面蒸发观测资料时可用经验公式来估算。桑斯威特（Thornthwaite）公式是一个在美国和日本广泛使用的流域蒸散发能力估算经验公式。它以月平均气温为主要影响因素，计算获得月平均热能指数，然后累加得到年热能指数，建立起一年中任一月的区域蒸散发能力计算公式，为

$$\begin{cases} E_{m} = 16b\left(\dfrac{10T}{I}\right)^{a} \\ I = \displaystyle\sum_{j=1}^{12} i_{j} \\ i = \left(\dfrac{T}{5}\right)1.514 \end{cases} \tag{2-30}$$

式中，i 为月热能指数；I 为年热能指数；T 为月平均气温；a 为与年热能指数有关的函数，$a=6.7\times10^{-7}I^{3}+7.7\times10^{-5}I^{2}+1.8\times10^{-2}I+0.49$；$b$ 为修正系数，为最大可能日照时数与 12 小时的比值。

（二）水热平衡法

基于水热平衡的区域总蒸发量一般表达式为

$$\frac{E}{P} = \varphi\left(\frac{R}{LP}\right) \tag{2-31}$$

式中，E/P 为蒸发系数，体现水量平衡关系；R/LP 为辐射干燥指数，R 为辐射平衡值，体现热量平衡关系。

（三）经验公式法

在流域蒸散发影响因素分析基础上，利用水量平衡、热量平衡原理，可推导出计算流域蒸散发的经验公式。

史拉别尔根据许多地区的长期观测资料，建立了蒸发量与降水量、辐射平衡值之间的关系式

$$E = P(1 - e^{-R/LP}) \tag{2-32}$$

奥里杰科普则提出了利用降水量 P、蒸发能力 E_{m} 计算流域蒸发量的公式

$$E = E_{P}\,\text{th}\,\frac{LP}{R} = \frac{R}{L}\,\text{th}\,\frac{LP}{R} \tag{2-33}$$

布德科在根据世界不同气候类型实测资料验证了史氏、奥氏两个公式的基础上，认为取上述二式的几何平均所得到的区域蒸散量更接近实际，其计算公式为

$$E = \left[\frac{RP}{L}\,\text{th}\,\frac{LP}{R}\left(1 - \text{ch}\,\frac{R}{LP}\,\text{sh}\,\frac{R}{LP}\right)\right]^{\frac{1}{2}} \tag{2-34}$$

式中，th、sh、ch 分别为双曲正切、双曲余弦、双曲正弦函数。

布德科应用此式计算了欧洲南部 20 个流域的年蒸发量，其结果与应用水平衡方法计算得出的结果相比，相对误差平均为 6%。

第二节　水汽扩散与输送

水汽扩散运动使得海水和陆地水源源不断地蒸发升入空中，并随气流全球各地输送，然后再凝结，以降水形式回归海洋和陆地。所以，水汽扩散与输送是海水、陆地水与大气水联系的纽带，在天气和气候的形成与发展中起着重要作用，是揭示大气水、地面水和地下水在内的水文循环与水量平衡基本规律和水资源评价与开发利用的基本理论依据。

一、水汽扩散

水汽扩散是指由于大气中的物质、粒子群等的随机运动而扩展到给定空间的一种不可逆现象。在水汽扩散过程中，水团和水团的动量与热量或所携带的溶质、胶质、有机质等逐渐混合，形成了质量、动量和热量的转移现象。

（一）分子扩散

分子扩散是大气中的水汽和液态水分子不断运动并相互碰撞的过程。例如，蒸发过程中液面上的水分子由于布朗运动而脱离水面向大气散逸的现象就是典型的分子扩散。分子扩散符合费克（Fick）第一定律，即单位时间内通过单位面积上的扩散物质（E）与该断面上的浓度梯度成比例，其表达式为

$$E = -k\frac{\partial c}{\partial x} \tag{2-35}$$

式中，c 为扩散物质的浓度；$\frac{\partial c}{\partial x}$ 为 x 方向上的浓度梯度；k 为扩散系数。对于一定的扩散物质，在一定的温度下 k 为常数。式中负号表示质量自大向小的方向转移或传递。

分子扩散同时也满足物质守恒原理，取长度为 Δx，高为 Δz，宽为 Δy 的微小空间体（图 2-11），设沿 x 方向单位面积上进入的物质通量为 E_x，流出的物质通量为 $E + \frac{\partial E_x}{\partial x}\Delta x$。在此空间中，沿 x 方向浓度在时间上变化率为 $\left(\frac{\partial c}{\partial t}\right)\Delta x$。

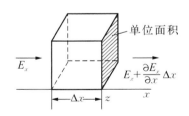

图 2-11　扩散物质平衡示意图

据质量守恒原理，可得

$$E_x - \left(E_x + \frac{\partial E_x}{\partial x}\Delta x\right) = \left(\frac{\partial c}{\partial t}\right)\Delta x \tag{2-36}$$

于是

$$\frac{\partial E_x}{\partial x} + \frac{\partial c}{\partial t} = 0 \tag{2-37}$$

将式（2-35）代入式（2-37），得

$$\partial\left(-k_x\frac{\partial c}{\partial x}\right)/\partial x + \partial c/\partial t = 0 \tag{2-38}$$

或

$$\frac{\partial c}{\partial t} = k_x \frac{\partial^2 c}{\partial x^2} \tag{2-39}$$

这是沿 x 方向的一维分子扩散方程。同理可推导出三维空间的分子扩散方程

$$\frac{\partial c}{\partial t} = k_x \frac{\partial^2 c}{\partial x^2} + k_y \frac{\partial^2 c}{\partial y^2} + k_z \frac{\partial^2 c}{\partial z^2} \tag{2-40}$$

分子在质量扩散的同时,亦伴随着动量和热量的转移。同理可得动量和热量转移方程。三种方程形式完全一致,只是系数和参数含义不同。例如,根据费克定律,有热量转移方程

$$Q_w = -\lambda \frac{\partial T}{\partial Z} \tag{2-41}$$

式中, Q_w 为热量通量; $\partial T / \partial Z$ 为温度梯度; λ 为导热系数,有

$$\lambda = C_p \rho k_i \tag{2-42}$$

式中, C_p 为水汽比热; ρ 为水汽密度; k_i 为导温系数。

(二)对流扩散

对流扩散又称对流混合,是由静力或动力等原因引起的流体的对流运动,可形成质量、热量及动量的混合。由温度变化引起密度变化而产生的流体运动为垂直对流扩散,由风力、梯度力等引起的流体运动为水平对流扩散。物质的对流运动和分子扩散运动往往是叠加在一起的。对于具有流速 v 的某种物质在 x 方向上的运动,通过单位面积总的通量是

$$E = vc + \left(-k \frac{\partial c}{\partial x} \right) \tag{2-43}$$

把式(2-43)代入式(2-37),可得一维对流扩散方程

$$\frac{\partial c}{\partial t} + \frac{\partial}{\partial x}(vc) = k_x \frac{\partial^2 c}{\partial x^2} \tag{2-44}$$

同理,可得到三维对流扩散方程

$$\frac{\partial c}{\partial t} + \frac{\partial}{\partial x}(vc) = k_x \frac{\partial^2 c}{\partial x^2} + k_y \frac{\partial^2 c}{\partial y^2} + k_z \frac{\partial^2 c}{\partial z^2} \tag{2-45}$$

在水文学中,对流扩散现象主要有大气对流引起的热量和水汽的扩散,海洋、湖泊、水库中的水的对流引起的水体内部热量交换等。此外,泥沙运动、盐分扩散、河流中的环流引起的物质混合也存在对流现象。

(三)紊动扩散

紊动扩散又称紊动混合,是大气扩散运动的主要形式。液态水分子受到外力作用,原有的运动规律被破坏,就会形成规模大小不等的涡旋,它们也像分子运动一样呈现不规则的交错运动,由此形成的混合现象称为湍流运动。大气运动大多属于湍流运动,由湍流引起的扩散现象称为湍流扩散。大气紊流在扩散过程中伴有质量转移、动量转移和热量转移,促使质量、动量、热量的分布趋向均匀。但是紊动扩散系数往往是分子扩散系数的数千百倍,所以

紊动扩散作用远大于分子扩散作用。

泰勒等的实验研究与理论分析表明，紊动扩散方程与对流扩散方程具有相同的形式，把式（2-44）中的分子扩散系数 k 换为紊动扩散系数 D，即得紊动扩散方程。

在费克定律基础上建立的分子扩散和紊动扩散方程实质上就是物质平衡方程。根据扩散物质浓度是否存在时间变化，可将紊动扩散分为恒定态和非恒定态两种情况。在一个单元空间内，如果扩散物质的浓度不随时间变化，即 $\partial c / \partial t = 0$，则其稳动扩散属于恒定态紊动扩散；反之，如果扩散物质的浓度随时间变化，即 $\partial c / \partial t \neq 0$，则其稳动扩散属于非恒定态紊动扩散。二者的扩散方程为

恒定态紊动扩散方程：
$$v \frac{\partial c}{\partial x} = D_x \frac{\partial^2 c}{\partial x^2} + D_y \frac{\partial^2 c}{\partial y^2} + D_z \frac{\partial^2 c}{\partial z^2} \qquad （2-46）$$

非恒定态紊动扩散方程：
$$\frac{\partial c}{\partial t} + v \frac{\partial c}{\partial x} = D_x \frac{\partial^2 c}{\partial x^2} + D_y \frac{\partial^2 c}{\partial y^2} + D_z \frac{\partial^2 c}{\partial z^2} \qquad （2-47）$$

式中，$v \dfrac{\partial c}{\partial x}$ 为对流项；x、y、z 分别为水平坐标、横向坐标和垂向坐标；D_x、D_y、D_z 分别为 x、y、z 方向上的紊动扩散系数。

紊动扩散理论可以解释许多水文现象的成因，如河流中泥沙悬移质、污染物质的扩散等，水体在有风时的水面蒸发、水体内部的水温变化等都与紊动质量交换有关。

二、水汽输送

水汽输送是指大气中水分随气流从一地区输送到另一地区或由低空输送到高空的现象。大气中的水汽虽然只占地球总水量的极小部分，但是由于空气的流动性很大和大气与地球表面的水分交换率极高，水汽输送成为全球水循环中最活跃的一个环节。水汽输送有水平输送和垂直输送两种方式。其中前者主要把海洋上空的水汽带到陆地上空，是水汽输送的主要形式；后者由空气上升运动把低层水汽输送到高空，是成云致雨的重要原因。水汽输送过程中，其含量、运动方向与路线、输送强度等时常会发生改变，对沿途地区的降水影响极大。

（一）水汽输送的水量平衡

假定某一给定区域上的气柱，取下界为地面，上界为对流层顶（图 2-12），据水量平衡原理，可建立该气柱的大气水分平衡方程式

$$(W_1 + E_i) - (W_2 + P_i) = \Delta W \qquad （2-48）$$

式中，W_1 为流入气柱的水汽量；W_2 为流出气柱的水汽量；E_i 为蒸散发量；P_i 为降水量；ΔW 为气柱内水汽变量。

对于长时段，$\Delta W \to 0$，气柱内的时段降水量为

$$P_i = W_1 - W_2 + E_i \qquad （2-49）$$

区域蒸发量通常远小于水汽输送量，所以区域降水量的大小主要取决于出入该气柱的水汽量的多少。

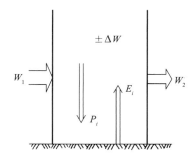

图 2-12 水汽平衡示意图

（二）水汽输送的度量

水汽输送通常用水汽输送通量与水汽通量散度两个基本参数指标进行定量表述。

1. 水汽输送通量

水汽输送通量是指单位时间内流经某一单位面积的水汽量。水汽输送通量有水平输送通量和垂直输送通量之分，通常所说的水汽输送通量主要是指水平方向的水汽输送通量。

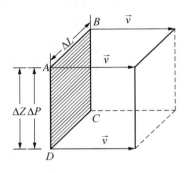

图 2-13　水汽通量示意图

取一与水平面正交、垂直于风速的矢量截面 $ABCD$（图 2-13），高为 ΔZ，底边长为 ΔL，风速为 $\vec{v}$，空气密度为 ρ，比湿为 q，则单位时间流经该截面的水汽质量为 $\rho q v \Delta L \Delta Z$，单位时间流经该截面单位面积的水汽质量为 $\rho q \vec{v}$。

若用气压 P 表示垂直坐标，因 $\Delta P = -\rho g \Delta Z$，则 $|\Delta Z| = \dfrac{|\Delta P|}{\rho g}$，故单位时间通过该截面的水汽质量为

$$\rho q \vec{v} \cdot \Delta L \cdot \Delta Z = \rho q \vec{v} \cdot \Delta L \cdot \frac{\Delta P}{\rho g} = \frac{1}{g} q \vec{v} \cdot \Delta L \cdot \Delta P \qquad (2\text{-}50)$$

取 $\Delta L \Delta P = 1$，则水平方向的水汽输送通量为

$$E = \frac{1}{g} q \vec{v} \qquad (2\text{-}51)$$

水汽输送通量是一个向量，输送方向与风速相同，可分解为经向输送和纬向输送两个分量。规定纬向输送向东为正，向西为负；经向输送向北为正，向南为负。

2. 水汽通量散度

水汽通量散度是指单位时间从单位体积汇入或散出的水汽量，也是一个向量，其计算公式为

$$\vec{v}(q\vec{v}/g) = \frac{1}{F} \sum_i (q v_n \Delta L)_i / q \qquad (2\text{-}52)$$

式中，$(q v_n \Delta L)_i / q$ 为通过长度为 ΔL_i 边的水汽通量；v_n 为与该边正交的风速分量。

设一边长 BC 为 1 个单位、厚度为 1hPa 的体积（图 2-14），则 $\vec{v}(q\vec{v}/g)$ 表示由于水平运动而引起单位时间内单位体积中水汽的净流出量（或净积聚量）。当 $\vec{v}(q\vec{v}/g) > 0$ 时，表示水平方向上有水流净流出；当 $\vec{v}(q\vec{v}/g) < 0$ 时，表示在水平方向上有水汽净积聚。

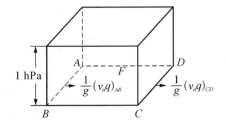

图 2-14　水汽通量散度示意图

根据风速和湿度资料，可以计算出任一地点的水汽通量散度，并可用等值线表示大范围的水汽通量散度场。散度为正的地区，水汽自该区向四周辐散，称为水汽源，降水较少；散

度为负的地区，四周有水汽向该处汇集，称为水汽汇，降水比较多。例如，我国黄土高原和华北平原常年为水汽源，东南沿海地区为主要水汽汇。

（三）水汽输送的分布与特点

全球不同纬度地带的水汽输送基本情况是，大约 $10°N \sim 10°S$ 地区为水汽辐合区，是水汽汇，降水量大于蒸发量。$10°N \sim 35°N$ 和 $10°S \sim 40°S$ 地区为水汽辐散区，是水汽源，蒸发量大于降水量。约 $35°N$ 以北和 $40°S$ 以南地区为水汽辐合区，是水汽汇，降水量略大于蒸发量。

刘国纬等选用我国 122 个探空站及国外 27 个探空站的资料，以 1983 年为典型年，系统地分析了我国水汽输送的特点。

1. 存在三个基本水汽来源和三条输出路径，季节变化明显

我国的三个水汽基本来源是极地气团的西北水汽流、南海水汽流和孟加拉湾水汽流，它们各自分别有方向不同的输出路径，并存在明显的季节变化。西北水汽流自西北方向入境，于东南方向出境，大致呈纬向分布，冬季盛行于大陆广大地区，可达长江流域，夏季退缩至黄河以北，虽然所含水汽量很小，但风力强劲且稳定。南海气流自广东、福建沿海入境北上，至长江中下游地区发生偏转，由长江口附近出境，呈明显的经向分布，夏季输送至华北平原，冬季退居 $25°N$ 以南地区，水汽含量丰沛，输送通量大。孟加拉湾水汽流通常自北部湾入境，流向广西、云南，继而折向东北，在贵阳—长沙一线与南海水汽流汇合后进入长江中下游地区，然后出境，春季强盛，冬季局限于华南沿海。就多年平均状况而言，中国大陆的南边界、西边界、北边界均为水汽出入口，其中南边界为主要水汽入口，东边界主要为水汽出口。

2. 以大气平均环流引起的平均输送和移动性涡动输送为主要形式

我国水汽输送的形式主要有两个，即大气平均环流引起的平均输送和移动性涡动输送。平均输送的方向与风场平均流向基本一致，涡动输送的方向与湿度梯度方向相吻合，即从湿度大的地区指向湿度小的地区。在我国的水汽输送中，平均输送处于主导地位，而涡动输送在把东南沿海地区上空丰沛的水汽向内陆腹地输送中起着重要作用。

3. 海陆分布与地貌格局决定了水汽输送场的基本形势

我国的海陆分布大势决定了上空湿度场呈现由东南向西北递减的分布形势，进而决定了我国降水相同的地区分布大势。西藏高原雄踞西南的地貌格局，决定了我国水汽输送场存在南北两支水汽流，$30°N$ 以北地区盛行纬向水汽输送，以南地区盛行经向水汽输送，秦岭—淮河一线为南、北气流汇合的水汽流辐合带。

4. 水汽输送场垂直分布差异明显

水汽输送场垂直分布存在明显差异，各高度水汽输送的来源和方向不尽相同，自低层到高层存在经向到纬向的顺时针向切变。850hPa 高度上，水汽输送场全年比较复杂；700hPa 高度上，淮河以北盛行西北水汽流，淮河以南盛行西南水汽流，于 $30°N \sim 35°N$ 一带汇合后东流出境；500hPa 高度上，全年水汽输送呈现纬向分布，低层大气经向输送比较明显。

近年来气候变暖、极端气候频发等全球气候的复杂变化，影响到全球和不同地区水分的变化与循环。任国玉等选取 $1948 \sim 2003$ 年我国大陆地区 733 个台站地面云资料，分析了我国大气水汽通量的变化趋势，发现 $1968 \sim 2003$ 年 $110°E \sim 120°E$ 地区的水汽通量存在明显的南退趋势，大气经向水汽通量[50kg/（m·s）]的北界平均每 10 年南退 2.8 个纬度，华北地区和黄河流域的大气水汽通量辐合量呈减少趋势，长江中下游、淮河、长江以南地区大气水汽通量辐合呈增加趋势。

第三节 降 水

一、降水的概念与指标

降水是指大气中的水汽以液态水或固态水的形式从空中降落到地面的现象，是自然界所发生的雨、雪、露、霜、雹等现象的统称，其中降雨和降雪是其主要形式。降水是水循环过程最基本的环节和水量平衡最基本的要素，也是陆地上各种水体直接或间接地补给水源和人类用水的根本来源，降水时空分布的不均匀性和不稳定性是形成洪涝和干旱灾害的主要直接原因。因此，降水研究是揭示水文规律的基础，也是水资源开发利用与管理的依据，在洪水分析和水文预报中具有举足轻重的作用。

表述降水特征的指标有多种，其中应用广泛的主要有以下几个。

1. 降水量

降水量是指一定时段内降落在某一面积上的总水量，通常用降水深度表示，以毫米计。即该时段内降落在某一面积上的水层厚度，有日降水量、月降水量、季降水量、年降水量和次降水量之分。

2. 降水历时和降水时间

降水历时是指一次降水过程自始至终所经历的时间，以分、小时、日、月、年计。降水时间是指对应于某一降水量的时间长度，如最大 1 天降水量，其中的 1 天即为降水时间。降水时间的长短是人为划定的，如 1 小时、3 小时、6 小时、12 小时或 1 天、5 天、9 天，降水时间内降水过程不一定连续。

3. 降水强度

降水强度是指单位时间内的降水量。实际工作中通常根据降水强度的大小来划分降水的等级（表 2-3）。

4. 降水面积

降水面积即降水所笼罩的面积。

表 2-3　降水强度分级　　　　　　　　　　　　　　（单位：mm）

降水等级	12 小时降水量	24 小时降水量
小雨	0.2～5.0	<10
中雨	5～15	10～25
大雨	15～30	25～50
暴雨	30～70	50～100
大暴雨	70～140	100～200
特大暴雨	>140	>200

二、降水的观测

降水量可采用器测法、雷达探测法和气象卫星云图估算法等来确定，其中器测法一般用来测量降水量，雷达探测法和气象卫星云图估算法一般用来预报降水量。

（一）器测法

观测降雨的仪器有雨量器和自记雨量计两种，其中雨量器用以测量一定时段内的降水量，自记雨量计则用以观测次降水的强度变化过程，从而获得各种历时的降水量及降水总量。

雨量器由承雨器、漏斗、储水瓶和雨量杯组成。雨量器外壳上节为口径 20cm 的漏斗，下节筒内置一储水瓶用来收集雨水。测量时将储水瓶中的雨水倒入特制的雨量杯内读取降水量，每一小格水量相当于 0.1mm 降雨，每一大格水量相当于 1.0mm 降雨。降雪季节仅用外筒作为承雪器，待雪融化后再读取降雪量。水文测站一般采用定时分段观测制，通常采用每日 8 时和 20 时的 2 段观测制，雨季采用 4 段制和 8 段制。

自记雨量计能自动连续记录降雨过程，常用的主要有虹吸式和翻斗式两种。利用自记雨量计的记录成果，可以确定降水量、降水时间和随时间的累积降雨量，并可根据降雨量累积曲线的坡度变化确定降水强度的变化，这些成果是推求降水强度和确定暴雨的重要资料。

（二）雷达探测法

气象雷达是利用云、雨、雪等对无线电波的反射来发现目标。根据雷达气象方程和雷达探测到的降水回波位置、移动方向、速度及变化趋势等的资料就可预报出探测范围内的降水量、降水强度及始终时刻。降水观测所用雷达的有效探测范围为 40～200km。

雷达测雨在实时跟踪暴雨中心走向和暴雨时空分布变化方面具有明显优势，可以直接测得降水的空间分布和提供流域平均降水量。目前，中国已在长江三峡区间和黄河小浪底-花园口区间等重点防洪地区建立了雷达测雨系统。

（三）气象卫星云图估算法

目前，水文方面是利用地球静止卫星发回的短时间间隔云图图像资料，即可见光云图（用亮度反映云的反射率强弱）和红外线云图（反映云顶的温度和高度），再借助模型估算降雨量。这种方法可引入人机交互系统，自动进行数据采集、云图识别、降雨量计算、雨区移动预测等工作，也是未来测雨技术的发展方向。

三、点降水时空分布的表示方法

目前，气象站和水文站基本上都是采用雨量器和雨量计来观测降水，测得的结果代表的是雨量器周围小范围内的降水量，通常称为点降水量，其时空分布特征常用降水量过程线、降水量累积曲线、等雨量线等指标来描述。

（一）降水过程线

以时段降水量为纵坐标，时段顺序为横坐标绘制而成的柱状图或曲线即为降水过程线，一般以直方图来表示（图 2-15）。它显示降水随时间的变化过程，是分析流域产汇流和洪水的最基本资料。此曲线图中只包含有降水强度和降水时间，不包含降水面积。由于时段内的降水可能是不连续的，所以降水过程线并不能完全反映降水的真实过程。

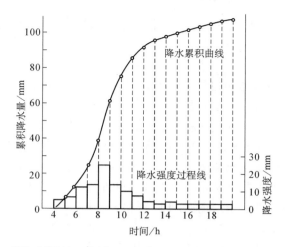

图 2-15　浙江新昌站 1956 年 6 月 12 日一次降水的过程线和累积曲线

（二）降水累积曲线

降水累积曲线是以时间为横坐标，以自降水开始到某一时段的累积降水量为纵坐标所做的降水特征曲线（图 2-15）。自记雨量计所记录的曲线就是降水累积曲线。降水量累积曲线的平均坡度为该时段内的平均降水强度，即

$$\bar{i} = \Delta P / \Delta t \tag{2-53}$$

式中，$\bar{i}$ 为 Δt 时段内的平均降水强度；ΔP 为 Δt 时段内的降水量；Δt 为降水时段长。

弱 Δt 时段很短，则可得瞬时降水强度 i，即

$$i = \mathrm{d}p/\mathrm{d}t \tag{2-54}$$

所以，降水累积曲线任一点切线斜率就为相应时刻的瞬时降水强度。如果将同一流域各雨量站的同一次降水的累积曲线绘制在一起，可用来分析降水在流域上的空间分布和时段上的变化特征，并可用来校验各雨量站的观测资料。

（三）降水量等值线图

对于面积较大的区域，为表示次、日、月、年降水量的分布情况，可绘制降水量等值线图。降水量等值线图亦称等雨量线图，是绘有降水量等值线的地形图（图 2-16）。降水量等值线亦称等雨量线，是指区域内降水量相等点的连线。等雨量线图的绘制方法类似于等高线图的绘制方法。利用等雨量线图可以确定各地的降水量和降水面积，分析区域降水的空间分布规律，但无法判断降水强度及其变化和降水历时。

四、区域平均降水量的计算

雨量站观测得到的是点降水量，实际工作中常要用到区域平均降水量，这就需要通过一定的方法将点降水量转换为面降水量。我国常用的区域平均降水量确定计算方法有算术平均法、泰森多边形法和等雨量线法三种（图 2-17），美国气象系统应用的是客观运行法。

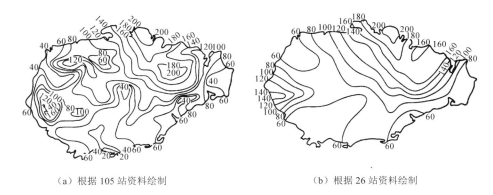

（a）根据 105 站资料绘制　　　　　　　　　（b）根据 26 站资料绘制

图 2-16　海南岛降水量等值线图（单位：mm）

（一）算术平均法

该法以区域内各雨量站同时段降水量的算术平均值作为该区域的平均降水量[图 2-17（a）]。其计算公式为

$$\overline{P} = \frac{1}{n}(P_1 + P_2 + \cdots + P_n) = \frac{1}{n}\sum_{i=1}^{n} P_i \tag{2-55}$$

式中，n 为雨量站数目；P_i 为各雨量站的同期降水量。算术平均法简单易行，适用于流域内地形起伏不大，雨量站稠密且分布均匀的地区。

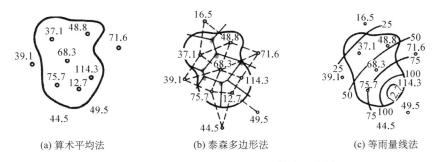

（a）算术平均法　　　　　　（b）泰森多边形法　　　　　　（c）等雨量线法

图 2-17　流域平均降雨量三种计算法示意图

（二）泰森多边形法

若流域内雨量站分布不均匀，且有的站偏于一角，此时采用泰森多边形法更为合理[图 2-17（b）]。泰森多边形法也称垂直平分法，其做法是在图上将相邻雨量站用虚线连接成若干个三角形，形成三角网，然后作每个三角形各边的垂直平分线，连接这些垂直平分线的交点，得到若干个多边形，即泰森多边形。各多边形内都有一个且只有一个雨量站，假定每个多边形的雨量以其内的雨量站的雨量为代表,该多边形区域就是其内雨量站的控制面积。区域平均降水量为各多边形雨量的面积加权平均值，其计算公式为

$$\overline{P} = \frac{a_1 P_1 + a_2 P_2 + \cdots + a_n P_n}{a_1 + a_2 + \cdots + a_n} = \frac{1}{A}\sum_{i=1}^{n} a_i P_i \qquad (2\text{-}56)$$

式中，a_i 为第 i 个多边形的面积；A 为区域总面积；其他符号意义同前。

泰森多边形法基于雨量站间降水量线性变化的假设，适用于地形起伏不大、雨量站分布不均的区域。若区域内有高大山脉，此法的误差较大。另外，此法假定各雨量站控制面积在不同的降水过程中固定不变，不符合降水分布的实际情况，实际应用具有一定的局限性。

（三）等雨量线法

等雨量线法的计算步骤是：绘制等降雨量线图[图 2-17（c）]；量算各相邻两等雨量线间的面积，以两等雨量线所表示降水量的平均值作为两等雨量线间区域的平均降水量；计算各区域平均降水量的面积加权平均值，即为区域平均降水量，计算公式与泰森多边形法完全相同。该法考虑了地形变化对降水的影响，精度较高。但是，该法要求有足够数量的雨量站，而且每次降水都要绘制等雨量线图，工作量较大。

（四）客观运行法

客观运行法又称距离平方倒数法，近年来在美国气象系统得到广泛应用。该方法的计算步骤为：将区域划分成若干网格，每个网格均为长和宽分别为 Δx 和 Δy 的矩形，得到若干个格点（图 2-18）；依据各格点周围邻近各雨量站的雨量，确定各格点的雨量；计算各格点雨量的算术平均值，即为区域平均降雨量。此法中，各格点的雨量是用各格点周围邻近雨量站到该点距离平方的倒数进行插值而求得的，计算公式为

$$x_j = \frac{\sum_{i=1}^{m}\left(P_i / d_i^2\right)}{\sum_{i=1}^{m}\left(1 / d_i^2\right)} \qquad (2\text{-}57)$$

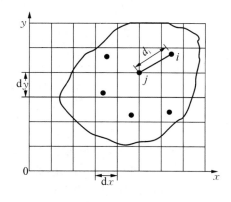

图 2-18　网格及雨量站位置

式中，x_j 为第 j 个格点雨量；m 为第 j 个格点周围邻近的雨量站站数（图 2-18 上站数为 4）；P_i 为第 j 格点周围邻近的第 i 个雨量站的降雨量；d_i 为第 j 格点到其周围邻近的第 i 个雨量站的距离。由式（2-57）计算出的每个格点的降雨量的算术平均值即为区域平均降水量。该法虽比较复杂，但是便于应用计算机进行处理，同时改进了各雨量站间雨量呈线性变化的假设，更符合实际情况。此外，该法可根据实际雨量站网的降雨量插补出各个格点的降雨量，为分布式流域水文模型的降雨输入提供了可能性。

五、流域降水量综合特征表示方法

流域降水时空分布综合特征常用下列三种曲线来表示。

（一）降水强度–历时关系曲线

降水强度–历时关系曲线是根据次降水过程观测数据资料，统计不同历时内最大的平均降水强度，以降水强度为纵坐标，历时为横坐标绘制而得的曲线（图2-19）。降水强度–历时关系曲线是随历时增加而递减的曲线，其经验关系式为

$$i_t = s/t^n \tag{2-58}$$

式中，t 为降水历时；s 为暴雨参数，相当于 $t=1$ 小时的降水强度；n 为暴雨衰减指数，一般为 $0.5 \sim 0.7$；i_t 为相应历时 t 的平均降水强度。

（二）平均降水深度–面积关系曲线

平均降水深度与面积曲线是对于一场降水，从等雨量线中心起，分别量取不同等雨量线所包围的面积及此面积内的平均降水深度，以面积为横坐标，以平均降水深度为纵坐标绘制而得的曲线（图2-20）。该曲线反映次降水过程中降水深度与面积之间的对应关系。

（三）平均降水深度–面积–历时关系曲线

平均降水深度–面积–历时曲线是分别将次降水不同历时（如 1 日、2 日……）的平均降水深度—面积曲线绘制于同一张图上而得的一组以历时为参变数的平均降水深度-面积-历时曲线（图2-20）。应用该图可以分析同一场降水的深度、面积和历时的关系。

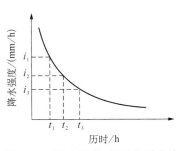

图 2-19　降水强度–历时关系曲线

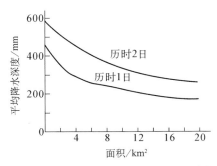

图 2-20　平均降水深度–面积–历时关系曲线

六、降水的影响因素

降水是地理位置、大气环流、天气系统、下垫面条件及人类活动等因素综合作用与影响的产物，这些因素决定了降水量的多少和时空分布特征。因此，降水的影响因素主要有地理位置、气象因子、下垫面条件和人类活动四类。降水影响因素研究对掌握降水特性、分析径流情势及洪水特点、判断降水资料的合理性和可靠性等均有重大作用。

（一）地理位置

地理位置主要通过太阳辐射平衡纬度差异和大气水汽含量经度差异而对降水产生影响，这种差异可导致不同纬度带和陆地上与海洋不同距离地区的降水差异，其基本规律是降水量

自赤道向两极递减、自沿海向内陆递减。低纬度地区气温高，蒸发量大，空气中水汽含量多，降水也多。沿海地区大气中的水汽含量多，降水充沛，越向内地降水量越小。地球上 2/3 的降水落在 30°S~30°N。例如，我国华北地区的降水量为 500~800mm，明显小于华南地区的 1300~2200mm；沿海的青岛年降水量为 646mm，向西至济南为 621mm，西安为 566mm，兰州为 325mm。

（二）地形

地形主要是通过气流抬升作用和屏障作用对降水强度和时空分布产生影响。地形对气流的强迫抬升可增加降水量，增加程度取决于空气中水汽含量的多少。中国水利水电科学研究院水文研究所对我国若干地区年平均降水量与地面高程的关系研究表明，年平均降水量一般随地面高程的增加而明显增加，但是增加的速率不同。例如，台湾中央山脉的降水垂直递增率最大可达 105mm/100m，而甘肃省祁连山地仅为 7.5mm/100m。地形抬升的增雨作用存在一个最大高度，在此高度降水量达到最大值，之上降水量不再随地面高程的增加而增大，甚至出现减少的情况（图 2-21）。柏塞尔根据瑞士的观测资料，得出最大降水高度以下降水量与高程之间的经验关系式为

$$P_h = P_0 + 1.414h + 382\tan\alpha \tag{2-59}$$

式中，P_h 为高度 h 处的降水量；P_0 为山麓处的降水量；α 为山坡的平均坡度。

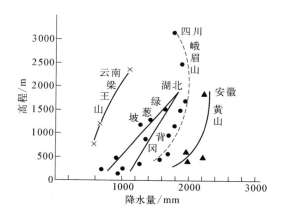

图 2-21　长江流域部分山地降水量与高程的关系

地形对降水的影响还可通过地面坡度、山体及其完整性等产生作用。地形坡度越陡，对气流的抬升作用越强烈。高大山脉对气流的阻挡作用会使气流停滞于山前，增加当地的降水量。山脉缺口和海峡是气流的通道，在此气流运动速度加快，水汽难以停留，降水机会减少。例如，台湾海峡和琼州海峡两侧地区，阴山山脉和贺兰山脉之间的缺口所在地鄂尔多斯、陕北高原的降水量相对较少，均与当地的海峡和山地缺口地形有关。

（三）气旋和台风路径

青藏高原使西风环流被阻形成南北两支，在我国的西南部易产生波动，导致气旋向东移动，春夏之间经江淮平原入海，形成梅雨；7 月和 8 月锋面北移，华北地区降水量增大。气旋经过的区域降水量大一些。我国东南沿海地区夏季常有台风入境，从而带来大量降水。

（四）森林

森林对降水的影响比较复杂。森林一方面可以截留降水，使得林下降水量减少，茂密的森林全年截留的水量可达到当地降水量的 10%～20%，供雨后蒸发；另一方面对降水量有着复杂的影响。关于森林的增加降水作用，至今存在不同的观点。第一种观点，认为森林有增加降水作用。哥里任斯基根据对美国东北部大流域的研究，得出大流域上森林覆盖率增加 10%，年降水量将增加 3%的结论。苏联学者林区与无林地区的对比观测表明，马里波尔平原林区上空所凝聚的水平降水，平均可达年降水量的 13%。吉林省松江林业局的森林区、疏林区和无林区的对比观测表明，森林区的年降水量分别比疏林区和无林区分别约多 50 mm 和 83 mm。第二种观点，认为森林无增加降水作用。汤普林认为，森林不会影响大尺度的气候，只能通过森林中的树高和林冠对气流的摩阻作用，起到微尺度的气候影响，它最多可使降水增加 1%～3%。彭曼收集亚、非、欧和北美洲地区 14 处森林的多年实验资料，经分析也认为森林没有明显的增加降水的作用。第三种观点，认为森林有减少降水作用。赵九章认为，森林能抑制林区日间地面增温，削弱对流，从而可能使降水量减少。实际观测表明，茂密森林可截留年降水量的 10%～20%，美国俄勒冈地区的美国松林冠可截留年降水量的 24%。这些截留水主要耗于雨后蒸发，从流域水循环和水量平衡的角度看，是水量损失，应从降水总量中扣除。以上三种观点都有一定的根据，森林对降水的影响肯定存在，至于影响的性质和程度，目前尚难做出定论。

（五）水体

陆地上的江河、湖泊、水库等水域对降水量的影响，主要由水面上方的热力学、动力学条件与陆面上存在的差别而引起。大型水体上空的气流因阻力小而运动速度加快，对流作用减弱，从而减小了降水的概率。水域对降水的影响总的来说是减少降水量，但这种影响存在季节差异。新安江、巢湖及长江沿岸的观测资料表明，水体分布地区比周围地区的夏季降水量少 50～60mm，而冬季降水量稍多，但不足 10mm，全年降水量是减少的。然而，在水体周边的迎风坡地带，因风速减小、气流上升运动增强而形成的增加降水现象明显。

（六）人类活动

人类活动对降水的影响一般都是通过改变下垫面条件而间接形成的，影响结果大多具有不确定性。例如，植树造林或大规模砍伐森林、修建水库、灌溉农田、围湖造田、疏干沼泽等，有的可减少降水量，有的可增大降水量。人工干预降水的行为，如人工降雨、驱散雷雨云、消除雷雹等，影响作用则是直接的，而且影响方向十分明确，但耗资较大，影响区域较小。城市化的快速发展，一定程度上改变了城市地区的局部气候条件，使得城市的降水量增加，特别是暴雨、雷电、冰雹的增多。例如，南京市区年降水量比郊区多 22.6mm，而且增加了大雨发生的机遇，雷暴和降雪的日子亦较多。城市产生的降水影响的强弱，视城市规模、工厂多少、当地气候湿润程度等情况而定。

第四节 下　　渗

下渗又称入渗，是指水分从地表渗入地下的运动过程。下渗是降雨径流形成过程的重要环节，直接决定地表径流、壤中流和地下径流的生成和大小，并影响土壤水和地下水的动态过程。下渗水量是降水径流损失的主要组成部分，下渗过程及其变化规律研究在降水形成径流过程、径流预报研究和水文水资源分析计算中起着重要作用。

一、下渗的物理过程

（一）下渗阶段

降水和地表水渗入地表以下后，水分在土壤中的运动受到分子力、毛管力和重力的控制，其过程是水分在各种作用力的综合作用下寻求平衡的过程。根据下渗中作用力的组合变化及水分的运动特征，可将下渗过程划分为三个阶段。

1. 渗润阶段

降雨初期土壤比较干燥，下渗水主要受分子力作用被土粒所吸附形成吸湿水，进而形成薄膜水。当土壤含水量达到最大分子持水量时，分子力不再起作用，该阶段结束。

2. 渗漏阶段

随土壤含水量的不断增大，下渗水逐步充填土粒间的孔隙，在表面张力的作用下形成毛管力。此时在毛管力和重力的综合作用下渗水在土壤孔隙中作不稳定流动，直到土壤孔隙被充满基本达到饱和为止。

3. 渗透阶段

土壤孔隙被水充满达到饱和状态时，水分子只能在重力作用下稳定运动。

渗润和渗漏两个阶段是非饱和水流运动，渗透阶段是饱和水流运动。上述阶段没有明显的分界，尤其在较厚的土层，三个阶段可能交错发生。

（二）下渗水的垂向分布

下渗过程中，不仅水分运动的控制力和水流状态在改变，同时土壤含水量也在变化。1943 年包德曼（Bodman）和考尔曼（Colman）对表面积水条件（保持 5mm 水深）下渗水流在均质土壤的垂向运动规律和含水量分布进行了系统的实验研究，发现下渗水在土体中的垂向分布可以划分为四个明显区别的水分带（图 2-22）。

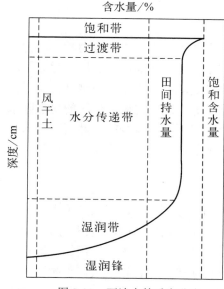

图 2-22　下渗水的垂向分布

1. 饱和带

饱和带位于土壤表层，在持续不断供水下，土壤含水量处于饱和状态。但是无论下渗强度多大，土壤浸润深度多深，饱和层的厚度一般不超过 15mm。

2. 过渡带

过渡带为在饱和带之下土壤含水量随深度增加而急剧减少的水分带，厚度一般在 50mm 左右。

3. 水分传递带

水分传递带在过渡带以下，土壤含水量基本保持在饱和含水量和田间持水量之间，大致为饱和含水量的 60%～80%，并且含水量沿垂线均匀分布，形成水分传递带。随着入渗的进行，水分传递带向下延伸，但含水量基本没有变化。

4. 湿润带

湿润带是连接湿润锋面与水分传递带的一个含水量随深度迅速递减的水分带。湿润带末端为湿润锋面，即上部湿土与下层干土之间的界面，锋面两端的土壤含水量有突变性的较大差异。随着下渗历时的延长，湿润锋面不断下移，直至与地下潜水面毛管水上升带相接。

在水分入渗和湿润锋面下移的过程中，如果中途停止供水，下渗过程结束，但土壤水分运动仍然要持续一段时间，土层内的水分将发生重新再分配（图 2-23），土壤浸润深度不断增加，上层含水量减小，下层含水量增加，但不改变水分入渗总量。土壤水分再分配的情况主要取决于土壤特性，细粒土壤的完成时间要比粗粒土壤慢。

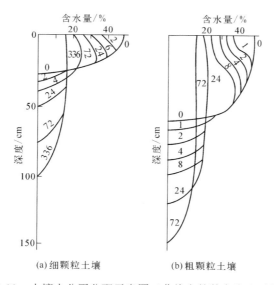

(a) 细颗粒土壤　　　　(b) 粗颗粒土壤

图 2-23　土壤水分再分配示意图（曲线上的数字为小时数）

二、下渗要素

水分下渗物理过程研究和农田灌溉生产实践中，通常用下渗要素来定量描述下渗过程。常用的下渗要素有下渗率、下渗能力和稳定下渗率。单位面积上单位时间内渗入土壤中的水

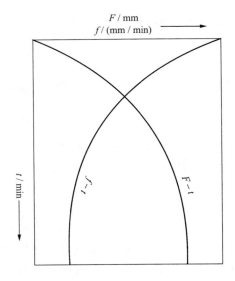

图 2-24　下渗率及累积下渗量曲线

量称为下渗率 f，亦称下渗强度。充分供水条件下的下渗率则称为下渗能力 f_p，亦称下渗容量。在下渗初始的渗润阶段，下渗率数值较大。进入渗漏阶段后，随着下渗水量的增加和下渗锋面的延伸，土层含水量递增，而下渗率逐渐缓慢递减。当下渗锋面到达一定深度时，下渗率减小最终趋于一个稳定值，称为稳定下渗率 f_c。这个过程可以用下渗曲线（f-t）（图 2-24）来表示。下渗量随时间增加的过程可用累积下渗曲线（F-t）表示，累积曲线上任一点的坡度表示该时刻的下渗率，即 $\mathrm{d}F/\mathrm{d}t=f$。

三、下渗的确定方法

下渗量和下渗速率的确定方法有多种，归纳起来可以分为直接实验测定法、下渗理论分析法和经验公式法三类。

（一）直接实验测定法

自然条件下的下渗一般是根据土壤、地形、植被及农作物等的具体情况选择有代表性的场地，通过入渗实验测定下渗能力曲线。目前测定土壤入渗的方法有同心环法、人工降雨法和径流场法，其中同心环法较为简便实用，径流场法实质上与人工降雨法相类似。直接实验测定法虽然仅适用于很小面积，但其成果仍可反映一定条件下的单点下渗特性，对了解某种土壤、植被条件下的下渗过程有重要作用。

1. 同心环法

同心环法是采用同心环下渗仪进行积水入渗实验来确定土壤下渗能力。同心环下渗仪由直径 30cm 和 60cm 或更大的内外两个金属圆环组成。实验时，将两环同心打入土中约 10cm，然后向内外环连续注水并保持 50mm 的固定水深，记录内环各时段内加入的水量，用单位时段加入的水量除以内环面积即可得到下渗率，再由各时刻的下渗率绘制下渗能力曲线。同心环法设备简单易行，可较准确测定测点的下渗过程，在农业水土工程和土壤学研究中得到广泛应用。

2. 人工降雨法

该法需一套模拟降雨的专门设备和一个小型实验场，同时装有测流设备。试验时，按设计雨强控制人工降雨，连续记录出流过程，直至流量稳定后停止供水。对于 $1\mathrm{m}^2$ 以内的小实验面积，可忽略不计坡面滞蓄量及填洼水量。下渗过程可按下式直接求得。

下渗累积量公式为

$$F（t）=P（t）-R（t） \tag{2-60}$$

下渗率过程公式为

$$f（t）=p（t）-r（t） \tag{2-61}$$

式中，P 为降水累积量；R 为径流累积量；p 为降水率；r 为径流率。

（二）下渗理论法

应用土壤水分运动的一般原理来研究下渗规律及其影响因素的理论称为下渗理论。下渗过程中，水分运移的孔隙有非饱和和饱和之分，相应地就有非饱和下渗理论和饱和下渗理论。

1. 非饱和下渗理论

非饱和下渗理论是在包气带水动力平衡原理（达西定律）和质量守恒定律基础上建立的。从水动力平衡角度分析，非饱和土中的水主要依靠负压（即水和土粒表面之间的吸附力）克服重力而存在，土壤水势能 H 为基质势和重力势之和，即 $H = \varphi - z$。在只考虑垂向一维水流的情况下，非饱和土壤水分运动受控于势能梯度$-\partial H / \partial z$，服从达西定律，其基本表达式为

$$V_z = -\frac{\partial H}{\partial z} k(\varphi) = -k(\varphi)\frac{\partial \varphi}{\partial z} + k(\varphi) \tag{2-62}$$

式中，V_z 为 z 处地下水渗透速度；k 为渗透系数；φ 为基质势。

据质量守恒原理，单位时间内某给定土体空间的进入水量与流出水量之差值等于该土体内储水量变化量，获得非饱和土壤一维垂向水分运动的连续方程：

$$\frac{\partial \theta}{\partial t} + \frac{\partial V_z}{\partial z} = 0 \tag{2-63}$$

式中，θ 为包气带含水量。

联立式（2-62）和式（2-63），转化成以含水量为变量，可得

$$\frac{\partial \theta}{\partial t} = \frac{\partial}{\partial z}\left[D(\theta)\frac{\partial \theta}{\partial z} \right] - \frac{\partial}{\partial z}k(\theta) \tag{2-64}$$

式中，D 为扩散系数。此方程即为非饱和水流下渗方程，又称理查兹（Richards）方程。

菲利普在上述方程的基础上，推导出了土壤均匀、起始含水量均匀、充分供水条件下累积下渗量的近似计算公式

$$F(t) = st^{1/2} + [A_2 + k(\theta_i)]t \tag{2-65}$$

式中，$F(t)$ 为累积下渗量；s 为吸水细数；A_2 为函数；$k(\theta_i)$ 为渗透系数。

式（2-65）对 t 求导，得下渗率 $f(t)$

$$f(t) = \frac{\mathrm{d}}{\mathrm{d}t}F(t) = \frac{1}{2}st^{-1/2} + [A_2 + k(\theta_i)] \tag{2-66}$$

非饱和下渗理论只有在特定条件下才能得到下渗曲线的解析解或近似解，往往都是通过运用程序求解土壤水分运动的偏微分方程获得数值解。

2. 饱和下渗理论

饱和下渗理论是在根据包德曼和考尔曼于 1943 年提出的下渗过程的土壤含水量剖面特点（图 2-25），对复杂的下渗过程进行概化和条件假定上而建立的。其基本假定为：①土层为无限深的均质土壤，原有含水量均匀分布；②充分供水条件的积水下渗，地面积水深度 H_0；③湿润锋上部土壤始终为饱和含水量 θ_s，下部土壤为原有含水量 θ_i，具有明显的分界面；④湿润锋下移的条件是上部土壤到达饱和。

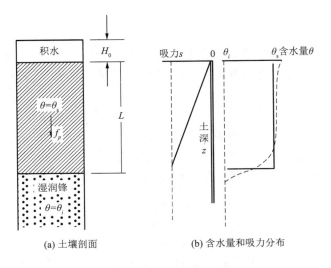

(a) 土壤剖面　　　　　　(b) 含水量和吸力分布

图 2-25　饱和下渗示意图

在上述假定前提下，根据饱和水流的达西定律和水量平衡方程，可建立饱和下渗理论。据达西定律，有

$$f_p = k_s \frac{H_0 + s + L}{L} \tag{2-67}$$

式中，f_p 为水流向下渗透速度（在此条件下等于下渗能力）；k_s 为饱和水力传导系数；s 为湿润锋面受到的下部土壤的吸力，分布如图 2-33（b）所示；L 为下渗水柱的长度，随下渗进行而增大；H_0 为地面积水深度。

据水量平衡原理，全下渗时段的累积下渗量（F）为

$$F = (\theta_s - \theta_i)L \tag{2-68}$$

将式（2-68）代入式（2-67），并假定 H_0 相对于 L 很小而可以不计，得

$$f_p = k_s \left(1 + \frac{\theta_s - \theta_i}{F} s\right) \tag{2-69}$$

式（2-69）反映了下渗率和累积下渗量之间的相互关系，是饱和下渗理论的模式之一。

根据下渗率的定义，将 $\mathrm{d}F/\mathrm{d}t = f_p$ 代入式（2-69），可得

$$\frac{\mathrm{d}F}{\mathrm{d}t} = k_s \left(1 + \frac{\theta_s - \theta_i}{F} s\right) \tag{2-70}$$

并以下渗开始时刻为零，自 $0 \to t, 0 \to F$ 对式（2-73）积分

$$\int_0^t k_s \mathrm{d}t = \int_0^F \frac{1}{1 + (\theta_s - \theta_i)s / F} \mathrm{d}F \tag{2-71}$$

可得

$$k_s t = F - s(\theta_s - \theta_i)\ln\left(1 + \frac{L}{s}\right) = (\theta_s - \theta_i)s\left[\frac{L}{s} - \ln\left(1 + \frac{L}{s}\right)\right] \tag{2-72}$$

一般而言，$L \ll s$，对 $\ln（1+L/s）$ 作泰勒级数展开，并取前两项就能满足精度要求。

$$\ln\left(1+\frac{L}{s}\right) \approx \frac{L}{s} - \frac{1}{2}\left(\frac{L}{s}\right)^2 \tag{2-73}$$

将式（2-73）代入式（2-72），可得

$$L = \sqrt{\frac{2k_{\mathrm{s}}st}{\theta_{\mathrm{s}}-\theta_i}} \tag{2-74}$$

将式（2-74）代入式（2-68）和式（2-69），分别可得

$$F = \sqrt{2k_{\mathrm{s}}\left(\theta_{\mathrm{s}}-\theta_i\right)st} \tag{2-75}$$

和

$$f_{\mathrm{p}} = k_{\mathrm{s}} + \sqrt{0.5k_{\mathrm{s}}\left(\theta_{\mathrm{s}}-\theta_i\right)s/t} \tag{2-76}$$

这是累积下渗量和下渗率随时间变化的关系式，是饱和下渗理论的另一种表达形式。式（2-75）最早由格林（Green）和安普特（Ampt）于 1911 年提出，亦称格林-安普特公式，因此饱和下渗理论亦称格林-安普特理论。

基于饱和和非饱和下渗理论的下渗曲线中都含有 $t^{-1/2}$ 项，说明建立饱和下渗理论的基本假定是合理的。饱和下渗理论的下渗曲线是在积水深度固定不变且可不计的情况下才适用的，而自然界的饱和下渗的地面积水深度是随时间变化的，降雨强度远大于土壤下渗率时的积水深度亦不可忽略。因此，奥费顿于 1967 年根据饱和下渗的达西定律推导出了地面积水深度随时间变化情况下的下渗曲线，更符合实际下渗过程。基于饱和下渗理论推导出的下渗方程多为常微分方程，所以饱和下渗理论往往比非饱和下渗理论更方便处理下渗问题，应用也更为广泛。

（三）下渗经验公式法

对下渗的研究最初是为了适应灌溉工程的建设需要而开展的，随后在水文学科的降水径流计算工作中得到了发展。先是通过下渗观测试验获得下渗资料，选配合适的函数关系，并率定其中的参数，从而获得模拟下渗曲线的数学表达式。这种确定下渗曲线的方法就是经验公式法。此类经验公式的类型颇多，下面介绍一些有代表性的经验下渗公式。

1. 考斯加柯夫公式

1931 年考斯加柯夫给出了幂函数的下渗曲线经验公式

$$F=at^{1/2} \quad 或 \quad f=ct^{-1/2} \tag{2-77}$$

式中，a，c 为参数，且 $c=a/2$。

考斯加柯夫公式简单实用，但当入渗时间趋于无穷大时下渗率等于 0，这与下渗率趋于稳定值的实际情况不符。我国黄土高原多种土壤的下渗都可以用考斯加柯夫公式来描述。

2. 霍顿公式

1932 年霍顿为研究降雨产流而根据实验资料提出的下渗经验公式为

$$f=f_c+\left(f_0-f_c\right)e^{-\beta t} \tag{2-78}$$

式中，f_c 为稳定下渗率；f_0 为初始下渗率，β 为常数，即下渗曲线的递减参数。

根据式（2-78）还可进一步推导出下渗累积曲线的公式

$$F = \int_0^t f\mathrm{d}t = f_c t + \frac{1}{\beta}(f_0 - f_c)(1 - e^{-\beta t}) \tag{2-79}$$

由式（2-79）可以看出，(f_0-f) 与 $(F-f_c t)$ 成正比。

霍顿公式反映了下渗率随时间递减的规律，并最终趋于稳定下渗，所以所描述的下渗过程是一种消退过程。霍顿公式结构简单，在充分供水条件下与实测资料符合较好，因此半个多世纪以来仍然广泛应用于水文实践中。

3. 霍尔坦公式

1961 年霍尔坦提出了一种下渗概念模型，下渗率 f 是土壤缺水量的函数，其公式为

$$f = f_c + a\,(s-F)^n \tag{2-80}$$

式中，a 为系数，随季节而变，一般取 0.2～0.8；s 为表层土壤可能最大含水量；F 为累积下渗量或初始含水量；n 为指数，通常取 1.4。

霍尔坦公式的优点是易于在降雨条件下使用，同时考虑了前期含水量对下渗的影响，缺陷在于控制土层的确定比较困难。

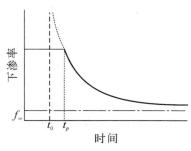

图 2-26　史密斯下渗曲线示意图

4. 史密斯公式

1972 年史密斯通过分析在大量实验基础上获得的下渗曲线（图 2-26）认为，初渗时的下渗率受限于降雨强度，然后土壤表面的压力水头为 0，t_p 时刻产生地面积水或开始出现径流。把这一时刻作为下渗能力的开始，可得如下下渗经验公式：

$$f = f_\infty + A(t-t_0)^{-\alpha} \tag{2-81}$$

式中，f_∞ 理论上等于饱和水力传导度；A、t_0、α 分别为与土壤类型、初始含水量、降水强度有关的参数。

四、影响下渗的因素

天然条件下，降雨的时空变化较大，下渗呈现出不稳定性和不连续性，下渗过程远比前面讨论的充分供水、均质土壤、一维垂向等条件下的下渗复杂，会受到土壤、降雨特性、流域情况及人类活动的影响。

（一）土壤性质

土壤性质对下渗的影响主要取决于土壤的物理性质和土壤前期含水量，土壤颗粒组成、孔隙率、含水率等对下渗特征有显著影响。一般而言，土壤下渗能力与土壤粒径、孔隙率呈正相关关系（图 2-27），与土壤前期含水量呈反相关关系（图 2-28）。

（二）降水特性

降水特性包括降水的强度、历时、时程分配、空间分布等，其中降水强度是影响下渗的最直接因素。当降水强度小于下渗率时，降水全部渗入土壤，下渗过程被降水过程所控制。当降水强度大于下渗率时，则会产生超渗径流。在相同的土壤水分条件下，下渗率随降水强

度的增大而增大（图 2-29）。降水的时程分配也会影响下渗特征，例如，在相同条件下，连续性降水和间歇性降水的下渗过程就有所差异（图 2-30）。在降雨的间歇期间，土壤水分会发生再分布，蒸发使得表层土壤的下渗能力有所恢复，间歇性降水的下渗量会高于连续性降水。

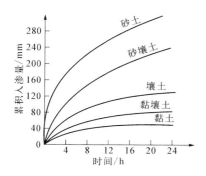

图 2-27 不同土壤的累积下渗曲线

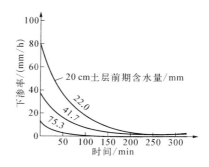

图 2-28 土壤前期含水量对下渗的影响

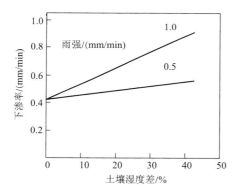

图 2-29 降水强度对入渗的影响

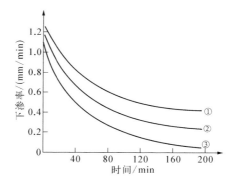

图 2-30 间歇降水对入渗的影响
①、②间歇 4h（昼）；②、③间歇 10h（夜）

（三）植被与地形

植被系统具有降低雨滴冲击作用和增加土壤孔隙的功能，有利于滞留雨水，增加下渗时间，减少地表径流，增大下渗量。地面的起伏、坡度、坡向、切割程度等，会影响地面漫流速度和汇流时间，从而影响下渗。在其他条件相同的情况下，地面坡度越大，供水强度就越小，地面越不容易形成积水，越不易于下渗；地面有积水时，大坡面上的漫流速度较快，历时较短，下渗量相对较小。

（四）人类活动

人类活动的影响，既有增大下渗的作用，又有抑制下渗的作用。例如，坡地修造梯田、植树造林、修建蓄水工程、地下水人工回灌等，均能增加水分在地表的滞留时间，增加下渗量。反之，砍伐森林、过度放牧、不合理耕作等，可加剧水土流失，减少下渗量。城市建设过程中，城市土壤往往被压实，会减弱下渗，使城市更容易形成暴雨洪水。基本农田建设的修建集水区、秸秆覆盖等措施，可增加下渗，为作物提供更多的水分。而在低洼易涝地区开挖排水沟渠，可以有目的地控制下渗，控制地下水位上升，降低洪涝灾害的发生概率和程度。从这个意义上来说，人们研究水的入渗规律，正是为了有计划、有目的地控制入渗过程，使之向人们所期望的方向发展变化。

第五节 径 流

径流是水循环和水量平衡中最重要的环节和因素，是最活跃的水文现象。径流是国民经济中工、农业生产和人类生活的最基本的水源，也是人类可长期开发利用的最重要的水资源。特别是河川径流的运动变化，直接影响着防洪、灌溉、航运和发电等工程设施的规划与建设。

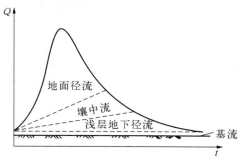

图 2-31 河川径流组成示意图

一、径流组成

对于一个流域而言，径流是降落在流域表面的降水，沿着地面与地下汇入到河川、湖泊、水库、洼地等，流出流域出口断面的水流。径流根据降水的形式可分为降雨径流和融雪径流。

我国的河流以降雨径流为主，融雪径流只在西部高山及高纬地区河流的局部地段才发生。由降水到达地面时起，到水流流经出口断面的整个物理过程，称为径流形成过程。根据形成过程及径流途径的不同，河川径流由地面径流、浅层地下径流及壤中流（表层流）三种径流组成（图 2-31）。

二、径流的形成过程

径流形成是一个极为复杂的物理过程，按照发生时间的前后，通常可以划分为大气降水过程、流域蓄渗过程、坡面汇流过程、河网汇流过程四个相互联系的子过程（图 2-32），其中流域蓄渗过程又被称为产流过程，坡面汇流过程和河网汇流过程又被称为汇流过程。

（一）流域蓄渗过程

这是降水开始发生在流域面上的损失过程（图 2-33）。降雨初期，除一小部分（一般不超过 5%）降落在河槽、湖泊、水库等不透水面上的降水直接形成径流外，大部分降水并不立即产生径流，而是消耗于植物截留、下渗、填洼与蒸散发。

植物截留是降雨被植物在茎、枝、叶表面吸着力、承托力和水分重力、表面张力等作用下储存于植物表面的现象。在降雨过程中，植物截留量不断增加，直至达到最大截留量，并延续于整个降雨过程。植物截留量与降水量、植被类型及郁闭程度有关。森林茂密的植被，年最大截留量可达年降水量的 20%～30%。植物截留量较小，并且最终消耗于蒸发，故而对暴雨径流的影响不大。

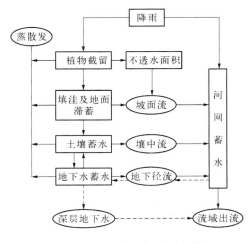

图 2-32　河川径流形成过程

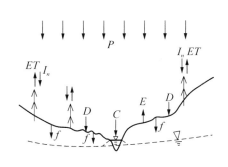

图 2-33　流域蓄渗过程

P. 降雨；*I_n.* 植物截留；*ET.* 植物散发；*f.* 下渗；*E.* 土壤
蒸发；*D.* 填洼；*C.* 槽面降水

下渗发生在降雨期间和雨后地面积水的地方。土壤包气带的下渗能力和蓄水能力在时空上变化很大。在降雨过程中，渗入土中的水分部分增加土壤含水量，雨后消耗于蒸发，部分将继续下渗，形成地下径流。

当降雨强度大于下渗能力或包气带蓄水量达到饱和时，超出下渗强度的降雨（亦称超渗雨）或超过包气带蓄水量的降雨（亦称超蓄雨），形成地面积水，蓄积于地面洼地，称为填洼。雨后存储于地面洼地内的水量称为填洼量，雨停后也消耗于蒸发和下渗。填洼量在不同的地形区域有很大差别。山区流域填洼量约 10mm，实际计算中往往可以不计。平原和坡地流域地面洼地较多，填洼量甚至可高达 100 mm，流域填洼过程显著影响坡面漫流过程和径流总量，在径流形成过程中的作用不容忽视。

随着降雨的持续进行，满足填洼后的水开始产生地面径流，部分水继续下渗。持续降雨的下渗水使土壤含水量不断增加，当遇到表土层较薄且松散透水、下层有相对不透水的土层结构时，上层土壤达到饱和状态，部分水分则沿坡地土层侧向流动，形成壤中径流。继续向下运行的下渗水使得土层含水量增加到田间持水量后，继续下渗的水分到达地下水面，以地下水的形式沿坡地土层流动，形成地下径流。壤中流和地下径流最终也将汇入河槽。

在流域蓄渗过程中，无论是植物截留、下渗、填洼、蒸散发还是土壤水的运动，水分均是垂向运行过程，构成了降雨在流域空间上的再分配，构成了流域不同的产流机制，形成了不同径流成分的产流过程。经过蓄渗过程后，流域降水产生了地面径流、壤中径流和地下径流。

（二）坡面汇流过程

超渗或超蓄雨水在坡面上呈片流和细沟流运动的现象称为坡面漫流。满足流域蓄渗后的降水沿坡面流动，即进入漫流阶段。坡面漫流通常首先发生在蓄渗容易得到满足的地方，如透水性较弱的地面、土壤含水量饱和度较大的地方，然后随着产流面积的增大，漫流范围逐渐扩展。坡面水流由无数股彼此时分时合的细小水流构成，无固定河槽，受降雨强度的影响，其流态可呈现素流状态或层流状态。在漫流过程中，坡面水流一方面继续接受降雨的补给增加地面径流，另一方面继续下渗和蒸发减少地面径流。因此，地面径流的产流过程与坡面汇流过程往往是相互交织在一起的，前者是后者发生的必要条件，后者是前者的继续和发展。

壤中径流及地下径流同样也具有沿坡地土层的汇流过程。在非均质或层次土壤的特定条件下，形成临时饱和带的水分沿坡面侧向运动，最终进入河网的过程就是壤中流的汇流过程。壤中流的汇流速度通常比地面回流速度慢，到达河槽也较迟。有时壤中流与地面径流可以相互转化，在水文分析工作中常将壤中流并入地面径流。在均匀透水土壤中的水分很容易渗透到地下水面，形成地下径流。地下径流构成了河流的基流部分，是枯季径流的来源。

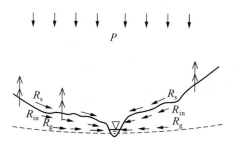

图2-34 坡面汇流过程

P.降雨；R_s.地面径流；R_{in}.壤中流；R_g.地下径流

综上所述，坡面汇流通常由坡面漫流、壤中流和地下径流所组成（图2-34），它们的数量大小、过程缓急、出现早晚、历时长短等均有差别。但对于一个具体的流域，它们并不一定同时存在于一次径流形成过程中。坡面汇流过程对各种径流成分起到时程上的第一次再分配作用，降雨停止后，坡地汇流仍将持续一定时间。

（三）河网汇流过程

各种径流成分经过坡地汇流注入河网后沿河槽向流域出口断面汇集的过程称为河网汇流过程。来自坡地的水流，首先汇入附近的小河或沟溪，再汇入较大的支流，最后汇集到干流，到达流域出口断面，形成流域出口断面的流量过程线。在河网汇流的过程中，由于河槽调蓄作用，涨水时因河网中滞留部分水量而使得出口断面以上坡地汇入河网的总量必然大于出口断面的流量，落水时则相反。河槽调蓄使净雨量在时程上进行了一次再分配，故出口断面的流量过程线比降雨过程线平缓得多。

径流形成过程中，从水体运动性质的角度，通常将从流域蓄渗过程到形成地面汇流及早期的壤中流过程称为产流过程，将坡地汇流过程与河网汇流过程合称为流域汇流过程。产流过程中，水分以垂向运动为主，形成了水量在空间上的再分配和不同的径流成分。汇流过程中，水分以水平侧向运动为主，形成了水量在时程上的再分配。就径流过程发生的地点而言，产流过程与坡地汇流过程发生在流域面上，河网汇流过程发生在河道之内，因此径流形成过程实质上是水分在流域的再分配与运动过程。

三、径流的影响因素

从径流形成过程可知，各种自然因素和人为因素都不同程度地影响着径流的形成与变化，如气候因素、流域下垫面因素及人类活动等。

（一）气候因素

区域气候因素是影响径流的决定因素，主要包括降水、蒸发、气温、风、湿度等，尤以降水和蒸发最为重要。降水是径流的源泉，其变化直接导致了径流的多样性和复杂性，对径流过程起着决定性的作用。降水过程对径流形成过程的影响最大，相同的降水量条件下，降水强度越大，降水历时越短，降水的损失量就越小，产流越快，流量越大，径流过程越急促，流量过程线越尖瘦；反之，流量越小，径流过程越平缓，流量过程线越矮胖（图 2-35）。

蒸发是区域内的水分由液态变为气态的过程。平时流域内的土壤水分大都消耗于蒸发，我国湿润地区年降水量的 30%～50%、干旱地区年降水量的 80%～95%都消耗于蒸发，其剩余部分才形成径流，所以蒸发量多少与径流量大小密切相关。

如前所述，其他气象因素如气温、湿度和风等，均是通过影响蒸发、水汽输送和降水而间接影响径流的。

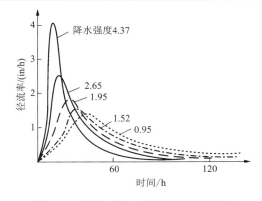

图 2-35 降水强度对流量过程线的影响

（二）区域下垫面因素

区域下垫面因素是地表自然地理要素的总称。它们对在空间上的随机组合，导致区域下垫面条件的差异，其综合作用的结果，是产生产流条件和产流方式差异，形成不同的流量过程和径流过程。

1. 地理位置

区域的地理位置表明它与海洋的距离、所处的地貌部位、所属的气候、土壤和植被地带，是自然地理要素的综合体现，可以反映当地径流的综合特征，可以通过影响区域水分循环的强弱而影响径流过程。例如，热带低纬度地区径流量大而极地高纬度地区径流量小，我国东南沿海地区径流量大而西北内陆地区径流量小，均是地理位置所致。

2. 地形特征

区域地形特征包括区域的平均高程、坡度、切割程度等，直接决定着汇流速度的快慢。地形坡度越大，切割越深，坡地漫流和河槽汇流的流速越大，汇流时间越短，地面径流的损失量就越小，径流过程越急促，洪水流量越大。反之，地形坡度越小，切割越浅，坡地漫流和河槽汇流速度越小，汇流时间越长，洪水流量越小。因此，山区河流的径流变化要比平原河流强烈一些。

3. 流域形状和面积

在其他条件相同时，不同的流域形状会产生不同的流量过程。流域的长度决定了地面径流汇流的时间，狭长流域的汇流时间较长，径流过程平缓；扁形流域因汇流集中，洪水涨落急剧，峰形尖瘦（图 2-36）。大流域的径流变化过程相对小流域更为稳定，这是由于流域面积较大，各种影响因素更宜于相互平衡，径流调节作用更强。

4. 植被

由于植物枯叶对降水有一定的截流作用，可吸收部分降水，同时植物枯枝落叶的覆盖增大了地面的粗糙程度，改变了土壤结构，减小了坡地漫流速度和水分蒸发，可增加雨水下渗的机会，使得径流过程变得平缓，径流量减小。

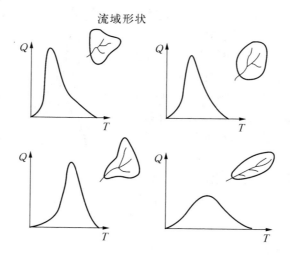

图 2-36　流域形状对流量过程线影响

5. 湖泊和沼泽

湖泊和沼泽可通过影响区域蓄水量调节作用和蒸发而影响径流变化。湖泊和沼泽率大的区域，河流的洪峰流量较低，径流年内分配较为均匀。湖泊和沼泽对径流的影响在干旱地区比湿润地区更为显著。

（三）人类活动的影响

人类活动对径流的影响广泛而深远，并且越来越大。人类活动主要是通过改变区域的下垫面条件而直接或间接影响径流，对径流的过程、数量、质量及其变化发生作用。对径流有显著影响的人类活动主要有以下几个方面。

1. 农田水利措施

对径流有显著影响的农田水利措施主要有：通过林牧、水土保持等坡面措施，增加土壤入渗能力，减少水土流失；通过旱地改水田、坡地改梯田等农业措施，增加土壤蓄水能力；修建塘堰、水坝扩大蓄水面积；修建蓄水、引水、调水工程来调剂地区间的水量余缺。这些水利设施改变流域的自然地理面貌，影响了内陆水文循环、径流量及时程上的分配，从而影响径流的形成过程。

2. 城市化

城市人口的密集和高层建筑的增多使得城市气温升高，小循环加快，降水量增大和降水次数增加，从而径流量增大。由于现代城市的快速发展，不透水面积大量增加，雨水排水系统也日益完善，这将导致地表入渗率大幅度下降、地下径流及枯水径流减小，从而造成洪峰流量过大，径流过程发生陡急，给城市带来很大的洪水威胁。此外，城市化所引起的水质恶化和地下水开采过量等问题都会间接影响径流的形成。

复习思考题

1. 分析对比水面蒸发、土壤蒸发和植物散发各自的特点以及主要影响因素。
2. 分别列出水面蒸发的计算方法及各方法的物理意义和适用范围。

3. 土壤蒸发共分几个阶段? 蒸发量主要受哪些因素的影响? 蒸发能力与实际蒸发有何区别?

4. 何谓水汽扩散及其三种扩散运动? 何谓水汽输送通量和水汽通量散度?

5. 简述我国水汽输送的特点。

6. 试析流域平均降水量的四种计算方法的适用性和优缺点。

7. 简述降水测量的方法及其适用性。

8. 试分析降水的主要影响因素。

9. 试述下渗的物理过程。解释降雨开始时入渗率较大,而以后逐渐趋于稳定值的过程。

10.试析下渗水在土层中的垂向运动特征。

11.自然条件下的下渗与雨强的大小存在什么关系?

12.说明非饱和下渗理论和饱和下渗理论及其两者区别。

13.径流形成过程包括哪些子过程? 各有何特点?

14.试述径流量、径流深、径流模数和径流系数的概念。

15.同样在暴雨的情况下,为什么流域城市化后的洪水比天然流域的洪水显著增大?

主要参考文献

范荣生, 王大齐. 1996. 水资源水文学. 北京: 中国水利水电出版社.

胡方荣, 侯宇光. 1988. 水文学原理. 北京: 水利电力出版社.

黄廷林, 马学尼. 2006. 水文学. 4 版. 北京: 中国建筑工业出版社.

黄锡荃. 水文学. 1993. 北京: 高等教育出版社.

雷志栋, 杨诗秀, 谢森佳. 1980. 土壤水动力学. 北京: 清华大学出版社.

刘昌明. 2004. 水文水资源研究理论与实践. 北京: 科学出版社.

刘俊民, 余新晓. 1999. 水文与水资源学. 北京: 中国林业出版社.

任国玉. 2007. 气候变化与中国水资源. 北京: 气象出版社.

芮孝芳. 2004. 水文学原理. 北京: 中国水利水电出版社.

王燕生. 1992. 工程水文学. 北京: 中国水利水电出版社.

杨城芳. 1992. 地表水资源与水文分析. 北京: 水利电力出版社.

袁作新. 1993. 工程水文学. 北京: 水利电力出版社.

朱岐武, 拜存有. 2003. 水文与水利水电规划. 郑州: 黄河水利出版社.

第三章　海　洋

地球上连续广大的咸水水体称为海洋，其总面积为 3.61 亿 km²，占地球表面积的 70.8%。海洋是地球水圈的主体，在地理环境物质与能量的循环和转化中起着重要作用，是地球上最大的水分源地，孕育了地球生命，蕴含着丰富的自然资源，对人类有着多方面的重大影响，被誉为风雨故乡、生命摇篮、资源宝库、交通要道、国防门户、环境调节器。21 世纪曾被称为"海洋世纪"，人类对海洋的认识、开发和利用得到高度重视，目前全球海洋开发正向纵深发展，开发水域由近海向深海和大洋扩展，新的海洋资源开发领域不断涌现，这一切都增加了人类对海洋科学与技术的依赖性，昭示出海洋研究的重要意义。

第一节　海洋的结构与类型

一、海洋的结构

根据海底地貌的基本形态特征，可将海洋划分为大陆边缘、大洋盆地、大洋中脊三大单元（表 3-1）。

表 3-1　地球海洋结构

地貌形态类型		面积/亿 km²	占海洋比例/%	占地表比例/%
大陆边缘	大 陆 架	27.5	7.6	5.4
	大 陆 坡	27.9	7.8	5.5
	大 陆 基	19.2	5.3	3.8
	海沟、岛弧	6.1	1.7	1.2
	小　计	80.7	22.4	15.9
大洋盆地	深海盆地	151.3	41.8	29.7
	火山、海峰	5.7	1.6	1.1
	海底高原	5.4	1.5	1.1
	小　计	162.4	44.9	31.9
大洋中脊		118.6	32.7	23.2
合　计		361.7	100.0	71.0

大陆边缘一般包括大陆架、大陆坡和大陆基（大陆隆），面积约占海洋总面积的 22.3%。大陆架亦称大陆浅滩，为毗连大陆的坡度较小的浅水区域，是大陆向海洋的自然延伸部分，通常以 200m 等深线为外缘，宽度较小，平均约 75km，最小仅数千米，最大可达 1000km。大陆坡和大陆基是大陆于大洋盆地的过渡水域，其中前者位于上部，介于水深 200～3000m，坡度较大；后者亦称大陆隆，位于下部，介于水深 3000～4000m，坡度较小。

大洋盆地是世界大洋面积最大的主体部分，面积约占海洋总面积的 44.9%，水深大致为

4000～6000m，由海岭、海隆及群岛、海地山脉分割为近百个相对独立海底盆地，其中面积较大的约 50 个。

大洋中脊亦称中央海岭，是规模最大的海底山脉，隆起于海地中央，贯穿于整个大洋。大洋中脊总长约 8 万 km，面积约占海洋总面积的 32.7%，平均相对高度约 1500m。

在大陆边缘与大洋盆地之间，分布有海沟或岛弧。海沟是海洋中深度最大的区域，深度一般都在 6000m 以上。世界海洋中有海沟 30 余条，其中约 20 条分布于太平洋，大多数海沟沿大陆边缘或岛链延展。海沟的宽度一般小于 120km，深度达 6～11km，其中深度大于 10000km 的海沟有马里亚纳海沟、汤加海沟、千岛-堪察加海沟、菲律宾海沟、克马德克海沟，均位于太平洋中。马里亚纳海沟的查林海渊深达 11034m，是迄今所知世界海洋中的最大深度。

二、海洋的类型

根据海洋所处的地理位置、形态特征和水文特征，可将海洋划分为主要部分和附属部分，其中主要部分指洋，附属部分指海、海湾与海峡。

（一）洋

洋是指远离大陆、水深较大，面积广阔的水域。洋的深度一般大于 2000m，面积约占世界海洋总面积的 89%。洋是世界大洋的中心部分和主体部分，不受大陆影响，具有稳定的物理化学性质，盐度高，水色高，透明度大，具有独立的潮汐系统和强大的洋流系统。洋底沉积物为钙质软泥、硅质软泥和红黏土。根据岸线轮廓和洋底起伏的差异，通常把世界大洋分为四个部分，即太平洋、大西洋、印度洋和北冰洋，每个大洋都有自身的发展史和独特的形态及水文特征（表 3-2）。陆地是洋的分界线，在洋的连通部位，通常以水下的海岭和人为指定的经线为界。

表 3-2　大洋面积、体积和平均深度

名称	面积/$10^6 km^2$	体积/$10^6 km^3$	平均深度/m
太平洋	181.34	714.41	3940
大西洋	94.31	337.21	3575
印度洋	74.12	284.61	3840
北冰洋	12.26	13.70	1117
附属海	34.90	37.00	1065
合　计	362.03	1349.93	3729

（二）海

海是指洋与大陆之间的水域。海的面积较小，深度较浅，一般在 2000m 之内。海兼受洋和陆的影响，具有不稳定的物理和化学性质，盐度较小，水色较低，透明度较小，潮汐现象明显，有独立海流系统。据国际水道测量局统计，全世界共有 58 个海。根据被大陆孤立的程度、地理位置及地理特征，可以将海划分为陆间海、内海和边缘海三类。陆间海是介于两个及以上大陆之间，并有海峡与相邻海洋连通的海域，面积和深度较大，如地中海和加勒比海。内海是伸入大陆内部的海域，面积较小，水文特征受周围大陆的影响强烈，如黑海、红海、波罗的海等。边缘海是位于大陆边缘而不深入大陆内部的海域，以半岛、岛屿或群岛与大洋分隔，但与大洋之间水流交换通畅，内侧主要受大陆影响，外侧主要受大洋影响，如日本海、东海、黄海等。

（三）海湾

海湾是指洋或海的一部分伸入大陆，且深度逐渐变浅，宽度逐渐变窄的水域，一般以入口处海角之间的连线或湾口处的等深线作为海湾与洋或海的分界线。海湾最大的水文特点是潮差较大。例如，位于加拿大与美国东北部之间的芬地湾，是世界上最大潮汐落差的海湾区，平均潮差为 14.5m，最大潮差达 16.3m。我国杭州湾的钱塘潮也是著名的高潮差海潮，历史上最大曾达 8.93m。世界上面积超过 100 万 km² 的海湾有孟加拉湾、墨西哥湾、几内亚湾、阿拉斯加湾、哈德逊湾等。

（四）海峡

海峡是夹于两块陆地之间，两端连接两个海域的狭窄水道，如沟通大西洋与太平洋的麦哲伦海峡、沟通地中海与大西洋的直布罗陀海峡、沟通东海与南海的台湾海峡等。海峡的水文特征是水流急，潮流速度大。由于海峡往往受不同海区水团和环流的影响，其水文状况通常比较复杂。

需要注意的是，由于历史上形成的习惯称谓，一些地名不符合上述分类。有些海被称作湾，如波斯湾、墨西哥湾等；有些湾则被称作海，如阿拉伯海等；有些内陆咸水湖泊也被称作海，如咸海、死海等。

第二节　海水的物理性质

海水物理性质的表征要素有多种，如温度、密度、海冰、水色、透明度等，其中前三者由于其显著的环境效应而受到更多关注。

一、海水的温度

（一）海洋热量收支与热量平衡

海水的温度是反映海水热状况的一个重要物理量，其高低主要取决于海洋热量收入与支出状况。海洋热量收支项目有多种（表3-3），就整个海洋而言，每年的热量收支基本相等，故海洋年平均水温几乎不变。但一年内的不同季节和不同海区，热量的收支是不平衡的，因此海洋水温产生了时空差异。

海水热量的收入主要来自太阳短波辐射和大气长波辐射，支出主要是海面辐射和蒸发。如不计次要热量收支项目，则某一海区任一时段的热量平衡方程为

$$Q_s - Q_b \pm Q_e \pm Q_h \pm Q_z \pm Q_A = \Delta Q \tag{3-1}$$

表 3-3　海水的主要热量收支项目

收入项目	支出项目
来自太阳和天空的短波辐射	海面辐射放出的热量
来自大气的长波辐射	海水蒸发消耗的热量
海面水汽凝结放出的热量	洋流带走的热量
洋流带来的热量	海水垂直交换带走的热量
海水垂直交换带来的热量	
地球内热传来的热量	

式中，Q_s 为太阳辐射热量；Q_b 为海面有效辐射热量，等于海面辐射热量与大气逆辐射热量之差；Q_e 为蒸发消耗或凝结释放的潜热；Q_h 为海水与大气之间的显热交换量；Q_z 为海水垂直交换产生的热输送量；Q_A 为水平方向上洋流产生的热输送量；ΔQ 为选定时段内研究海区的热变化量。当 $\Delta Q > 0$ 时，海水有热量净收入，水温将升高；当 $\Delta Q < 0$ 时，海水有热量净支出，水温将降低。

上述海水热量平衡方程适用于一般海区。对于特殊海区，应根据具体情况增减相应的热量收支项目。例如，对于高纬海区，应考虑海冰结融产成的热交换量；对于沿岸海区，应考虑陆地水体注入海洋产生的热交换量。

就表层海水而言，热量收支具有明显的纬度变化（图 3-1），其特点是：①由海面进入海水的净辐射热量（$Q_s - Q_b$）随着纬度的增高而急剧减少，25°N～20°S 最大。②蒸发耗热量 Q_e 量与净辐射热量（$Q_s - Q_b$）有相同的数量级，低纬热带海区因海面湿度大而蒸发量显著低于副热带海区，导致 Q_e 随纬度变化呈双峰形分布。③海-气显热交换 Q_h 的纬度变化不大且数量较小。④热变化量 ΔQ 在 23°N～18°S 低纬海区为正，海水有净的热收入，由此向两极的中、高纬海区为负，海水有净的热量支出。

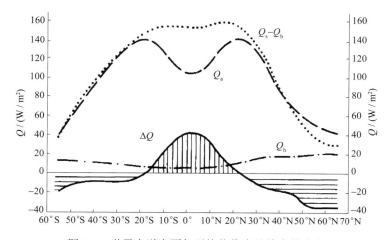

图 3-1　世界大洋表面年平均热收支随纬度的分布

（二）海水温度的地理分布

1. 表层水温的水平分布

大洋表层水温的分布，是海水热量收支及平衡的结果，主要决定于太阳辐射的分布和大洋环流两个因子。在极地海域结冰与融冰的影响也起重要作用。

由世界大洋 8 月和 2 月表层水温分布图（图 3-2 和图 3-3）可以看出，由太阳辐射和洋流性质所决定的大洋表面水温的水平分布具有如下特点：①主要受太阳辐射的控制，水温从低纬向高纬递减，具明显纬度地带性分布规律。水温从 28℃ 左右降至 0℃，等温线大致与纬线平行。②寒、暖流交汇区等温线特别密集，温度水平梯度特别大。等温线从低纬向高纬呈现疏密相间特点，与洋流的纬向运动有关；大洋东西两侧，水温分布有明显差异，低纬区水温西高东低，高纬区水温东高西低，与洋流的经向运动有关。③受海陆分布状况的影响，水温平均值北半球比南半球偏高。最高温度出现在北纬 10℃ 左右，大致与热赤道位置一致。④夏季大洋表面水温普遍高于冬季，而水温的水平梯度则冬季大于夏季。⑤三大洋表面年平均水温约为 17.4℃。由各大洋地理位置及海陆分布状况所决定，太平洋最高，为 19.1℃；印度洋次之，为 17.0℃；大西洋最低，为 16.9℃。

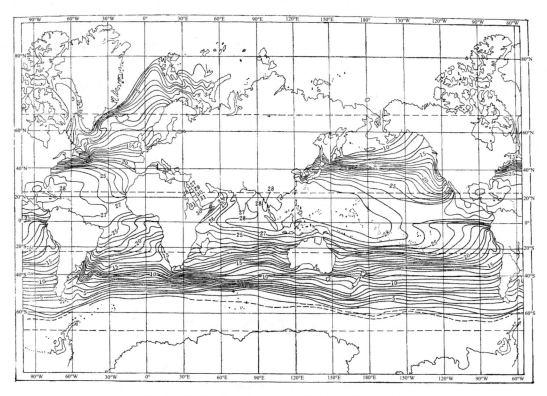

图 3-2　世界大洋 8 月表层水温分布图（单位：℃）

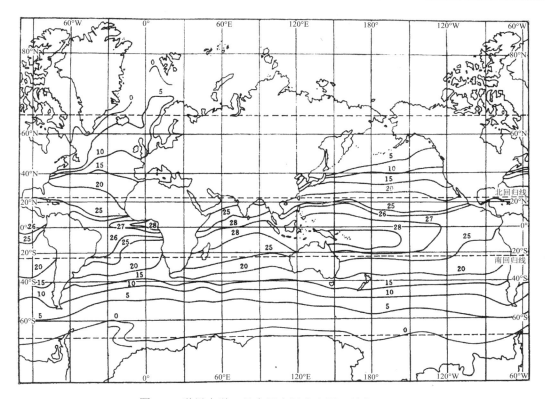

图 3-3 世界大洋 2 月表层水温分布图（单位：℃）

2. 海水温度的垂向分布

海洋水温的垂向分布情况较为简单，而且三大洋相同纬度海区的水温具有相似的垂直结构（图 3-4）。在 40°S～40°N 的低纬海区，水温自上而下不均匀递减，大西洋以 8℃等温线作为暖水区的下界，垂直结构可分为两层。上层自海面至 600～1000m，为暖水对流层。该层上部的大致 0～100m 受大气影响显著，湍流混合强烈，称为表面扰动层，海水混合充分，水温均匀，垂直梯度几近于零；下部为主温跃层，随着深度的增加水温急剧下降，垂直梯度最大，在数百米的水层中水温可下降 10～20℃。下层自 600～1000m 至海底，为冷水平流层，水温很低，垂直梯度很小，1000～3000m 不足 0.4℃/100m，3000m 以下仅有 0.05℃/100m。上、下水层之间在不太厚的深度内有大洋主温跃层，水温垂直梯度递减率达最大值。40°S～40°N 以外的中、高纬海区为冷水平流区，水温十分均匀，垂直梯度很小。

（三）海水温度的时间变化

主要受太阳辐射变化的影响，海水温度有着明显的日变化和年变化。

1. 水温的日变化

大洋表面水温日变化主要受太阳辐射、天气状况、潮汐、地理位置的影响，一般很小，日较差不超过 0.4℃，靠近大陆的浅海区日较差可达 3～4℃。最高水温出现在 14～16 时，最低水温出现在 4～6 时。水温日变化涉及深度一般为 10～20m，最大可达 60～70m。

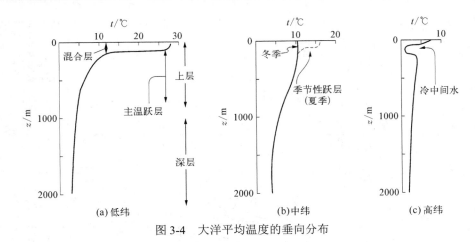

图 3-4　大洋平均温度的垂向分布

2. 水温的年变化

大洋水温年变化主要受太阳辐射、洋流、季风和海陆位置的影响。水温年变化的地理分布具有明显的纬度差异（表 3-4）：从赤道和热带海区的水温年较差很小，向中纬海区逐渐增大，然后向高纬海区逐渐减小。在同一热量带，大洋西侧水温年较差大于大洋东侧，靠近海岸地区更大。南北两半球相比，北半球各纬度带的水温年较差大于南半球。水温年变深度一般可达 100～150m，最大深度可达 500m 左右。

表 3-4　不同纬度海区水温年较差　　　　　　　　　　　　　　（单位：℃）

海区		北半球	南半球
赤道和热带		1～2	1～2
亚热带	西部	7～12	4～6
	东部	4.5～6	
温带	西部	14～17	4～5
	东部	5～8	
寒带（亚极地）		4～5	2～2.5

二、海水的密度

（一）海水密度的概念与表示方法

海水的密度是指单位体积海水的质量，是海水温度、盐度、压力的函数，一般用符号 $\rho_{t,s,p}$ 表示盐度为 s、温度为 t 和所受压力为 p 时的密度。

海水密度值的整数和第一位小数一般都为 1.0，并且要精确到 5 位小数。为书写简便，常把海水密度值减去 1 再乘以 1000，并以 $\sigma_{t,s,p}$ 表示，因此 $\sigma_{t,s,p}$ 与 $\rho_{t,s,p}$ 之间的关系式为

$$\sigma_{t,s,p}=(\rho_{t,s,p}-1)\times1000 \tag{3-2}$$

例如，海水密度 $\rho_{t,s,p}$ 为 1.02649 时，简化记作 $\sigma_{t,s,p}$ 为 26.49。

在海面正常大气压（一个标准大气压）下测得的海水密度称为条件密度，用 $\sigma_{s,t,0}$ 表示，

或简化为 $\sigma_{s,\,t}$。在大洋表面以下某一深度处测得的海水密度称为现场密度或当场密度，用 $\sigma_{s,\,t,\,p}$ 表示。现场密度难以直接准确测定，一般是依据条件密度通过进行温度、盐度、压力修订而计算确定。

（二）海水密度的地理分布

海水密度与海水温度、盐度和压力的关系十分密切，因此，凡是影响海水温度、盐度和压力变化的因素，都会影响海水密度的地理分布。

大洋表层海水密度的分布主要取决于海水温度和盐度的分布情况。虽然各大洋不同季节海水的密度在数值上有所变化，但其分布规律基本相同，即海水密度随纬度的增高而增大（图3-5），等密线大致与纬线相平行。赤道海区温度最高，盐度较低，密度也最小，约为23.00；亚热带海区盐度最大，但温度也高，密度增大不多，为 24.00～26.00；极地海区密度最大，格陵兰海达 28.00 以上，南极威德尔海达 27.90 以上。表层海水密度分布的纬度地带性南半球比北半球显著。夏季印度洋孟加拉湾出现密度低值中心，不足 20.00；大西洋北部因受寒流影响而出现密度高值中心，达 27.75。随着深度的增加，密度的水平差异逐渐减小，至大洋底层已不存在。

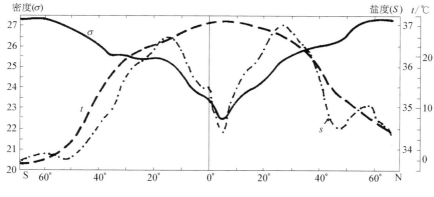

图 3-5　大西洋年平均表面温度、盐度和密度分布

一般从大洋表面向下，密度递增，海水结构趋向稳定，这与海水的压力有关。通常海水上层密度垂直梯度变化较复杂，密度常不均匀递增，可出现密度的突变层（密度跃层），对声波有折射作用。水深 1500m 以下，密度的垂直梯度很小（图3-6）。

三、海冰

海冰是高纬度海区特有的海洋水文物理现象。海冰有岸冰和浮冰之分。岸冰分布于陆地沿岸地带；浮冰可以是海水结冰后浮出水面，也可由大陆冰川滑落跌入海中形成。格陵兰每年有近万座冰山进入海洋。

海水含有大量盐分，在冻结过程、速度及物理性质方面都与淡水有所不同。淡水的冰点温度为 0℃，最大密度温度为 3.98℃。随着盐度的增加，冰点温度和最大密度温度均呈线性降低（图3-7），但是二者下降的速率不同，后者的递减速率快于前者，这就使得海水的结冰过程与淡水不同。在盐度为 24.695×10^{-3} 时，冰点温度和最大密度温度相同，均为–1.332℃。

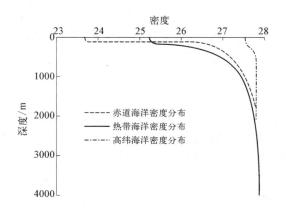

图 3-6　大洋中典型的密度垂直分布

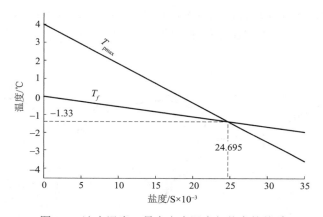

图 3-7　冰点温度、最大密度温度与盐度的关系

当盐度小于 24.695×10^{-3} 时，最大密度温度高于冰点温度，低盐海水结冰过程同淡水类近似，即当温度低于最大密度温度，达冰点时，海水在相对平静的状态下结冰。当海水盐度大于 24.695×10^{-3} 时，最大密度温度低于冰点温度。即当海面水温达到冰点时，因海水尚未达最大密度，海水对流加强，难以结冰。只有在低于最大密度温度的过冷却状态下，对流停止，才开始结冰。此外，由于海水在结冰时不断析出盐分，增加了海水中的盐度，海水密度变大，发生下沉对流，最大密度温度和冰点温度也变得更低，结冰更困难。通常海水在低于最大密度温度的过冷却状态下，在有结晶核的条件下，可以在任何深度结冰并浮出水面。

第三节　海水的化学性质

一、海水的化学组成

海水是一种成分复杂的混合溶液，海水总体积中，96%～97%是水，3%～4%是溶解于水中的各种化学元素和其他物质。海水中所含的物质可分为三大类，一是溶解物质，包括溶解于海水中的无机盐类、有机化合物和气体；二是不溶解的固体物质，包括以固体形态悬浮于海水中的无机、有机物质和胶体颗粒；三是未溶解的气体物质，以气泡的形式存在于海水中。

（一）海水的化学成分

目前人们所知道的 100 余种元素中，有 80 余种已在海水中被发现，含量相差悬殊（表 3-5）。根据含量大小，可将海水中的化学元素分为常量元素和微量元素两大类。常量元素亦称主要元素、大量元素、保守元素等，是海水中浓度在 1mg/L 以上的元素。除组成水的氢、氧以外，常量元素还有 12 种，即氯、钠、镁、硫、钙、钾、溴、碳、锶、硼、硅、氟，其含量约占海水化学元素总含量的 99.8%～99.9%。微量元素是指海水中浓度在 1mg/L 以下的元素，共有 70 余种。

表 3-5　海水中 60 种主要化学元素的平均浓度和总量

元素	浓度/（mg/L）	总量/t	元素	浓度/（mg/L）	总量/t	元素	浓度/（mg/L）	总量/t
氯	19000.0	29.3×10^{15}	锌	0.01	16×10^{9}	氙	0.0003	5×10^{9}
钠	105000.0	16.3×10^{15}	铁	0.01	16×10^{9}	氪	0.0001	150×10^{6}
镁	1350.0	2.1×10^{15}	铝	0.01	16×10^{9}	镉	0.0001	150×10^{6}
硫	885.0	1.4×10^{15}	钼	0.01	16×10^{9}	钨	0.0001	150×10^{6}
钙	400.0	0.6×10^{15}	硒	0.004	6×10^{9}	氙	0.0001	150×10^{6}
钾	380.0	0.6×10^{15}	锡	0.003	5×10^{9}	锗	0.00007	110×10^{6}
溴	65.0	0.1×10^{15}	铜	0.003	5×10^{9}	铬	0.00005	78×10^{6}
碳	28.0	0.04×10^{15}	砷	0.003	5×10^{9}	钍	0.00005	78×10^{6}
锶	8.0	12000×10^{9}	铀	0.003	5×10^{9}	钪	0.00004	62×10^{6}
硼	4.6	7100×10^{9}	镍	0.002	3×10^{9}	铅	0.00003	46×10^{6}
硅	3.0	4700×10^{9}	钒	0.002	3×10^{9}	汞	0.00003	46×10^{6}
氟	1.3	2000×10^{9}	锰	0.002	3×10^{9}	镓	0.00003	46×10^{6}
氩	0.6	930×10^{9}	钛	0.001	1.5×10^{9}	铋	0.00002	31×10^{6}
氮	0.5	780×10^{9}	锑	0.0005	0.8×10^{9}	铌	0.00001	15×10^{6}
锂	0.17	260×10^{9}	钴	0.0005	0.8×10^{9}	铊	0.00001	15×10^{6}
铷	0.12	190×10^{9}	铯	0.0005	0.8×10^{9}	氦	0.000005	8×10^{6}
磷	0.07	110×10^{9}	铈	0.0004	0.6×10^{9}	金	0.000004	6×10^{6}
碘	0.06	93×10^{9}	钇	0.0003	5×10^{8}	钋	2×19^{-9}	3000
钡	0.03	47×10^{9}	银	0.0003	5×10^{9}	镭	10^{-10}	150
铟	0.02	31×10^{9}	镧	0.0003	5×10^{9}	氡	0.6×10^{-15}	10^{-3}

（二）海水组成的恒定性

19 世纪初，马赛特（Marcet）通过对大西洋、地中海、波罗的海、中国海等海区的水样的分析，发现一条重要规律，即虽然不同海区海水的盐度大小不同，但是 12 种主要成分（氯、钠、镁、硫、钙、钾、溴、碳、锶、硼、硅、氟）含量的比值是恒定的。海水主要成分的这种性质被称为海水组成的恒定性规律，亦称为马赛特原则。这一原则 1884 年被迪特马（Dittmar）的环球调查研究所证实，并指出适用于所有大洋和所有深度的海水。

（三）海水的主要盐类

溶解于海水的元素绝大多数是以离子形式存在的。海水的平均盐度为 34.69×10^{-3}，总体积为 $13.38 \times 10^8 km^3$，由此可以推算海水中溶解盐类的总量为 $5 \times 10^{16} t$。海水中的盐类以氯化物含量最高，占 88.6%，其次是硫酸盐占 10.8%（表 3-6），二者合占 88.6%。其余盐类含量均小于 5%。由于物质来源与消耗渠道的不同，海水的盐类组成与河水有很大的差异（表 3-7），前者以氯化物为主，后者以碳酸盐为主。

表 3-6　海水中的主要盐类及含量

盐类成分	浓度/（g/kg）	比例/%
氯化钠	22.2	77.7
氯化镁	3.8	10.9
硫酸镁	1.7	4.9
硫酸钙	1.2	3.4
硫酸钾	0.9	2.5
碳酸钙	0.1	0.3
溴化镁及其他	0.1	0.3
合计	30.0	100

表 3-7　海水与河水所含盐类的比较

盐类成分	海水/%	河水/%
氯化物	88.64	5.20
硫酸盐	10.80	9.90
碳酸盐	0.34	60.10
氮、磷、硅化合物及有机物	0.22	24.80
合计	100	100

二、海水的盐度

（一）盐度定义

海水盐度是指单位质量海水中所含溶解物质的质量，是描述海水溶液浓度的基本指标。近百年来，由于测定盐度的原理和方法不断变革，盐度定义屡见变更，先后提出了 1902 年最初的盐度定义、1969 年的电导盐度定义、1978 年的实用盐度定义等。

19 世纪前，用海水蒸干法及化学分析方法测盐度。1902 年，克努森（Knudsen）等把盐度定义为在 1000g 海水中，将所有的碳酸盐转变为氧化物，将所有的溴化物和碘化物转变为氯化物，将所有的有机物全部氧化，所得到的固体物质克数，以符号 $S‰$ 表示。19

世纪初，国际海洋考察理事会（International Council for the Exploration of the Sea，ICES）规定用测氯度法确定盐度，把氯度定义为沉淀 0.3285233kg 海水中全部卤素所需要的原子量纯银的克数，提出了以氯度 Cl‰ 计算盐度 S‰ 的关系式

$$S‰ =0.030+1.08050Cl‰ \tag{3-3}$$

1966 年联合国教育、科学及文化组织（UNESCO）提出了更为精确的关系式

$$S‰ =1.80655Cl‰ \tag{3-4}$$

1969 年，联合国教育、科学及文化组织与英国海洋研究所建立了电导盐度定义。考克斯（Cox）等根据海水样品测定结果，提出了盐度为 35‰ 的标准海水关系式为

$$S\% = -0.08996 + 28.29720 R_{15} + 12.80832 R_{15}^2 - 10.6789 R_{15}^3 + 5.58624 R_{15}^4 - 1.32311 R_{15}^5 \tag{3-5}$$

式中，R_{15} 为在一个大气压及温度为 15℃ 时该海水样品的电导率与盐度为 35‰ 标准海水电导率的比值，简称电导比。该关系式被称为 1969 年电导盐度定义。

1979 年第 17 届国际海洋物理科学协会（International Association for the Physical Sciences of the Ocean，IAPSO）通过决议，将"实用盐度"作为盐度新定义，并定名为"1978 实用盐度"。盐度单位符号用"10^{-3}"代替"‰"，电导比符号用"K_{15}"代替"R_{15}"。1978 年实用盐度定义为：在温度为 15℃、压强为一个标准大气压下的海水样品的电导率，与质量比为 $32.4356×10^{-3}$ 的标准氯化钾（KCl）溶液的电导率的比值 K_{15}。当 K_{15} 精确地等于 1 时，海水样品的实用盐度恰好等于 35。实用盐度 S 根据比值 K_{15} 由下述方程式来确定

$$S = 0.008 - 0.1692 K_{15}^{1/2} + 2503851 K_{15} + 14.0941 K_{15}^{3/2} - 7.0261 K_{15}^2 + 2.7081 K_{15}^{5/2} \tag{3-6}$$

当海水样品的电导比是在任一温度下测定时，还需进行温度订正。现已出版《实用盐度与电导比查算表及温度订正表》。目前这一盐度定义已被世界各国广泛采用。

（二）海水盐度的地理分布

1. 海水盐度的影响因素

海水盐度的时空分布，主要取决于各种自然环境因素和发生于海水中的许多过程（表3-8）。各种影响因素在不同海区所起的作用是不同的。在低纬海区，降水、蒸发、洋流和海水涡动、对流混合等起主要作用；在高纬海区，除了上述过程的影响外，结冰与融冰的影响较大；在近岸及海区，陆地淡水的影响十分显著。

表 3-8　海水盐度的主要影响因素

增盐过程	减盐过程
蒸发	降水
结冰	融冰
高盐洋流流入	低盐洋流流入
与高盐海水混合	与低盐海水混合
含盐沉积物溶解	陆地淡水流入

2. 大洋表层盐度的分布

世界大洋绝大部分海域表面盐度变化介于$33 \times 10^{-3} \sim 37 \times 10^{-3}$，地理分布有以下特点。

（1）纬度分布呈马鞍型。世界大洋盐度地理分布总的趋势是从亚热带海区向低纬和高纬海区递减，纬度分布曲线呈马鞍型（图3-8）。高值中心与低值中心多出现在一些大洋边缘的海盆中，最高处在红海北部，盐度大于40×10^{-3}；最低处在波罗的海北部，盐度约为$3 \times 10^{-3} \sim 10 \times 10^{-3}$。乌斯特根据实测资料，建立了大洋表层盐度纬度变化与蒸发和降水之间的经验关系。

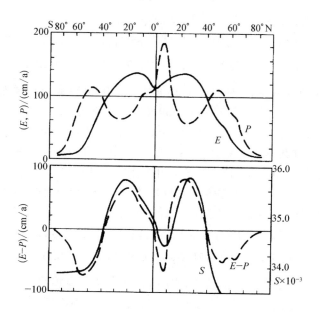

图3-8　大洋表面蒸发E、降水P和盐度S的纬度变化曲线

$10°N \sim 70°N$大洋表层盐度计算公式为

$$S = 34.47 - 0.0150（P-E）\tag{3-7}$$

$10°N \sim 60°S$大洋表层盐度计算公式为

$$S = 34.92 - 0.0125（P-E）\tag{3-8}$$

（2）南半球纬度地带性比北半球明显。海水盐度的等值线（简称等盐线）大体与纬线平行（图3-9），由于南半球三大洋相连，不受陆地的影响，而北半球受陆地的影响较大，故南半球盐度的纬度地带性比北半球更为明显。

（3）中纬度大洋西侧水平梯度大于大洋东侧。在中纬度海区，大洋西侧为寒暖流交汇区域，而寒流和暖流的盐度差异较大，盐度的水平梯度明显大于大洋东侧。

（4）大洋边缘普遍较低。在近岸海区，陆地淡水径流注入量大，冲淡了海水，盐度普遍较低。

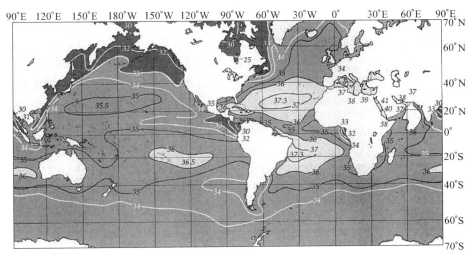

图 3-9　大洋表层海水盐度分布等值线图

3. 海水盐度的垂直分布

海水盐度的垂向差异很大（图 3-10），约在 1500～2000m 的水层，等盐线分布较密，盐度垂直梯度大；这个深度之下，等盐线稀疏，盐度几乎都在 $34.734.9×10^{-3}$～$34.9×10^{-3}$，从中纬度带下沉的较高盐度水使等盐线在 1000m 以上呈舌状分布。

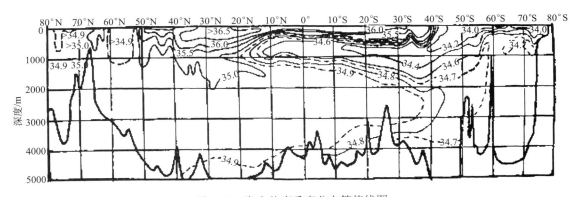

图 3-10　海水盐度垂直分布等值线图

大洋盐度的垂直分布大致可分为四种基本类型（图 3-11）：①赤道-热带型，次表层（约 100～150m）出现盐度最大值，中层（约 800～1500m）出现最小值；②亚热带型，表层出现盐度最大值，中层出现盐度最小值；③亚寒带型，表层盐度最小，向下逐渐增高，1500～2000m 深度以下盐度几乎无变化，没有明显的低盐或高盐中间层；④极地型，表面盐度最低，低盐水厚度很小（50～100m），向下盐度迅速升高，300～500m 以下几乎不再变化。

大洋盐度的垂直分布结构是海水可以分为两个层次。上层（0～2000m）为盐度跃层，不同纬度的海水盐度垂直梯度大很大；下层（2000m 以下）为盐度均层，盐度随深度的变化十分缓慢，深层和底层几乎无变化。

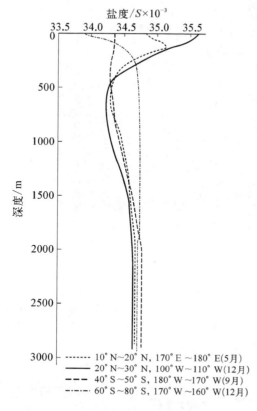

图 3-11　大西洋海水盐度垂直分布曲线

（三）海水盐度的时间变化

1. 盐度的日变化

海水盐度的日变化较小，最高值出现于 17 时左右，最低值出现于午夜以后和日出之前。由于蒸发和降水的日变化很小，大洋表面盐度的日变化变幅通常小于 0.05×10^{-3}；下层因受内波的影响，盐度的日变幅常大于表层；靠近大陆的浅海区，日变幅大于大洋内部。盐度日变化的深度一般为 10～50m，在潮波影响下可达 300m 左右。

2. 盐度的年变化

大洋盐度的年变化主要取决于降水、蒸发、径流、结冰与融冰及海流等的年变化。一般而言，在同一海区，夏季降水量较大，盐度较低；冬季降水量较少，蒸发强盛，盐度较大。但是，盐度的年变化较小，太平洋中部热带海区小于 0.50×10^{-3}，大西洋 5°N～15°N 最大变化可达 1.50×10^{-3} 以上，我国长江口外海域年变幅可达 25×10^{-3} 以上。

第四节　波　　浪

一、波浪及其分类

（一）波浪的概念与要素

波浪是指宽敞水面水体在外力作用下，水质点离开平衡位置发生周期性振动，而水面呈现周期性起伏并向一定方向传播的运动现象。波浪的实质是水质点在其平衡位置附近做近似封闭的圆周振动运动，向前传播的仅是波形，而水质点没有向前移动。

波浪的尺度与形状通常用波浪要素来描述。波浪的基本要素有波峰、波谷、波顶、波底、波高、波长、波陡、周期、波速等（图 3-12）。波浪的静水面以上部分称为波峰，波峰的最高点称为波顶；波浪的静水面以下部分称为波谷，波谷的最低点称为波底；波顶与波底之间的垂直距离称为波高 h；波顶峰至静水位的垂直距离，即波高的一半，称为振幅 α；两相邻波顶或波底间的水平距离称为波长 λ；波高与半个波长之比称为波陡 δ，

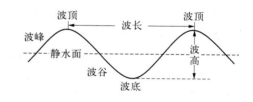

图 3-12　波浪要素

即

$$\delta=2h/\lambda \tag{3-9}$$

相邻两波峰或波谷经过空间同一点所需要的时间称为周期 τ，周期的倒数称为频率 σ；单位时间内波浪传播的距离称为波速 c。波长、波速与周期之间有如下关系

$$\lambda=c\tau \quad \text{或} \quad c=\lambda/\tau \tag{3-10}$$

垂直于传播方向各波顶的连线称为波峰线，沿传播方向与波峰线相垂直的线称为波向线。

（二）海洋波浪的分类

波浪的分类有多种，按照不同的依据和标准，可以得到不同的波浪分类方案，其中应用较多的有以下几种。

1. 波浪的成因分类

波浪按成因可以分为摩擦波、气压波、内波、地震波和潮汐波五类。摩擦波是指海面在风的作用下而产生的波动，故又称风成波或风浪。按照发展阶段，风成波又可分为毛细波（亦称张力波、涟漪等）、风浪和涌浪。气压波是指海面大气压力发生突然变化而引起的海面波动。内波是指由于两种密度不同的海水相对运动而引起的海面波动。潮汐波是指海水在天体引潮力作用下产生的海面波动。地震波是指由海底地震或海底火山喷发而引起的海面波动。

由海上风暴、海底地震和火山喷发等所形成的巨浪称为海啸。海啸来势凶猛，传播极为迅速，起伏陡峻，波高可达数十米，瞬间即可传之海边，往往会给沿岸地区造成巨大危害。

2. 波浪按水深与波长比值的分类

按照水深 H 与波长 λ 的比值，波浪可分为深水波和浅水波、非常浅水波三类。深水波是 $H/\lambda \geq 1/2$ 的波，亦称短波或表面波。浅水波是 $1/20<H/\lambda<1/2$ 的波，亦称长波、有限深水波、中波等。非常浅水波是 $H/\lambda \leq 1/20$ 的波。理论分析和实验研究表明，水质点的运动速度是由水面向下逐渐衰减的。如果海域的水深足够大，不影响表面波浪运动，这时发展的波浪就是深水波，反之发展的则是浅水波或非常浅水波。

3. 波浪按波形传播性质的分类

按照波浪的波形传播性质，可以将波浪分为行进波和驻波两类。行进波亦称前进波、进行波，是指波形不断向前传播的波浪。驻波亦称立波、定振波、波漾等，是指波形不向前传播，波峰和波谷在固定地点做有节奏的周期性垂直升降交替运动的波浪。当驻波发生时，波峰和波谷随着水面的垂直升降变化而交替出现，振幅最大处称为波腹，振幅为零处称为波节（图 3-13）。根据波节的数目多少，驻波可分为单节定振波、双节定振波和多节定振波三类。

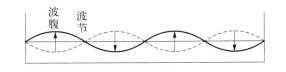

图 3-13 驻波的运动

二、波浪运动的基本理论

波动的主要特点是水面在外力的作用下做周期性或准周期性的起伏运动。实际的海洋波

动是一种十分复杂的现象，严格地讲不是真正的周期性变化。但是，作为最低近似，可以把实际的海洋波动看作简单波动（正弦波）或简单波动的叠加，而且简单波动的许多特性可以直接应用于解释海洋波动的性质。这是当前研究海浪的主要方法之一。研究液体表面波动的理论很多，这里仅介绍小振幅重力波和有限振幅波理论。

（一）小振幅重力波（线性波）

小振幅重力波亦称正弦波，是指波动振幅相对于波长为无限小，重力是其唯一外力的简单海面波动。这种假定虽是某些实际波的一种近似，但其理论结果能够描述一些波动现象。

1. 水质点的运动和波形的传播

在外力作用下，水质点依次离开原来的位置，但在重力作用下，又有使它恢复到原来位置的趋势，因此水质点围绕各自的平衡位置以相同的速度依次做封闭的圆周运动，便产生了波浪，并引起了波形的传播。水质点运动一周，波形传播一个波长。由此可见，波浪的传播并不是水质点的向前移动，而仅是波形的传播（图3-14）。

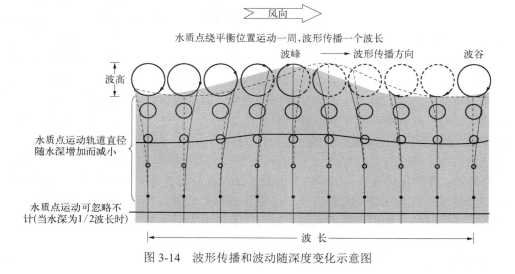

图 3-14　波形传播和波动随深度变化示意图

2. 波动随深度的变化

（1）振幅随深度的变化。理论表明，波长和周期并不随深度的变化而变化，而幅度则随深度的增加迅速衰减，水质点的轨迹半径（或波浪的振幅）随深度的增加呈指数律递减（表3-9）的关系

$$r_h = r_0 e^{-2\pi H/\lambda} \tag{3-11}$$

式中，H 为水深；λ 为波长；r_0 为水面水质点轨迹半径；r_h 为水深 h 处水质点的轨迹半径。

表 3-9　静水面以下水质点运动轨迹半径与水深的关系

h（以 λ 为1）	0	1/9	2/9	3/9	4/9	5/9	6/9	7/9	8/9	1
r_h（以海面处为1）	1	1/2	1/4	1/8	1/16	1/32	1/64	1/128	1/256	1/512

此外，深水波水质点运动轨迹为圆形，随水深变浅，水质点运动轨迹可变为椭圆形，当水深很浅时，水质点运动轨迹接近直线，水质点基本只做往复运动。

（2）波速随深度的变化。小振幅重力波波速 C_S 与波长 λ 和水深 H 有如下关系

$$C_S = \sqrt{\frac{g\lambda}{2\pi} \text{tg}H \frac{2\pi H}{\lambda}}$$ （3-12）

深水波速度公式为

$$C_{深} = \sqrt{g\lambda / 2\pi}$$ （3-13）

浅水波速度公式为

$$C_{浅} = \sqrt{gH}$$ （3-14）

由此可以看出，深水波波速取决于波长，浅水波波速取决于水深（图 3-15）。这种关系虽是在小振幅的假定下求得的，但能近似地应用于实际的海浪。例如，涌浪的传播速度可用深水波波速公式准确地求得，而潮波和地震海啸的传播速度可用短水波波速公式确定。

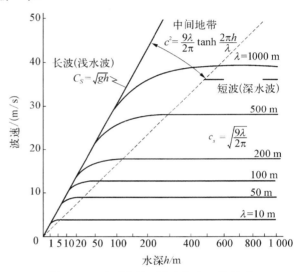

图 3-15　不同波长下波速与水深的关系

3. 小振幅驻波

驻波是一种由两组振幅、波长和周期相同而传播方向相反的波叠加而成的，波面只在原地振动，波形不向前传播的波。驻波的运动特点为：①波面做周期性振动，波形不向前传播。②波腹处的水质点仅有垂直运动，没有水平运动，振幅最大；波节处的水质点仅有水平运动，没有垂直运动，振幅最小；波腹和波节之间的水质点的运动既有水平分量，又有垂直分量，运动轨迹为抛物线形。③波高为原来波高的两倍，波长保持不变，相邻两波节间的水平距离为半个波长。

在近岸带，当前进波遇到海岸（或防波堤）后发生反射而形成反射波，反射波与前进波相互干涉，便可形成驻波，近岸驻波也称为港湾副振动。

（二）有限振幅波（非线性波）

相对小振幅重力波而言，有限振幅波具有较大振幅，与实际海浪的形状更接近。有限振幅波包括斯托克斯波、椭圆余弦波、孤立波等（图3-16），有限振幅波动理论很多，其理论推导大都很繁杂。

1. 斯托克斯波

斯托克斯波是一种无旋的非线性液体自由表面波，由斯托克斯于 1847 年求解出来。

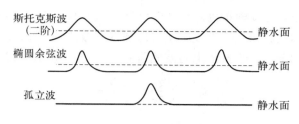

图 3-16　有限振幅波的几种波形

斯托克斯波波面形状是波峰较陡、波谷较坦的非对称曲面，这是非线性作用所致。在深水中，波陡越大，非线性作用越大，随着波陡增大，峰谷不对称加剧；在浅水中，相对波高越大，非线性作用越大。

二阶斯托克斯波与小振幅波另一个明显的差别，就是水质点运动轨迹不封闭。水质点运动一个周期后有一净水平位移，造成一种水平流动，称为漂流或质量输移。与小振幅重力波不同，斯托克斯波的波速受波幅影响。

2. 椭圆余弦波

椭圆余弦波是以椭圆余弦函数表示的有限深渠道中的非线性波。椭圆余弦波的一个极限情况是当波长趋近于无穷大时，趋近于孤立波。当振幅很小或波高和水深之比 h/H 很大时，得到另一个椭圆余弦波的极限情况，称为浅水正弦波。

3. 孤立波

孤立波是一种在传播过程中波形保持不变的推移波。孤立波的理论波长为无限大，仅有一个孤立波峰。孤立波是一种实际存在的波，浅水航道中大平底船的运动或河流中水流速度的突然变化都会产生孤立波。

三、风浪与涌浪

风浪为水面在风直接作用下出现的波动，在海洋中最为常见。风浪为强制波，属于短波性质，波高较高，波长较短，波速较慢，具有波面粗糙、波峰尖锐、波谷宽平、迎风坡较缓而背风坡较陡的不对称波形等外形特征。

风浪生成是海洋研究最基本和最困难的问题。随机性的风使浪的形成具有复杂性，而浪形成后又对波面附近的风产生影响。它们的相互作用，使水-气界面流场的结构十分复杂，对其进行严密定量处理的难度很大。风的动量凭借摩擦传给海水，从而产生波浪。但是产生波浪的最小风速和风所产生的最小波浪为多大，学者对此问题存在不同认识。例如，杰夫列士（Jeffres）认为最小风速为 110cm/s；劳曼（Neumann）认为任何大于 69.5cm/s 的风均可生起波浪；菲利浦（Phillips）认为 23cm/s 的最小风速就可以引起足以继续成长的毛细波，小于 23cm/s 的风如能引起海面扰动，也能生成波浪。

劳曼的研究（图 3-17）表明，起浪的临界风速 v_k 为 695mm/s，与之对应的波的波长 λ 为 17.2mm，波高 h 为 0.22mm。当风速大于 695mm/s 时，海面上可能存在两类波动：毛细波和重力波。毛细波的波长和波高随风速增大而减小；重力波的波长和波高随风速的增大而增大。在风速达到 10mm/s 时，重力波的波长 λ 和波高 h 分别为 67mm 和 4.9mm；而此时毛细波的波长 λ 和波高 h 分别为 4mm 和 0.02mm，实际上已接近消失。

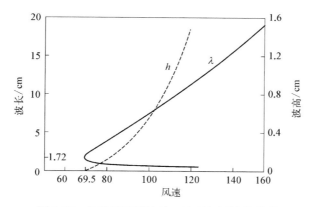

图 3-17 各种风速下波长、波高与风速的关系

风速、风时、风区是决定风浪大小的主要因素。

风浪一方面使风获得能量，另一方面又由于种种过程消耗着能量。海水的内摩擦、海底和海岸边界的摩擦、当波速超过风速时空气的摩擦，以及波浪的破碎等都是能量消耗的主要形式，波浪的成长、发展和消衰取决于能量的摄取和消耗之间的数量关系。当能量的收入大于支出时，风浪就成长发展；反之，风浪将逐渐趋于消衰。

据观测和研究证实，波速（C）和风速（W）之比值（即 C/W）可作为标志各种波浪变化的指标。当比值小于 0.3～0.4 时，波浪吸收风能的强度最大，因而波高增加很快，风浪处于发展阶段；当这个比值为 0.7～0.8 时，波浪达充分成长状态，波高最大；随着比值继续增大，波高逐渐减小，波长和波速不断增加，波浪变得越来越平坦。

涌浪为风停息后或风浪超过风速传离风区后依然存在并继续向前传播的波浪。涌浪属于在惯性作用下传播的自由波，属于长波性质，具有波面光滑平缓、波形规则对称的外形特征。涌浪在传播中因空气阻力及海水摩擦影响，能量逐渐衰减，波峰渐圆，波长渐大，波高渐低，波速渐快。由式（3-13）可知，波长大的涌浪传播速度极快，可达 2000km/d，而且传播距离远，常超过风速提前到达风暴中心区以外海区，有预报风暴的作用，故有"先兆波"之称。

四、近岸波浪

（一）近岸波浪的变形与破碎

1. 波浪的变形

波浪在深水区传到浅水区的过程中，将发生一系列变形，表现为波长缩短，波高增大，波峰前倾或倒转破碎，水质点运动轨迹由圆形变为椭圆形；越接近海底，椭圆轨迹越扁，在海底附近终将成为一条直线，运动轨迹将保持几乎水平的状态（图 3-18）。

一般认为，水深为 1/2 波长是波浪变形的临界深度。当海底深度大于 1/2 波长时，波浪的性质尚能继续维持不变。当海底深度小于 1/2 波长时，波浪将发生变形。例如，海啸在近岸带的传播，如果不发生反射、绕射和摩擦等现象，则两波线之间的能量与波源的距离无关。波高 h 随相邻两波线间的距离 L 和水深 H 的变化服从格林定律：

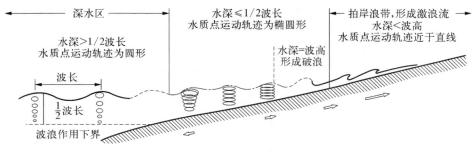

图 3-18　近岸波浪的变形与破碎

$$h \approx H^{-1/4} L^{-1/2} \tag{3-15}$$

即波高随水深、波长的减小呈指数率递增。其传播速度可用浅水波波速计算公式（3-14）确定。

2. 波浪的破碎

式（3-10）和式（3-14）表明，随着水深的变浅，波速和波长均将变小，加之波高的增大，则波陡迅速增大，波浪变得极不稳定。在浅水区，水质点在轨道上运动的速度不等。波底处，水质点受到海底摩擦的影响较大，运动速度比波顶处慢，这就导致波顶超过波底而使波顶失去重心，引起波浪的倒卷和破碎。当波陡 $\delta \geqslant 1/7$ 时，将会发生波浪破碎。波浪破碎时的水深称为临界水深，一般为破碎时的波高的 1～2 倍。临界水深与岸边之间的地带为激浪带。

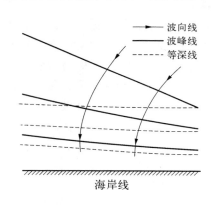

图 3-19　波浪的折射作用

如果破碎现象出现在离海岸较远的地方，如海中暗礁或沙洲处，称为破浪；如果发生于接近海岸处或直接打击海岸，则称为拍岸浪。拍岸浪对海岸的冲击力巨大，可达 30～50t/m^2，可对海岸形成严重侵蚀，并对近岸海底泥沙运动产生很大影响。

（二）波浪的折射

当波浪传播进入浅水区时，水深变浅，传播速度降低，从而使波向发生转折，波向线趋向于与等深线和岸线垂直，这种现象称为波浪的折射（图 3-19）。

设某一海区中 EF 为等深线（图 3-20），在等深线的外海一侧深度为 h_1，内海一侧深度为 h_2。据式（3-14），外海一侧的波速为 $c_1 = gh_1^{1/2}$，内海一侧的波速为 $c_2 = gh_2^{1/2}$。因 $h_1 > h_2$，故 $c_1 > c_2$。如在水深为 h_1 和 h_2 处的波峰线 AB 与 EF 的交角分别为 θ_1 和 θ_2，则有 $\sin\theta_1 = c_1 dt/A'B$，$\sin\theta_2 = c_2 dt/A'B$，即 $\sin\theta_1/\sin\theta_2 = c_1/c_2$。又因 $c_1 > c_2$，所以 $\theta_1 > \theta_2$，即波向发生折射。

波浪折射据有显著的海岸地貌效应。当波浪传至岸边时，波向线趋于与等深线垂直，海岬处波能辐聚，侵蚀海岸，形成海蚀地貌；海湾处波能辐散，泥沙沉积，形成海滩。其结果是使岸线向平直化发展（图 3-21）。

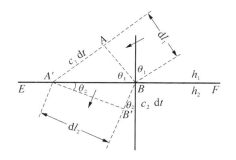

图 3-20　波浪折射过程分析

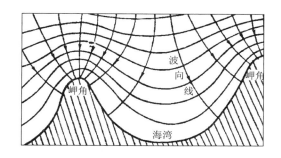

图 3-21　波浪的辐聚和辐散

（三）波浪的绕射

当波浪前进遇到物体部分阻挡时，产生侧向波并传至物体遮蔽水域（波影区），这种现象称为波浪的绕射（图 3-22）。

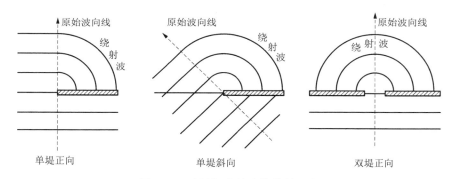

图 3-22　防波堤内波浪的绕射现象

当波浪传至近岸时，当受到沙嘴、岬角、小岛、人工建筑物等的阻挡时，波浪将绕过阻挡物从侧方进入波影区。这时波浪明显改变了前进方向，能量辐散，波高递减。因此，波影区常为比较平静的水域。图 3-22 为波浪在防波堤后港内发生绕射的情形。绕射波波峰线向港内展开，波能扩散，波高不断减小，逐渐形成平稳水面。

当岸外存在岛屿时，受岛屿遮蔽的岸段形成波影区，波浪绕射作用使波能辐散减弱，泥沙流容量降低，在岛后向岸一侧堆积连岛沙坝，可形成陆连岛地形。山东省芝罘岛即为这种情况的典型例子。

第五节　潮　汐

一、潮汐的要素与类型

（一）潮汐的概念与要素

海水在天体引潮力作用下所发生的周期性运动现象称为潮汐，包括海面周期性的垂直涨落和海水周期性的水平流动，习惯上将前者称为潮汐，后者称为潮流。潮汐涨落实质上也是海水的一种波动。它是海水在天体引潮力作用下受迫振动形成的一种波长巨大的长波，波长可达数百甚至数千公里。其波速取决于水深，常可达每秒数百米。对于一个固定地点来说，波峰传来时出现高潮，波谷传来时出现低潮。

　　人们常用一些术语描述潮汐现象和运动状态（图 3-23），其中描述潮汐运动状态的术语称为潮汐要素（图3-24）。

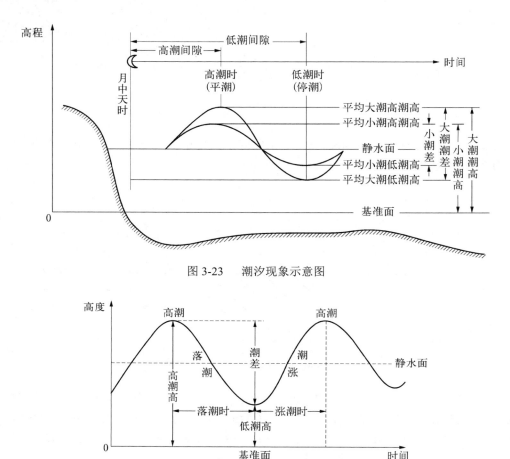

图 3-23　潮汐现象示意图

图 3-24　潮汐要素示意图

　　在潮汐涨落的一个周期内，海面从低潮位到高潮位水位逐渐上升的过程称为涨潮，从高潮位到低潮位水位逐渐下降的过程称为落潮或退潮；海面上涨的最高位置称为高潮或满潮，下落的最低位置称为低潮或干潮；当潮汐达到高潮或低潮时，海面在一段较短时间内处于不涨不落的状态，分别称为平潮和停潮，平潮和停潮的中间时刻分别称为高潮时和低潮时；高潮时和低潮时海面相对于绝对基面的高程分别称为高潮高和低潮高，相邻的高潮高与低潮高的水位差称为潮差；从低潮时到高潮时的时间间隔称为涨潮时，从高潮时到低潮时的时间间隔称为落潮时，涨潮时与落潮时之和称为潮汐的周期；由月球上中天时刻到其后的第一个高潮时和低潮时，分别称为高潮间隙和低潮间隙，二者统称为月潮间隙。

（二）潮汐的类型

1. 半日潮

在一个太阴日（24 小时 50 分）内出现两次高潮和两次低潮，相邻两次高潮和相邻两次低潮的潮高几乎相等，涨潮时和落潮时十分接近，这样的潮汐称为半日潮。

2. 全日潮

半个月内连续 7 天以上每个太阴日内只出现一次高潮和一次低潮，其余太阴日出现两次高潮和低潮，这样的潮汐称为全日潮。

3. 混合潮

混合潮是不规则半日潮和不规则全日潮两类不规则潮汐的统称。

（1）不规则半日潮。在一个太阴日内有两次高潮和两次低潮，但两次涨、落潮的潮差和潮时均不相等。

（2）不规则全日潮。在半个月内，较多太阴日内为不规则半日潮，但有时会有发生全日潮的现象，全日潮日数不超过 7 天。

二、潮汐的成因

潮汐是由月球和太阳的引潮力所引起的，由月球引起的潮汐称为太阴潮，由太阳引起的潮汐称为太阳潮。月球引潮力和太阳引潮力的形成机理相同，故下面仅以月球引潮力为例，讨论引潮力的成因，并对月球引潮力和太阳引潮力的大小进行比较分析。

（一）引潮力的产生

就地-月系统而言，地球上的物质受到两个力的作用，一是月球引力，即万有引力；二是因地球的月运动（地球和月球绕它们的公共质心的运动）所产生的惯性离心力，二者的合力即为月球引潮力。

1. 月球引力

若设 $f_{引}$ 为月球引力，k 为万有引力系数，m 为月球质量，x 为地球任一点至月球中心的距离，据牛顿万有引力定律，则月球对地球上任一点单位质量物体的引力为

$$f_{引}=km/x^2 \tag{3-16}$$

地面上任一点单位质量物质所受的月球引力大小和方向均不同，引力大小与该点至月球距离的平方成反比例关系，方向均由质点所在处指向月心。

若设 R 为地-月平均距离，r 为地球半径（图3-25），则月球对 E 点 （地心）的引力为 $f_{引E}=km/R^2$；月球 A 点 （顺潮点）的引力为 $f_{引A}=km/(R-r)^2$；月球 B 点（对潮点）的引力为 $f_{引B}=km/(R+r)^2$。

2. 地球月运动的惯性离心力

地、月之间存在着引力，但二者并没有因此而靠拢到一起，它们之间的距离也没有发生变化，而是各自沿着自己的轨道保持着不变的运动状态，那么一定还存在着一个力，其大小与引力相等，方向与引力相反，从而使地、月保持着平衡状态。此力就是惯性离心力。

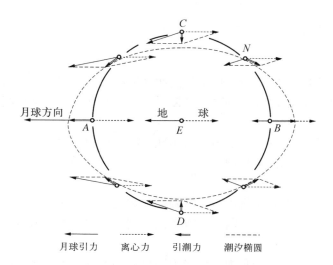

图 3-25 月球引力、惯性离心力和引潮力示意图

　　地-月引力系统共同的质心称为公共质量中心，简称公共质心。可以很简单地算出，地-月公共质心位于地球内部，在地、月中心连线的距离地心 $0.73r$（r 为地球半径）处。地球和月球都围绕公共质心做以一个月为一个周期的运动，由此产生了与引力相平衡的惯性离心力，这就是它们不会因引力而彼此吸引到一起的原因。

　　地球的月运动是平动，即运动物体上任何两点的连线在运动过程中始终保持平行的运动，其运动轨迹为圆形。因此，在地球的月运动过程中，地球上各点都是做轨迹半径相同的圆运动，由此而产生的惯性离心力在地球上各点相同。地球上各点惯性离心力的大小相等，均等于地心处的惯性离心力。若取各质点为单位质量，根据万有引力公式，可以推导出地球上各点单位质量物体所受到的惯性离心力为

$$f_\text{惯}=km/R^2 \tag{3-17}$$

地球上各点惯性离心力的方向相同，均平行地背向月球（图 3-25）。

3. 月球引潮力

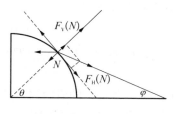

图 3-26　引潮力图解

　　地球上各处质点所受的月球引力大小不同，而受到惯性离心力大小不同，则二者的合力即月球引潮力 F 各处不等（图 3-25）。在地心处，月球引力和惯性离心力相平衡，引潮力为零，其他任意点的引潮力则不为零。通过推导可以得到地球表面上任一点单位质量物质所受的引潮力（图 3-26）的计算公式。

　　月球引潮力的水平分量为

$$F_\text{H}=3kmr^3\sin2\theta/2R^3 \tag{3-18}$$

　　月球引潮力的垂直分量为

$$F_\text{V}=kmr^3（3\cos2\theta-1）/R^3 \tag{3-19}$$

式中，m 为月球的质量；θ 为月球的天顶距。

E 点的月球引潮力 　　　　$F_E = F_{引,E} - F_惯$

$\qquad\qquad\qquad\qquad = km/\mathrm{R}^2 - km/\mathrm{R}^2$

$\qquad\qquad\qquad\qquad = 0$

A 点的月球引潮力 　　　　$F_A = F_{引,A} - F_惯$

$\qquad\qquad\qquad\qquad = km/(R-r)^2 - km/R^2$

$\qquad\qquad\qquad\qquad = km\,[R^2/(R-r)^2 - 1]\,/R^2$

$\qquad\qquad\qquad\qquad = km\,[R^2/(R^2 - 2Rr + r^2) - 1]\,/R^2$

$\qquad\qquad\qquad\qquad \approx km\,[R^2/(R^2 - 2Rr) - 1]\,/R^2$ 　　（$r \ll R$, 分母舍去 r^2 项）

$\qquad\qquad\qquad\qquad = km\,[R/(R-2r) - (R-2r)\,/(R-2r)]\,/R^2$

$\qquad\qquad\qquad\qquad = 2kmr/\,R^2(R-2r)$

$\qquad\qquad\qquad\qquad \approx 2kmr/\,R^3$ 　　（$r \ll R$, 分母舍去 $2r$ 项）

B 点的月球引潮力 　　　　$F_B = F_{引,B} - F_惯$

$\qquad\qquad\qquad\qquad = km/(R+r)^2 - km/R^2$

$\qquad\qquad\qquad\qquad = km\,[R^2/(R+r)^2 - 1]\,/R^2$

$\qquad\qquad\qquad\qquad = km\,[R^2/(R^2 + 2Rr + r^2) - 1]\,/R^2$

$\qquad\qquad\qquad\qquad \approx km\,[R^2/(R^2 + 2Rr) - 1]\,/R^2$ 　　（$r \ll R$, 分母舍去 r^2 项）

$\qquad\qquad\qquad\qquad = km\,[R/(R+2r) - (R+2r)\,/(R+2r)]\,/R^2$

$\qquad\qquad\qquad\qquad = -2kmr/\,R^2(R+2r)$

$\qquad\qquad\qquad\qquad \approx -2kmr/\,R^3$ 　　（$r \ll R$, 分母舍去 $2r$ 项）

由此可见，顺潮点和对潮点的引潮力大小相等，方向相反。其他点引潮力的大小和方向介于二者之间，为过渡情况。如地球表面全部被等深的水所覆盖，在引潮力的作用下，A、B 点上涨，C、D 点下落，水向 A、B 点集中，本来为圆形地球将变为潮汐椭球（图 3-25）。由于地球与月球的对距点不断变化，一天变化 360°，所以地球上各处的海水两涨两落。引潮力可以分解为水平和垂直两个方向的引潮力，其中垂直引潮力仅对重力大小稍有改变，而水平引潮力才是使海水涨落的关键动力。

（二）太阳引潮力及其与月球引潮力比较

同月球引潮力的推导过程，可得太阳引潮力的计算公式：
太阳引潮力的水平分量为

$$F'_H = 2km'r\sin 2\theta' / 3R'^3 \qquad\qquad （3\text{-}20）$$

太阳引潮力的垂直分量为

$$F'_V = 2km'r(\cos 2\theta' + 1/3) / 3R'^3 \qquad\qquad （3\text{-}21）$$

式中，F' 为太阳引潮力；m' 为太阳的质量；R' 为日地平均距离；θ' 为太阳的天顶距。

根据有引潮力公式 $F = 2kmr/R^3$，已知太阳质量是月球质量的 2700×10^4 倍，日地距离是月地距离的 389 倍，则 $F'F = 2k \cdot 2700 \times 10^4 mr\,(389R)^{-3}/2kmrR^{-3} \approx 0.46$。由此可见，太阳引潮力不足月球引潮的一半，不是潮汐形成的主要作用力，仅对月球引潮力有影响。

三、潮汐的变化

（一）潮汐的时间变化

天体引潮力公式表明，引潮力是日、月天顶距的周期函数，并与月地距离和日地距离有关。因此，地球、月球和太阳的周期性运动，均可引起地球上潮汐的周期性变化。唐代窦叔蒙曾提出："一晦一明，再潮再汐""一朔一望，再盈再虚""一春一秋，再涨再缩"，并精确推算出潮汐 12 时 25 分 14 秒的周期，说明当时人们对潮汐的周期现象就有了较深的认识。

1. 潮汐的日变化

潮汐的日变化由地球自转和月赤纬变化而形成，有半日周期和日周期（图 3-27）。

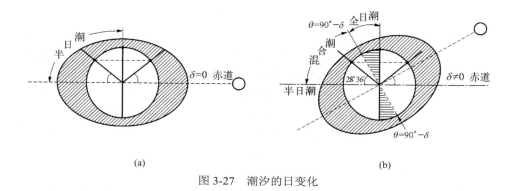

图 3-27　潮汐的日变化

当月球赤纬 $\delta=0$ 时，地球上各纬度海区均为半日潮，潮差从赤道向两极递减并对称分布，这样的潮汐称为分点潮。

当月球赤纬 $\delta\neq0$ 时，地球上各纬度的潮汐类型和潮差有所不同，赤道海区仍为半日潮，月球赤纬以上的高纬海区为全日潮，其余纬度海区为不规则半日潮。潮汐的这种变化被称为潮汐周日不等现象。当月球赤纬 $\delta=\pm28°36'$ 时，潮汐周日不等现象最为显著，全日潮范围最大，这时的潮汐称为回归潮。

同理，太阳赤纬的变化也可引起潮汐周日不等现象，其变化周期是一个回归年。

2. 潮汐的半月变化

潮汐以半月为周期的变化是由月、日、地三者相对位置的变化而形成的。朔、望日（农历初一、十五）时，月、日、地三者中心大致位于同一直线上，太阳潮最大限度地加强了太阴潮，潮差最大，称为大潮或朔望潮；上、下弦（农历初八、二十三）时，月、日、地三者的位置形成直角，太阳潮最大限度地削弱了太阴潮，潮差最小，称为小潮或方照潮。

3. 潮汐的月变化

在一个交点月中，太阴潮可出现一次近地点大潮和远地点小潮。白道的偏心率为 0.055，据此可以推算出，近地点引潮力比远地点的引潮力大 40%。

4. 潮汐的年变化

在一个交点年中，太阳潮可形成一个近日大潮和一个远日小潮。黄道的偏心率为 0.0167，据此可以推算出，近日潮比远日潮引潮力约大 10%。

5. 潮汐的多年周期变化

潮汐的多年周期变化是由日、月赤纬，日、地、月距离，以及日、地、月汇合运动引起。这些天体运动现象的周期性形成了潮汐的多种多年变化周期。例如，由月球近地点在白道上东移一周所形成的 8.85 年周期，由黄白道交点沿黄道每年向西退行 19°21′所形成的 18.61 年周期，由春、秋分点在黄道上西移一周所形成的 2.6 万年周期，由近日点沿黄道移动一周所形成的 10.8 万年周期。潮汐的这些多年周期性变化统称为潮汐的长周期变化。

（二）地形引起的潮汐变化

受海盆形态、水深、海陆边界条件等地形因素的影响，各沿岸海区的海水对天体引潮力会产生不同的反应，沿岸海区的潮汐比大洋中的潮汐要复杂得多，表现为潮高、潮汐类型的多样化。

1. 潮差的变化

按牛顿平衡潮理论推算，如果地球完全由等深海水覆盖，月球所产生的最大引潮力可使海水面升高 0.54m，太阳引潮力的作用为 0.24m。即平衡潮最大潮差为 0.78m，最小潮差不小于 0.30m。在夏威夷等大洋中观测的潮差约为 1m，与平衡潮理论比较接近，但近海实际的潮差却比上述计算值大得多；而在有些海域会出现潮差为零的无潮点。这些现象为地形影响所致。总的说来，地形的影响会增大潮差。

（1）近岸地形的作用可增大潮差。潮波进入浅水地带或向岸传播时，受地形的抬升作用，将发生变形，波长缩短、波高增大。另外，世界上一些喇叭形河口区，将会形成潮汐能量集聚效应，常出现涌潮现象。例如，我国杭州湾的最大潮差达 8.93m，形成钱塘怒潮，蔚为壮观。

（2）"共振"效应可增大潮差。当海湾内海水固有振动频率与大洋传入潮汐的振动频率接近时，会产生共振，使海湾中海水的潮差加大。例如，位于美国和加拿大之间的芬地湾受共振效应的影响，湾顶大潮潮差可达 19.6m，为世界上潮差最大的海域之一。

（3）形成旋转潮波系统，波节处形成无潮点，波腹处潮差为原潮差的两倍。在半封闭海域中形成的旋转潮波，当进行波遇岸反射会形成反射波，两波干涉可形成驻波。在地转偏向力的作用下，入射波使海湾右侧（以面向湾底的观察者为准）水面升高，反射波使左侧水面升高，因此湾内水体将围绕波节发生旋转，北半球逆时针旋转，南半球顺时针旋转，在一个潮汐周期内旋转一周，形成旋转潮波系统。波节处为无潮点，潮差自波节向波腹递增，至波腹处达到最大。一个潮周期中振幅相等的点连接成线称为等振幅线或等潮差线，潮时相同各点连线称为同潮时线。等潮差线以无潮点为中心呈同心环状分布，而同潮时线则呈放射状分布（图 3-28）。

半日潮波在我国黄海和渤海各有两个旋转潮波系统。渤海的无潮点在秦皇岛附近及黄河口附近，黄海的无潮点在成山头附近及海州湾外侧，潮差由无潮点向四周增大。黄海中央潮差小，沿岸潮差大；东侧潮差大，如仁川为 8.8m；西侧潮差小，如青岛为 3.8m。渤海中央潮差小，湾顶潮差大。

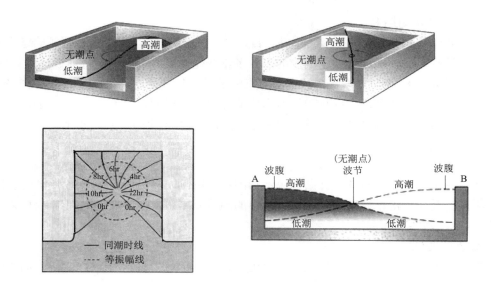

图 3-28　北半球旋转潮波的运动与海面变化

2. 潮汐类型的变化

按平衡潮理论，赤道海域潮汐类型为典型的半日潮，高纬度海区潮汐类型近似全日潮。在大洋中的情况与理论较为符合，但在沿岸不同海域差异较大。海盆形态、水深决定海区海水自由振动周期，当海区自由振动周期与潮波周期接近时，共振效应会使海水振幅加大，甚至潮汐类型发生变化。

若在某海湾，入射波与反射波干涉形成驻波，在湾口出现一个波节，而湾内无波节，海湾长度 L 相当于驻波波长的 1/4，则该海湾内海水自由振动周期为 $T=4L/(gh)^{1/2}$。例如，地处赤道附近的南海北部湾，天文因素决定其为半日潮类型的海域，但实际却为全日潮海域。北部湾海盆形态为近长方形，湾长 $L=460$km，平均水深 $h=50$m，可算出湾内海水自由振动周期 $T=23.1$h，与全日潮周期接近，对此反应强，振动较大，从而成为全日潮型海域。再如，地处高纬的芬地湾，天文因素决定其为全日潮型海域，实际潮汐类型为半日潮。芬地湾湾长 $L=270$km，平均水深 $h=70$m，可计算出湾内海水自由振动周期 $T=11.5$h，与半日潮波周期接近，共振效应使其为半日潮类型海域。

四、潮流

潮流是海水在天体引潮力作用下形成的周期性水平运动，它和潮汐现象是同时产生的。随着涨潮而产生的潮流，称为涨潮流；随着落潮而产生的潮流，称为落潮流。潮流的运动形式有回转流（旋转流）和往复流两种。

（一）回转流

回转流主要分布在大洋和近海，是潮流运动的普遍形式。回转流的产生主要是受潮波的干涉和地转偏向力的作用，在北半球回转方向为顺时针；在南半球相反。回转次数取决于潮汐类型，半日潮流在一个太阴日内回转两次；全日潮流则回转一次。回转流的流速也在不断变化，从最大流速到最小流速，再从最小流速变为最大流速，中间无憩流现象发生。若将测得的流速值以中心矢量图表示，箭矢的长短表示流速的大小，箭矢的方向表示潮流流向，连接矢端的曲线成椭圆形，称为潮流椭圆（图 3- 29）。潮流周期同潮汐周期。

（二）往复流

在海峡、港湾入口或江河入海口，潮流受到海洋宽度的限制，经常做直线式的往复流动，称为往复流。潮流在航道上，即较深的水道上也常呈往复流。

往复流的运动过程有最大流速、最小流速和憩流三个阶段。当流速小于每小时 0.1 海里[①]时，称为憩流。憩流一过，潮流发生转向（图 3-30）。

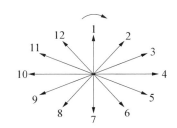

图 3-29 半日周期回转流示意图

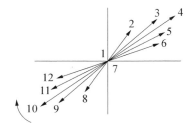

图 3-30 半日周期潮往复流示意图

第六节 洋 流

一、洋流成因及其类型

（一）洋流及其分类

洋流亦称海流，是指海洋中海水从一个海区水平地或垂直地流向另一海区的、大规模的、具有相对稳定的流速和流向的非周期性运动，其规模常用宽度（流幅）、深度、流速、流量来描述。洋流对海洋水文特征、大陆沿岸气候、人类海上活动等都具有重大影响。

洋流按成因可分为风海流、梯度流、补偿流三类，按洋流本身温度与周围海水温度的相对差异可分为暖流和寒流两类，按流经地理位置可分为赤道流、大洋流、极地流、沿岸流等。

（二）风海流

风海流亦称漂流、吹流等，是海水在风的切应力作用下形成的大规模水平运动。19 世纪末，大量的海洋调查发现，洋流流向与盛行风向并不一致，二者之间存在一定的偏角。基于这种现象，20 世纪初埃克曼（Ekman）创立了 "漂流理论"，从而奠定了风海流的理论基础。

埃克曼漂流理论是建立在以下几个基本假定上的：①海区远离大陆，水深无限，面积广大，海水运动不受海底和海岸边界的影响；②海面水平，海水密度分布均匀；③作用与海面

---

① 1 海里≈1.85km

的风定向、恒速。基于上述假定，通过计算与分析，得到漂流理论以下几点结论。

1. 风海流强度与风的切应力大小有密切的关系

切应力 τ_α 的表达式为

$$\tau_\alpha = c\rho_\alpha u^2 \approx 0.02\,u^2 \tag{3-22}$$

式中，c 为系数；ρ_α 为空气密度；u 为风速。由此式可以看出，风的切应力大小与风速的平方成正比，亦即风海流强度与风速的平方成正比。

2. 风海流表层流向偏离风向 45°，向下偏角逐渐增大

受地转偏向力影响，风海流表层流向偏离风向 45°左右，北半球右偏，南半球左偏。表层流向和风向的偏角与风速和流速无关，不同海区稍有差别。随着深度的增加，偏角呈线性增大，直到某一深度，流向与表层流相反，这一深度称为摩擦深度 D。通常把摩擦深度 D 作为风海流的下限深度，一般为 100～300m，可按经验公式计算确定

$$D = 7.6u/(\sin\varphi)^{1/2} \tag{3-23}$$

式中，φ 为地理纬度。这一结论已为大量大洋观测资料所证实（表 3-10）。

表 3-10　不同海区风海流流向偏角

纬度/（°）	经度/（°）	观测次数	平均偏向角/（°）
47～53	10～30	630	41
30～40	40～110	625	32
20～30	100～170	469	35
10～20	90～110	200	44

3. 风海流流速表层最大，向下迅速减小

埃克曼根据大量观测资料，得到风海流表层流速 v_0 与风速 u 的经验关系为

$$v_0 = 0.0127u/(\sin\varphi)^{1/2} \tag{3-24}$$

自海面向下，流速按指数律急剧下降。海面以下 H 深度处流速的表达式为

$$V_H = v_0 e^{-\pi H/D} \tag{3-25}$$

式中，V_H 为水深 H 处的流速。当 $H=D$ 时，上式可写为

$$V_H = v_0 e^{-\pi} = 0.043\,v_0 \tag{3-26}$$

由此可见，摩擦深度上的流速很小，仅为表面流速的 4.3%左右。

风海流流向和流速从海面到摩擦深度的分布模式如以矢量线表示，作各矢量线端点的连线，其在平面上的投影为一螺旋曲线，称为埃克曼螺线（图 3-31）。

4. 深水风海流水体输送方向偏于风向 90°，浅水风海流水体输送方向与风向的偏角小于 45°

风海流有深水风海流和浅水风海流之分。当风海流为水深无限（$H/D>2$）、水流不受海底摩擦作用影响的深水风海流时，水体输送方向与风向的夹角为 90°，北半球垂直于风向向右输送，南半球垂直于风向向左输送。当风海流为水深有限（$H/D<2$）、水流受海底摩擦作用影响的浅水风海流时，水体输送方向也偏离风向，北半球右偏，南半球左偏，但是偏角变小。表层流与风向的偏角小于 45°，向下偏角缓慢增大。当水深 $H=0.1D$ 时，洋流流向在整个

水深上与风向一致；当水深 $H=0.5D$ 时，偏角增大到 45°；水深继续增加，偏角几乎不变。浅海风海流水体输送方向也偏离风向，但偏角小于 90°。

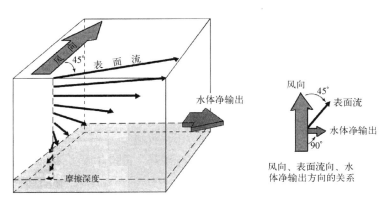

图 3-31 埃克曼螺旋

（三）梯度流（地转流）

1. 梯度流的概念与类型

梯度流亦称地转流，是指海水在水平压强梯度力和地转偏向力作用达到平衡时所形成的运动现象，包括密度流和倾斜流两种类型。

密度流是海水由于受到加热、冷却、蒸发、降水等的影响而导致密度分布不均所形成的流动，又称热盐环流。

倾斜流是海水由于大气压力变化、风引起增水和减水、淡水在河口附近堆积等导致海面倾斜所形成的流动。例如，风海流的负效应所导致的一支与风向一致的海流即属于倾斜流。倾斜流经常发生在大河的入海河口及迎风岸附近的海区。例如，在冬季盛行西北风的作用下，我国山东半岛北岸由于海水在岸边的堆积而产生一支沿岸流，其方向为顺海岸的东向流。长江、黄河等大河入海口，特别是在夏季汛期时，由于淡水的堆积，也可形成沿岸流。

2. 梯度流形成的力学机制

梯度流是海水在压强梯度力、重力和地转偏向力的共同作用下形成的。当三者达到平衡时，海水发生稳定的流动，即梯度流。

由压强梯度引起的力为压强梯度力，其方向垂直于等压线，由压力高处指向压力低处；而重力与等势面相垂直。等势面即水平面。当等压面与等势面重合时，压强梯度力 D 与重力达到平衡，海水不受水平方向上力的作用，如海水原来是静止的，将继续保持静止状态。当等压面发生倾斜时，压强梯度力可分解为垂直压强梯度力 D_1 和水平压强梯度力 D_2 两个分力，其中 D_1 与重力平衡，而水平压强梯度力 D_2 则会促使海水运动，这就是产生梯度流的原动力（图 3-32）。单位质量海水所受的水平压强梯度力为

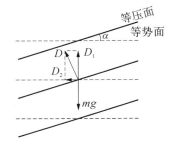

图 3-32 等压面相对于等势面倾斜时海水受力情况

$$D_2=g\mathrm{tg}\beta \qquad (3-27)$$

式中，g 为重力加速度；β 为等压面倾角。

地转偏向力即科里奥利力，是地球自转所产生的惯性力，其作用的结果是使运动物体的水平运动方向发生偏转，北半球向右偏，南半球向左偏，最终使运动方向与动力水平梯度方向相垂直。对于运动的单位质量的物体，所受的地转偏向力的大小为

$$f=2\omega v\sin\varphi \qquad (3-28)$$

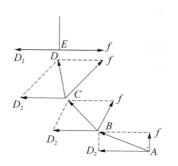

图 3-33　梯度流力学平衡过程示意图

式中，f 为地转偏向力；ω 为地球自转角速度；v 为物体运动速度；φ 为地理纬度。

当水平压强梯度力与地转偏向力大小相等、方向相反时，海水将沿等压面与水平面的交线做匀速直线运动（图 3-33）。由 $g\mathrm{tg}\beta=2\omega v\sin\varphi$，可得梯度流速度公式

$$v=g\mathrm{tg}\beta/2\omega\sin\varphi \qquad (3-29)$$

综上所述，梯度流形成的力学过程具有以下特点：①梯度流是在水平梯度力等于地转偏向力时海水的稳定流动。②梯度流沿等压面与等势面的交线做匀速直线运动；在等压面倾角相同的情况下，梯度流流速与所处地理纬度的正弦成反比。③在北半球，顺着流向，倾斜流左边等压面低，右边等压面高；密度流左边密度大，右边密度小。因海水温度变化幅度比盐度大得多，所以海水密度大小主要取决于海水的温度，因此，左边温度低，右边温度高。南半球情况相反。④就密度流而言，由于引起密度变化的因素（温度、盐度等）多发生在海洋表面，随着深度的增加，它们的影响越来越弱，故等压面的倾斜角度由上至下减小，到某一深度海水密度在水平方向上的差异消失，等压面与水平面重合，密度流消失。这一特点与倾斜流不同。

（四）补偿流

补偿流是指由于某种原因海水从一个海区流出，而另一海区的海水流入该海区进行补充，海水的这种运动称为补偿流。加利福尼亚寒流、秘鲁寒流、本格拉寒流等都属于补偿流。补偿流按方向可分为水平补偿流和垂直补偿流（升降流）两种。

实际上，洋流的产生往往是多种作用综合的结果。例如，方向稳定的风能够直接形成风海流；在风长时间作用下水面发生倾斜，可产生与风向一致的梯度流；而风海流造成的水体运动又可派生出补偿流。

二、大洋表层环流系统

（一）大洋表层环流模式与格局

大气与海洋处于相互作用、相互影响、相互制约之中，大气在海洋上获得能量而产生运动，大气运动又驱动着海水，海洋和大气间不断进行着动量、能量和物质交换。海面上的气压场、大气环流及海陆分布状况决定着大洋表层环流系统（图 3-34）。

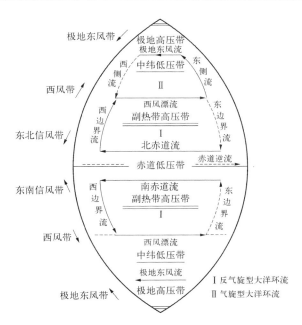

图 3-34　理想的大洋表层环流模式

大洋表层环流与盛行风系相适应，所形成的格局具有以下特点：①以南北回归高压带为中心形成反气旋型大洋环流；②以北半球中高纬海上低压区为中心形成气旋型大洋环流；③南半球中高纬海区没有气旋型大洋环流，而被西风漂流所代替；④在南极大陆形成极地东风流；极地东风流同西风漂流共同构成绕南极环流；⑤北印度洋形成季风环流区。

（二）大洋表层环流及其水文特征

1. 反气旋型大洋环流

分布于 50°S～50°N，以回归高压带为中心，在赤道两侧呈非对称出现，是由赤道流、西边界流、西风漂流、东边界流首尾相接组成的大型环流系统。在南、北赤道流之间，夹有赤道逆流和赤道潜流。

（1）赤道流。在东南信风和东北信风的切应力作用下，形成南、北赤道洋流，亦称信风漂流。赤道流规模宏大，从东向西横贯大洋，宽度约为 2000 km，厚度约为 200 m，表面流速为 20～50cm/s，靠近赤道一侧达 50～100cm/s。除印度洋外，南、北赤道流并不以赤道为轴对称，位置明显偏北，对称轴位置大致与热赤道相当。它对南北半球水量交换起着重要作用，特别是大西洋，南大西洋的水可穿过赤道达 10°N 以北，并与北大西洋水相混合。在其输送下，大洋表层水由南半球向北半球转移，仅大西洋深度 800m 以上的输送水量就达 600 万 m³/s。

（2）赤道逆流。赤道逆流位于赤道海面以下，自西向东流动于 2°N～2°S，与赤道无风带位置相一致，流速约为 40～60cm/s，最大流速可达 150cm/s，为高温低盐海水。信风不对称于赤道可能是这支逆流的成因。赤道流西行遇到大陆后，部分水量由于信风切应力南北分速不均和补偿作用而折向东流，形成赤道逆流和赤道潜流。赤道无风带降水丰沛，海水经强烈加热和淡化作用，在发生充分的湍流混合，形成厚度不大的低盐高温水，因此这三支洋流都是暖流性质，并在表层水以下存在着温度和盐度的跃层。

（3）西边界流。西边界流是指发生在中低纬大洋西部的经向海流，是由赤道流在大洋西岸形成水量堆积，大部分沿大陆坡狭窄地带向南、北分流而形成。这些洋流系南、北赤道流的延续，所以海水仍具有赤道流的一些水文特征，并沿途逐渐变性。西边界流主流狭窄，流幅一般为 100～200km，深度较大，可达上千米，表面流速较大，约为 100～300cm/s，输水量可观。西边界流具有高温、高盐、高水色、大透明度、营养盐较贫乏等特征。西边界有北太平洋的黑潮、南太平洋的东澳暖流、北大西洋的墨西哥湾流、南大西洋的巴西暖流和印度洋的莫桑比克暖流，其中最为著名的是湾流和黑潮，它们西向"强化"明显，流势强大。

有人将湾流流系划为三个部分：佛罗里达海流、湾流和北大西洋海流。南、北赤道流在大西洋西部汇合后，进入加勒比海，其中一小部分进入墨西哥湾，沿墨西哥湾海岸流动，绝大部分急转向东从佛罗里达海峡进入大西洋，在 40°W 附近改称为北大西洋流，继续横跨大西洋，流经西北欧外海，进入北冰洋。湾流具有流速强、流量大、流幅狭窄、流路蜿蜒、高温、高盐、透明度大等特征。在哈特勒斯角附近，流幅达 110～120km，厚度为 700～800m，表层水温为 25～26℃，盐度为 36.2×10^{-3}～36.4×10^{-3}，流量为 8200 万 m/s。湾流方向的左侧是高密的冷海水，右侧为低密而温暖的海水，水平温度梯度高达 10℃/20km。

黑潮是太平洋中北赤道流的延续部分。斯费尔德鲁普将黑潮流系分为三部分：从我国台湾南端到日本太平洋沿岸 35°N 附近称为黑潮；由此向东到 160°E 附近为黑潮的延续；继续向东为北太平洋流，属西风漂流。黑潮的主要特点是位于我国台湾以东，宽度约为 280km，平均流幅不到 180km，强流带靠近大陆一侧，表现出洋流西向强化的特点；流速在我国台湾以东为 50～80cm/s，到琉球群岛以西增到 100～130cm/s，厚度可达 2000～3000m。

西边界流特别强大，时间变化较大，基本上处于不稳定状态。有关西边界流的动力学特性及其与其他大洋环流的相互作用，迄今尚未被完全认识。

中国科学院海洋研究所对太平洋低纬度西边界流开展了长期、系统的调查和深入研究，1986～1990 年发现并命名了"棉兰老潜流"（Mindanao Undercurrent，MUC，最大流速可达 30cm/s，平均流量近世界强流黑潮的一半），是迄今为止世界上唯一一支由中国人发现、命名并获得国际上广泛承认的洋流。它的发现改变了有关太平洋西边界流动力学结构的传统认识。

（4）西风漂流。南北半球的西边界流进入西风带后，在盛行西风和地转偏向力的作用下，形成自西向东强盛的西风漂流。南半球因三大洋相连，风力强盛，西风漂流得到充分发展，从 30°S 扩展到 60°S，涉及深度达 2000～3000m，平均流速为 10～20cm/s，流量达 2 亿 m³/s。

西风漂流包括北太平洋流、北大西洋流及南半球绕极环流中的西风漂流，向极一侧以极地冰区为界，向赤道一侧到副热带辐聚区为止。西风漂流区内存在着明显的温度径向梯度，这一梯度明显的区域称为大洋极锋，极锋两侧的水文和气候状况具有明显差异。

（5）东边界流。西风漂流向东遇大陆后分成南、北两支，流向高纬的一支为东侧流，具暖流性质；流向低纬的一支为东边界流，具寒流性质。东边界流流幅达上千公里，涉及深度较浅，仅数百米，流速较慢，表层多有离岸流。东边界流具有低温、低盐、水色低、透明度小、含氧量高、浮游生物繁盛、海水几近绿色等特点。东岸多有上升补偿流。属于这类寒流的有北太平洋的加利福尼亚寒流、南太平洋的秘鲁寒流、北大西洋的加那利寒流，南大西洋的本格拉寒流、南印度洋的西澳大利亚寒流等。

2. 气旋型大洋环流

气旋型大洋环流分布于 45°N～70°N，由大洋东侧流和大洋西侧流组成。大洋东侧流为从西风漂流中分出来的流向高纬海区的暖流，有北太平洋的阿拉斯加暖流和北大西洋暖流，水文特征为高温、密度较同纬度东侧流小、盐度大、含氧量小等。大洋西侧流为从高纬向中纬流动的寒流，由极地东北风的作用形成，有北太平洋的亲潮和北大西洋的东格陵兰寒流，其水文特征是低温、低盐、密度大、含氧量高等。

3. 南极绕极环流

南极绕极环流为由极地东风流和西风漂流所组成的双圈反向环流，是世界大洋中唯一环绕地球一周的大洋环流，也是世界上流量最大的洋流，达 1500 亿～2000 亿 m³/s，相当于强大的湾流和黑潮的总和，但流速很小，仅为黑潮的 1/10。

绕极环流内侧是紧靠南极大陆边缘的自东向西的环流，由极地东风作用而形成，范围较小，宽度较窄，强度不大。在其靠近南极大陆的一面，由于地偏力的作用，水体输向高纬，表层水产生辐聚下沉，这种下沉作用因表层水冷却和冬季结冰而大大加强，对南极底层水的形成有重大意义；外侧为强大的绕极西风漂流带。西风漂流与极地东风流之间，由于地偏力的作用，形成广阔的辐散带。大洋深层水从辐散带上升，营养盐随之上升，这为南极磷虾的大量繁殖创造了良好的环境条件。

南极绕极环流低温、低盐、高密度。冬季大部分水温在冰点左右，盐度在 $34 \times 10^{-3} \sim 34.5 \times 10^{-3}$，但威德尔海区水温较低，为 $-1.83℃$，盐度为 34.47×10^{-3}；夏季南极辐聚带以南水温升至 $0℃$ 左右，以北升至 $1℃$ 左右。

南极绕极流由于不存在像西部边界流那样的经向边界，在动力学上与其他强盛海流（如黑潮、湾流等）完全不同。目前的研究成果表明，大洋环流与全球气候的南北不对称性和南极绕极流有关。对南极绕极流的连续观测及利用卫星进行海平面、海水温度和海面风的观测，将是海洋长期监测计划不可缺少的环节。

4. 北印度洋季风环流

北印度洋受周围陆地的影响较大，形成了独特的季风漂流。冬季在盛行东北季风的作用下，形成逆时针的东北季风环流；夏季在西南夏季风的作用下，形成顺时针的西南季风环流。

三、大洋深层环流系统

大洋深层环流是由海水温度和盐度变化引起的密度差异而形成的，又称温盐环流或热盐环流。当某一海区由于温度降低或盐度增大，表层海水的密度增大时，必然会引起海水的垂直对流，密度较大的海水下沉，直至与其密度相同的层次。若下沉海水规模宏大，必将保持其在海面所获得的温度、盐度、密度、含氧量等属性。越是接近下沉海水的中心部位，其与周围海水的混合越弱，保持其原有属性的状态越稳定。因此，追踪温度、盐度分布的核心值，就称为研究深层洋流运动的基本方法。在垂直方向上，大洋深层环流系统结构可以分为两个次级基本环流系统和五个基本水层，自上而下分别是：暖水环流系统，包括表层水和次层水；冷水环流系统，包括中层水、深层水和大洋底层水。五个水层海水的密度自表层向下递增。

（一）暖水环流系统

大洋暖水环流分布于 40°S～50°S 和 40°N～50°N 的海洋表面至 600～800m 水层中，其特征是垂直涡动、对流较发达，温度、盐度具有时间变化，受气候影响明显而水温较高，因垂向上有明显的温度、盐度和密度跃层存在可分为表层水和次层水两个水层。

1. 表层水

表层水一般介于洋面至 $100\sim200\mathrm{m}$ 深度，由于受大气的直接作用，温度和盐度的季节变化较大。

2. 次层水

次层水为处于表层水以下、主温跃层以上的水层，由表层水在副热带海域辐聚带下沉而形成，深度介于洋面以下 $300\sim400\mathrm{m}$，个别海区可达 $500\sim600\mathrm{m}$。次表层水为高温高盐水，密度不大，只能下沉到表层水以下的深度上。其中大部分水量流向低纬一侧，沿主温跃层散布，在赤道辐散带上升至表层；小部分水量流向高纬一侧，在中纬度辐散带上升至表层。

（二）冷水环流系统

1. 中层水

中层水位于主温跃层之下，主要为南极辐聚区和西北辐聚区（亚北极）海水下沉形成，温度为 $2.2{}^{\circ}\mathrm{C}$，盐度为 33.8×10^{-3}，密度大于次表层水。海水下沉至 $800\sim1000\mathrm{m}$ 深度，一部分水量加入南极绕极流，一部分水量向北散布进入三大洋，在大西洋可抵达 $25{}^{\circ}\mathrm{N}$，在太平洋可越过赤道，在印度洋可抵达 $10{}^{\circ}\mathrm{S}$。大西洋和印度洋中存在高盐中层水。北大西洋的高盐地中海水（温度 $13{}^{\circ}\mathrm{C}$，盐度 37×10^{-3}）由直布罗陀海峡溢出，下沉至 $1000\sim1200\mathrm{m}$ 深度上散布；印度洋中的红海高盐水（温度 $15{}^{\circ}\mathrm{C}$，盐度 36.5×10^{-3}）通过曼德海峡流出，在 $600\sim1600\mathrm{m}$ 深度上沿非洲东岸向南散布，与南极中层水混合。

2. 深层水

深层水介于中层水和底层水之间，约在 $2000\sim4000\mathrm{m}$ 的深度上，主要在北大西洋格陵兰南部海域形成。东格陵兰流和拉布拉多寒流输送的极地水与湾流混合（盐度 34.9×10^{-3}，温度近 $3{}^{\circ}\mathrm{C}$）后下沉，向整个洋底散布，在大洋西部接近 $40{}^{\circ}\mathrm{N}$ 处与来自南极密度更大的底层水相遇，在其上向南、向东流，加入西风漂流进入印度洋和太平洋。太平洋的深层水由南大西洋的深层水与南极底层水混合而成。与大西洋具有明显分层特征不同的是，太平洋深层水在 $2000\mathrm{m}$ 以下温度和盐度分布均匀，温度为 $1.5\sim2{}^{\circ}\mathrm{C}$，盐度为 34.60×10^{-3}。大洋深层水在加入绕极环流的同时，逐渐上升，在南极辐散带可上升至海面，与南极表层水混合后，分别流向低纬和高纬，加入南极辐聚带和南极大陆辐聚带。

3. 大洋底层水

大洋底层水具有最大密度，沿洋底分布，主要源地是南极大陆边缘的威德尔海和罗斯海，其次为北冰洋的格陵兰海和挪威海。威德尔海水温低达 $-1.9{}^{\circ}\mathrm{C}$，盐度为 34.6×10^{-3}，在冬季结冰过程中海水密度加大，沿陆坡下沉到海底，一部分加入绕极环流，一部分向北进入三大洋，在各大洋中沿洋盆西侧向北流动，在大西洋可达 $40{}^{\circ}\mathrm{N}$ 与北大西洋深层水相遇成为深层水的一部分，在印度洋可达孟加拉湾和阿拉伯海，在太平洋可达阿留申群岛。北冰洋底层水温度为 $1.4{}^{\circ}\mathrm{C}$，盐度为 $34.6\times10^{-3}\sim34.9\times10^{-3}$，几乎是处于被隔绝状态，偶尔可有少量海水通过海槛溢出进入大西洋。

综上所述，世界大洋环流系统由表层环流系统和深层环流系统构成，表层环流系统为风生环流系统，受行星风系、气压场及海陆分布状况的影响和控制。大洋深层环流系统为温盐环流系统，由温度及盐度导致密度不均而引起。

四、大洋水团

（一）水团的概念与分类

1. 水团的概念

水团是形成于同一源地（海区），具有相对均匀的物理、化学和生物特征和大体一致的运动状况，以及基本相同的变化趋势，与周围海水存在明显差异的宏大水体。海水是由性质不同的多个水团组成的，其边界是水团之间的界面，实际中为具有一定宽度的水团间的过渡带或混合区，海洋学称之为锋。锋面两侧海水的物理和化学性质差异较大，锋区附近海水混合强烈，营养盐类丰富，浮游生物较多，会有大量鱼群聚集，往往成为著名的渔场。

水团的性质主要取决于源地所处的纬度、地理环境和海水的运动状况。水团在这些外界因素的影响下，逐渐具备某种性质，并在一定条件下达到最强，这个过程就是水团的形成过程。绝大多数水团是一定时期内在海洋表面获得其初始特征，然后因海水混合或下沉、扩散而逐渐形成的。水团形成后，其特征会因外界环境的改变而变化，最终因动力或热力效应而离开表层，下沉到与其密度相当的水层，然后通过扩散或与周围海水混合，形成表层以下的各种水团。

水团内性质相对较为均一，但是也存在空间差异。水团中水文特征最为显著的部分水体称为水团的核心。水团核心特征值的高低反映了整个水团的特征，位置的变化往往标志着水团的迁移。水团强度是水团体积和主要特征值大小的体现。

2. 水团的类型划分

水团按照不同的依据，可以有多种类型划分方法。

按照水温的差异，水团可以划分为暖水团和冷水团两类。暖水团的水温较高，盐度和透明度较大，有机质含量较少，含氧量较低，养分含量较少。冷水团的水温较低，盐度和透明度较小，有机质含量较多，含氧量较高，营养成分丰富。

按照理化特性垂直分布的差异，可以在五个基本水层的基础上，将水团划分为五种类型。表层水团的源地为低纬海区密度最小的表层暖水本身，具有高温、相对低盐等特征。次表层水团下界为主温跃层，南北水平范围在南北极锋之间，由副热带辐聚区表层海水下沉而形成，具有独特的高盐和相对高温特征。中层水团介于洋面以下 $1000\sim2000m$，由表层海水在西风漂流辐聚区下沉而形成，具有低盐特征，但地中海水、红海–波斯湾水具高盐特征。深层水团的源地在北大西洋上部但在表层以下深度上，因此贫氧是其主要特性，深度约在洋面以下 $2000\sim4000m$。底层水团源于极地海区，具有最大密度。

此外，水团还可以依据划分的原则，在第一级的基础上进行更低级别的划分。例如，在大西洋中，可把表层水划分为南、北大西洋表层水两个水团。

（二）水团的变性

在一定条件下，水团的特性强度可逐渐降低，这一现象及其过程称为水团的变性。导致水团变性的内部因素主要是水团间的热、盐交换，外部因素主要是海水与大气间的热交换和外部条件变化而引起的温度、盐度变化。水团变性过程依其原因不同，一般可分为区域变性、季节变性和混合变性三种。

在浅海区域，海-陆和海-气之间的相互作用更为显著，地形和水流状况更为复杂，使得海水的混合加剧，浅海水团的变性特别强烈。因此，浅海水团的研究，实际上更侧重于浅海水体变性的研究。由于浅海水团远较大洋水团的保守性和均一性差而变性显著，故有人主张把浅海区域的一些水体称为浅海变性水团。中国近海大部分处于中纬度温带季风区，季节变化显著，深度较小，一般不足 200m，区域宽阔，岛屿众多，岸线复杂，东部海域有强大的黑潮及其分支经过，西部有众多的江河径流入海，水团及其变性更加复杂。

五、中尺度涡旋

经典风成大洋环流理论认为，在各环流体系的海流范围内，海水流动速度较快，属于海洋的强流区；而在各环流中心，流速不超过 1cm/s，属于洋流的弱流区。然而 20 世纪 70 年代以来，海洋水文物理学方面一个引人注目的重大进展，就是发现海洋中存在着许多中尺度涡旋。这些中尺度涡旋不仅存在于强流区洋流的两侧，而且在环流中部的弱流区、数千米的深海处也均有发现。

（一）中尺度涡旋的概念与类型

中尺度涡旋是指海洋中直径为 100～300km，寿命为 2～10 个月的涡旋。其厚度不等，一般为 400～600m，最厚可从表层一直延伸到海底。与大而稳定的大洋环流相比，中尺度涡旋的尺度明显偏小；但与转瞬即逝的小旋涡相比，尺度又明显偏大，故名。它类似于大气中的气旋和反气旋，故也称为天气式海洋涡旋。

中尺度涡旋的分布很广，在世界各大洋中均有发现，绝大部分发生于北大西洋，特别是百慕大附近的海域和湾流区。墨西哥湾流区是中尺度涡旋发生最多的海域，平均每年有 5～8 个；其次是太平洋西北部海域，黑潮两侧多有分布；印度洋红海北部、苏伊士湾等处也均有发现。

按照自转方向和温度结构，中尺度涡旋可分为两种类型，一是气旋式涡旋，在北半球为逆时针旋转，中心海水自下向上运动，使海面升高，将下层冷水带到上层较暖的水中，使涡旋内部的水温比周围海水低，又称为冷涡旋；二是反气旋式涡旋，在北半球为顺时针旋转，其中心海水自上向下运动，使海面下降，携带上层的暖水进入下层冷水中，涡旋内部水温比周围水温高，又称为暖涡旋。

（二）中尺度涡旋的运动方式

中尺度涡旋的运动有自转运动、平移运动和垂直运动三种方式。中尺度涡旋会改变流经海区原有的海水运动，使得海流的方向变化多端，流速增大数倍至数十倍，并伴随强烈的水体垂直运动。旋涡中心势能最大，越远离中心，势能越小。

大洋中尺度涡的发现，不仅对海流动力学，且对海洋热力学、海洋化学、海洋声学和海洋生物学等的发展都有影响。中尺度涡旋的发现，使传统的大洋海流理论受到挑战。由于中中尺度涡旋的出现，大洋环流的动力结构完全改变了。假如中尺度涡旋也像大气中的气旋或反气旋那样，是由气压不稳定因素所引起，那么，大洋环流的动力有可能是由中尺度涡旋来维持的。这就从根本上修正了风生环流的观点。

六、厄尔尼诺与拉尼娜现象

（一）厄尔尼诺和拉尼娜现象的概念与特征

1. 厄尔尼诺和拉尼娜现象的概念

厄尔尼诺（El Nino，EN）在西班牙语中为"圣婴"之意，指每年圣诞节前后在厄瓜多尔和秘鲁北部沿海水域出现的暖水南侵取代冷洋流的现象，由秘鲁、厄瓜多尔一带渔民于 19 世纪初发现并命名。厄尔尼诺过后，热带太平洋有时会出现与上述情况相反的状态，称为拉尼娜现象。拉尼娜（La Nina，LN）在西班牙语中为 "圣女"之意，指在与厄尔尼诺同海域所发生的相反现象，由海洋学家于 1985 年在发现并命名，又称为"反厄尔尼诺现象"。 20 世纪下半叶以来，厄尔尼诺和拉尼娜现象频繁发生，1951～1999 年共发生 14 次厄尔尼诺现象，11 次拉尼娜现象，其中 1997～1998 年发生了最强的一次厄尔尼诺现象，2007～2008 年发生了 21 世纪以来最强的一次拉尼娜现象。

厄尔尼诺和拉尼娜现象的出现，常会带来全球性的气候异常，导致严重的自然灾害，成为厄尔尼诺事件和拉尼娜事件，因此倍受人们关注，得到较为广泛的研究。20 世纪 60 年代提出了厄尔尼诺的定义，用以专指赤道太平洋东部和中部的海表面温度大范围持续异常增暖的现象。20 世纪 80 年代提出了其定量判断指标，如果赤道东太平洋（5°N～5°S，150°W～90°W）海区一年内连续六个月表层海水温度正或负距平在 0.5℃以上或其季距平达到 0.5℃以上，即可认为出现一次厄尔尼诺事件。1985 年提出了拉尼娜的概念，用以专指赤道太平洋东部和中部的海表面温度大范围持续异常变冷的现象。同年提出了其定量判断指标，如果赤道东太平洋连续六个月表层海水温度负距平在 0.5℃以上或其季距平达到–0.5℃以上，即可认为出现一次拉尼娜事件。20 世纪 80 年代，世界气象组织建立起厄尔尼诺和拉尼娜的预报方法，并且准确预报了 1986～1988 年、1997～1998 年的厄尔尼诺事件和 2007～2008 年的拉尼娜事件，极大提高了人类对地球气候格局发生重大转变的预报能力。

2. 厄尔尼诺和拉尼娜的基本特征

（1）发生时间的周期性。厄尔尼诺现象是周期性出现的，大约每隔 2～7 年出现一次。拉尼娜现象一般会随后出现于厄尔尼诺现象的第二年，有时会持续 2～3 年。不过随着全球变暖的趋势，拉尼娜现象的出现频率有下降趋势。

（2）形成过程的阶段性。厄尔尼诺现象的全过程分为发生期、发展期、维持期和衰减期，历时一般一年左右，大气的变化滞后于海水温度的变化。

（3）海洋变化的异常性。厄尔尼诺现象的基本特征是太平洋沿岸的海面水温异常升高，海面水温一般比常年平均值偏高 1.5～2.5℃，次表层水温偏高 3～6℃，在赤道中东太平洋形成深厚的暖水层，导致海洋水位上涨，并形成一股暖流向南流动，沃克环流异常偏弱。海温的强烈上升，导致太平洋赤道附近海域水中浮游生物大量减少，给秘鲁的渔业造成巨大损失。拉尼娜现象的基本特征是太平洋沿岸的海面水温异常下降，在赤道中东太平洋有低于常温的深厚冷水层，海面水温一般比常年平均值偏低 1～2℃，次表层水温偏低 2～4℃，沃克环流偏强。

（4）气候影响的灾害性。厄尔尼诺现象的发生使原属冷水域的太平洋东部水域变成暖水域，在其影响下，太平洋赤道东部地区降水量明显增加，西部地区明显减少，赤道地区大气底层出现西风。厄尔尼诺现象迅速造成的全球气候异常，是气候变异的最强信号，将导致全球许多地区出现严重的自然灾害，例如，造成赤道附近地区的干旱和其他一些地区的暴雨和洪水，引起一些沿海地区海啸的发生，并由于连锁反应而导致一系列生态环境灾害的发生。

拉尼娜现象的发生，会使赤道两侧的信风加强。

（二）厄尔尼诺和拉尼娜现象的成因

厄尔尼诺和拉尼娜现象的出现是海洋和大气相互作用的结果。关于厄尔尼诺和拉尼娜现象的成因，目前的认识尚不一致，影响较大的观点有十余种，如信风振荡说、地球自转角速度变化产生的惯性运动、地壳热运动异常说等。这些观点都可说明物理因子与厄尔尼诺、拉尼娜现象之间的关系，但是都没有建立起它们之间具有物理意义的确定性函数关系。时至今日，关于厄尔尼诺和拉尼娜现象的形成机制仍有很多悬而未决的问题。

1. 沃克环流、南方涛动与厄尔尼诺和拉尼娜现象的关系

目前人们已经了解到，太平洋的中央部分是北半球夏季气候变化的主要动力源，厄尔尼诺和拉尼娜现象与沃克环流、南方涛动有着密切的关系。

沃克环流由吉尔伯特·沃克于 1923 年首先发现，是指因赤道海洋表面水温的东西差异而产生的一种在低纬太平洋上空东西向流动的纬圈热力环流。正常情况下，太平洋南美沿岸的秘鲁寒流部分随赤道海流向西移动，下层冷海水在东侧涌升。此时，太平洋西段菲律宾以南、新几内亚以北海域由于暖流的流入而水温逐渐升高，这一海域被称为"赤道暖池"，同纬度东段秘鲁附近海域水温相对较低。对应这两个海域上空的大气也存在温差，赤道太平洋东侧上空的气温低、气压高，冷空气下沉后向西流动，即东南信风；西侧气温高、气压低，热空气上升后转向东流。这样，太平洋中部上空就形成一个下层冷空气向西流、高空热空气向东流的大气环流，即沃克环流，它是热带太平洋上空大气循环的主要动力之一。赤道太平洋东、西两侧的气压差有时会小于多年平均值，有时会大于多年平均值，这种大气变动现象即南方涛动。由此可见，南方涛动是指发生在东南太平洋与印度洋及印度尼西亚地区之间的一种反相气压振动，其强弱衡量指标是南方涛动指数（Southern Oscillation Index，SOI），为南太平洋塔希提岛（148°05′W，17°53′S）或复活节岛（109°30′W，29°00′S）海平面气压（代表南太平洋副热带高压）与同时期澳大利亚北部达尔文港（130°59′E，12°20′S）海平面气压（代表印度洋赤道低压）差的距平值。

20 世纪 60 年代以来，热带太平洋东部海温的年际变化与南方涛动之间的密切联系为人们所认识，近年来在讨论热带海气相互作用时，常对南方涛动、厄尔尼诺、沃克环流进行综合分析。沃克环流强度和南方涛动指数变化与厄尔尼诺和拉尼娜现象之间存在一定的对应关系。一般认为，赤道东、西太平洋气压差减小，SOI 为负值，则沃克环流减弱，导致赤道流减弱，赤道逆流加强，赤道中东太平洋表层海水温度出现正距平，当正距平达到一定指标，即形成厄尔尼诺现象。与之相反，赤道东西太平洋气压差增大，SOI 正指数，沃克环流加强，赤道流加强，赤道中东太平洋表层海水温度出现负距平，当达到一定指标，即形成拉尼娜现象。鉴于厄尔尼诺（EN）与南方涛动（SOI）之间的这种密切联系，气象学家把它们统称即"恩索（ENSO）现象"，这种全球尺度的气候振荡被称为 ENSO 循环。厄尔尼诺和拉尼娜现象则是 ENSO 循环过程中冷暖两种不同位相的异常状态。因此，厄尔尼诺也称 ENSO 暖事件，拉尼娜也称 ENSO 冷事件。

2. 拉马德雷与厄尔尼诺和拉尼娜现象的关系

拉马德雷由斯蒂文•黑尔于 1996 年发现并命名，西班牙语为"母亲"之意，是一种分别以"暖位相"和"冷位相"两种形式交替出现在太平洋上空的一种高空气压流，在气象学和海洋学中被称为太平洋年代际涛动（Pacific Decadel Oscillation，PDO）。研究结果表明，PDO 与南太平洋赤道洋流厄尔尼诺和拉尼娜现象有着密切关系，当拉马德雷现象以"暖位相"形式出现时，北美大陆附近海面的水温就会异常升高，而北太平洋洋面温度却异常下降。与此同时，太平洋高空气流由美洲和亚洲两大陆向太平洋中央移动，低空气流正好相反，使中太平洋海面升高，因此可增强厄尔尼诺现象的影响。当拉马德雷以"冷位相"形式出现时，情况相反，可增强拉尼娜现象的影响。

拉马德雷"冷位相"与"暖位相"交替周期为 20～30 年。近 100 多年来，拉马德雷已出现了两个完整的周期，从 2000 年始，拉马德雷进入"冷位相"阶段，这将使拉尼娜现象的影响加剧，对全球气候产生重大影响。

近年来，科学家对厄尔尼诺现象又提出了一些新的解释，即厄尔尼诺现象可能与海底地震，海水含盐量的变化及大气环流变化等有关。

复习思考题

1.试述海洋的组成和结构特征。

2.试述洋、海、海湾、海峡的概念和主要水文特征。

3.海水热量收支的主要影响因素有哪些？

4.海水温度的水平和垂直分布规律有何特点？

5.试述海水密度的概念、类型和表示方法。

6.何为海水组成的恒定性？

7.试述大洋表层盐度的分布特征。

8.风浪是怎样形成的？

9.近岸波浪的变形有何表现？波浪的折射、绕射的概念是什么？

10.潮汐有哪些基本类型？它们各有什么特点？

11.潮汐有哪些变化现象？它们的成因如何？

12.试述埃克曼漂流理论的基本内容。

13.试述梯度流形成力学过程的特点。

14.大洋表层环流系统有哪些基本特点？

15.何为水团，水团有哪些类型，它们各具有什么特点？

16.何为厄尔尼诺和拉尼娜，它们的基本特征是什么？

主要参考文献

邓绶林. 1985. 普通水文学. 2 版. 北京: 高等教育出版社.

丁兰璋, 赵秉栋. 1987. 水文学与水资源基础. 开封: 河南大学出版社.

黄锡荃. 1993. 水文学. 北京: 高等教育出版社.

天津师范大学地理系. 1986. 水文学与水资源概论. 武汉: 华中师范大学出版社.

第四章 河 流

河流是地球表面重要的水体类型，是地表汇集和输送水分的主要路径和活跃的外营力，在构成自然地理环境和自然资源中起着重要作用，对地表形态的塑造、气候和植被特征的形成等都具有重要的影响。与陆地上其他水体相比，虽然河流的面积和水量均不大，但是在陆地上分布广泛，与人类的关系最为密切。河流是地球上重要的淡水资源，在灌溉、发电、航运、水产养殖等方面发挥巨大的作用，并且常给人类带来洪涝灾害，危及人民的生命财产。因此，学习和掌握河流水文规律意义重大。

第一节 河流、水系和流域

一、河流

（一）河流的概念

河流是指地表经常性或间歇性有水流动的线状天然水道。降水、冰雪融水或地下水涌出地表，在重力作用下经常地或周期性地沿着流水本身塑造的线型洼地流动，就形成了河流。河流由河槽与水流两个基本要素组成。二者之间相互作用，相互依存。水流不断塑造河槽，河槽又约束着水流。

河流的规模有大有小，较大的河流称为江、河、川；较小的河流称为溪、涧。在外流区域，流入海洋的河流称为外流河，如长江、黄河等。它们有较长的流线、发达的水系、丰富的水量，汇集了由支流注入的大量径流，最终注入海洋。在内陆区域，注入内陆湖泊、沼泽或因渗漏、蒸发而消失于沙漠之中的河流称为内流河或内陆河，如孔雀河、塔里木河等。内流河一般长度较短，流量较小。

（二）河流分段

每一条河流都有河源与河口，较大河流的流程通常可按地质特征和地理特征分成上游、中游和下游三段，即河流共分五段。

1. 河源

河源即河流的发源（源头）或起始点，是指河流最初具有地表流水形态的地方，常是全流域海拔最高的地方，通常与山地冰川、高原湖泊、沼泽和泉相联系。

当一条河流由两条或多条河流汇合而成时，如何确定河源，目前意见不一，标准很多。河源的确定主要取决于三个因素，即河流长度、水量大小和历史习惯。一般而言，选择长度最长或水量最大的河流作为干流或主流，干流的河源作为河系的河源，即"河源唯远"和"水量最丰"是确定河源的两个主要原则。但个别河流以习惯称呼，如大渡河的水量、长度都比岷江大，但习惯上一直把大渡河作为岷江的支流。

2. 上游

上游指紧接河源的河段，常常穿行于深山峡谷之中。其特征主要有河谷窄，呈"V"字形，河床多为基岩或砾石；比降和流速大；下切和溯源侵蚀强烈，纵断面呈阶梯状，多急流、瀑布和跌水；流量小；水位变幅大。这些特征常被称为"山地性河流"的典型特征。

3. 中游

中游指介于上游与下游的河段，其特征主要有河谷展宽，呈"U"字形，河床多为粗砂；比降和流速减小；下切侵蚀减弱而侧蚀显著；流量较大；水位变幅较小。

4. 下游

下游指介于中游与河口的河段，其特征主要有河谷宽广，河床多为细砂或淤泥；比降小；流速小；水流无侵蚀力，淤积显著，多浅滩沙洲和汊河湾道；流量大；水位变幅较小。

5. 河口

河口指河流的终点，即河流与接受水体的结合段。接受水体可以是海洋、湖泊、沼泽或上一级河流，因此河口可分为入海河口、入湖库河口和支流河口等。在河流的入海、入湖处，因水流分散，流速骤然减小，常有大量泥沙淤积。在干旱地区，有的河流由于河水沿途强烈的蒸发和下渗，河水全部消失于沙漠之中，没有河口的河流称为瞎尾河或无尾河，如乌鲁木齐河。在喀斯特地区，有的河流尾端水量陡然转入地下，形成地下暗河，亦称无尾河。

（三）入海河口

入海河口是河口的重要类型，狭义的河口仅指入海河口。它是一个半封闭的海岸水体，与海洋自由沟通，海水在此被陆域来水冲淡。入海河口处往往有三角洲和冲积平原，土地肥沃，渔场广布，港口众多，人口稠密，工农业生产比较发达，是世界上的经济要地。

1. 河口区的分段

河口区是河流与海洋之间的过渡地带，其上界是海洋作用和影响最终消失之处，其下界则应是河流作用与影响最终消失之处。根据水文和地貌特征，从陆到海可将河口区分为近口段、河口段和口外海滨段三段（图4-1）。

（1）近口段。近口段指从潮区界至潮流界之间的河段，又称河流感潮区。海洋涨潮时，潮水沿河上溯，由于下泄河水的阻碍及河床摩擦，潮流能量逐渐消耗，流速也慢慢减小，当涨潮流上溯到一定的距离，涨潮流流速为零。涨潮流上溯的最远断面称为潮流界。在潮流界以上，由于河水受潮流顶托，水面壅高，潮波波形向上游传播，在传播过程中，潮高急剧降低，到潮差等于零为止的界面称为潮区界。长江口的潮流界一般在镇江附近，而潮区界在安徽省的大通附近。近口段主要受潮水顶托的影响，水位发生周期性的升降变化，潮差很小，无涨潮流，水流总是向下游流动，其水文属性及河床演变规律与河流基本一致，所以近口段也称为河流段。

（2）河口段。河口段指从潮流界至口门（拦门沙顶部），具有双向水流，即河川径流的下泄和潮流的上溯，水流变化复杂，河床不稳定；地貌上表现为河道分汊、河面展宽，出现河口沙岛。口门附近堆积地貌的统称拦门沙，它包括水下浅滩、河口沙岛、口内沙坝及航道上阻碍航行的水下堆积地形。

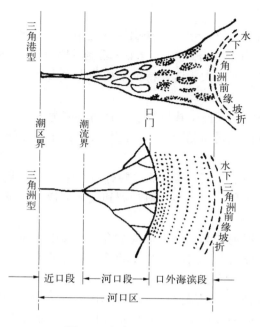

图 4-1　入海河口的分段

（3）口外海滨段。口外海滨段指从口门到水下三角洲前缘坡折，这里以海水作用为主，除了潮流以外，还有波浪和靠近河口的海流的影响，地貌上表现为水下三角洲或浅滩。

径流和潮流是河口地区两个主要的动力因素，两者彼此消长，支配着河口区的水文特征。潮区界和潮流界是径流、潮流这一对矛盾相互作用的产物。由于径流有洪枯水期的变化，潮流也有大小潮之分，它们相互作用可能出现很多组合，使潮区界和潮流界的位置并非固定不变。以长江口为例，在枯水大潮期，潮区界可抵距河口 590km 的安徽大通，潮流界可抵江苏的镇江、扬州附近；但在洪水期，潮区界下移到距河口 400km 的芜湖，而潮流界下移到江阴以下。此外不同河流所处的地理位置不同，潮流的强弱也有很大差异，有些弱潮河口，河口区很短，上述三段就很难加以区分。

2. 河口的分类

河口的分类，从不同的角度有多种方案。根据地貌形态可分为三角洲河口和喇叭形（即三角港）河口两类。长江、黄河、珠江等的河口属于前者，钱塘江属于后者。从径流和潮流强弱的对比来分，潮差大于 4m 的为强潮河口，如钱塘江；潮差在 2～4m 的为缓潮河口，如长江、珠江、辽河、瓯江等；潮差小于 2m 的为弱潮河口，如黄河、滦河等；潮差小于 0.5m 的为无潮河口，如多瑙河。从咸淡水混合来划分，可分为强混合型河口、缓混合型河口及弱混合型河口三类。

3. 河口的水文特性

入海河口是河流动力与海洋动力相互作用与影响、相互消长的区域，两种动力在时间和空间上都有各自的运动、变化和分布规律。两种动力中各因素的不同组合，使河口区的水文情势较河流和海洋更为复杂，并具有独特性质。

（1）河口潮汐，指由外海潮波向河口传播而引起的河口水位、流量的周期性升降和流动。

（2）河口咸水和淡水的混合及环流，指由于密度的差异，河水与海水在径流、潮汐和地形影响下，发生咸水和淡水的混合作用，并在交界面发生内部环流。

（3）河口泥沙运动。随涨落潮，河口泥沙运动十分活跃，泥沙出现频繁的悬扬和落淤；泥沙颗粒间彼此黏结而絮凝成团，产生絮凝和团聚现象；在河底形成高含沙区，沉积成特有的拦门沙浅滩；在河口的口外海滨和沿海，由悬浮细沙形成的浮泥可自由流动。

（4）河口河床演变。河口挟沙水流的运动引起河口河床的冲刷和淤积，使河口河床形态发生变化，因各河口上游来水来沙条件不同，潮汐和波浪的强弱各异，故不同类型的河口有各自的发育特点和演变规律。

此外，河口区化学物质的输入和输出、河口区的化学过程等，均是河口区特有的水文现象。河口水文现象的变化受河流水文特性、河口地貌、气候等自然因素及人类活动影响。河口水文研究除采用一般河流水文与海洋水文测验方法外，还应用遥感和遥测技术、同位素测定等方法。近年国外建立河口数值模型与现场综合测量相结合的方法，作为研究河口水文现象及其物理过程的重要手段。

（四）河流纵断面与横断面

1. 河流纵断面

河流纵断面又称纵剖面，是与水流方向一致的断面，指沿河流轴线的河底高程或水面高程的沿程变化曲线。河流纵断面可分为河槽（底）纵断面和水面纵断面两种。

河源与河口的高程差称为河流的总落差，某河段上下游两端的高程差称为该河段落差。河段落差与该河段河长的比值，即单位河长的落差，称为河流的比降，以小数或千分率表示。当河流纵断面近于直线时，其计算公式为

$$i=(H_上-H_下)/L \qquad (4-1)$$

式中，$H_上$、$H_下$分别为河段上、下游河槽（或水面）上两点的高程；L为河段长度。

当河段纵断面呈折线时，可在纵断面图上，通过下游端断面河底处作一斜线，使此斜线以下的面积与原河底线以下的面积相等，此斜线的坡度即为河道平均纵比降（图4-2）。其计算公式为

$$i = \frac{(h_0 + h_1)l_1 + (h_1 + h_2)l_2 + \cdots + (h_{n-1} + h_n)l_n - 2h_0 L}{L^2} \qquad (4-2)$$

式中，h_0, h_1, h_2, $\cdots$, h_n为自下游到上游沿程各河底高程；l_1, l_2, $\cdots$, l_n为相邻两点间的距离；L为河段长度。

河流比降是决定流速的重要因素，比降越大，流速越快，河流的动力作用越强。河流纵断面能很好地反映河流比降和落差的变化。以落差为纵轴，距河口的距离为横轴，根据实测高度值定出各点的坐标，连接各点即得到河流的纵断面图（图4-3）。河流纵断面可分为四种类型，即：全流域比降一致，为直线形纵断面；河源比降大，而向下游递减的，为平滑下凹形纵断面；比降上游小而下游大的，为下落形纵断面；各段比降变化无规律的，可形成折线形纵断面。

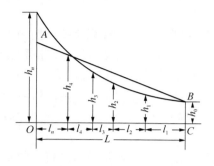

图 4-2　河道纵比降计算示意图

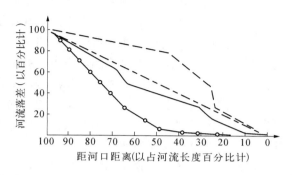

图 4-3　河流纵断面

流域内岩层的性质、地貌类型的复杂程度及河流的年龄，都影响纵断面的形态。在软硬岩层交替处，纵断面常相应出现陡缓转折。山地和平原、盆地交接处，纵断面也发生变化。年轻河流的纵断面多呈上落形或折线形；老年河流则多呈平滑下凹形。后者有时被称为均衡剖面。

2. 河流横断面

1）河流横断面的概念

河流横断面又称横剖面，是指河流某处垂直于主流方向的河底线与水面线所包围的平面（图 4-4）。不同水位有不同的水面线，其断面面积也不相同。最大洪水时的水面线与河底线包围的面积称为大断面。某一时刻的水面线与河底线包围的面积称为过水断面。

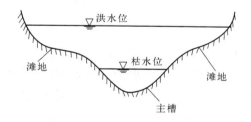

图 4-4　河流横断面示意图

河流横断面是决定输水能力、流速分布、河流横比降和流量的重要因素。通常河水面不是一个严格的几何平面，而是一个凹凸曲面，存在着横比降。主要原因是地转偏向力和弯道离心力作用，使得流速分布不均匀，发生凹凸变形。

2）过水断面的形态要素

常用的过水断面形态要素有过水断面面积 F，湿周 P（即过水断面上被水浸湿的河槽部分），水面宽度 B，平均水深 H，水力半径 R（$R=W/P$），糙度 n 等，这些要素与河流的过水能力有密切的关系。

（1）过水断面面积 F。过水断面面积大都从已测得的过水断面图上量算出来。如果断面图纵向、横向比例尺相同，可用求积仪或方格法直接量算。如果比例不同，可把图划为若干梯形或三角形，分别用梯形、三角形面积公式计算。每一个水位都对应一个过水断面面积。根据不同水位的过水断面面积资料可以绘制水位面积关系曲线图。有了水位面积关系曲线图，就可根据水位值推求过水断面面积。但必须是河道断面无冲淤变化。

（2）湿周 P。湿周指过水断面上，河槽被水流打湿部分的固体周界长，即过水断面上河底线的长度，用 P 表示。但河流封冻时，湿周是指过水断面周长。一般地，湿周越长，固体边界对水流的摩擦阻力越大，动能减小越快，流速越慢。

（3）水面宽度 B。水面宽度指过水断面上，水面线的长度。一般地，水面宽度与水位成正相关关系，即水位越高，水面宽度越大。水面宽度=断面周长–湿周。

（4）平均水深 H。平均水深指过水断面面积除以水面宽。

（5）水力半径 R。水力半径指过水断面面积 F 与湿周 P 之比值。即

$$R=F/P \tag{4-3}$$

水力半径 R 是决定流速和流量的重要因素。一般地，水力半径越大，湿周越小，则固体边界对水流的阻力越小，所以流速越快，流量越大。

（6）糙度 n。指河槽上泥沙、岩石、植物等对水流阻碍作用的程度，常用糙率系数 n 表示。河槽糙度的大小直接影响水流流速。在其他条件相同情况下，河槽越粗糙，水流速度就越小。

二、水系

（一）水系的概念

1. 水系的定义

水系又称河系、河网，是指流域内大小脉络相同的河流所构成的水道系统。河流从河源到河口，沿途接纳众多的支流，构成复杂的干、支流网络系统，即水系。水系中长度最长或水量最大的河流称干流或主流，直接或间接注入干流的河流称支流。支流中，直接注入干流的河流称一级支流，直接注入一级支流的河流称二级支流，以此类推。水系通常按干流命名，如长江水系、黄河水系等。

2. 河流数目（河网组成）定律

1945 年霍顿等提出了一个与上述河流等级划分相反的观点，作为流域河流分汊（分枝）程度和河道数目的量度。他把河流顶端末梢最小、最短的不分权的小支流作为一级支流（水道），两个以上一级河流汇合组成的新河道称为二级河流，以此类推，直至把全部河流划分完毕。各级河流可以汇入高一级别的河流，也可以汇入更高级别的河流。

任一级河流的数目 N_u 与高一级河流的数目 N_{u+1} 的比值称为河流分汊率，或河流分枝比 γ_b。霍顿等的研究表明，任何条件下，γ_b 的数值接近常数，即 3.5，变化于 3～5。河流数目与其级别之间的关系为

$$N_u=\gamma_b{}^{k-u} \tag{4-4}$$

式中，k 为主河道级别；N_u 为第 u 级河流的数目。这种关系称为河流数目（河网组成）定律。

（二）水系特征

1. 河流长度

河流长度 L 指从河源到河口轴线（深泓线、溪线，即河槽中最深点的连线）的长度，简称河长。河长通常在较大比例尺的地形图上用曲线计或两脚规量取。由于河源处有溯源侵蚀，河口处有淤积，河道有不断弯曲或截弯取直等变化，河长是会经常变动的，所以量算河长应采用最新资料。由于量算河长所采用的地形图、两脚规开距不同，加之量算方法及河源选取的差别，同一河流量算的结果常会有出入。

2. 河网密度

河网密度 D 是指流域内干支流的总长度和流域面积之比，即单位流域面积内河道的长度。其表达式为

$$D=\sum L/F \tag{4-5}$$

式中，D 为河网密度；$\sum L$ 为河流总长度，即所有河流长度之和；F 为流域面积。

河网密度表示一个地区河网的疏密程度。它常随区域气候、地质、地貌、岩石、土壤和植被等条件的不同而变化，能综合反映一个地区的自然地理条件。一般说来，降水量大、地形坡度陡、土壤不易透水、植被稀少的地区，河网密度较大；相反则较小。

3. 河流弯曲系数

河流的弯曲系数 K 是指某河段的实际长度与该河段直线距离之比值，即

$$K = \frac{L}{l} \tag{4-6}$$

式中，K 为弯曲系数；L 为河段实际长度；l 为河段的直线长度。河流的弯曲系数 K 值越大，河段越弯曲，对航运和排洪就越不利。

（三）水 系 类 型

根据干支流相互配置的关系或干支流构成的几何形态差异，水系有如下类型。

（1）扇状水系。扇状水系指干支流呈扇状或手指状分布，即来自不同方向的各支流比较集中地汇入干流的水系，流域呈扇形或圆形。我国的海河水系就属此类。此类水系，当全流域同时发生暴雨时，各支流洪水比较集中地汇入干流，在汇合点及其以下的河段易形成灾害性洪水，这是历史上海河多灾的主要原因之一。

（2）羽状水系。羽状水系的支流从左右两岸比较均匀地相间（交错）汇入干流，呈羽状，如滦河水系、钱塘江水系等。此类水系，对河川径流有重要的调节作用。支流洪水相间汇入干流，洪水过程线长，洪灾少。多发育在地形比较平缓、岩性比较均一的地区。

（3）树枝状水系。支流多而不规则，干支流间及各支流间呈锐角相交，排列形状如树枝，一般发育在抗侵蚀力比较一致的沉积岩或变质岩地区，多数河流属此类。

（4）平行状水系。几条支流平行排列，到下游河口附近开始汇合，如淮河左岸的洪河、颍河、西淝河、涡河、浍河等。

（5）格状水系。干支流之间直交或近于直交，呈格子状，如闽江水系，主要受地质构造控制。

（6）放射状水系。放射状水系指中高周低的地势，由中部向四周放射状流动的水系。

（7）向心水系。盆地地势，河流由四周山地向中部洼地集中，如塔里木盆地和四川盆地。

通常较大的河流，由于流经不同的地质地形区，在不同河段水系形式不同，形成混合水系。如长江上游的雅砻江、金沙江属平行状水系，而宜宾以下则属树枝状水系。

三、流域

（一）流域的概念与特征

1. 分水岭、分水线和流域

1）分水岭

分水岭指相邻河流或水系之间的分水高地。降落在分水岭两侧的降水分别注入不同的河流（或水系）。如秦岭为长江与黄河的分水岭。

在地势起伏比较大的山地丘陵地区，分水岭比较明显，但在地势平坦的平原、高原、沼泽地区，比较不明显。

含沙量大的河流，由于泥沙淤积，下游河床常抬高，年长日久，河床甚至高出两岸地面，河床本身成为分水岭。例如，黄河在郑州以东，南岸水流流入淮河水系，北岸水流流入海河水系，黄河河槽构成了它们间的分水岭。

2）分水线

分水线指相邻两个水系或流域之间的分界线，是分水岭最高点的连线，通过流域周界的山顶、山脊、鞍部等。例如，秦岭的山脊线为黄河和长江的分水线。

分水线可分为地表分水线和地下分水线。前者是汇集地表水的界线，后者是汇集地下水的界线。地表分水线主要受地形影响，而地下分水线主要受地质构造和岩性控制，因此二者常常不一致（图4-5）。分水线不是一成不变的。河流的向源侵蚀、切割，下游的泛滥、改道等都能引起分水线的移动，不过这种移动过程一般很缓慢。

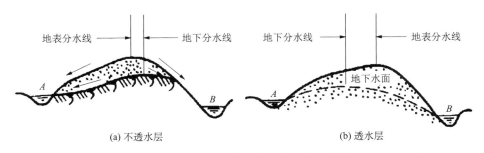

图 4-5　地表分水线与地下分水线示意图

3）流域

流域指河流或水系的补给区域（集水区域），是分水线所包围的区域，包括地表集水区与地下集水区。

流域可分闭合流域和非闭合流域。地表分水线与地下分水线重合的流域，称为闭合流域。相反，称为非闭合流域。

严格地讲，几乎不存在闭合流域。但是，由于地下集水区的界线难以确定，而且对于大中型流域来讲，因地面和地下集水区的不吻合而造成的水量补给差异很小，常可略而不计，水文计算中通常将地面集水区作为流域。对于小流域或岩溶地区，相邻流域的地下水交换量所占比重较大，必须通过泉水调查、水文地质调查、枯水调查等来确定地下集水区的范围。

2. 流域特征

1）流域几何特征

（1）流域面积。流域面积指流域分水线和出口断面所包围的平面面积。它是流域的重要特征，直接影响河流水量大小和河川径流的形成过程。一般而言，流域面积越大，河流水量也越大（干旱地区除外）。流域面积小的河流，强度大的暴雨往往可以笼罩全流域，很容易造成异常猛烈的洪水。而流域面积大的河流，整个流域被暴雨笼罩的机会较小，因流域内只是某一部分发生暴雨，洪水威胁不很显著。大流域河流常是长大河流，河床切割较深，在枯水季节仍有较为丰富的地下水补给，枯水流量较为丰富；小流域河流多是短小河流，河床切割较浅，地下水补给少，枯水流量小，甚至干涸断流。流域面积的量算方法有求积仪法、方格法和几何图形法等。

（2）流域形状。流域形状对河流水量变化有很大影响。圆形或卵形流域降水量容易集中于干流而形成大的洪峰，狭长形流域洪水宣泄比较均匀，洪峰不易集中。流域形状可用形状系数 K_f 或分水线延长系数 K_e 表示。

流域形状系数 K_f 等于流域面积除以流域长度的平方，即

$$K_f = \frac{F}{L^2} = \frac{B}{L} \tag{4-7}$$

式中，F 为流域面积；L 为流域长度；B 为流域平均宽度。K_f 越小，流域形状越狭长；K_f 近于 1 时，流域形状近于方形。

分水线延长系数 K_e 是流域分水线的实际长度与流域等面积圆的周长之比，即

$$K_e = \frac{l}{2\sqrt{F\pi}} = 0.28\frac{l}{\sqrt{F}} \tag{4-8}$$

式中，l 为分水线长度；F 为流域面积。K_e 值越大，流域形状越狭长，径流变化越平缓；K_e 值接近于 1 时，流域形状接近于圆形。

（3）流域长度。流域长度有不同的表示方法：①从流域出口断面沿主河道到流域最远点的距离为流域长度；②用流域平面图形几何中心轴的长度（也称流域轴长）表示，即以流域出口断面为圆心作若干不同半径的同心圆，量出各圆周与流域边界线交点所组成的圆弧中点，各弧长中点连线的总长度即为流域几何轴长。

（4）流域平均宽度。为流域面积 F 与流域长度 L 之比，即 $B = F/L$。B 值越小，流域越狭长。

（5）流域平均高程。流域平均高程的计算方法有两种：①方格法。在地形图上将流域划分成 100 个以上的正方格，定出每个方格交叉点上的高程，然后求其算数平均值；②地形图量算法。在地形图上量算出流域内各相邻两等高线间的面积，求算各面积与相应两等高线间平均高程的乘积，然后对各乘积求算术平均值，即

$$H_{cp} = \frac{f_1 h_1 + f_2 h_2 + f_3 h_3 + \cdots + f_n h_n}{F} = \frac{1}{F}\sum_{i-1}^{n} f_i h_i \tag{4-9}$$

式中，H_{cp} 为流域平均高程；h_1，h_2，$\cdots$，h_n 分别为相邻两条等高线的高程平均值；f_1，f_2，f_3，$\cdots$，f_n 分别为相邻两条等高线间的面积；F 为流域面积。流域高度对区域气温、降水和蒸发有直接影响。与相邻平原地区相比，山区多为多雨中心，河网密度大，河水流速快，

水情变化剧烈。

（6）流域平均坡度。流域内各处的坡度不尽相同，它们的平均值即为流域平均坡度。流域平均坡度的求算，首先在地形图上量出各相邻两等高线间的面积 f_1，f_2，…，f_n 和各等高线的长度 l_0，l_1，l_2，…，l_n，以 b_i 表示相邻两等高线间的水平距离，有

$$f_i = \frac{l_{i-1} + l_i}{2} b_i \tag{4-10}$$

得

$$b_i = \frac{2f_1}{l_0 + l_1} \tag{4-11}$$

以 ΔH 表示两等高线间的高差，I_i 表示两等高线间的坡度，F 表示流域面积，有

$$I_i = \Delta H / b_i \tag{4-12}$$

将 b_i 代入上式，得

$$I_i = \frac{\Delta H(l_{i-1} + l_i)}{2 f_i} \tag{4-13}$$

则流域平均坡度为

$$
\begin{aligned}
I_{cp} &= \frac{I_1 f_1 + I_2 f_2 + \cdots + I_n f_n}{f_1 + f_2 + \cdots + f_n} = \frac{\dfrac{\Delta H(l_0 + l_1)}{2 f_1} f_1 + \dfrac{\Delta H(l_1 + l_2)}{2 f_2} f_2 + \cdots + \dfrac{\Delta H(l_{n-1} + l_n)}{2 f_n} f_n}{F} \\
&= \frac{\Delta H(0.5 l_0 + l_1 + l_2 \cdots + l_{n-1} + 0.5 l_n)}{F}
\end{aligned}
\tag{4-14}
$$

流域平均坡度对地表径流的产生和汇集、下渗、土壤水分、地下水及地表侵蚀和河流泥沙含量等均有很大影响。

（7）流域不对称系数。流域不对称系数是其左右岸面积之差与左右岸面积平均值的比值。即

$$K_0 = \frac{F_{左} - F_{右}}{(F_{左} + F_{右}) / 2} = \frac{2(F_{左} - F_{右})}{F_{左} + F_{右}} \tag{4-15}$$

式中，K_0 为流域不对称系数；$F_{左}$、$F_{右}$ 分别为左、右岸的流域面积。流域不对称情况对径流的集流时间和径流形势有很大影响，其影响常随河流大小和支流情况的不同而异。

2）流域自然地理特征

（1）流域地理位置。流域地理位置以流域中心和流域边界的地理坐标的经纬度来表示，流域的地理位置是能明离海洋的距离及与其他较大山脉的相对位置，它影响水汽的输送和降水量的大小。由于同纬度地区气候比较一致，所以东西方向较长的流域，流域上各处的水文特征，有较大程度的相似性。

（2）流域气候条件。流域的气候因素包活降水、蒸发、气温、湿度、气压及风速等。河川径流的形成和发展主要受气候因素控制，俄罗斯著名气候学家沃耶伊科夫认为，河流是气候的产物。降水量的大小及分布，直接影响径流的多少，蒸发量对年、月径流量有重大影响。气温、湿度、风速、气压等主要通过影响降水和蒸发而对径流产生间接影响。

（3）流域土壤、岩石性质和地质构造特征。土壤、岩石性质主要指土壤结构和岩石水理性质，如水容量、给水度、持水性、透水性等，地质构造指断层、褶皱、节理、新构造运动等，这些因素与下渗损失、地下水运动、流域侵蚀有关，从而影响径流及泥沙情势。

（4）流域地貌特征。流域地貌特征包括流域内山区与平原的比例、流域切割程度、流域内河系总长度、流域平均高度、流域高度面积曲线（亦称测高曲线）等。流域面积高度分布曲线指流域内某一高程与该高程以上流域面积的关系曲线，通常用流域面积的百分数和流域内最大高程的百分数表示。它定量地描述了流域面积的大小随高程的不同而变化，在一定程度上反映了流域内水文要素的垂直分带性。在河流幼年阶段，流域地势陡峭，这种曲线多呈凸形。在河流的老年阶段，流域地形平缓，曲线多呈凹形。

（5）流域的植被特征。流域的植被特征主要包括植被类型、在流域内的分布状况、复被率、郁闭度、生物量、生长状况等。植被是影响径流最为积极的因素之一，它能够起到涵养水源、调节径流的作用。植被的覆盖程度一般用植被面积占流域面积的百分比，即植被率表示。

（6）流域内湖泊与水库特征。湖泊和水库对径流有着巨大的调节作用，流域内湖泊和水库越多，对河川径流的调节作用越大。湖泊（或沼泽）率是指湖泊（或沼泽）面积占流域面积的百分比。

第二节　河流的水情要素

水情要素是描述河流水文情势及其变化的指标，主要包括水位、流速、流量、河流泥沙、冰情水温和水化学等，反映河流在地理环境中的作用及其与自然地理各要素之间的相互关系，是研究水文规律的基础。

一、水位

（一）水位的概念及其确定方法

水位是指水体的某地某时刻水面相对于某一基面的高程。高程起算的固定零点称为基面。基面可分绝对基面和相对基面。绝对基面（也称标准基面）是以某一入海河口的平均海平面为零点。为了对比不同河流的水位，目前我国规定统一采用青岛基面。相对基面也称测站基面，以观测点最枯水位以下 0.5～1 m 处作为起算零点。采用相对基面可减少记录和计算工作量，但观测结果与其他水文站的水文资料不具有可比性，故要换算为统一基面。

水位观测的常用设备有水尺和自记水位计两类。按水尺构造形式不同，分为直立式、倾斜式、矮桩式与悬锤式四种，其中应用最广泛的是直立式水尺。观测时记录的是水尺读数，水位按下式计算

$$水位 = 水尺零点高程 + 水尺读数 \tag{4-16}$$

自记水位计可自动记录水位变化的连续过程，甚至能将观测结果以数字或图像的形式传至室内，使水位观测工作趋于自动化和远程化。

水位与流量有直接关系，水位高低是流量大小的主要标志。河流水位变化是各种影响因素综合作用的结果，影响水位变化的因素众多，水位情势非常复杂，其中流域降水、冰雪消

融状况是影响水位变化的主要因素。此外，河道冲淤变化、风向和风速、潮汐、冰情、植物状况、支流汇入情况、人工建筑物、地壳升降等，均可引起水位的变化。

（二）水位变化曲线与特征水位

河流水位有明显年内变化和年际变化。为了分析水位的变化规律，常将水位观测资料进行整理，并绘制有关曲线，来表示水位及其变化特点。

1. 水位过程线和水位历时曲线

水位过程线是指水位随时间变化的曲线（图4-6）。绘制方法是以水位为纵坐标，以时间为横坐标，将水位变化按时间顺序进行点绘。应用水位过程线，可以分析水位的变化规律，确定特征水位及其出现日期，研究各补给源的特征，分析洪水波在河道中沿河传播的情形，做短期洪水预报，以及分析流域自然地理因素对该流域水文过程的综合影响等。根据需要可以绘制日、月、年、多年等不同时段的水位过程线。洪水期间或感潮河段常需绘制逐时水位过程线。

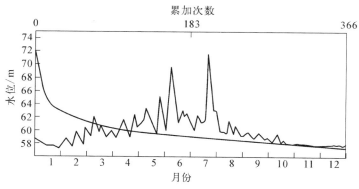

图4-6　水位过程线与水位历时曲线

水位历时曲线是指一年中大于和等于某一数值的水位出现的累积天数，即水位历时的变化曲线。绘制方法是，将一年内逐日平均水位按从大到小次序递减排列，并将水位分成若干等级，分别统计各级水位发生的次数；由高水位至低水位依次计算各级水位的累积次数（历时）；以水位为纵坐标，历时为横坐标，点绘水位历时曲线。水位历时曲线常与水位过程线绘在一起（图3-7）。应用水位历时曲线可以查得一年中等于和大于某一水位的总天数，即历时，对水利工程设计和运用具有重要意义。

2. 特征水位

（1）最高水位。最高水位指研究时段内水位最高值，有日最高、月最高、年最高、历年最高水位等。最高水位主要用于防洪。

（2）最低水位。最低水位指研究时段内水位的最低值。有日最低、月最低、年最低和历年最低水位等。最低水位对航运、灌溉有重要意义。

（3）平均水位。平均水位指研究时段内的水位平均值，有日、月、年、多年平均水位。平均水位对河流用水及流量调节有一定意义。

（4）平均最高水位与平均最低水位。平均最高水位与平均最低水位分别指历年最高水位的平均值和历年最低水位的平均值。

（5）中水位。中水位指研究时段内，水位历时曲线上历时为50%的水位。如一年逐日水位中的中水位，是指有半数日期高于此值，又有半数日期低于此值的水位。

此外，在防汛工作中，水利部门常根据防洪防汛工作需要，设有警戒水位与保证水位等。警戒水位是指在江、河、湖泊水位上涨到河段内可能发生险情的水位。警戒水位是防汛部门根据长期防汛抢险的规律、保护区重要性、河道洪水特性及防洪工程变化等因素，经分析研究并上报核定的。保证水位是指能保证防洪工程或防护区安全运行的最高洪水位。保证水位以河流曾经出现的最高水位及堤防所能防御的设计洪水位为依据，考察上下游关系、干支流关系、左右岸关系及保护区的重要性，进行综合分析，合理拟定，并经上级主管机关批准。

3. 相应水位

在河流各站的水位过程线上，上、下游测站在同一次水位涨落过程中位相相同的水位叫相应水位。由于河水从上游站流到下游站需要一段时间，因此上下游站的相应水位不可能同时出现，必然是上游站出现较早，下游站出现较迟。以纵轴为表示上游站的水位，以横轴表示下游站的水位，把上、下游站相应的水位点绘于同一张坐标纸上，通过点群中心连成圆滑曲线，便得到两个测站的相应水位曲线（图4-7）。应用相应水位可以做短期水文预报，校验上、下游水位观测成果，用已知站水位插补缺测站水位记录，推求邻近未设站断面的水位等。

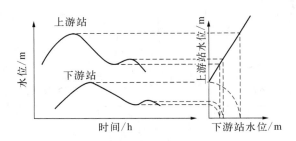

图4-7　上下游站水位过程线与相应水位曲线

二、流速

（一）流速及其河道分布

1. 流速的概念

河流流速是指河流中水质点在单位时间内移动的距离，即

$$V = L / t \tag{4-17}$$

式中，V 为流速；L 为水质点移动的距离；t 为时间。

流速具有瞬时无规则变化的脉动现象。流速的脉动现象是指在紊流的水流中，水质点运动的速度和方向不断变化，而且围绕某一平均值上下跳动的现象。脉动流速的数值在水流动力轴附近为最小，在糙度较大的河底和岸边为最大。流速脉动能使泥沙悬浮在水中，故它对泥沙运动具有重要意义。在较长时段中，流速脉动的时间平均值为零，故给测流提供了条件。据研究，每点测流时间至少应大于100~120s，才能避免脉动的影响，测得较准确的数值。

2. 河道中的流速分布

1）流速的垂线分布

流速沿深度的变化称为流速的垂线分布，可用垂线流速分布曲线表示。流速垂线分布曲线是以纵坐标表示水深 h，横坐标表示垂线上的点流速 V，将各测点的流速点绘在图上，连接各点而得到的曲线（图4-8）。天然河道由于风力、结冰及水内环流等的作用，垂线最大流速 V_{max} 大多不是出现在水面上，而是出现在水面以下的某一深度。一般情况下，河底附近受固体边界摩擦阻力影响，流速接近于零，由河底向水面流速增大，开始时增加很快，到达一定深度，垂向流速分布较均匀，在水面以下的某一深度达到最大值。在水面上，由于空气的摩擦阻力，流速又有所减小。实测和理论分析表明，在垂线上，绝对最大流速出现在水面以下水深的 $1/10 \sim 3/10$ 处；平均流速出现于水深的 $3/5$ 处。

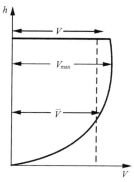

图4-8 流速在垂线上的分布

垂线流速分布往往受冰冻、风、河槽糙率、河底地形、水面比降、水深等影响。河流结冰时，河水受冰盖糙度的影响，最大流速下移到一定深度。顺风作用时，水面流速加大，逆风时水面流速减小。

2）流速的断面分布

受河床倾斜和粗糙程度及断面水力条件的影响，天然河道中的流速分布十分复杂。在河流纵断面上，流速一般为上游河段最大，中游河段较小，下游河段最小。流速的河流过水断面分布可用等流速线表示（图4-9）。等流速线是断面上流速相等各点的连线。一般而言，河底与河岸附近流速最小，并且从水面向河底流速减小，从两岸向最大水深方向流速增大，河面封冻时过水断面中部流速较大。

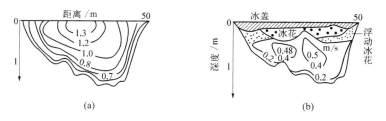

图4-9 河流过水断面流速分布

（二）流速的确定方法

河流流速的确定方法有两种，实测法和计算法。实测法即通过一定的工具和手段实际测得流速的方法，包括流速仪测流、浮标测流等，其中前者是水文站统一采用的正规的测流方法。计算法是通过相应的公式计算流速的方法，其中应用最为广泛的是谢才所推导出的计算河道平均流速的水力学公式。

1. 流速的流速仪测量

流速仪是一种专门测定水流速度的仪器，目前我国多采用旋杯式流速仪和旋桨式流速仪。旋杯式流速仪构造简单，使用方便，但转轴部分易漏水进沙，适用于含沙量较小的河流。旋桨式流速仪，构造较严密，沙、水不易进入，适用于多沙河流。

流速仪测速的原理是利用水流冲动流速仪的旋杯或旋桨，带动转轴转动，转轴每转动一定的转数，就会使电路发出一次信号，根据一定时间内转轴的旋转次数和单位时间内转数与流速之间的关系式，即可推求出水流的流速。

应用流速仪测得的是过水断面上某点的流速，还要采用一定的方法，将其转换为断面平均流速。目前求算断面平均流速多采用积点法，其基本步骤为：①在断面上布设若干条有代表性的测速垂线，分别计算每两条相邻垂线间和近岸垂线与水边线间的部分面积；②在每条垂线上布设若干测速点，测定点流速；③应用相应的计算公式，根据点流速计算测线平均流速；④根据部分面积两侧垂线的垂线平均流速和岸边系数，计算部分面积平均流速；⑤应用面积加权法，根据部分面积平均流速计算断面平均流速。

2. 流速计算的水力学公式

在没有实测资料时，天然河道的平均流速可根据水力学公式计算求得。谢才公式是最常用的流速计算水力学公式，其表达式为

$$\bar{v} = C\sqrt{Ri} \tag{4-18}$$

式中，$\bar{v}$ 为河道断面平均流速；R 为水力半径；i 为水面比降；C 为谢才系数，它与糙率等因素有关，其数值可用经验公式求得。我国多采用曼宁公式，即

$$C = \frac{1}{n} R^{\frac{1}{6}} \tag{4-19}$$

式中，R 为水力半径；n 为糙率系数。

三、流量

（一）流量的概念及其计算方法

流量是指单位时间内通过某过断面的水量。流量通常是根据断面的流速和面积计算而得，其计算公式为

$$Q = Fv \tag{4-20}$$

式中，Q 为流量；F 为过水断面积；v 为流速。

与流速确定方法相对应，流量的确定方法也有测量法和计算法两种。流量确定的测量方法即以流速测量计算为基础，将部分面积平均流速和对应的部分断面面积相乘，得到部分流量，各部分流量相加即得到断面流量。流量确定的计算方法，即应用谢才公式，依据断面面积和断面平均流速，计算断面平均流量，即

$$Q = Fv = FC\sqrt{Ri} \tag{4-21}$$

此式又称谢才公式。

（二）流量过程线

流量是河流的重要特征值之一，其随时间的变化可以通过绘制流量过程线来表示。

流量过程线是流量随时间变化过程的曲线。以流量 Q 为纵坐标，以时间 t 为横坐标，按实测资料和时间顺序点绘而成的曲线，便是流量过程线（图 4-10）。流量过程线的主要作用是：可反映测站以上流域的径流变化规律；分析流量过程线，相当于对一个流域特征的综合分析研究；根据流量过程线可计算某一时段的径流总量和平均流量。

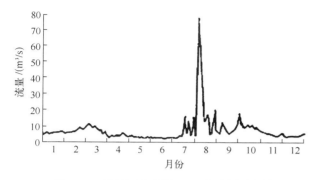

图 4-10 滹沱河南庄站 1975 年流量过程线

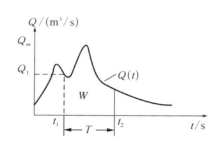

图 4-11 流量过程线与径流总量示意图

根据需要，可以绘制逐时流量过程线和逐日流量过程线。逐时流量过程线主要用于分析洪水变化过程。逐日流量过程线是用来研究河流在一年内流量的变化过程，以日期（时间）为横坐标，日平均流量为纵坐标。

某一时段（$t_1 \rightarrow t_2$）内的流量过程线与坐标轴所包围的面积为相应期间的径流总量 W，进而可求得该时段内的平均流量（图 4-11）。

$$W = \int_{t_1}^{t_2} Q(t)\mathrm{d}t = \overline{Q}(t_2 - t_1) = \overline{Q}T \tag{4-22}$$

$$\overline{Q} = \frac{W}{t_2 - t_1} = \frac{W}{T} \tag{4-23}$$

式中，$Q(t)$ 为流量过程线 t 时刻的瞬时流量；$T = t_2 - t_1$ 为计算时段；$\overline{Q}$ 为计算时段内的平均流量。

在水文水利规划设计中常需要用不同流量的历时，故常将日平均流量绘制成流量历时曲线，其绘制方法与水位历时曲线相似。

（三）水位-流量关系曲线

1. 水位与流量的关系

河流水位的变化，从本质上看是河流流量的变化，流量增大，水位升高；流量减小，水位降低。因此，水位变化实质上是流量变化的外部反映和表现；另外，流量大小可以通过水位高低反映出来，即二者呈某种函数关系 $Q=f(H)$，水位升高，流量增大。即 $Q=f(H)$ 为单调递增函数。

由于流量施测非常复杂，步骤繁多，不可能每天连续进行，而各水文站的水位是逐日观测的，因此，可以通过水位资料，利用水位-流量关系曲线来推求流量。

2. 水位流量关系曲线的绘制

其绘制方法是：以水位为纵坐标，流量为横坐标，将各次施测的流量与相应的水位点绘在坐标纸上，连接通过点群中心的曲线，便是水位流量关系曲线 $Q=f(H)$。一般是下凹上凸曲线。

由于 $Q=Fv$，为了便于校核流量资料，通常将水位流量关系曲线 $Q=f(H)$、水位过水断面面积关系曲线 $A=f_1(H)$ 和水位流速关系曲线 $V=f_2(H)$ 绘在一起，纵坐标表示水位 H，横坐标分别表示流量 Q、过水断面面积 F 和流速 v（图 4-12）。

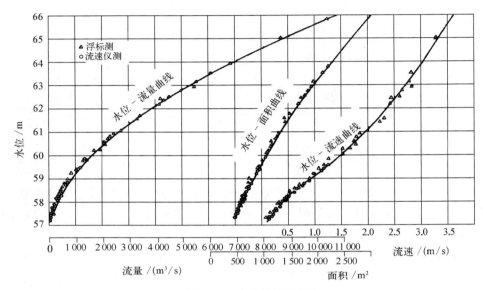

图 4-12　水位流量关系线

水位面积关系曲线 $F=f_1(H)$，由于面积 F 是随水位 H 的增高而增大，H 越高，F 增加越快（即 F 相对于 H 的变化率越大），故曲线是上凸下凹的。

流速曲线 $v=f_2(H)$，起初流速 v 随水位增高而增加很快，后来流速随水位增高而增加缓慢，即流速曲线 $v=f(H)$ 呈向上凸形。

四、河流泥沙

（一）河流泥沙的概念与分类

河流泥沙是指组成河床和随水流运动的矿物、岩石固体颗粒。河流泥沙对河流的水情及河流变迁有着重大的影响。河流泥沙主要是水流从流域坡面上冲蚀而来。河流含沙量大小与河流的补给条件、流域内岩石土壤性质、地形的切割程度、植被覆盖程度的人类活动等因素有关。总体来讲，以地下水和冰雪融水补给为主的河流含沙量较低；以雨水补给为主的河流含沙量因流域内植被覆盖好坏而有很大差异，流域植被覆盖良好的河流含沙量低；反之含沙量相对较高。

中国许多河流的含沙量、输沙量较大，全国年输沙量超过千万吨的河流有 42 条。黄河是一条世界著名的多沙河流，含沙量大，水流多呈黄浊色，故名。黄河多泥沙的原因，主要在于其中上游流经植被覆盖度差、土质疏松、切割强烈的黄土高原区，加之降水量集中，常以暴雨形式降落，大量泥沙随径流毫无阻拦地进入河槽，河流含沙量大增。据测定，黄河陕县站多年平均含沙量高达 39.6 kg/m³。黄河陕县站多年平均输沙量为 16 亿 t，是密西西比河的 5.2 倍，亚马孙河的 4.4 倍，刚果河的 24.6 倍。长江的多年平均输沙量为 5 亿 t。黄河下游及长江的荆江河段，由于泥沙沉积而成为"地上河"。

泥沙随水流的运动也称固体径流。按照河流泥沙的运动的状态，可将其分为悬移质、推移质和河床质三种类型。悬移质又称悬沙，是指悬浮于水中随水流运动的泥沙。推移质又称底沙，是指河床表面在底层水流作用下滑动、滚动或跳跃前进的泥沙，其中跳跃前进的泥沙称为跃移质。河床质又称床沙，是指在河床表层静止不动而组成河床表面层的泥沙。根据对河床演变的影响，可将河流泥沙分为造床泥沙（床沙质）和非造床泥沙（冲泻质）两类。河流泥沙的运动状态是河水流速和泥沙自重综合作用的结果。如果水流状态发生变化，各类泥沙也可发生相互转变。

在天然河道中，悬移质的断面分布和时间变化具有一定的规律。河流的悬移质含沙量和粒径在断面的垂直方向上均从河底向水面减少，在水平方向上变化不大。在时间变化上，河流含沙量汛期多于枯水期，汛期以枯水期后的第一次大洪水时期含沙量为最多。

（二）河流泥沙的计量单位

（1）含沙量。含沙量 ρ 是指单位体积河水 V 中所含泥沙（干沙）的重量 W_ρ，即

$$\rho = W_\rho / V \qquad (4\text{-}24)$$

（2）输沙率。输沙率 Q_s 是指单位时间内通过某一断面的泥沙重量称为（悬移质）输沙率，等于断面平均含沙量 $\bar\rho$ 与流量 Q 的乘积，即

$$Q_s = Q \bar\rho \qquad (4\text{-}25)$$

（3）输沙量。输沙量 W_s 是指某时段经过某断面的泥沙量，等于时段平均输沙率与时段长度的乘积，即

$$W_s = Q_s t \qquad (4\text{-}26)$$

若时段 t 为一年，则称为年输沙量；若是年输沙量的多年平均值，则称为多年平均输沙量。输沙量应为悬移质输沙量和推移质输沙量之和，然而由于后者测算困难，通常将悬移质输沙量作为河流断面的总输沙量。当要求精度高时，可以根据观测的悬移质输沙量与推移质输沙量的比例关系，粗略估计推移质输沙量，进而推求总输沙量。

由于推移质的采样和测验工作尚存在许多问题，它的实测资料比悬移质更为缺乏。因此，在推求年或多年平均推移质年输沙量时可以通过推移质输沙量与悬移质输沙量之间所具有的比例关系粗略估算，此关系在一定的地区和河道水文地理条件下相当稳定。以 β 表示推移质输沙量与悬移质输沙量的比值，一般地平原地区河流 $\beta = 0.01 \sim 0.05$；丘陵地区河流 $\beta = 0.05 \sim 0.15$；山地地区河流 $\beta = 0.15 \sim 0.30$。

（4）侵蚀模数。侵蚀模数 M_s 又称水蚀模数、侵蚀率等，是指流域单位面积上每年输出的泥沙量，等于年输沙量 W_s 与流域面积 F 之比，即

$$M_s = W_s / F \qquad (4\text{-}27)$$

（5）流域平均侵蚀深度。若 γ_s 为流域表面土层的平均密度，则流域平均侵蚀深度 Δh 为

$$\Delta h = M_s / \gamma_s \qquad (4\text{-}28)$$

五、冰情

当河流的水温低于 0℃，处于过冷却状态时，河流中可能出现冰晶。若气温持续保持在 0℃以下，河流就会出现冰情。河流的冰情包括结冰、封冻和解冻的全过程。

（一）结冰期（结冰阶段）

从河水开始结冰起，到最初形成稳定冰盖时为止，称为结冰期。河水的结冰过程大致可以分为三个阶段。

（1）岸冰、水内冰和水面薄冰的形成过程。随着气温降低，水温下降，当气温降到 0℃以下，河面水温也降到 0℃时，水面，尤其水流缓慢的河湾附近开始出现冰晶。河岸水温比河流中央降温快，水流慢，则易结冰。

（2）流冰或行凌过程。岸冰、水内冰伴随流水向下游流动，称为流冰或行凌。

（3）大块冰层的形成过程。冰块在流动过程中相互碰撞而聚集起来，遇到狭窄河段、河湾或受沙洲、人工建筑物的阻挡，流动的冰块便停积在一起，使冰块增大，冰面扩展，直至最后形成稳定冰盖，进入封冻期。

（二）封冻期（封冻阶段）

河面结冰后，若气温持续下降，冰面不断扩大，最后水面冰与岸冰结合在一块，甚至全河面被冰层覆盖，称为封冻。

自形成稳定冰盖起，到冰盖破裂开始再次出现流冰之日止，称为封冻期。

（三）解冻期（解冻阶段）

次年春季，气温回升到 0℃以上，冰盖逐渐融化、破裂，形成许多冰块，再次出现流冰，直至河冰全部消融，称为解冻。从稳定冰盖开始破裂起，到河冰全部消融为止，称为解冻期。

在秋冬结冰期和春季解冻期，若河流由低纬流向高纬的河段比较长，则在结冰期，上游封冻比下游晚；而在解冻期，上游解冻早于下游，这样上游流动的冰块常在下游受阻而壅积起来，形成冰坝，引起上游水位抬高，以致泛滥成灾的现象，称为凌汛。黄河许多河段在冬季都要结冰封河，由于黄河流经的地理位置和纬度不一，黄河河道自上而下近乎呈"几"字形，特别是兰州到内蒙古河口镇、郑州花园口到入海口两个河段，流向都是自低纬度向高纬度。因而黄河凌汛多发生在宁夏、内蒙古和山东河段。据不完全统计，1882～1938 年的 56 年，黄河下游有 25 年发生凌汛决口，上游宁夏至内蒙古河段在中华人民共和国成立前，平均每两年就有一次损失较大的凌汛灾害发生。中华人民共和国成立后，依靠防洪工程体系，特别是借助青铜峡、刘家峡和三门峡等水利枢纽的调节，已战胜多次严重凌汛。

第三节 河流的补给与分类

一、河流的补给

（一）河流的补给类型

河流补给广义上是指河流的物质和能量的输入，输入的物质有水、泥沙、水化学物质等，但通常是指河流的水量补给，即河流水源。河流补给是河流的重要水文特征之一，对河流的水文情势有着重大影响。按进入河槽的途径，河流的主要补给水源可分为地表水源和地下水源两大类，其中地表水源又有雨水、冰雪融水、湖泊与沼泽水之分，地下水源即地下水。此外，河流还有人工补给，例如，我国的南水北调工程，就形成了黄河的长江补给水源。实际中多数河流都不是仅有单一补给水源，尤其是较大的河流，常是两种或多种补给构成的混合补给型。

1. 雨水补给

雨水是全球大多数河流最重要的补给来源，热带、亚热带和温带的河流多由雨水补给。我国大部分地区属亚热带和温带，雨水补给是我国河流最普遍、最主要的补给来源，尤其对于东南季风区的河流，雨水补给占绝对优势。秦岭—淮河一线以南、青藏高原以东的广大地区，雨水补给一般占年径流量的 60%～80%。

以雨水补给为主的河流的汛期取决于流域内雨季的发生时间，海洋性气候区因全年都有较为丰富的降水而有多个汛期；地中海气候区的汛期主要在冬季，我国季风区的汛期则在夏、秋季节。雨水补给的特点主要取决于降雨的特征，降雨量的大小和时间集中程度决定了补给水量的大小和时间分布。降雨过程具有不连续性和集中性，以雨水补给也具有间断不连续性和集中性，其补给过程来得迅速而集中（图 4-13）。因此，以雨水补给为主的河流，河流水量随雨量的增减而涨落，径流年内变化趋势与降雨一致，流量过程线呈陡涨急落的锯齿状，并在汛期常形成峰高量大的洪水过程。降雨具有年内、年际变化大的特点，雨水补给为主的河流的水量分布也具有较大的年内、年际变化。降雨强度的大小也影响着补给量的大小，降雨强度大，历时短，损耗量少，补给流量的水量较多。雨水对地表的冲刷作用较大，以雨水补给为主的河流的含沙量也较大。

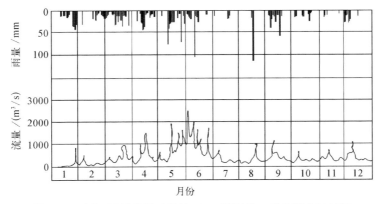

图 4-13 闽江流域建溪叶坊站 1953 年雨量、流量综合过程线

2. 冰雪融水补给

冰雪融水补给包括季节性积雪融水补给和冰川与永久积雪融水补给，此类河流的水情也具有一定差异。

1）季节性积雪融水补给

中高纬地带和高山地区，冬季的固态降水以积雪形式在流域表面保存下来，次年春季随着气温的回升而逐渐融化，形成河流补给水源。因此，以积雪融水补给为主的河流的汛期主要发生在春季，并常常形成春汛。此时正值桃花盛开时节，故又称"桃汛""桃花汛"。

季节性积雪融水补给量的大小及其变化与流域的积雪量多少和气温变化有关。我国东北地区冬季漫长严寒，冬季降水全为固态形式，北部大、小兴安岭和东南部长白山地的积雪厚度多在 20 cm 以上，最厚可超过 40～50 cm，融雪补给量可占年径流量的 20%。华北地区冬季积雪厚度较小，融雪水补给量较少，一般低于年径流量的 10%。由于气温变化的连续性，积雪的融化过程也是连续的，补给仅发生于春季的消融期内，因此积雪融水补给过程具有明显的连续性和阶段性，要比雨水补给缓和。另外，因为气温和太阳辐射具有明显的日变化，所以积雪融化强度和融雪水量对河流的补给也具有日变化特性。上述现象反映在河流流量过程线上，以季节性积雪融水补给为主的河流具有下述特点：积雪融化期间，河流水量变化与气温变化相一致，比雨水补给为主的河流水量平稳而有规律；全年一般有两次流量高峰，即积雪消融造成的春汛和雨水补给造成的夏汛，并以夏汛为主。

2）冰川与永久性雪融水补给

高山地区和两极地区的河流多靠冰川与永久性积雪融水补给，干旱、半干旱地区和高寒地区冰雪融水常为河流的重要补给水源，在某些特殊地区冰雪融水甚至是河流水量的唯一源泉。我国西北地区和青藏高原地区的高山、极高山终年积雪，冰川分布较广，冰雪融水成为河流的主要补给水源。

冰川与永久性积雪融水补给和季节性积雪融水补给具有一定的相似性，补给水量及其变化与太阳辐射和气温的变化一致，补给过程具有连续性和时间性，补给过程较为稳定，河流水量的年、日变化明显，尤其日变化明显，13～15 时出现最大冰雪融水径流量，夜间出现最小值，日最大值可达最小值的数倍或更多。以冰川与永久性积雪融水补给为主的河流，水量变化与冰雪融化量一致，每年 7～8 月为洪水季节，12～2 月为枯水季节（图 4-14）。

3. 湖泊与沼泽水补给

山区湖泊、沼泽常成为河流的源头，直接决定着河流水量的大小，如发源于中朝边境长白山天池的松花江。位于河流中、下游地区的湖泊，既可汇集湖区来水，又可补给河流干流，与河流的补给是相互的，对河流水量起着重要调节作用。洪水期河水位较高而部分洪水进入湖泊，枯水期河水位低于湖面而湖水补给河流，使河流的洪峰流量大为削减，水量过程趋于均匀。例如，长江中下游的洞庭湖、鄱阳湖等对长江水量有一定调节作用，新疆孔雀河由于博斯腾湖的调节作用而流量过程线比较平缓（图 4-15）。湖泊的面积和深度越大，调节作用就越显著。

沼泽对河流水量也可起到一定的调节作用，可使河流的流量过程线较为平缓，但没有湖泊显著。沼泽水的运动主要是渗流运动，补给河流的过程较为缓慢。

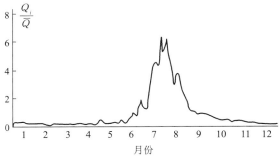

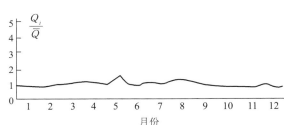

图 4-14 新疆玛纳斯河红山嘴 1956 年相对流量过程线   图 4-15 新疆孔雀河他什店站相对流量过程线

4. 地下水补给

地下水补给是河流补给的一种普遍形式。中国地下水补给的分布地区很广，除内蒙古、新疆部分干旱荒漠区的季节性河流及东南沿海丘陵区的季节性小河外，其他地区的河流均有地下水补给，而且不少河流以地下水补给为主。地下水受外界气候条件的影响较小，是河流具有经常性、稳定性、可靠性和均匀性的补给源。

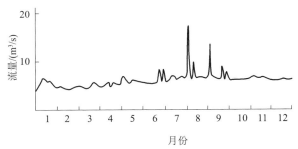

图 4-16 青海诺木河诺木洪站 1958 年流量过程线

在缺乏地表水补给的枯水季节，河流仍能保持连续不断的"基流"，几乎全靠地下水补给来维持，此时的河流流量过程实质上是地下水补给过程。因此，以地下水补给为主的河流，水量稳定、均匀、变幅较小（图 4-16）。

浅层地下水，又称冲积层地下水，受气候条件的影响较大，补给水量有较为明显的季节变化。另外，冲积层地下水与河岸有特殊的调节关系，而使得补给关系变得复杂，通常二者为互补关系。洪水期或涨水时，河水位高于两岸地下水位，河水向两岸冲积层渗透而补给地下水；枯水期或落水时，河水位低于两岸地下水位，两岸冲积层地下水流出而补给河水。这种河岸与河水互相补给的关系称为河岸调节作用。在平原地区，河床常高于两岸地面而形成"地上河"，如黄河花园口以下河段，则只存在河水对地下水的补给。相反，若地下水位高出河床很多，则只存在地下水对河水的补给。这种补给关系称为单向补给关系。深层地下水的埋藏较深，受气候条件影响较小，其补给水量只有年际变化，季节变化不明显，故它是河流最稳定的补给来源。

（二）河流补给水源的时空变化

不同地区的河流、同一地区不同的河流从各种水源中得到的水量不同；即使同一河流，不同季节的补给形式也不一样。这样的差别主要是由流域气候条件决定的，同时也与下垫面性质和结构有关。例如，热带低海拔地区没有积雪，降水成为主要补给源；冬季漫长而积雪深厚的寒冷地区，积雪在补给中起主要作用；发源于巨大冰川的河流、冰川融水是首要补给形式；下切较深的大河能得到较多地下水的补给；发源于湖泊、沼泽或泉水的河流，主要依靠湖水、沼泽水或泉水补给。我国绝大多数河流都有地下水补给；处于热带、亚热带（华南、华中、西南）的河流，雨水是主要补给来源；处于温带（东北、华北及内蒙古地区）的河流，除降水补给以外，还有季节性积雪融水补给；发源于西北和青藏高原山地的河流，除上述两种补给外，还有永久积雪融水和冰川融水补给。较小的河流，因流域面积小，自然地理条件单一，补给种类少，甚至只有一种补给。一些大河，由于流经条件不同的地区，可能流经几个气候带，各河段的补给情况不同，补给类型多而复杂。例如，长江源头以冰雪融水补给为主，中、下游则雨水补给占优势。

同一河流在不同时期的补给也不相同，雨季以地面水源补给为主，旱季以地下水源补给为主。山区河流的补给还表现出垂直变化规律。例如，天山山脉高山带的河流，主要靠冰雪融水补给，低山带主要靠雨水补给，中山带两种补给都有。此外，人类通过工程措施，也可以补给河流。

二、河流的分类

在某一地区内，影响河流特征的地质、地貌、气候、土壤等条件大致相同，河流在一定程度上存在着相似性。在不同地区内，影响河流特征的各种条件差异相对很大，河流水文要素的变化规律也不一样。因此，可以根据影响河流特征及其影响要素的相似性和差异性，通过综合分析，对河流进行类型划分。河流分类可为资料缺乏地区提供河流水文总体特征和要素特征方面的参考，是区域经济社会发展和水利工程规划、设计的重要依据。世界各国和地区的实际工作，提出了许多河流分类原则，其中影响较大的有以下几项：①以河流的水源作为河流最重要的典型标志，按照气候条件对河流进行分类；②根据径流的水源和最大径流发生季节来划分；③根据径流年内分配的均匀程度来划分；④根据径流的季节变化，按河流月平均流量过程线的动态来划分；⑤根据河槽的稳定性来划分；⑥根据河流及流域的气候、地貌、水源、水量、水情、河床变化等综合因素来划分。显然，这些原则多具有局限性，但又都有一定的实际应用价值，在为某个特定目的进行河流分类时，可以分别采用。

（一）世界河流分类

世界河流分类方法很多，例如，按河流最终流入地，可将河流分为内陆河、外流河；按河流流经的国家，可将河流分为国际性河流、非国际性河流；按平面形态即按河型，可将河流分为顺直型、弯曲型、分汊型、游荡型；按河型动态，可将河流分为稳定和不稳定，或相对稳定和游荡两大类，然后再按平面形态分为顺直、弯曲、分汊等；按河流分布地区，可将河流分为山区（包括高原）河流和平原河流。

俄罗斯著名气候学家沃耶伊科夫认为，河流是气候的产物。在其他自然条件相同时，一个地区降水量越多，蒸发越少，则径流量越大。因此，依据河流的补给和洪水进行分类，可将世界河流分为四类九型。

1. 融水补给的河流

（1）平原和海拔 1000m 以上山地雪水补给的河流。有明显的春汛，流经地区为下渗能力很小的永久冻结地带。如西伯利亚东北部的科里马河、下通古斯河、北美的育空河等。

（2）山地冰雪融水补给的河流。洪水发生于夏季最高气温时。如中亚的锡尔河、阿姆河，我国的塔里木河及印度河上游等。

（3）春季或初夏以雪水补给为主而常年有多量雨水补给的河流。流经地区冬季往往严寒多雪，汛期与融雪有关。如伏尔加河、鄂毕河、叶尼塞河、乌拉尔河、第聂伯河、顿河及斯堪的那维亚、德国东部和美国北部的河流。

2. 雨水补给的河流

（1）雨水补给为主而夏季有洪水补给的河流。夏季有洪水。如尼罗河、刚果河、亚马孙河、黑龙江，以及东南亚的河流和我国东南部的河流。

（2）冬季雨水补给为主而全年分配较均匀的河流。冬季汛期水量不大，水位的年变化不大。如塞纳河、易北河、莱茵河等。

（3）冬季雨水补给丰足而夏季降水补给很少的河流。有冬汛，夏季径流很小，甚至干涸。如地中海气候区的河流等。

（4）冬季干燥的沙漠河流。

3. 融雪及雨水补给都不足的河流

干涸河流。

4. 冰川补给的河流

冰川河流。如南极洲及格陵兰特有的河流类型。

（二）我国河流的分类

我国河流众多，流域面积在 $100km^2$ 以上的河流约有 50000 条，其中绝大多数河流分布于东部和南部，属于太平洋流域的最多、最大；属于印度洋流域的较少；属于北冰洋的最少。此外，我国还有广阔的内陆流域，面积占我国总面积的 36.4%，而径流量则仅占全国径流总量的 4.39%。我国常以径流的年内动态差异为指标进行河流分类。这种分类反映了我国各类型河流的年内变化特征及其分布规律，为进一步深入研究河流水文和合理规划、利用地表径流提供了科学依据。

1. 东北型河流

东北型河流包括我国东北地区的大多数河流。其主要特征是：第一，由于冰雪消融，水位通常在 4 月中开始上升，形成春汛，但因积雪深度不大，春汛流量较小。第二，春汛延续时间较长，可与雨季相连续，春汛与夏汛之间没有明显的低水位，春季缺水现象不严重。春汛期间因流冰阻塞河道形成高水位，在干旱年份甚至可以超过夏汛水位。第三，河水一般在 10 月末或 11 月初结冰，冰层厚可达 1m。结冰期间只依靠少量地下水补给，1～2 月出现最低水位。第四，纬度较高、气温低、蒸发弱、地表径流比我国北方其他地区丰富，径流系数一般为 30%，全年流量变化较小，如哈尔滨测得的松花江洪枯水量之比为 15∶1。

2. 华北型河流

华北型河流包括辽河、海河、黄河及淮河北侧各支流。其主要特征是：第一，每年有两次汛峰，两次枯水，3～4 月因上游积雪消融和河冰解冻形成春汛，但不及东北型河流的春汛显著。第二，夏汛出现于 6 月下旬～ 9 月，和雨期相符合，径流系数为 5%～20%，夏汛与春汛间有明显的枯水期，有些河流甚至断流，造成春季严重缺水现象。第三，雨季多暴雨，洪水猛烈而径流变幅大，如黄河陕县最大流量与枯水期流量之比为 110∶1。

3. 华南型河流

华南型河流包括淮河南侧支流，长江中下游干支流，浙江、福建、广东沿海及台湾各河，以及除西江上游以外的珠江流域的大部分。其主要特征是：第一，地处热带、亚热带季风区，有充沛的雨量作为河水的主要来源，径流系数超过 50%，汛期早，流量大。第二，雨季长，汛期也长，5~6 月有梅汛，7~8 月出现台风汛。第三，最大流量和最高水位出现在台风季节，当台风影响减弱时，雨量减小，径流也减小，可发生秋旱现象。

4. 西南型河流

西南型河流包括中、下游干支流以外的长江、汉水、西江上游及云贵地区的河流。其主要特征是：第一，一般不受降雪和冰冻的影响。第二，径流变化与降水变化规律一致，7~8 月洪峰最高，流量最大，2 月流量最小。第三，河谷深切，洪水危害不大。

5. 西北型河流

西北型河流主要包括新疆和甘肃省西部发源于高山的河流。其主要特征是：第一，主要依靠高山冰雪补给，流量与高山冰川储水量、积雪量和山区气温状况有密切关系。10~4 月为枯水期，3~4 月有不明显的春汛，7~8 月出现洪峰。第二，产流区主要在高山区，出山口后河水大量渗漏，越向下游水量越少，大多数河流消失于下游荒漠中，少数汇入内陆湖泊。

6. 阿尔泰型河流

阿尔泰型河流在我国境内为数很少，以积雪补给为主，春汛明显，汛期一般出现在 5~6 月。

7. 内蒙古型河流

内蒙古型河流以地下水补给为主，兼有雨水补给；夏季径流明显集中，水位随暴雨来去而急速涨落，雨季的几个月中都可以出现最大流量；冰冻期可长达半年。

8. 青藏型河流

青藏高原内部河流以冰雪补给为主，东南边缘的河流主要为雨水补给，7~8 月降雨最多，冰川消融量最大，故流量也最大。春末洪水与夏汛相连。11 月至次年 4~5 月为枯水期。

第四节　径流形成的理论与计算

径流形成是一个相当复杂的物理过程，为了便于认识与研究，通常把降雨径流形成过程概化为产流过程和汇流过程。产流是流域上各种径流成分的生成过程，也就是流域下垫面（地面及包气带）对降雨的再分配过程。汇流是流域上各种径流成分从其产生的地点向流域出口断面的汇集过程，可进一步划分为坡地汇流及河网汇流两个阶段。降雨扣除截留、填洼、下渗、蒸发等损失之后，剩下的部分称为净雨，在数量上等于它所形成的径流深。在我国，常称净雨量为产流量，降雨转化为净雨的过程称为产流过程，关于净雨的计算称为产流计算。净雨沿着地面和地下汇入河网，然后经河网汇流形成流域出口的径流过程，这个流域汇流过程的计算称为汇流计算。

一、流域产流理论

自然条件下流域以什么方式产流，主要取决于下垫面的状况。产流模式决定着流域产流的基本特征，是河流水文研究的重点内容之一。研究成果表明，流域产流主要有超渗产流和超蓄产流两种基本模式。

（一）超渗产流模式

超渗产流又称为非饱和产流，是指包气带土壤层含水量未达到田间持水量，而降雨强度 i 大于下渗强度 f 产生地面径流 R_s 的产流模式。在超渗产流模式中，土壤包气带起着重要的作用。地表面与地下水面之间的土层带的土壤含水量未达饱和，是土壤颗粒、水分和空气同时存在的三相系统，称为包气带或非饱和带；地下水面以下的土层处于饱和含水状态，是土壤颗粒和水分组成的二相系统，称为饱水带或饱和带。包气带是由岩石土壤（包含风化壳）构成的有孔介质蓄水体，是大气水、地表水与地下水发生联系并进行水分交换的地带。包气带是径流的发生场，依靠其本身所具有的吸水、持水、阻水及输水等特性，对降水起着调节和再分配作用。在水分的垂向运移过程中，包气带对流域上的降雨形成两次再分配，同时产生三种径流成分，即地表径流 R_s、壤中流 R_{ss} 和地下径流 R_g。

第一次再分配发生于包气带上界面，即地表面。雨水降落到地表面以后，当降雨强度 i 超过下渗能力 f_p 时，实际的入渗率为 $f = f_p$，超过下渗能力部分的雨水形成超渗雨，产成地表径流 R_s。在时段 t 内的入渗量 F 为

$$F = \int_0^t f_p \mathrm{d}t \tag{4-29}$$

形成的地表径流量 R_s 为

$$R_s = \int_0^t (i - f_p) \mathrm{d}t \tag{4-30}$$

当降雨强度 i 小于或等于下渗能力 f_p 时，全部雨水渗入土壤中，不产生地表径流，实际下渗率为 $f = i$，入渗量 F 为

$$F = \int_0^t i \mathrm{d}t \tag{4-31}$$

对一场总降雨量为 P 的降雨过程来说，雨强时大时小，有时 $i > f_p$，有时 $i \leqslant f_p$，下渗到包气带土层中的水量 F 为

$$F = \int_{i > f_p} f_p \mathrm{d}t + \int_{i \leqslant f_p} i \mathrm{d}t \tag{4-32}$$

所形成的地表径流量为

$$R_s = \int_{i > f_p} (i - f_p) \, \mathrm{d}t \tag{4-33}$$

可见，第一次再分配的结果是将雨水分成地面径流 R_s 与入渗量 F 两部分。

包气带对降雨的第二次再分配发生于包气带内部，主要是对渗入土壤中的水分进行再分配。水分的这次再分配远比第一次复杂。总体来讲，下渗的水分一部分以蒸发形式逸出地面，剩余部分又在运移中被分成两个部分，即土壤蓄存部分和壤中流与地下径流部分。土壤蓄存部分是指下渗补给包气带田间缺水量[包气带田间持水量 W_m 与雨前实际含水量（初始含水量）W_0 之差]部分。若下渗量 $F \leqslant (W_m - W_0)$，下渗水量全部为滞蓄水量，不产生壤中流和地下

径流，即

$$F=E+（W_e-W_0）\tag{4-34}$$

式中，E 为蒸发量；W_e 为降雨结束时的包气带蓄水量。当 $F>（W_m-W_0）$ 时，土壤蓄存部分等于包气带缺水量，即 $W_e-W_0=W_m-W_0$，超过部分以自由重力水形式运行，产生的壤中流和地下径流部分，即

$$F=E+（W_m-W_0）+R_G\tag{4-35}$$

式中，R_G 为包气带中能自由运动的重力水。

超渗产流发生的条件是降雨强度 i 大于下渗强度 f，降雨结束时包气带的蓄水量 W_e 小于田间持水量 W_m，下渗水量 F 小于包气带缺水量（W_m-W_0）。因此，产流的决定因素是降雨强度 i，而与降雨量 P 关系不大。由此可见，超渗产流的特点，是降雨强度 i 大于土壤下渗能力 f_p 时产流，在整个降雨过程中，包气带土壤含水量总是达不到田间持水量（蓄水容量），径流量 R 中仅是地面径流，没有地下径流，即 $R=R_s$。超渗产流理论适宜于干旱、半干旱地区，尤其是地下水位低、包气带厚、土壤透水性差、植被差的地区，但是也可发生于湿润地区的久旱初雨时期。我国的黄河流域和西北地区均以超渗产流为主。

（二）超蓄产流模式

超蓄产流又称蓄满产流、饱和产流，指包气带土壤含水量达到田间持水量时的产流方式。超蓄产流模式中，在土壤含水量未达到田间持水量之前，雨量全部被土壤吸收而不产流；在降雨量满足田间持水量之后，超过土壤缺水量（W_m-W_0）的雨量产生地面径流 R_s，以稳定下渗率 f_c 下渗的雨量产生地下径流 R_g。

若流域上持续不断降雨，渗入土壤的水使包气带含水量不断增加。当土层中的水达到饱和后，降水以稳定下渗率 f_c 下渗，即

$$F=f_c t\tag{4-36}$$

超过下渗部分的降水形成地表径流 R_s，即

$$R_s=P-F\tag{4-37}$$

渗入地下的水在一定条件下部分沿坡地土层侧向流动，形成壤中径流（亦称表层径流）R_{ss}，部分达到地下水面后形成地下径流 R_g，即

$$F=R_{ss}+R_g\tag{4-38}$$

在降雨过程中，流域上产生径流的区域称为产流区，其面积随着降雨过程的进行会发生变化，变化的情况与降雨特性和流域下垫面特性有关。超蓄产流模式下，降雨初期并非全流产流，而是在雨前土壤含水量相对较大，降雨发生后很快达到饱和的面积内产流。之后，随着降雨过程的进行，产流面积将随着土壤含水量达到饱和面积的扩大而逐渐扩大。如果降雨量足够大、历史足够长，产流面积将会扩大到很大，甚至直至全流域产流。因此，在计算超蓄产流量时，应考虑产流面积的变化。

超蓄产流发生的条件是降雨量 P 大于包气带缺水量（W_m-W_0）。对于一个流域来讲，包气带的最大蓄水容量 W_m 是大体不变的。因此，降雨量 P 和雨前土壤含水量 W_0 是产流的决定因素，而与降雨强度 i 无关。由此可见，超蓄产流的特点是降雨量 P 大于土壤缺水量（W_m-W_0）

时产流。超蓄产流模式适用于湿润地区，尤其是地下水位较高、包气带薄、土壤透水性好的区域，但是也可发生于干旱地区的多雨季节。我国淮河流域及以南的大部地区和东北的东部均以蓄满产流为主。

二、流域汇流计算

流域汇流是指在流域各点产生的净雨经过坡地和河网汇集到流域出口断面形成径流的全过程。流域汇流计算是将降雨引起的净雨过程演算为出口断面的流量过程。现行的流域汇流计算方法很多，其中影响较大的有等流时线法和单位线法。

（一）等流时线法

1. 基本概念

同一时刻流域各处形成的净雨，由于与流域出口断面的距离和流速不尽相同，不可能全部在同一时刻到达流域出口断面。但是不同时刻在流域内不同地点产生的净雨，却可能在同一时刻流达流域出口断面。净雨从流域上某点流至出口断面所经历的时间称为该点至流域出口断面的汇流时间 τ，流域上距出口断面最远点的汇流时间称为流域最大汇流时间 τ_m。流域内汇流时间 τ 相等各点的连线称为等流时线（图 4-17），降落在同一条等流时线上的降水形成的径流将同时到达流域出口断面。相邻两条等流时线间的面积称为等流时面积 $\Delta\omega$，同时刻在同一等流时面积 $\Delta\omega$ 上产生的径流，将在同一时段 Δt 内到达出口断面。汇流过程中，流域内各点的水深会发生不断变化，

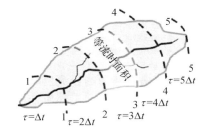

图 4-17　等流时线示意图

流速也会发生相应改变，所以等流时线的位置也是变化的。利用流域等流时线计算在不同净雨情况下流域出口断面流量过程的方法称为等流时线法。

2. 等流时线的绘制

（1）选定汇流时段。选定汇流时段 $\Delta\tau$ 即确定相邻两等流时线的汇流历时差，一般取 $\Delta\tau$ 等于降雨时段 Δt，即 $\Delta\tau = \Delta t$。

（2）确定流域平均汇流速度。对于较大的河流，坡面汇流历时相对于河网汇流很短而可以略而不计，流域平均汇流速度可取河槽平均流速而用谢才公式计算。对于小流域，坡地汇流所占比重较大，则流域汇流历时为坡地汇流与河网汇流之和，流域平均汇流速度为

$$\overline{v} = \frac{L_1 + L_2}{\tau_1 + \tau_2} \tag{4-39}$$

式中，L_1 为流域最长坡地长度；L_2 为主河槽长度；τ_1 为坡地汇流历时；τ_2 为河槽汇流历时。

（3）绘制等流时线和汇流曲线。以 $\Delta s = v\Delta\tau$ 为相邻等流时线的间距，自流域出口逐条向上游绘制等流时线[图 4-18（a）]。等流时线把流域分成若干等时面积 $\Delta\omega_1, \Delta\omega_2, \cdots, \Delta\omega_n$。以 τ 为横坐标，以 $\Delta\omega_i$ 为纵坐标，绘制等流时线面积分配曲线 $\Delta\omega = f(\tau)$ [图 4-18（b）]。若取 $\Delta\tau = 1$，则 $\Delta\omega/\Delta\tau = f(\tau)$ 即为汇流曲线。

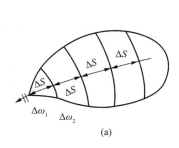 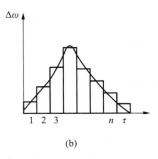

图 4-18 等流时线（a）和等流时线面积分配曲线（b）绘制示意图

3. 汇流计算

流域出口断面 t 时刻的流量 Q_t 是由第一块等流时面积 $\Delta\omega_1$ 上本时段的净雨 h_t、第二块等流时面积 $\Delta\omega_2$ 上前一时段的净雨 h_{t-1}、第三块等流时面积 $\Delta\omega_3$ 上前两个时段净雨 h_{t-2}……共同形成的，即

$$Q_t = \frac{h_t\Delta\omega_1 + h_{t-1}\Delta\omega_2 + h_{t-2}\Delta\omega_3 + \cdots}{\Delta t}$$

$$= \frac{\sum h_{t-i+1}\Delta\omega_i}{\Delta t} \qquad (4\text{-}40)$$

流域出口断面的径流历时等于净雨历时 t_c 和流域（最大）汇流时间 τ_m 之和，即 $T=t_c+\tau_m$。

假设把流域分成五块等流时面积 $\Delta\omega_1 \sim \Delta\omega_5$，把一场降水的雨量分为三个时段的均匀净雨量 h_1、h_2 和 h_3（图 4-19），根据等流时线的概念，则各时段内的平均流量为 $Q_1=\Delta\omega_1 h_1/\Delta t=\sum①/\Delta t$，$Q_2=(\Delta\omega_1 h_2+\Delta\omega_2 h_1)/\Delta t=\sum②/\Delta t$，$Q_3=(\Delta\omega_1 h_3+\Delta\omega_2 h_2+\Delta\omega_3 h_1)/\Delta t=\sum③/\Delta t$，$Q_4=(\Delta\omega_2 h_3+\Delta\omega_3 h_2+\Delta\omega_4 h_1)/\Delta t=\sum④/\Delta t$，$Q_5=(\Delta\omega_3 h_3+\Delta\omega_4 h_2+\Delta\omega_5 h_1)/\Delta t=\sum⑤/\Delta t$，$Q_6=(\Delta\omega_4 h_3+\Delta\omega_5 h_2)/\Delta t=\sum⑥/\Delta t$，$Q_7=\Delta\omega_5 h_3/\Delta t=\sum①/\Delta t$。应用 $Q_1,Q_2,\cdots,Q_7$，即可绘制出口断面流量过程柱状图或过程线图（图 4-19）。

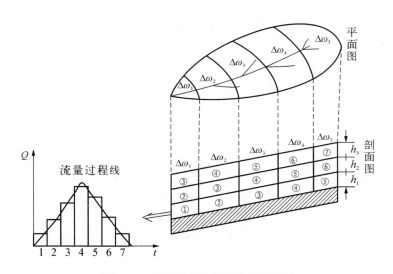

图 4-19 等流时线法汇流计算示意图

4. 等流时线法存在的问题

等流时线法概念清晰，物理意义明显，能够很好地解释流域汇流的基本原理和计算依据，但是也存在许多问题，导致计算结果精度不高。例如，实际流域的汇流速度是变化的，等流时线也应是变化的，但绘制等流时线时，采用流域平均汇流速度，假定等流时线固定不变，与实际情况不符；降落在同一等流时面积上的净雨量，在同一时段内全部流出，没有考虑河槽的调蓄作用，故推得的流量过程线偏尖瘦，洪峰流量偏大；在实际的降雨过程中，时段净雨量在流域上的分布是不均匀的，假定时段净雨量在全流域均匀分布，与实际不符。因此，该法在实际工作中很少应用。

（二）单位线法

1. 单位线的基本概念

汇流计算中常用的方法是 1932 年美国学者谢尔曼（Sherman）所提出的单位线法，即经验单位线法或时段单位线法。单位线是指在给定的流域上，单位时段内均匀降落单位深度的地面净雨，在流域出口断面形成的地面径流过程线，又称谢尔曼单位线（图 4-20）。单位净雨一般取 10 mm，单位时段可取 1 h、3 h、6 h、12 h、24 h 等，依流域大小而定。

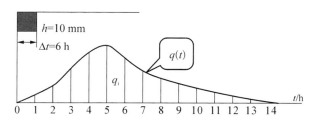

图 4-20 6 小时经验单位线

由于实际的净雨不一定正好是一个单位和一个时段，所以应用时有如下两条假定。①倍比假定：如果单位时段的净雨深不是一个单位，而是 n 个单位，则它所形成的地面径流过程线的流量值为单位线流量的 n 倍，其历时仍与单位线的历时相同[图 4-21（a）]。②叠加假定：如果净雨历时不是一个时段而是 m 个时段，则各时段净雨所形成的径流过程线之间互不干扰，出口断面的流量等于各时段净雨量所形成的流量之和[图 4-21（b）]。这两个假定就是把流域视为线性系统，符合倍比原理和叠加原理。如果流域内降雨分布均匀，每个单位时段降雨强度大致不变，单位线方法就可以应用。

2. 单位线的分析与推求

根据出流断面的实测流量过程来分析推求单位线的步骤为：①根据实测的暴雨径流资料制作单位线时，首先应选择历时较短的暴雨及该次暴雨所产生的明显的、孤立的洪峰作为分析对象；②求出本次暴雨各时段的流域平均雨量，扣除损失，得出各时段的净雨深 h_i，净雨时段 Δt；③由实测流量过程线上分割地下径流及计算地面径流深，务必使净雨深等于地面径流深，即 $\Sigma h_i = y$；④要将流量过程线割去地下水以后得到的地面径流过程线各时段纵坐标值，除以净雨量的单位数（一个单位为 10 mm），得出单位线。将该单位线代入其他多时段净雨的洪水中进行验算，将算得的流量过程与实测洪水进行对比，如发现明显不符，可将单位线予以修正，直到最后由单位线推出的流量过程符合实际为止。

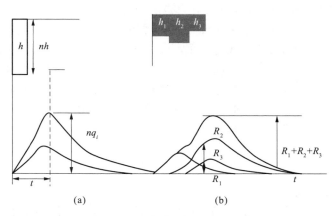

图 4-21 单位线的倍比假定（a）与叠加假定（b）示意图

实际水文资料中恰好有一个符合规定时段的洪水过程线一般是不多见的，因此，需要从多时段净雨的洪水资料中分析出单位线，常用的方法是分析法，其原理是逐一求解。如地面径流过程为 $Q_1, Q_2, Q_3, \cdots$，单位线的纵坐标为 $q_1, q_2, q_3, \cdots$，时段净雨量为 $h_1, h_2, h_3, \cdots$，根据上述假定可得 $Q_1 = h_1 q_1/10$，则 $q_1 = 10Q_1/h_1$；$Q_2 = h_1 q_2/10 + h_2 q_1/10$，则 $q_2 = (Q_2 - h_2 q_1/10)/(h_1/10)$；$Q_3 = h_1 q_3/10 + h_2 q_2/10 + h_3 q_1/10$，则 $q_3 = (Q_3 - h_2 q_2/10 - h_3 q_1/10)/(h_1/10)$；$\cdots$；$Q_n = h_1 q_n/10 + \sum_{i=2}^{n} h_i q_{n-i+1}/10$，则 $q_n = (Q_n - \sum_{i=2}^{n} h_i q_{n-i+1})/(h_1/10)$。将已知的 $Q_1, Q_2, Q_3, \cdots$ 和 $h_1, h_2, h_3, \cdots$ 代入上述各式，可求得 $q_1, q_2, q_3, \cdots$，即为单位线的纵坐标。

3. 单位线法存在的问题及处理方法

分析单位线的两个假定不完全符合实际，导致同一流域上依据不同次洪水分析的单位线常有差别。在洪水预报或推求设计洪水时，必须分析单位线存在差别的原因并加以妥善处理。

1）净雨强度对单位线的影响及处理方法

在其他条件相同的情况下，净雨强度越大，流域汇流速度越快，由此洪水分析出来的单位线的洪峰比较高，峰现时间也提前；反之，由净雨强度小的中小洪水分析单位线，洪峰低，峰现时间也滞后（图 4-22）。针对这一问题，目前的处理方法是：分析出不同净雨强度的单位线，并研究单位线与净雨强度的关系。进行预报或推求设计洪水时，可根据具体的净雨强度选用相应的单位线。

2）净雨地区分布不均匀的影响及处理方法

同一流域，净雨在流域上的平均强度相同，但当暴雨中心靠近下游时，汇流途径短，河网对洪水的调蓄作用减少，从而使单位线的峰偏高，出现时间提前；相反，暴雨中心在上游时，大多数雨水要经过各级河道的调蓄才流到出口，从而使单位线的峰较低，出现时间推迟（图 4-23）。针对这种情况，应当分析出不同暴雨中心位置的单位线，以便洪水预报和推求设计洪水时，根据暴雨中心的位置选用相应的单位线。当一个流域的净雨强度和暴雨中心位置对单位线都有明显影响时，则要对每一个暴雨中心位置分析出不同净雨强度的单位线，以便将来使用时能同时考虑这两方面的影响。

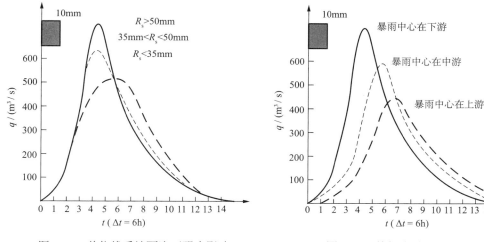

图 4-22 单位线受地面净雨强度影响　　　　　图 4-23 单位线受暴雨中心位置影响

第五节　水文统计方法

水文现象是一种自然现象，在时程变化上具有周期性特点，即具有一定的必然性和确定性。同时，影响水文现象的因素众多，各因素及其组合的时间变化错综复杂，使得水文现象在发生时间和数值上具有随机性特点，即具有一定的偶然性和不确定性。一般而言，必然现象可通过物理成因分析，建立其数学物理方程，预测其将来任意时刻的状态。随机现象在每次试验中出现与否看起来似乎无规律可循，但是观察了大量重复试验之后即可表现出其规律性，即随机现象的统计规律。统计规律与必然性规律的根本区别在于，它只能给出在一定条件下某种随机事件发生或不发生的可能性大小，而不能给出确定的回答。因此，根据短期观测资料很难对未来水文情势做出完满的判断，只能根据长期的观测资料研究水文现象的统计规律。水文统计的基本方法和内容主要有以下三个方面：根据已有的资料（样本），进行频率计算，推求指定频率的水文特征值；研究水文现象之间的统计关系，应用这种关系延长、插补水文特征值和作水文预报；根据误差理论，估计水文计算中的随机误差范围。

一、随机变量的概率分布与统计参数

（一）基本概念

1. 随机变量

若随机事件的试验结果可用一个数值 X 来表示，X 随试验结果的不同而取得不同的数值，它是带有随机性的，则将这种随试验结果而发生变化的变量 X 称为随机变量。水文现象中的随机变量很多，一般是指某种水文特征值，如某站的年径流量、洪峰流量等。

随机变量可分为离散型随机变量和连续型随机变量两大类型。若某随机变量仅能取得有限个或可列无穷多个离散数值。则称此随机变量为离散型随机变量。例如，某河一年内出现洪峰的次数 k 只可能取 0、1、2、…，为可列个，而不能取得相邻两数的任何中间值。若随机变量可以取得某一个有限区间内的任何数值，则称此随机变量为连续型随机变量。水文现象大多属于连续型随机变量。例如，某站流量，可以在 0 和极限值之间变化，因而它可以是 0 与极限流量之间的任何数值。

2. 概率与频率

在概率论中，对随机现象的观测称为随机试验，随机试验的结果称为事件。事件可以是数量性质的，如某河某断面处的最大洪峰流量的值；也可以是属性性质的，如天气的风、雨、晴等。按照事件发生的情况，事件可以分为三类，即在一定的条件组合下不可避免地发生的必然事件、肯定不会发生的不可能事件、可能发生也可能不发生的随机事件。必然事件与不可能事件，本来没有随机性，但为了研究方便，可以把它看作随机事件的特殊情况。通常把随机事件简称为事件。

随机现象是遵循统计规律的，任一随机事件客观上发生的可能性大小可以概率来衡量。随机事件在试验结果中出现的可能性大小称为随机事件的概率，它表示随机事件可能发生的机会或机遇，即发生的频繁程度。随机事件的概率为 0～1，必然事件的概率为 1，不可能事件的概率为 0。水文现象发生的概率同样为 0～1。

按概率已知与事件发生的先后关系，可将概率可分为两类：如果某类事件出现与不出现的可能性事先非常清楚，则称为事先概率；如果某类事件出现与不出现的可能性事先不可能知道，需要通过多次的试验观测而得到的结果来估计，则称为事后概率或经验概率。经验概率在水文学中称为频率，是通过大量试验预估而得的，故能够近似地反映水文事件的概率，常用来推求或代替概率。水文现象较为复杂，无法知道其他的概率，都是凭借过去已发生的事件，用经验概率即频率来推求未来可能发生的情况，水文要素的经常性观测就相当于经历的大量试验。假设事件 A 在 n 次重复试验中出现了 m 次，则把 A 出现次数（亦称频次或频数）m 与试验总次数 n 之比，称作事件 A 在这一系列试验中的频率 P，即

$$P（A）=m/n \tag{4-41}$$

当试验次数 n 不大时，事件的频率是很不稳定的，具有明显的随机性。当试验次数足够大时，事件的频率与概率之差会达到任意小的程度，即频率趋于概率。这一点不仅为大量的试验和人类的实践活动所证实，而且也得到了概率论中大数定理的严格证明。

3. 总体与样本

数理统计中把研究对象的全体称为总体或母样，把组成总体的项目称为个体，总体中个体的数目称为总体的容量，总体的部分称为总体的样本或子样，组成样本的项目的数目称为样本的容量。总体是随机变量可能取值的全体，随机变量的总体可以是有限序列，也可以是无限系列。

水文现象的总体是自古至今直至未来已出现和将要出现的水文现象特征值的全部，通常是客观存在的无限系列，人们往往是无法获取的，人们能得到的只是水文样本。因此，水文总体的统计规律往往是不可能求得的，人们只能以样本的规律来近似地代替总体的规律。水文学解决实际问题的重要方法之一，就是通过研究水文实测样本来推求水文总体的统计规律。样本容量越大，其对总体规律的反映就越真实。在水文统计分析中，水文实测资料年限越长，计算成果精度越高。以样本特征代表总体特征必定存在一定的误差，这种误差可以通过一定的方法估计出来。所以，水文学应用概率与统计方法的实质，就是利用已经取得的实测水文资料，通过分析研究，找出统计规律，然后用以预估未来的情况，以解决实际水文问题。

（二）随机变量的概率分布

随机变量可以取所有可能值中的任何一个值，但是取某一可能值的机会是不同的，随机变量的取值与其概率有一定的对应关系，一般将这种对应关系称为概率分布。通常以 X 表示随机变量，以 x 表示它的种种可能取值，以 P 表示其可能取值出现的概率。若以 n 表示 X 取值的数目，即 $X=x_1,x_2,\cdots,x_n$，一般将 $x_1,x_2,\cdots,x_n$ 称为随机变量 X 取值的系列。

若 X 为离散型随机变量，则 X 只能取有限个数值 $x_1,x_2,\cdots,x_n$ 或可列无穷多个数值 $x_1,x_2,\cdots,x_n,\cdots$。若 X 取任一可能值 x_i（$i=1,2,\cdots$）的概率为 P_i，则 X 的概率分布为 $P(X=x_i)=P_i$。概率分布 P_i 具有 $P_i\geqslant0$ 和 $\sum P_i=1$ 的性质。

若 X 为连续随机变量，其特征是可以取得某一区间内的任何数值，但 X 取它的任一可能值 x_i 的概率却等于零，即 $P(X=x_i)=P_i=0$，这时事件 $X=x_i$ 绝非不可能事件，只能说它发生的可能性很小。因此，对于连续型随机变量，无法研究个别值的概率，只能研究其在某个区间的概率，或是研究随机变量大于等于某一取值的概率，即累积频率。

实测水文数据资料常是散乱的，需要加以整理才能显示出频率分布的规律性。整理实测水文资料的一般做法是，将实测水文数据按大小顺序分组（或不分组）排列，用各组值（或数值）出现的频数，分别计算各组值（或数值）的经验频率；依次累加，计算各组值（或数值）的累积频率；以实测水文资料为纵坐标，以频率为横坐标，绘制频率分配（密度）曲线[图 4-24（a）]；以实测水文资料为纵坐标，以累积频率为横坐标，绘制累计频率（频率分布）曲线，简称频率曲线[图 4-24（b）]。应用概率密度曲线和概率分布曲线，可以确定随机事件的频率密度和频率分布情况。

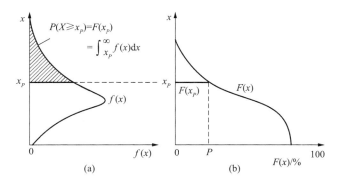

图 4-24　随机变量的概率密度曲线（a）和概率分布曲线（b）

分布函数与密度函数是微分与积分的关系，有

$$F(x)=P(X\geqslant x)=\int_x^\infty f(x)\mathrm{d}x \tag{4-42}$$

其对应关系可在图 4-24 中看出。

当研究事件 $X\leqslant x$ 的概率时，常用分布函数 $G(x)$ 表示

$$G(x)=P(X\leqslant x) \tag{4-43}$$

$G(x)$ 称为不及制累积概率，相应的分布函数 $F(x)$ 称为超过制累积概率，二者的关系

为

$$F(x) = 1 - G(x) \tag{4-44}$$

由于水文系列一般较短，实际工作中往往需要推求大的洪水或枯水，常要确定稀遇频率的特征值，如 $P=0.01\%$、0.1%、1%、99%、99.9% 的流量，这就需要向外延伸经验频率曲线。经验频率曲线在普通坐标纸上是一条 "S" 形曲线，两端较陡，外延的任意性较大，往往会产生较大误差。为了克服这一缺点，水文频率分析中常使用分格中间较密集、两侧较稀疏的海森频率格纸。在海森频率格纸上，经验频率曲线是一条变化较为平缓、两端近于直线的曲线（图 4-25），顺势外延的任意性较小，从而减小了确定稀遇频率的误差。

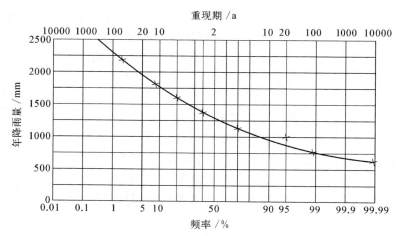

图 4-25 频率格纸横坐标的分割

（三）随机变量的统计参数

概率曲线表示了随机变量的分布特征，可以完整地刻画随机变量的特征。但是在一些实际问题中，随机变量的分布函数不易确定，而且有些实际问题不需要用完整的形式来说明随机变量，只需以某些特征数值来说明随机变量的主要特性即可。这些能说明随机变量统计规律的特征值称为随机变量的分布参数。统计参数能反映水文现象的基本统计规律，而且用它们来描述水文现象的基本特性具体而明确，便于对水文统计特性进行地区综合，这对分析计算成果的合理性和解决缺乏资料地区中小河流的水文计算问题具有实际意义。

1. 均值

均值反映统计数据分布的集中位置。设随机变量的系列为 $x_1, x_2, \cdots, x_n$，其算术平均值为

$$\bar{x} = \frac{x_1 + x_2 + \cdots + x_n}{n} = \frac{1}{n} \sum_{i=1}^{n} x_i \tag{4-45}$$

上式两边同除以均值 $\bar{x}$，则有 $1 = \frac{1}{n} \sum_{i=1}^{n} \frac{x_i}{\bar{x}}$。令 $K_i = \frac{x_i}{\bar{x}}$，$K_i$ 为模比系数，则

$$\overline{K} = \frac{K_1 + K_2 + \cdots + K_n}{n} = \frac{1}{n}\sum_{i=1}^{n}K_i = 1 \tag{4-46}$$

该式说明，当变量 x 的系列用其相对值模比系数 K 表示时，其均值等于 1。因此，模比系数 K 与均值具有相同的作用。

如果随机系列中各要素的作用大小不同，x_i 在平均值中应占有不同的比（权）重 f_i。这时，应采用加权平均的方法求算加权平均值，其计算公式为

$$\overline{x} = \frac{1}{n}(f_1 x_1 + f_2 x_2 + \cdots + f_n x_n) = \frac{1}{n}\sum_{i=1}^{n}f_i x_i \tag{4-47}$$

均值可以反映系列的平均状况，可用于比较不同系列的水平高低，但不能说明系列分布的离散程度。

2. 离差、方差与均方差

系列中任一值 x_i 与均值 $\overline{x}$ 之差称为离差 Δ，亦称距平，其计算公式为

$$\Delta = x_i - \overline{x} \tag{4-48}$$

离差可正可负，总和为零，可以表示某一变量 x_i 远离或接近均值 $\overline{x}$ 的程度，但不能反映整个系列的离散程度。

离差（$x_i - \overline{x}$）平方和的平均值称为方差 D_x，其计算公式为

$$D_x = \frac{1}{n}\sum_{i=1}^{n}(x_i - \overline{x})^2 \tag{4-49}$$

方差可以反映系列的离散程度，但其量纲是随机变量量纲的平方，实际使用中有时不太方便。

方差的算术平方根称为均方差 σ，亦称标准差，其计算公式为

$$\sigma = \sqrt{\frac{\sum_{i=1}^{n}(x_i - \overline{x})^2}{n-1}} \tag{4-50}$$

均方差可以反映和比较均值相等系列的离散程度，但是不能反映和比较均值不等系列的离散程度。

3. 离差系数

均方差与均值之比称为离差系数 C_V，或称变差系数、离势系数，其计算公式为

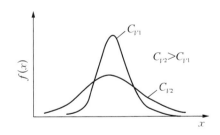

图 4-26　C_V 对频率密度曲线的影响

$$C_V = \frac{\sigma}{\overline{x}} = \frac{1}{\overline{x}}\sqrt{\frac{\sum_{i=1}^{n}(x_i - \overline{x})^2}{n-1}} = \sqrt{\frac{\sum_{i=1}^{n}(K_i - 1)^2}{n-1}} \tag{4-51}$$

C_V 值可以反映系列的离散程度，对频率密度曲线的形状有显著影响（图 4-26）。C_V 值越大，表明随机变量分布越分散，系列的离散程度越大，频率密度曲线越矮胖；C_V 值越小，表明随机变量的分布越集中，系列的离散程度越小，频率密度曲线越尖瘦。

4. 偏态系数

偏态系数 C_s 是衡量系列变量分布在均值两侧对称程度的指标，其计算公式为

$$C_s = \frac{\sum_{i=1}^{n}(x_i - \bar{x})^3}{(n-3)\sigma^3} = \frac{\sum_{i=1}^{n}(K_i - 1)^3}{(n-3)C_V^3} \qquad (4\text{-}52)$$

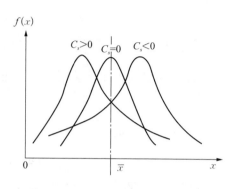

图 4-27　C_s 对频率密度曲线的影响

偏态系数反映的是系列分布的不对称程度，表征随机变量偏离均值的方向和程度等情况，亦即系列中大于和小于均值的项数何者为多，二者数量差别怎样。C_s 对频率密度曲线的形状有显著影响（图 4-27）。$|C_s|$ 越小，随机变量分布越接近于对称；$|C_s|$ 越大，随机变量分布越偏离均值。若 $C_s = 0$，随机变量相对于均值对称；若 $C_s \neq 0$，随机变量相对于均值不对称，其中 $C_s > 0$ 时称为正偏，表示随机变量大于均值的出现机会比小于均值的出现机会小；$C_s < 0$ 时称为负偏，表示随机变量大于均值的出现机会比小于均值的出现机会大。在水文系列中，丰水年出现的机会一般要比枯水年出现的机会小，故其多属于正偏系列。

利用式（4-52）由样本估算总体的 C_s 需要很长的实测资料系列，通常要大于 100 年才能得到满意的结果，而实测资料系列往往很短，所以实际工作中不多用该式计算 C_s 值，而是按照 C_s 是 C_V 的若干倍这种经验关系来确定，如 $C_s = 2C_V$、$2.5C_V$ 等。

需要说明的是，上述各式是适用于样本的统计参数计算公式，它们与适用于总体的统计参数计算公式的区别在于式中样本容量项后减了一个数值。水文统计中习惯称上述公式为无偏估值公式，并用它们估算总体参数，作为概率分析的参考数值。

二、频率曲线及其应用

水文分析计算中常用到频率曲线，它们的来源有两类，一是根据实测资料绘制，称为经验频率曲线；二是根据某种数学方程绘制，称为理论频率曲线。水文频率曲线分析的主要程式，就是选定理论频率曲线作为基本线型，再依据实测水文数据计算有关统计参数，将理论频率曲线与经验频率曲线相拟合，得到实际应用的水文频率曲线。这种方法称为适线法。分布线型的选择与统计参数的估算，构成了水文频率分析的主要内容。作为水文频率分布线型的理论频率曲线，它的选择主要取决于与大多数水文资料的经验频率点据的配合情况，洪水分析时常选用皮尔逊Ⅲ型分布型，枯水分析时常选用耿贝尔型曲线。

（一）经验频率曲线

由实测水文数据资料绘制的频率曲线称为经验频率曲线（图 4-25）。经验频率曲线的绘制方法如下。首先，将实测水文资料系列按从大到小的顺序重新排列；其次，设 $P(A)$ 为事件 A 发生的频率，n 为样本容量；m 为事件 A 发生的频数，按照我国目前水文计算广泛采用的样本经验频率的计算公式：

$$P(A) = \frac{m}{n+1} \times 100\% \tag{4-53}$$

计算系列各项的频率，即经验频率；最后，以水文变量 x 为纵坐标，以经验频率 P 为横坐标，在海森频率格纸上点绘频率点据，过点群中心趋势绘出经验频率曲线。依据经验频率曲线，即可确定指定频率 P 的水文变量值 x_p。

经验频率曲线计算工作量小，绘制简单，查用方便，但是受到实测资料系列长度的限制，往往难以满足实际工作的需要。如为了求算极端频率的水文变量值，需要将曲线延长，但因无实测点据控制，有较大的任意性，会直接影响设计成果的正确性。在分析水文要素的地区分布规律时，很难直接利用经验频率曲线进行地区综合，无法解决无实测水文资料的小流域的水文计算问题。

（二）理论频率曲线

在水文频率计算中，往往以某种数学形式的频率曲线作为定线和外延的依据，这种具有一定数学形式的、适合水文经验频率分布规律的频率曲线称为理论频率曲线。但是必须指出，这里的"理论频率曲线"，并没有水文上的物理意义，实质上仍属于经验频率曲线的范畴，只不过是为了区别于经验频率曲线的一种称谓。目前还无法依据水文现象的实测资料建立真正意义上的理论频率曲线，只能选择与水文现象统计规律和频率分布相似的已知线型来计算分析。适合于水文现象频率分布特征的数学曲线很多，如皮尔逊Ⅲ（P-Ⅲ）型曲线、对数皮尔逊Ⅲ（LP-Ⅲ）型曲线、耿贝尔型曲线、克里茨基-闵凯里（K-M）型曲线等，其中我国水文计算常用的是皮尔逊Ⅲ型曲线。

1895 年英国生物学家皮尔逊以大量物理、生物及经济方面的实测资料为随机现象，提出了一族 13 种分布曲线，其中第Ⅲ型曲线与水文现象有较好的吻合，成为水文计算的基本线型，在我国得到广泛应用，被称为皮尔逊Ⅲ型（P-Ⅲ）曲线。皮尔逊Ⅲ型曲线是一条一端有限一端无限的不对称单峰正偏曲线（图 4-28），其起点为 $x_0=a_0$，在众值处的切线与 x 轴平行，末端以 x 轴为渐近线或与 x 轴相切。皮尔逊Ⅲ型曲线的数学方程形式复杂，但只要求得 x、C_V 和 C_x 三个参数，即可求得其密度曲线。

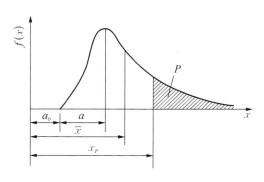

图 4-28　皮尔逊Ⅲ型概率密度曲线

皮尔逊Ⅲ型曲线是密度曲线，而水文计算中需要的是累计曲线，故需要对其进行积分。积分后再经推导得

$$x_P = (\Phi P C_V + 1)\overline{x} = K_P \overline{x} \tag{4-54}$$

式中，x_P 为频率为 P 的随机变量值；Φ 为离均系数，是频率 P 和偏差系数 C_s 的函数，可根据不同的 P 和 C_s 值查"皮尔逊Ⅲ型频率曲线离均系数 Φ 值表"（福斯特-雷布京表）而得；K_P 为频率为 P 时的模比系数，$K_P = x_P/\overline{x}$，可根据比值 C_s/C_V 查"皮尔逊Ⅲ型曲线模比系数 K_P 值表"而得。利用式（4-54）即可计算得到不同频率的随机变量值 x_P。根据 P 及相应的 x_P 或

K_P 值，即可绘制皮尔逊Ⅲ型曲线。

（三）现行水文频率拟合方法——适线法

利用实测水文资料绘制经验频率曲线属纯经验性的方法，利用一定的数学线型绘制理论频率曲线则属纯数学理论的方法，二者均不尽完善。另外，利用矩法估计的统计参数 $\bar{x}$、C_V 和 C 存在抽样误差，不能作为总体的统计参数。因此，水文频率计算时常把二者相结合，以矩法估计值作为初始值，采用适线法来选配频率曲线。水文频率计算中把经验频率曲线与理论频率曲线结合起来选配频率曲线的方法称为适线法，或称适点配线法、配线法。适线法是我国估计水文频率曲线统计参数的主要方法，有两大类，目估适线法和优化适线法，其中前者最为常用。

1. 目估适线法的基本步骤

目估适线法又称目估配线法，是以经验频率点据为基础，给它们选配一条符合较好的理论频率曲线，并以此估计水文要素总体的统计规律的方法。其具体步骤为：①将已有实测资料由大到小排列，计算出变量系列各项的经验频率，在频率格纸上点绘经验频率点据（纵坐标为变量的取值，横坐标为对应的经验频率），目估定出经验频率曲线。②选定某种理论频率线型（一般选用皮尔逊Ⅲ型）。③根据实测水文资料，应用矩法、三点法或其他方法计算统计参数 $\bar{x}$ 和 C_V，按 C_V 与 C_s 的比例关系（如 $C_s=2C_V$）确定 C_s，并据此作第一次配线。即在频率格纸上选配点绘一条理论频率曲线，看其与经验频率曲线的配合情况。若配合良好，此理论频率曲线即为选定的频率曲线，该曲线的参数便看作水文系列总体的统计参数估值。④若第一次配线不理想，可通过调整参数 $\bar{x}$、C_V 和 C_s（一般是调整 C_V），进行第二次、第三次乃至更多次配线，直至确定出一条满足经验点据的理论频率曲线。⑤根据选定的频率曲线，估计确定指定频率的水文变量设计值 x_P。

2. 统计参数对频率曲线的影响

1）均值对频率曲线的影响

均值 $\bar{x}$ 主要影响频率曲线的位置。当皮尔逊Ⅲ型频率曲线的 C_V 和 C_s 固定不变时，均值 $\bar{x}$ 的不同可以使频率曲线发生很大变化（图 4-29），均值大的频率曲线位于均值小的频率曲线之上，均值大的频率曲线较均值小的频率曲线陡。

2）离差系数对频率曲线的影响

离差系数主要影响频率曲线的陡峻程度。为消除均值的影响，以模比系数 K 为变量绘制频率曲线（图 4-30）。由图 4-30 可以看出，当 $C_V=0$、$C_s=1.0$ 时，随机变量的取值等于均值，频率曲线为 $k=1$ 的水平线。随着 C_V 的增大，频率曲线的偏离程度也增大，左端逐渐升高，右端逐渐降低，频率曲线变得越来越陡。

3）偏态系数对频率曲线的影响

偏态系数主要影响频率曲线的弯曲程度。当 $C_V=0.1$ 时，不同的 C_s 对应不同的频率曲线（图 4-31）。$C_s=0$ 时，频率曲线呈直线；在 $C_s>0$ 的正偏情况下，C_s 越大，均值（$k=1$）对应的频率越小，频率曲线的中部越向左偏，且上段越陡，下段越平缓。

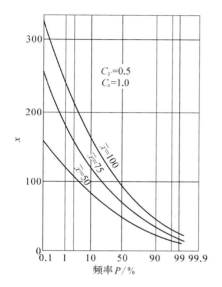

图 4-29　$C_V=0.5,C_s=1.0$ 时不同 $\bar{x}$ 对应的频率曲线

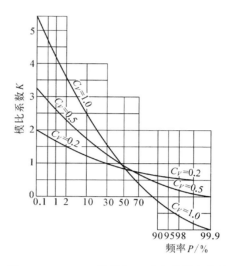

图 4-30　$C_s=1.0$ 时不同 C_V 对应的频率曲线

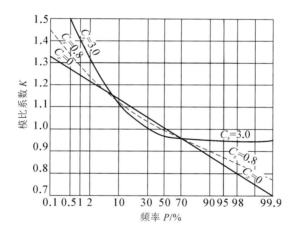

图 4-31　$C_V=0.1$ 时不同 C_s 对应的频率曲线

（四）频率与重现期的关系

频率表示的是某一随机现象特征值出现等于和大于某一数值的机遇或可能性。水文特征值的频率是水利工程规划设计和管理运行、水文水资源计算的依据，用水部门常称其为"保证率"，设计部门则称其为"设计频率"。频率一词较为抽象，故很多情况下常以"重现期"代替。重现期 T 是指某一随机变量特征值长时期内平均多少年出现一次的时间长度，又称"多少年一遇"。

频率 P 与重现期 T 的关系为：若研究的是大量或极大值问题，如最大流量、洪水、暴雨等，其频率 $P \leqslant 50\%$，则重现期 T 与频率 P 呈倒数关系，即

$$T=1/P \qquad (P \leqslant 50\%) \qquad (4\text{-}55)$$

若研究的是小量、极小值问题，如枯水流量、旱季降雨量等，其频率 $P \geqslant 50\%$，则重现期 T 与频率 P 的关系为

$$T=1/(1-P) \qquad (P \geqslant 50\%) \qquad (4\text{-}56)$$

可见，二式适用的范围不同。防洪除涝所言"多少年一遇"是指稀遇洪水，即 $P \leqslant 50\%$ 的丰水部分；用水部门所言"多少年一遇"是指稀遇枯水，即 $P \geqslant 50\%$ 的枯水部分。必须指出，由于水文现象并无固定的周期性，"多少年一遇"的暴雨或洪水，是指大于或等于这样的暴雨或洪水在长时期内平均发生一次的时间，而不能认为每隔多少年必然要发生一次。也许某时段内出现多次，而在另一同长时段内一次也未出现。

三、相关分析

（一）相关分析的概念

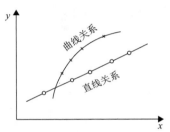

图 4-32　完全相关示意图

自然界中许多现象之间有着一定的联系，经常会有变量之间存在因果或为必要条件的关系。例如，降雨与径流之间、同一河流上下游断面洪水流量之间、同一断面水位与流量之间等，都存在着一定的关系。变量之间的关系按照密切程度可分为三种类型，即完全相关、零相关和统计相关。设两种现象（即两种变量）x 与 y。若每一个确定的 x 值都对应一个或多个确定的 y 值，即 x 与 y 呈单值或多值函数关系，则称 x 与 y 之间呈完全相关关系，或函数关系、必然关系，其形式有直线关系和曲线关系两种（图 4-32）。若 x 与 y 之间毫无联系，或二者的变化互不影响对方的变化，则称二者呈零相关关系或没有关系。若其中一个变量 x 值发生变化，另一个变量 y 也随之发生变化，但由于受到众多偶然因素的影响，其值是不确定的，经过大量观察可发现二者之间存在着某种关系，根据 x 与 y 对应值所点绘的相关点据虽不严格落在一条直线或曲线上，而是在一定范围内变化，但是变化趋势明显，则称 x 与 y 之间呈相关关系或统计相关关系。在关系图上，点据虽然有些散乱，但却有一个明显的趋势，这种趋势可以用一定的数学曲线来近似地拟合（图 4-33）。这种介于完全相关和零相关之间的变量关系，称为相关关系或统计相关。按照变量的多少，相关关系有简相关和复相关之分，其中两个变量之间的相关关系称为简相关，三个及其以上变量之间的相关关系称为复相关或多元相关；在相关的形式上，有直线相关和曲线相关之分。

统计相关是变量之间的不严格或近似的数量关系，是数理统计方法研究的对象。按照数理统计方法，分析有一定联系的两个或多个随机变量之间的相关程度和建立它们之间的数学关系，称为相关分析或回归分析。相关分析和回归分析都是研究和处理变量间相关关系的数理统计方法，二者既有联系又有区别。二者的研究对象和内容及应用目的相同，但相关分析主要是研究变量间联系的密切程度问题，回归分析主要是研究变量间联系的形式问题，即确

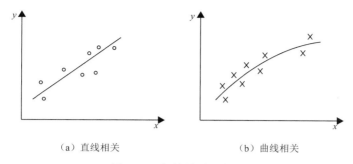

（a）直线相关　　　　　　　　（b）曲线相关

图 4-33　相关关系示意图

定变量间关系的数学表达。变量间联系的密切程度可用相关系数 r 表示。若 $r=\pm1$，表示变量间为完全相关关系；若 $r=0$，表示变量间为零相关关系；若 $0<|r|<1$，表示变量间为相关关系。相关分析主要包括三个方面的内容：①判定变量间是否存在相关关系，若存在，计算其相关系数，以判断相关的密切程度；②确定变量间的数量关系，即建立回归方程或绘制相关线；③依据自变量的取值延长、插补倚变量系列或进行倚变量预报，并对估值进行误差分析。相关分析的方法一般有相关图解法和相关计算（分析）法两种。

　　水文现象的发生与变化往往受到诸多因素的影响，这些因素之间的关系非常复杂，目前难以一一明确，但是依据长期观测资料，借助相关分析方法，可以甄别某种水文现象发生与变化的主要影响因素，有利于确定主要现象间的关系。在水文分析计算中，经常遇到某一水文要素的实测资料系列很短或部分缺失的情况，而与其相关的另一要素的资料系列较长或完整，这时就可以通过相关分析来延长短系列和插补不连续系列。此外，水文预报也经常采用相关分析方法。水文计算常用的是简相关分析，水文预报常用的是复相关分析。

　　相关分析在水文分析计算中占有相当重要的地位。进行相关分析时，以下几点应当注意：第一，在进行相关分析计算之前，应认真分析变量之间的成因联系。如果只凭数字上的偶然巧合，在毫无关系的现象之间拼凑出它们的关系表达式，则是一种毫无意义的假相关关系，使用这种假相关关系进行变量的数据计算是非常危险的。第二，为避免过大的抽样误差，进行相关分析计算时，水文变量至少应有 12 项同期观测资料（即样本容量 $n\geq12$）。第三，回归方程是根据实测资料建立的，经验点据范围以外是否符合相关关系是未知的。因此，应用相关关系时，应限于实测资料控制的范围，不宜将相关直线过度外延。

（二）相关分析的方法

1. 直线相关分析

1）相关图解法

　　相关图解法就是将关系比较密切的两个变量的对应观测数据点绘在坐标纸上，得到许多相关点据，分析点据的分布趋势，通过点群中心目估绘出一条直线，即相关线。要使相关点据均匀分布于该线两侧，对个别偏离较远的点据要进行单独分析，查明偏离原因。若这些点据没有观测错误，则要适当照顾，但不应过分迁就。

　　相关图解法简单明了，但具有一定的任意性，缺乏判断变量间关系密切程度的定量指标，在精度较高时，不能满足分析计算工作的需要。

2）相关计算法

相关计算法就是应用两个变量的同步观测资料，计算相关系数以分析变量间的相关关系密切程度，并给相关点据配合一个直线方程式，即变量间的回归方程。

设 x 为自变量，y 为因变量，则相关系数为

$$r = \frac{\sum (x_i - \overline{x})(y_i - \overline{y})}{\sqrt{\sum (x_i - \overline{x})^2 \sum (y_i - \overline{y})^2}}$$

$$= \frac{\sum (K_{xi} - 1)(K_{yi} - 1)}{\sqrt{\sum (K_{xi} - 1)^2 \sum (K_{yi} - 1)^2}} \tag{4-57}$$

式中，$\overline{x}$、$\overline{y}$ 分别为 x、y 系列的均值；K_{xi}、K_{yi} 分别为变量 x、y 系列的模比系数。

y 倚 x 的回归方程为

$$y = a + bx \tag{4-58}$$

式中，a、b 为待定系数，其值可以利用最小二乘法进行估算，有

$$a = \overline{y} - r \frac{\sigma_y}{\sigma_x} \overline{x} = \overline{y} - R_{y/x} \overline{x} \tag{4-59}$$

$$b = r \frac{\sigma_y}{\sigma_x} = R_{y/x} \tag{4-60}$$

式中，σ_x、σ_y 分别为 x、y 系列的均方差；$R_{y/x}$ 为 y 倚 x 的回归系数。

将 a、b 带入式（4-58）并整理，可以得到回归方程

$$y = \overline{y} + R_{y/x}(x - \overline{x}) \tag{4-61}$$

相关计算法一般采用计算表的形式进行。

2. 曲线相关分析

许多水文现象间的关系并不表现为直线关系，而是呈曲线相关的形式，如水位-流量关系，流域面积-洪峰流量关系等。水文学常用幂函数、指数函数等作为曲线相关分析的基本线型，基本做法是将其转换为直线，再进行直线回归分析。

1）幂函数

幂函数的一般形式为

$$y = ax^n \tag{4-62}$$

对式（4-62）两边取对数，有 $\lg y = \lg a + n \lg x$。令 $Y = \lg y$，$A = \lg a$，$X = \lg x$，则有

$$Y = A + nX \tag{4-63}$$

对 X 和 Y 而言，式（4-62）是直线关系，可对其作直线回归分析。

2）指数函数

指数函数的一般形式为

$$y = ae^{bx} \tag{4-64}$$

对式（4-64）两边取对数，有：$\lg y = \lg a + bx \lg e$。令 $Y = \lg y$，$A = \lg a$，$B = b \lg e$，$X = x$，则有

$$Y = A + BX \qquad (4-65)$$

对 X 和 Y 即可作直线相关分析。

3. 复相关分析

复相关分析方法也有图解法和分析法两种。复相关的分析法非常繁杂，主要用于复直线相关分析，其原理与简直线（一元）回归分析大致相同，不同之处是回归直线方程中系数（回归系数）的确定需要求解更为复杂的线性代数方程组。

工程上复相关分析多采用图解法选配相关线。在图 4-34 中，倚变量 z 受 x 和 y 两个自变量的影响。根据实测资料，在方格纸上点绘出 z 与 x 的对应值并在点旁注明 y 值，然后作出 y 值相等的"y 等值线"，这样点绘出来的图就是复相关关系图。复相关关系图与简相关关系图的区别在于多了一个自变量，即 z 值同时倚 x 和 y 而变。因此，在使用复相关图延长和插补 z 系列时，应先在 x 轴上找出 x_i 值，并向上引垂线至相应的 y_i 值，然后便可查得 z_i 值。除复直线相关图外，还有复曲线相关图，它们在水文计算和水文预报中也会经常遇到。

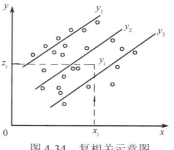

图 4-34 复相关示意图

（三）相关分析的误差

1. 回归线的误差

回归线仅是观测点据的最佳配合线，观测点据通常并不完全落在回归线上，而是散布于回归线两旁的一定区域内。因此，回归线只反映两变量间的平均关系，依此关系由 x 推求的 y 值和实际值之间存在着一定误差，误差大小一般采用均方误来表示。如以 S_y 表示 y 倚 x 回归线的均方误，y_i 为观测值，$\hat{y}_i$ 为回归线上的对应值，n 为系列项数，则

$$S_y = \sqrt{\frac{\sum (y_i - \hat{y}_i)^2}{n - 2}} \qquad (4-66)$$

y 倚 x 回归线的均方误 S_y 与 y 系列的均方差 σ_y 有如下关系

$$S_y = \sigma_y \sqrt{1 - r^2} \qquad (4-67)$$

x 倚 y 回归线的均方误 S_x 及其与 x 系列的均方差 σ_x 的关系有着与上述相同的形式。

由回归方程计算的 $\hat{y}_i$ 值仅是许多 y_i 的一个"最佳"拟合或平均趋值。按照误差原理，这些可能的取值 y_i 落在回归线两侧一个均方误范围内的概率为 68.7%，落在三个均方误范围内的概率为 99.7%。

2. 相关系数的误差

相关系数是根据有限的实测资料（样本）计算出来的，必然会存在抽样误差，一般以相关系数的均方误来判断样本相关系数的可靠性。相关系数的均方误的计算公式为

$$\sigma_r = \frac{1 - r^2}{\sqrt{n}} \qquad (4-68)$$

总体不相关（$r = 0$）的两变量，由于抽样原因，样本的相关系数不一定等于零。为此，需要对相关系数进行显著性检验。检验方法是：先选一个临界相关系数 r_a，与样本的相关系

数 r 相比较，若 $|r|>r_\alpha$，则具有相关关系；否则，无相关关系。r_α 可以根据样本项数 n 和信度 α（一般采用 $\alpha=0.05$）从相关系数检验表中查取。水文分析计算中，进行相关分析时除要求 $|r|>r_\alpha$ 外，一般认为应满足 $|r|\geqslant 0.8$，且回归线的均方误 S_y 不大于均值 $\bar{x}$ 的 $10\%\sim15\%$。

第六节　河流水文情势

地球上各种水体的运动变化情况称为水文情势（简称水情），河流水情主要指河流径流在时程上的变化、洪水与枯水的形成和运动、河流水化学、河流水温与冰情、河流泥沙等。河流水情与人类的生产与生活有着密切的关系，探讨河流水情，揭示其运动变化规律，是河流水文学的重要研究内容。有的内容在本章第二节已有介绍，本节主要介绍河流径流及其变化情势、洪水与枯水的形成与运动规律。

一、正常年径流量及其时间变化

（一）正常年径流量的概念与影响因素

1. 正常年径流量的概念

一年内通过河流某控制断面的水量称为这个断面以上流域的年径流量，简称年径流，可用年平均流量 Q、年径流总量 W、年径流深度 R 及径流模数 M 等表示。受气候、下垫面等因素的影响，天然河流在不同年份的径流量不尽相同，年际间呈丰水、平水、枯水年份交替出现。年径流量的多年平均值称为多年平均年径流量。若以多年平均年径流量 $\bar{Q}$ 表示，则

$$\bar{Q}_n = \frac{1}{n}\sum_{i=1}^{n} Q_i \tag{4-69}$$

式中，Q_i 为历年平均流量；n 为统计年数。

在气候和下垫面条件基本稳定的情况下，随着实测年数 n 的不断增加，当 $n\to\infty$ 时，多年平均年径流量逐渐趋于一个稳定数值，这个稳定的数值称为正常年径流量 Q_0，即

$$Q_0 = \lim_{n\to\infty}\bar{Q}_n \tag{4-70}$$

正常年径流量是年径流量总体的平均值，为多年径流量特征值，表示天然状况下河流或流域蕴藏的水资源数量，代表可以开发利用的河流水资源的最大数量，是水文水利计算中的一个重要理论统计特征值，是地理综合分析和对比不同地区水资源的基本数据。正常年径流量虽然是一个比较稳定的数值，但也不是绝对不变的，因为在大规模的人类活动，如围湖造田、兴建水库、跨流域引水等影响下，改变了流域下垫面的性质，从而改变了天然条件下年径流形成的条件，故正常年径流量又是不稳定的和可以变的。

2. 年径流量的影响因素

在水文水利计算中，研究年径流量的影响因素具有重要意义。通过对影响因素分析研究，可以从物理成因方面探讨径流的变化规律，可以在径流资料短缺时利用径流与有关因素之间的关系推算径流特征值，并可对计算成果分析论证。

研究年径流量的影响因素可从流域水量平衡方程入手。由以年为时段的流域水量平衡方程 $R=P-E+\Delta S+\Delta W$ 可以看出，年径流量 R 的大小主要取决于直接影响因素年降水量 P 和年蒸

发量 E，并受到时段始末的流域蓄水量变化 ΔS 和流域之间交换水量 ΔW 的影响，其中前两项属于流域气候因素，后两项属于下垫面因素。当流域完全闭合时，$\Delta W = 0$，影响因素只有 P、E 和 ΔS 三项；如考虑的是多年平均情况，则影响因素只有降水和蒸发。

降水和蒸发直接影响径流量及其损失，但在不同地区的影响程度不尽相同。在湿润地区，降水量较多，年径流系数较大，年降水量与年径流量之间具有密切关系，说明年降水量对年径流量起决定性作用，而蒸发的作用就相对较小。在干旱地区，降水量少且大部分消耗于蒸发，年径流系数较小，则蒸发对年径流量的作用相对增大。在以冰雪融水补给为主的地区，年径流量还受到气温的影响。

流域下垫面因素包括流域的地质、地貌、水体、土壤、植被及面积等自然地理因素，它们对年径流的作用，一方面表现在流域蓄水能力上，另一方面通过对降水和蒸发等气候条件的改变间接地影响年径流。

人类活动对年径流的影响十分显著，包括直接影响和间接影响两个方面。直接影响如跨流域引水，可使本流域与外流域发生水量交换，直接影响河流的年径流量。间接影响如修建水库、塘堰等水利工程，旱地改水田，坡地改梯田，浅耕改深耕，植树造林等，主要是通过改造下垫面的性质而影响年径流量。一般说来，人类活动的影响都将使蒸发增加，从而使年径流量减少。

（二）正常年径流量的估算

根据掌握的实测资料情况，正常年径流量的估算方法有三种。

1. 资料充足时正常年径流量的估算方法

资料充足是指具有一定代表性的、足够长的实测资料系列。一般来讲，实测资料系列要求 30～40 年或更长，并且要求径流系列包括平水年、特大丰水年、特小枯水年及相对应的丰水年组和枯水年组。只有这样才能客观地反映过去的水文特征，为正确地预估未来水文情势提供可靠的依据。资料充分时，可以认为多年平均年径流量近似等于正常年径流量，即 $Q_0 \approx \overline{Q}_n$，这时可用算术平均法计算多年平均年径流量以代替正常年径流量，用适线法估算不同频率的设计年径流量。

用多年平均径流量代替正常年径流量存在一定的误差，误差大小取决于以下因素：①系列的长短。资料年限 n 越大，误差越小。②年径流量的变差系数的大小。C_v 值大则误差也可能较大。③n 年实测资料对总体的代表性。系列的代表性越好，以多年平均径流量代替正常年径流量的误差就越小。例如，实测资料中枯水年份较多时，计算出的结果就会偏小。

2. 资料不足时正常年径流量的估算方法

当只有短期实测资料（$n<30$ 年）时，其资料长度不能满足规范的要求，直接用年径流量的算术平均值代替正常年径流量的误差可能很大。此时，应设法延长年径流资料系列长度，使其满足资料充足的条件，然后再计算多年平均年径流量。延长年径流量资料系列长度常用相关分析法，其实质是寻求与计算站断面径流有密切关系并有较长观测系列的参证变量，通过计算站断面年径流与其参证变量的相关关系，将计算站断面年径流系列适当地加以延长，以满足规范对系列长度的要求。

常采用的参证变量有计算站断面的水位、上下游测站或邻近河流测站的径流量、流域降水量。参证变量应满足下列条件：①参证变量与计算站断面径流量在成因上有密切关系。当需要借助其他流域资料时，参证流域与研究流域也需具备同一成因的共同基础。②参证变量与计算站断面径流量有较多的同步观测资料。③参证变量的系列较长并有较好的代表性。

利用参证站径流系列延长计算站系列的做法，是利用二者的同步资料系列建立相关关系，利用相关曲线或回归方程和参证站多于计算站的实测资料，插补和延长计算站的资料系列，使其也达到相同的长度。如果参证站与计算站所控制的流域面积相差不大，并且气候和下垫面条件具有较大的相似性，一般可取得良好效果。径流是降水的产物，流域的年径流量与年降水量往往有良好的相关关系，而且各地的降水系列往往比径流系列长，因此降水系列常被用来作为延长径流系列的参证变量。我国南方各省的年径流量与年降水量之间存在着较密切的关系，用年降水量作为参证变量来延长年径流系列，一般可得到好的效果。

3. 缺乏实测资料时正常年径流量的估算方法

在一些中小流域，有时只有零星的径流实测资料且无法延长其系列，甚至完全没有。在这种情况下，其正常年径流量只能利用一些间接方法进行估算，前提是研究地区所在区域有水文特征值的综合分析成果，或水文相似区有径流系列较长的参证站可资利用。

（1）参数等值线图法。水文特征值有年径流量、时段径流量，年降水量、时段降水量、最大一日和三日降水量等，水文特征值的统计参数有均值、C_V 值等，其中某些水文特征值的参数在地区上呈渐变规律，可以绘制参数等值线图。我国已绘制了全国和分省区的水文特征值等值线图，其中年径流深等值线图及 C_V 等值线图，可供中小流域设计年径流量估算时直接采用。

应用等值线图推求区域多年平均年径流量，首先应绘出研究断面以上的流域范围，并定出该范围的形心。当该范围面积较小或等值线分布均匀时，其多年平均年径流量可由通过流域形心的等值线直接确定，或者根据形心附近的两条等值线按比例内插求得；当该范围面积较大或等值线分布不均匀时，则须用每相邻两等值线间的面积按加权平均法来估算。

（2）水文比拟法。水文比拟法就是将参证流域的水文资料移置于研究流域的方法，这种移置以研究流域影响径流的各项因素与参证流域相似为前提，所以，使用该方法最关键的问题在于选择恰当的参证流域。参证流域应具有较长的实测径流系列，其主要影响因素与研究流域相近，要通过历史上旱涝灾情和气候成因分析说明气候条件的一致性，并通过流域查勘及有关地理、地质资料，论证下垫面情况的相似性，流域面积也不宜相差太大。选择到适宜的参证流域后，即可按面积比例将径流系列进行缩放，移置于研究流域。

（三）径流的年际变化

河流径流的年际变化是指径流在多年期间的变化，即不同年份的变化。研究和掌握河流径流的年际变化规律，可为水利工程规划设计提供基本依据，对水文情势的中长期预报、地区自然条件综合分析评价和跨流域调水研究等都十分重要。径流年际变化理想的研究方法应是成因分析，但由于年径流量的时间变化是气候因素和自然地理因素综合作用的产物，而这些影响因素又受许多其他因素的影响和制约，因果关系相当复杂，目前的科学水平尚难完全应用成因分析法可靠地求出其变化规律，同时，各年的径流之间并无显著关系，可认为彼此独立，其变化具有一定的偶然性，因此，只能利用概率论和数理统计的方法研究其统计规律性，也可通过丰水年、平水年、枯水年的周期分析和连丰、连枯变化规律分析等途径，研究河流径流的多年变化情况。

1. 径流年际变化的表示方法

1）年径流量的离差系数

离差系数 C_V 可以表示河流年径流量变化幅度的大小。年径流量的 C_V 值反映年径流量总体系列的离散程度，任一地区或任一河流的 C_V 值大，表示其径流的年际变化大，流量不稳定，丰枯悬殊，不利于水资源的利用，易发生洪涝和干旱灾害；反之，C_V 值小表示年径流量的年际变化小，流量稳定，有利于径流资源的利用，不易形成洪涝灾害。

2）年径流量的年际极值比 K_m

实测的最大年径流量与最小年径流量的比值称为年径流量的年际极值比，亦称绝对比率，即 $K_m=Q_{max}/Q_{min}$，它可粗略反映径流量的年际变化幅度。

2. 径流年际变化的影响因素

径流年际变化的影响因素很多，大致可以分为气候因素、下垫面因素和人类活动三类，其中气候因素的影响最大。这些影响因素在空间上均具有地域分异性，因而径流的离差系数 C_V 也具存在地域差异，在一定范围内可以绘制年径流 C_V 等值线图。对我国年径流离差系数 C_V 等值线图的分析表明，影响我国年径流 C_V 值大小的因素主要有年径流量、径流补给来源、地形因素和流域面积大小等。

年径流变差系数 C_V 值与年径流量呈反比例关系，亦即年径流量大的地区的年径流 C_V 值小，年径流量小的地区的年径流 C_V 值大。我国河流年径流量 C_V 值的分布具有明显的地带性，大致是南方小于北方，沿海小于内陆，山区小于平原，分布趋势与年径流深相反，自东南丰水带的 0.2～0.3 向西北缺水带递增至 0.8～1.0。

河流补给类型对径流 C_V 值有明显的影响，以高山冰雪融水或地下水补给为主的河流的年径流 C_V 值较小，以雨水补给为主的河流的 C_V 值较大。天山、昆仑山、祁连山一带源于冰川融水的河流，年径流 C_V 值仅为 0.1～0.2；地下水补给所占比例较大的黄土高原的河流，年径流量的 C_V 值仅为 0.4～0.5，其中以地下水补给为主的无定河上游的 C_V 值小于 0.2；以降水为主要水源的黄淮海平原的河流，年径流 C_V 值一般在 0.8 以上，局部地区甚至大于 1.0。

地形对河流径流 C_V 值的影响，主要表现为平原和盆地河流的 C_V 值大于相邻高原和高山地区，原因是受地形抬升等作用的影响，高原和高山地区降水多而稳定，年径流 C_V 值较小；而平原和盆地地区的降水相对较少，年径流 C_V 值较大。

小流域面积河流的 C_V 值大于大流域面积的河流，是因为大河的集水面积大，流经不同的自然区域，各支流径流变化情况不一，丰枯年可以相互调节，加之河床切割较深，得到的地下水补给量相对较多，所以 C_V 值较小。例如，长江干流汉口站 C_V 值为 0.13，而淮河蚌埠站的 C_V 值则达 0.63。同理，各大河干流的 C_V 值一般均比两岸支流小。

（四）径流的年内变化

河流径流在一年内的分配也是不均匀的，有的季节、月份水量偏多，有的季节、月份水量偏少。河流径流在一年内不同季节或月份的变化称为径流的年内变化或年内分配、季节分配。径流的年内分配对工农业和生活供水状况、河流通航时间及发电用水情况等均有显著影响，研究意义重大。

1. 径流年内变化的特征值

综合反映河流径流年内分配不均匀程度的特征值很多，常用的是年内分配不均匀系数 C_{vy}

和完全年调节系数 C_r。

1）不均匀系数 C_{vy}

C_{vy} 是一个反映径流分配不均匀性的指标，其计算公式为

$$C_{vy} = \sqrt{\frac{\sum_{i=1}^{12}(\frac{K_i}{\overline{K}}-1)^2}{12}}$$ （4-71）

式中，K_i 为各月径流量占年径流的百分比；$\overline{K}$ 为各月平均日数占全年的百分比，即 $\overline{K}$ =100%/12=8.33%。C_{vy} 越大，表明各月径流量相差越悬殊，年内分配越不均匀，反之亦然。

2）完全年调节系数 C_r

径流年内分配不均，如要得到年内十分均匀的流量过程，通常要建造水库进行调节。如果建造的水库能够把下游的径流调节得十分均匀，即在一年内，无论是在洪水期还是枯水期，水库下游的河流流量是一样的，等于年平均流量，这样的调节称为完全年调节，能够达到完全年调节的最小库容称为完全年调节库容。径流量年内分配情况不同，所需的完全年调节库容也不同。因此，完全年调节库容可以作为反映河流径流年内分配不均匀程度的综合指标。其计算公式为

$$C_r=V/W$$ （4-72）

式中，V 为完全年调节库容；W 为年径流总量。

C_r 指标也可采用多年平均完全年调节系数 C_r^0 的形式，即

$$C_r^0 = \overline{V} / \overline{W}$$ （4-73）

式中，$\overline{V}$ 为完全年调节库容的多年平均值；$\overline{W}$ 为多年平均径流总量。

2. 径流年内分配的计算推求

当具有较长时期实测径流资料时，采用典型年法确定径流年内分配。典型年法亦称时序分配法，即在实测的各年径流资料中，找出一些具有代表性的年份作为典型年，确定典型年的径流年内分配，并以典型年的径流年内分配作为研究对象的径流年内分配。典型年一般在已发生过的实测年份中，选择与丰水年、平水年和枯水年三种研究年（设计年）径流量相近的年份。如果与研究年（设计年）径流量相近的实测年份有多个，则有两种处理方法：第一，取这数个年份径流量年内分配的平均情况作为研究年（设计年）径流量的年内分配；第二，根据工程设计的具体要求，按照最不利原则，选取年内分配最不利的年份作为典型年，以典型年的径流量年内分配作为研究年（设计年）的径流量年内分配，以保证工程安全。

3. 我国河流径流的季节分配

径流的季节分配主要取决于补给水源及其变化，补给条件的变化主要取决于气候因素，随着气候条件的周期性变化，河流径流也发生相应的季节变化。我国东部大部分地区为季风区，河流主要靠降水补给，雨量集中在夏季；西北内陆地区的河流主要靠冰雪融水补给，夏季气温高，冰雪融量大，这就形成我国绝大部分地区是以夏季径流占优势的基本局势，河流径流年内分配不均（表4-1），夏秋多而冬春少，需要通过水利工程手段调节径流，防治洪涝和干旱灾害。

表 4-1 我国主要河流径流量年内分配特征值

河名	站名	季节分配/%				C_{vy}	C_r^0
		冬	春	夏	秋		
松花江	哈尔滨	6.2	16.9	30	37.9	0.688	0.283
永定河	官厅	11.7	22.8	43	22.5	0.670	0.224
黄河	陕县	9.9	15.3	38.1	36.7	0.605	0.270
淮河	蚌埠	8.0	15.4	51.7	24.9	0.838	0.329
长江	大通	10.3	21.2	39.1	29.4	0.462	0.215
珠江	梧州	6.8	18.6	53.5	21.1	0.740	0.330
澜沧江	景洪	10.7	9.9	45.0	34.4	0.712	0.307

冬季是我国大部分河流的枯水季节，径流稀少。受冰冻的影响，北方地区河流的冬季径流量大部分不及全年的 5%，黑龙江省北部和西北沙漠和盆地区的河流不及 2%，黄土高原北部及太行山区以地下水补给为主的河流可达 10%，新疆伊犁河因冬季降水较多亦可达 10%。南方地区冬季降水相对较多，冬季径流量占全年总量的比例一般可达 6%～8%，但也仅有少数地区的河流冬季径流量大于全年的 10%，台湾地区可达 15%，其中台北更高，达 25%。

春季是我国河流径流普遍增多的时期，但各地河流增水程度相差悬殊。东北、新疆阿尔泰山区因融雪和积冰解冻而形成显著的春汛，春季径流量一般可占全年的 20%～25%。内蒙古锡林郭勒地区冬季积雪较多，可占全年的 30%～40%，高于夏季，为一年中径流最为丰富的季节。江南丘陵地区因雨季开始，径流迅速增加，可占全年的 40% 左右。西南地区因受西南季风的影响，春季径流量较少，一般只占全年的 5%～10%，常形成春旱。华北地区一般在 10% 以下，春旱现象普遍。

夏季是我国大部分地区的多雨季节，也是冰川积雪融量最大的季节，河流径流量最为丰沛，全部进入汛期，洪水灾害多发。受东南季风的影响，南方地区河流夏季径流量一般可达全年的 40%～50%。受西南季风影响，西南地区河流夏季径流量占全年总量的比例如下：云贵高原达 50%～60%，四川盆地高达 60%，青藏高原更高达 60%～70%。北方地区夏季雨量集中，径流量可占全年总量的 50% 以上，其中华北和内蒙古中西部高达 60%～70%。西北地区高山冰雪大量融化，夏季径流量可占全年总量的 60%～70%。

秋季是我国河流径流普遍减退的平水季节，全国大部分地区河流径流量占全年总量的比例为 20%～30%。海南岛可达 50%，为全国最高的地区，秋季为全年径流最多的季节。秦岭山地及其以南地区可达 40%，所占比例亦较高。江南丘陵仅 10%～15%，有秋旱现象。

二、洪水与枯水

洪水与枯水均是河流的极值径流现象，是河流径流两个十分重要的特征值，是水文学的研究重点之一。

（一）洪水

1. 洪水概念与分类
目前对洪水的定义还不统一，通常把洪水定义为由大量降雨、冰雪融化及水库溃坝等引起的水位突发性上涨的大水流，其特征是水体水位的突发性上涨，超过正常水位，淹没平时干燥的陆地，常会使沿岸地区遭受洪涝灾害。自古以来洪水给人类带来了巨大灾难，我国各河流均有洪水灾害的记载，如河南"75·8"大暴雨所造成的特大洪水史所罕见。因此，研究洪水的形成和运动规律，对防洪、抗洪非常重要。

洪水按出现地区的不同，大致可分为河流洪水、海岸洪水（如风暴潮、海啸等）和湖泊洪水等。河流洪水按照成因可进一步分为暴雨洪水（雨洪）、融雪洪水（雪洪）、溃坝洪水和冰凌洪水等，其中暴雨洪水是大多数河流的主要洪水类型。根据洪水的来源，可将其分为上游演进洪水和当地洪水两类。上游演进洪水是指由上游径流量增大，使洪水自上而下推进，洪峰从上游传播到下游而形成的洪水，上、下游洪水发生的时间有一段间隔。当地洪水是指由当地大量降水等原因引起地表径流大量汇聚河槽而形成的洪水。

2. 洪水的影响因素

世界上大多数河流的洪水为暴雨洪水和融雪洪水，全球暴雨洪水量值最高的地区主要分布在北半球中纬度地带，我国绝大多数河流的洪水是由暴雨所形成。流域的暴雨特性、流域特性、河槽特性和人类活动等因素，对洪水大小及其性质都有直接影响。暴雨特性包括暴雨强度、暴雨持续时间和空间分布等，尤其暴雨中心移动路线和笼罩面积，对洪水有着巨大的影响。例如，暴雨中心向下游移动，雨洪同步，常造成灾害性大洪水。流域特性包括流域面积、形状、坡度、河网密度及湖沼率、土壤、植被和地质条件等。又如，流域面积大的流域，暴雨常是局地性的，大面积连续降水是造成洪水的主要原因；而对小流域，暴雨笼罩整个流域的机会多，易于形成洪水。河槽特性包括河槽断面、河槽坡度、糙率等，是河网调蓄能力的决定因素。人类活动包括修建蓄水工程、植树造林、水土保持等措施。例如，修建蓄水工程可拦蓄部分洪水，削减洪峰。

3. 洪水特性的表示方法

洪水强度通常用洪峰流量（洪峰水位）、洪水总量、洪水总历时等指标来描述，统称为洪水三要素（图4-35），它们的有关数据是水利工程设计的重要依据。一次洪水过程中的最大流量称为洪峰流量 Q_m，洪水流量过程线与横坐标所包围的面积为洪水总量 W，洪水流量过程线的底宽即为洪水总历时 T。在水利工程的设计中，水工建筑物能够抗御的最大洪水称为设计洪水。通常所说某水库是按百年一遇洪水设计，就是指该水库所能够抗御重现期为百年的洪水，"百年一遇"即为该水库的设计标准。设计标准是根据水工建筑物的规模和重要性而定的，设计标准越高，水利工程抵御洪水的能力就越强，越安全，但是造价也越高。在科学研究和工程实践中，除洪水三要素指标外，还常常用洪水水深、洪水淹没范围、洪水淹没历时、洪水重现期和洪水等级等指标来描述洪水强度。

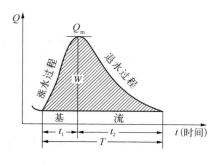

图4-35　洪水要素示意图

4. 洪水波

1）洪水波的概念

在无大量地表径流汇入，即无洪水发生前，河槽中的水流属于稳定流，纵向水面线基本上与河床平行，河水等速下移。当流域上发生暴雨或大量融雪后，地表径流不断注入，河槽中的水位急剧上涨，流速和流量急剧增加，原来稳定的水面受到干扰而形成波动。洪峰过后，河槽水位不断下降，流速和流量逐渐减小。在这一过程中，在河槽纵剖面上形成洪水波，并向下游传播（图 4-36）。这种由于地表径流大量汇入而导致的河流水面不稳定波动称为洪水波。洪水波与波

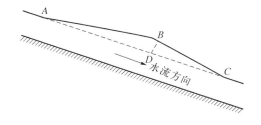

图 4-36 洪水波要素示意图

浪不同，它不仅沿河槽有波形的传播，而且随着波形的移动水质点也做实质性的运动。

洪水波发生时，洪水波稳定水面以上涌入的水量称为洪水波流量或波流量，它构成了洪水波的波体。初始稳定流水面上的附加水体称为洪水波的波体（图 4-36 中 $ABCDA$）。波体轮廓线上任一点相对于稳定流水面的高度称为洪水波的波高，其中最大波高称波峰[图 4-36 中 BD]，波峰的前部称波前，后部称波后。波体与稳定流水面交界面的长度称洪水波的波长（图 4-36 中 AC）。在洪水波前进的方向上，洪水波的波长通常为波高的数千倍甚至上万倍，故洪水波属于长波，其纵剖面瞬时曲率变化极微。洪水波水面相对于稳定流水面的比降称附加比降 i_Δ，可近似地用洪水波水面比降 i 与稳定流水面比降 i_0 的差值表示，即 $i_\Delta \approx i - i_0$。洪水波的附加比降可正可负。当河槽水流为稳定流时，$i_\Delta = 0$；在涨洪段或涨洪时，波前 $i_\Delta > 0$；在落洪段或落洪时，波后 $i_\Delta < 0$。天然河道洪水波的附加比降约在万分之一以下，但因稳定流情况下的比降一般在千分之一左右，所以 i_Δ / i_0 的值可达百分之几或十几，因此附加比降的作用不能忽略。附加比降是洪水波的主要特征之一，这一特征使洪水波在运动过程中发生一系列变化。

2）洪水波的传播与变形

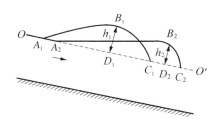

图 4-37 洪水波传播与变形过程示意图

洪水波在传播过程中，由于水面附加比降 i_Δ 的存在，波前段和波后段的比降、水深各不相同，加之河槽的调蓄作用，使洪水波不断发生变形。图 4-37 是棱柱形河道中洪水波向下游传播的示意图，图中 OO' 线为行洪前稳定流的水面。洪水波自 t_1 时的 $A_1B_1C_1$ 传到 t_2 时的 $A_2B_2C_2$ 位置时，由波前 BC 的比降大于波后 AB，即波前水体运动速度大于波后，因此波长相对增大，波高则逐渐减小，即 $A_1C_1 < A_2C_2$，$h_1 > h_2$，这种现象称为洪水波的展开或坦化。又由于洪水波各处水深不同，波峰 B 点水深最大，其运动速度大于洪水波上任何一点，因而在洪水波传播过程中，波前长度逐渐减小，$B_1C_1 > B_2C_2$，比降不断增大，波峰位置不断超前，而波后长度逐渐拉开，$A_1B_1 < A_2B_2$，比降逐渐平缓，这种现象称洪水波的扭曲。洪水波的变形就是指洪水波的展开和扭曲，二者是同时产生的，其主要原因是水面存在着附加比降。洪水波变形的结果是波前越来越短，波后越来越长，波峰不断减低，波形不断变得平缓，波前水量不断向波后转移。在天然河道中，如果河道断面边界

条件存在差异或河段区间内有入流，它们对洪水波变形都有显著影响，则洪水波变形的情况更为复杂。

3）洪水波的特征值

洪水峰的特征值有最大流量（洪峰流量）、最高水位（洪峰水位）、最大流速和最大比降，在一次洪峰水过程中，它们并不在同一时刻出现，而是有先有后。通常，在无支流汇入的平整河段中，仅有单一洪水波时，在任意断面上各最大值出现的顺序依次为：最大比降、最大流速、最大流量、最高水位。

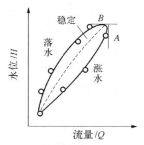

图 4-38　绳套形水位-流量关系图

水流为稳定流时，水位与流量之间可以是单值关系。在洪水波传播过程中，这种单值关系被破坏，形成较复杂的多值关系。在行洪时，由于涨洪的附加比降 $i_\Delta > 0$，水面比降越大，断面平均流速也越大，故水位相同的情况下，涨水段的流量必大于稳定流时的流量，导致涨水段的水位流量关系曲线偏于稳定流时的右方。相反，退洪的附加比降 $i_\Delta < 0$，在水位相同的情况下，退水段的流量小于稳定流时的流量，形成了退水段的水位流量关系曲线偏于稳定流时的左方。这样，一次洪水过程线便形成了逆时针的绳套关系曲线（图 4-38）。该图实线表示上述绳套关系，虚线表示单值关系，图中 A 点为最大流量点，B 点为最高水位点。可见，在洪水过程中，水位最高时流量不一定是最大值，流量最大时不一定水位最高。因此，在应用洪水资料和分析水位流量关系时要注意这个概念。

5. 洪峰流量的推求

洪峰流量的推求是港口建设、给水排水、道路桥梁和河流开发经常遇到的水文问题。尤其是中小流域的洪水计算，一般多缺乏实测资料，而小流域洪峰流量突出地受到流域自然地理因素的影响，流域面积小，汇流时间短，洪水陡涨陡落，故一般用洪峰流量与有关影响因素（主要是降雨和流域特征）之间的经验关系，建立经验的或半理论半经验的公式，来推求洪峰流量。

1）根据洪水观测资料推求给定频率的洪峰流量

如果河流某断面有年限较长（20 年以上）的实测资料，从中挑选一个最大的洪峰流量，或选择每年洪水记录中所有超过某一标准定量的洪峰流量进行频率计算，从而求得所需频率的洪峰流量。

2）利用区域经验公式推求洪峰流量

现有的经验公式很多，其基本形式是

$$Q_m = CF^n \tag{4-74}$$

式中，Q_m 为洪峰流量；F 为流域面积；C 为随自然地理条件和频率而变的系数；n 为流域面积指数，一般取 1/2、3/4 或 1。

3）利用理论公式推求洪峰流量

洪水理论认为，流域上的平均产流强度（单位时间的产流量）与一定面积的乘积即为出口断面的流量，当这个乘积达到最大值时，即出现洪峰流量。由于对暴雨、产流和汇流的处理方式不同，就形成了不同形式的推理公式。此类公式的种类很多，大多是通过成因推理分析与经验相关分析相结合而建立的关系式，主要用于小流域的洪峰流量计算，故又被称为小流域推理公式。

中国水利水电科学研究院通过对暴雨的研究，并考虑到等流时线的概念，建立了如下的半理论半经验公式

$$Q_{\mathrm{m}} = 0.278\varphi\frac{S}{\tau_n}F \tag{4-75}$$

式中，Q_{m} 为洪峰流量；φ 为洪峰径流系数，即汇流时间 τ 内最大降雨 H 与其所产生的径流深 h 之比值；F 为流域面积；0.278 为单位换算系数；S 为雨力（雨强），与暴雨的频率有关，一般可由最大 24h 设计暴雨量按 $S_P=H_{24P}\times24^{n-1}$ 计算而得，有的地区直接绘有 S_P 等值线图备查；n 为暴雨衰减指数，表示一次暴雨过程中各种时段的平均暴雨强度随着时段的加长而减小的指标。当推求小于 1 h 的时段平均暴雨强度时，$n=n_1$，约为 0.5；当推求大于 1 h 而小于 24 h 的时段平均暴雨强度时，$n=n_2$，约为 0.7。各省区有 n 的等值线图或地区综合成果供选用。可以看出，式（4-75）中的 S/τ_n 即为最大 τ 时段的平均暴雨强度，即 $H_2/\tau=S/\tau_n$，并称为暴雨强度公式。此式适用于面积 500 km^2 以下的流域。

（二）枯水

1. 枯水的形成

枯水是指长期无雨或少雨，缺少地表径流，河槽水位下降，出现较小流量甚至枯竭的现象。枯水对国民经济多个部门都有很大影响，在枯季河道航运、水电站发电、农业灌溉、工业及城市供水等研究中意义重大。

一般将月平均水量≤全年水量 5%的月份算作枯水期。枯水期的河流径流又称枯水径流，枯水期的河流流量主要由汛末滞留在流域中的蓄水量的消退而形成，其次来源于枯季降雨。流域蓄水量包括地面蓄水量和地下蓄水量两部分：①地面蓄水量存在于地面洼地、河网、水库、湖泊和沼泽之中；②地下蓄水量存在于土壤孔隙、岩石裂隙、溶隙和层间含水带之中。由于地下蓄水量的消退比地面蓄水量慢得多，故长期无雨后河中水量几乎全由地下水补给。

枯水期的起止时间和历时取决于河流的补给情况。在中国，以雨水补给的南方河流，由于每年冬季降雨量很少，所以河流在每年冬季经历一次枯水阶段；以雨雪混合补给的北方河流，每年可能经历两次枯水径流阶段，一次在冬季，主要因降水量少，全靠流域蓄水补给；一次在春末夏初，因积雪已全部融化，并由河网泄出，而夏季雨季尚未来临。每条河流的枯水具体经历时间取决于河流流域的气候条件及补给方式。

2. 枯水径流的影响因素

河流的枯水径流过程，实质上就是流域蓄水量的消退过程，因此影响枯水径流的因素和影响流域蓄水量的因素是密切相关的。

流域蓄水量对枯水的有着很大的影响。决定流域蓄水量的因素很多，主要有枯水前期的降水量、流域地质、土壤性质及湖沼率、植被覆盖率等。前期降水量大、渗入地下的水量多，地下蓄水量就多；反之，地下蓄水量少，补给枯水径流就少。流域土壤若为砂质则多孔隙、岩层如多裂隙、断层，则能使枯水前期降水大量入渗而储存；含水层如多而厚，则层间水多、地下水储量也大，这都直接影响枯水径流的大小与过程。流域内湖泊率、植被率大的河流，

枯水径流一般也较大，且变幅小而稳定。

河流的大小及发育程度也对枯水径流有显著影响。大河的流域面积大，地面、地下蓄水量也较大，同时大河水量越丰富，水流的能量就越大，河床下切的深度也就越大，河流切割的含水层越多，得到层间水的层次和水量也越多，因而获得地下水补给的范围也就越广，故大河的枯水径流比小河丰沛而稳定。有的小河切不到含水层，只有包气带的水作为枯水径流的补给，因而枯水径流很小且变幅大，有时甚至断流。河网充分发育的河流受到地下水露头补给的机会多，故枯水径流也较丰沛。当然，河网密度的大小与水量补给的多少是有密切关系的，水量越丰沛，河网密度也越大，二者是相辅相成的。

3. 枯水的消退规律

枯水径流的消退主要是由流域蓄水量的消退形成的，其消退规律与地下水消退规律类似。在最简单的情况下，可以认为流域蓄水量 W 与出水流量 Q 间存在线性关系，即

$$W=kQ \tag{4-76}$$

式中，k 为系数。

当无补给时，流域蓄水量和出流量之间存在着下列平衡关系

$$\frac{\mathrm{d}W}{\mathrm{d}t}=-Q \tag{4-77}$$

对式（3-76）微分：$\mathrm{d}W=k\mathrm{d}Q$，代入式（4-77）可得

$$K\mathrm{d}Q=-Q\mathrm{d}t \tag{4-78}$$

或

$$\frac{\mathrm{d}Q}{Q}=-\frac{1}{K}\mathrm{d}t \tag{4-79}$$

积分可得

$$Q_t=Q_0\mathrm{e}^{-\frac{1}{K}t} \tag{4-80}$$

令 $1/K=\alpha$，则

$$Q_t=Q_0\mathrm{e}^{-\alpha t} \tag{4-81}$$

式中，Q_t 为退水开始后 t 时刻的地下水出流量；Q_0 为开始退水时地下水出流量；α 是反映枯水径流消退规律的参数。式（4-81）反映了流域蓄水量补给枯水径流的汇流特性。当流域蓄水量大时出现径流大，相应的流速也大，α 值也较大，流域退水快。α 值随水源比例不同而变，地面补给大的 α 值大，地面补给小的则退水慢，α 值小。并且 α 值对某一流域不是一个固定值，所以在分析枯水径流时常取 α 的平均值。

复习思考题

1.河流各河段有何特征，如何确定河源？

2.扇状、羽状和树枝状水系各有何特征？

3.流域有哪些特征？流域面积、形状、高度对河流水情有何影响？

4.河道流速分布有何特征？水位与流量有何关系？

5.各种补给类型的河流有何水文特征？

6.从产生地区、产流条件和产流因素等方面比较蓄满产流与超渗产流。

7.何谓等流时线和单位线？简述等流时线法和单位线法汇流计算的方法步骤。

8.什么是重现期？它与频率有何关系？

9.简述适线法的方法与步骤。

10.如何分析两变量是否存在相关关系？怎样进行相关分析？

11.什么是正常年径流量？试述正常年径流量的推求方法。

12.什么是径流年际变化和年内变化？简述径流年际变化的表示方法和影响因素。

13.什么是洪水和枯水？简述影响洪水和枯水的影响因素。

14.什么是洪水波？洪水波在传播中是怎样变形的？

主要参考文献

邓绶林. 1985. 普通水文学. 2 版. 北京: 高等教育出版社.

丁兰璋, 赵秉栋. 1987. 水文学与水资源基础. 开封: 河南大学出版社.

胡方荣, 侯宇光. 1988. 水文学原理(一). 北京: 水利电力出版社.

黄锡荃. 1993. 水文学. 北京: 高等教育出版社.

南京大学地理系, 中山大学地理系. 1979. 普通水文学. 北京: 人民教育出版社.

天津师范大学地理系. 1986. 水文学与水资源概论. 武汉: 华中师范大学出版社.

伍光和, 田连恕, 胡双熙, 等. 2000. 自然地理学. 3 版. 北京: 高等教育出版社.

叶守泽. 2001. 水文水利计算. 北京: 中国水利水电出版社.

于维忠. 1988. 水文学原理(二). 北京: 水利电力出版社.

詹道江, 叶守泽. 2000. 工程水文学. 3 版. 北京: 中国水利水电出版社.

《中国自然地理》编委会. 1981. 中国自然地理(地表水). 北京: 科学出版社.

第五章 湖泊、沼泽和冰川

第一节 湖 泊

一、湖泊概述

（一）湖泊的概念与分布

湖泊是陆地上具有一定规模、一定深度、较为封闭的积水洼地，是湖盆、湖水和水中物质相互作用的自然综合体。湖水是陆地水的组成部分，是湿地的重要类型。湖泊具有调蓄水量、供给水源、灌溉、航运、发展旅游和调节气候等功能，并蕴藏丰富的矿物资源。

全球湖水总量约为 17.64 万 km^3，湖泊面积约为 206.87 万 km^2，占陆地总面积的 1.8%。世界各大陆都有湖泊分布，但空间分布不均，最为集中的地区是古冰川作用地区，如芬兰、瑞典、加拿大和美国的北部。

我国也是一个多湖泊的国家，湖泊主要分布在青藏高原和东部平原地区，其中长江中下游平原、淮河下游地区是我国淡水湖的集中分布区。我国面积在 1 km^2 以上的天然湖泊有 2800 余个，总面积约为 8 万 km^2，其中淡水湖泊面积约为 3.6 万 km^2，占湖泊总面积的 45% 左右。我国不同地区对湖泊的称谓不尽相同，各地民族语言的译音和习惯称谓共有 30 余种。太湖流域一般称荡、漾、塘；松辽地区称泡或咸泡子；内蒙古称诺尔、淖或海子；新疆称库尔或库勒；西藏称错或茶卡。西藏中部的纳木错湖面海拔 4718m，是世界上海拔最高的咸水湖。海拔 4650m 的措那湖，是世界海拔最高的淡水湖。

湖泊的大小、深浅是由湖盆的大小、深浅及湖水量的收支决定的，各个湖泊之间的差异很大。世界上最大的咸水湖是里海，面积为 386428km^2，最大的淡水湖是苏必利尔湖，面积约为 8.2 万 km^2，世界最深的湖是贝加尔湖，平均深度 730m。

（二）湖泊分类

1. 按湖盆成因的分类

陆地上蓄水洼地的成因多种多样，以内力作用为主形成的湖泊主要有构造湖、火口湖、堰塞湖等，以外力作用为主形成的湖泊主要有河成湖、风成湖、冰成湖、海成湖、溶蚀湖等。

构造湖是指由地壳构造运动，如断裂、断层、地堑等产生的凹陷积水而形成的湖泊，特点是湖岸平直陡峻、深度大。典型的构造湖有亚洲的贝加尔湖、非洲的坦噶尼喀湖；我国云南的洱海、内蒙古的呼伦湖、新疆的博斯腾湖等。

火口湖是指火山喷发停止以后火山口积水而形成的湖泊。湖泊的轮廓由火山口决定，一般较圆，面积不大，深度较深。典型的火口湖如吉林省东南部中朝边境上的长白山天池。

堰塞湖是指由火山喷出物，地震、山崩、泥石流、冰川等崩塌物堵塞河道而形成的湖泊。堰塞湖有熔岩堰塞湖和山崩堰塞湖两类，前者由火山喷发的熔岩流拦截河流而形成，如镜泊湖、五大连池等；后者由地震、冰川和泥石流引起的山崩滑坡物质堵塞河床而成，如藏东南的易贡错、然乌错等，一般持续时间不长，崩塌物易被上涨的河水冲刷而决口，恢复原有河道。

河成湖是指由于河流改道、截弯取直、淤积等使原河段脱离河流而形成的湖泊，其特点是一般与原有河流有一定的联系，水深较浅。由河流截弯取直形成的湖泊形似牛轭，又称牛轭湖。例如，洪泽湖是由于淮河河道淤塞增高，逐步淤积而成的湖泊；江汉平原的湖群和河北洼定湖也是河成湖。

风成湖是指荒漠地区由风的吹蚀作用而形成的湖泊，其特点是湖水较浅，面积大小不一，如内蒙古地区的一些湖泊。

冰成湖是指由冰川的刨蚀或冰渍作用而形成的湖泊，分布在古代冰川和现代冰川作用的地区。其特点是大小不一，形态各异，常成群分布。如格林兰冰盖边缘的湖泊，芬兰、瑞典、北美及我国西藏地区的湖泊。

海成湖是指由于沿岸海流的沉积作用，沙嘴、沙洲等不断伸展，最后封闭海湾形成的湖泊，又称潟湖，如我国的西湖。

溶蚀湖是指石灰岩、白云岩、石膏等可溶性岩石被地下水或地表水溶蚀而形成的湖泊，特点是外形多呈圆形或椭圆形，湖水一般较浅，如贵州的草海和云南的纳帕海。

2. 按湖泊的补排情况分类

按湖泊的水源补给条件，湖泊可分为有源湖和无源湖两类。有源湖是指有地表水补给的湖泊，如鄱阳湖、太湖等；无源湖是指主要靠大气降水来补给的湖泊，如长白山天池。

按湖泊的排泄条件，可分为吞吐湖和闭口湖。吞吐湖是既有河水流入又有河水流出的湖泊，如洞庭湖；闭口湖是指没有水流从湖中排出的湖泊，如罗布泊。

按湖泊水分与海洋有无直接补排关系，可分为外流湖和内陆湖。外流湖是指湖水能通过河流最终流入海洋的湖泊；内陆湖是指与海洋隔绝的湖泊。

3. 按湖水矿化度分类

按湖水矿化度的高低，湖泊可分为淡水湖（＜1g/L）、咸水湖（1～35g/L）和盐湖（＞35g/L）。淡水湖多为外流湖，因湖水不断交换，水中的矿化物不易积累。咸水湖及盐湖多为内陆湖，湖水只有流进而没有流出，蒸发使矿化物积累，湖水的矿化度越来越高。

4. 按湖水营养物质分类

按湖泊中植物营养物氮、磷含量的多少，湖泊可分为贫营养湖、中营养湖和富营养湖三大基本类型。贫营养湖多分布在贫瘠的高原和山区，富营养湖多分布在肥沃的平原上。在自然过程中，湖泊能从贫营养湖开始，逐渐演化成富营养湖，直至消亡。人类生产、生活活动能极大地加快湖泊的富营养化进程，加速湖泊的消亡过程。太湖、巢湖是富营养湖。

此外，按湖水存在时间长短，湖泊还可分为间歇湖、常年湖；按分布的自然地理地带，湖泊还可分为热带湖、温带湖和极地湖。

二、湖水的性质

（一）湖水的物理性质

在湖水的物理性质中，最主要的是温度，其次是透明度和水色。

1. 湖水温度

湖水温度简称湖温，它的高低将会影响生物的新陈代谢和物质的分解，决定湖泊的生产力，直接制约湖泊的水面蒸发，从而影响湖泊与大气的物质交换，以及影响局地小气候，特别是湖陆风的形成和强弱。湖温的变化，造成湖水密度的改变，进而形成湖泊中的密度流。

1）影响湖温变化的因素

湖温的变化取决于湖泊热量的收支状态，当湖水热量来源大于散失时，湖温上升；当湖水热量来源小于散失时，湖温降低，湖温低于0℃时，湖泊可能出现冰情或冰冻。

湖水热量来源于太阳辐射能、空气的乱流热交换、水汽凝结潜热和湖底的热量（包括有机物分解产生的热能）。太阳辐射能是湖水热量的主要源泉，在湖面吸收的总热量中，来自太阳辐射能的热量占90%以上。大部分太阳辐射能用于提高表层水温，据观测得知，湖水表层1m深可吸收80%左右的太阳辐射能，且大部分能量被靠近水面20cm的水层所吸收，只有5%左右的太阳辐射能可到达5m深，1%的能量能达到10m深。而湖泊深处的热量交换，主要是通过水体的涡动和对流混合进行的。到达湖面的太阳辐射能与湖泊所处的地理纬度密切相关，一般而言随着纬度的增加而降低。湖泊热量散失的方式主要有湖面的长波辐射、湖水蒸发，以及当湖温高于气温时，由对流和紊动引起的热量损失。

2）湖温的分布

湖泊的表层湖水吸收太阳辐射能升温，在湖水对流和紊动作用下，表层水吸收的热量向湖水的深处传递，使下层湖水升温，但是这种向下传递热量是有一定限度的。一般水深小于10m的浅湖，全湖水温都能受到太阳辐射能的直接影响而使水温发生变化；水深大于10m的湖泊，深水处的水温通常不受上层水温的影响而保持一定的低温（4～8℃）。对于深水湖泊，当表层湖水的热量传递到一定深度，不再或很少向下传递时，水温由高急剧下降到下层较低温度，形成一个突变层，称为温跃层。温跃层的位置取决于表面水层增温程度和风力，一般温跃层在水面以下4～20m。

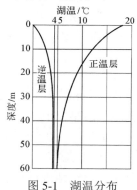

图 5-1　湖温分布

湖温在垂直方向上的分布主要有三种情况（图5-1）。当湖温随着深度的增加而降低时，将出现上层水温高，下层水温低的情况，但不低于4℃，这样的水温垂直分布称为正温层；当湖温随着深度的增加而增加时，将出现上层水温低，下层水温高，但不高于4℃，这样的水温垂直分布称为逆温层；当湖温不随着深度的变化，上下层水温一致时，称为同温层。

热带湖温常年在4℃以上，温度分布始终为正温层。温带湖泊随季节不同湖温分布有差异，夏季为正温层，冬季为逆温层，春秋季为同温层。高山和极地湖泊的水温常年低于4℃，温度分布多为逆温层。

3）湖温的变化

湖泊水体热量收支有日变化和年变化，因此湖温也具有日变化和年变化的特点。湖温的日变化以表层最明显，随深度的增加日变化幅度逐渐减小。一般表层水温最高出现在14～20时，最低出现在5～8时。由于水的热容量大于空气，最高水温和最低水温与气温相比，滞后1～3h。湖温的日变化幅度随季节不同而变化，夏季比冬季大，春秋两季介于夏冬之间。水温日变化幅度在阴天和晴天的差别也较大（图5-2）。

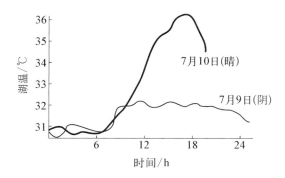

图 5-2　太湖表层水温日变化

　　湖水在不同的季节接收的太阳辐射能是不相同的，因而湖温在不同的季节是有变化的（图 5-3）。湖温变化与当地气温年变化相似，但最高、最低水温出现的时间要迟半个月至一个月。水温月平均最高值多出现在 7～8 月，月平均最低多出现在 1～2 月。湖温由于受冰点控制，其年内变幅均小于湖泊所在地区的气温变幅，且大湖较小湖温度变幅小。

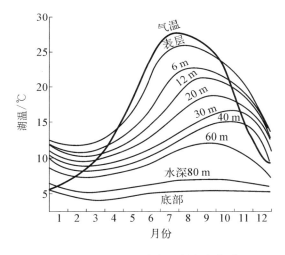

图 5-3　湖泊不同深度水温的年变化过程

2. 透明度

　　透明度是指光线透过湖水的程度。通常把透明度板（直径为 30cm 的白色圆盘）放到湖水中，以人眼能见的深度表示。湖水透明度与湖水的污染状况、湖水中的悬浮物质和浮游生物等有关，也与水面波动、天气状况、太阳高度等外部条件相关。湖水污染越严重、悬浮物质越多，对光的散射和吸收则越强，湖水透明度也就越小；浮游生物越多，透明度也越小；太阳高度角越大，射入湖中的光量越多，透明度越大，反之则小。有风浪时，浅水湖泊风浪可作用至湖底，使湖泊底质二次悬浮，增加湖水中的悬浮物，湖水的透明度会明显下降。我国透明度最大的湖泊是西藏阿里地区的玛法木错湖，湖心透明度达 14m。

　　透明度在不同湖泊之间存在显著的差异性，一般而言，山区深湖较平原区浅湖透明度大；同一湖泊，深处较浅处透明度大。同一湖泊透明度的空间分布还受到入湖径流含沙量及湖内浮游生物和水生高等植物发育与分布的影响，入湖径流含沙量高、浮游生物多的区域，透明度低，反之则高；水生植物发育区透明度高。例如，太湖中的东太湖，水生植物发育，湖水透明度平均为 0.7～1.3m，比湖心区的 0.45～0.55 m 约高出一倍。

湖水的透明度有日变化和年变化。日变化与太阳高度、悬浮物、浮游生物和风浪等因素有关。例如，太湖东部中午透明度为 0.7m，而早晨透明度仅为 0.5 m。透明度的年变化，一般与入湖的径流、悬移质泥沙和浮游生物繁殖程度等有关。例如，鄱阳湖透明度随入湖悬浮物的增加而降低，在 4～5 月最低，约为 0.4 m；7～8 月入湖悬浮物最少，透明度最大，平均透明度为 0.8 m，最大可达 3.5 m。

3. 水色

湖泊的水色取决于湖水对光线的选择吸收和选择散射。纯水是无色的，水体对太阳光谱中的红、橙、黄光容易吸收，而对蓝、绿、青光散射最强，因此，在太阳光下纯水多呈蓝色和浅蓝色。湖水的水色是由水体的光学性质及水中悬浮物质、浮游生物、离子含量、腐殖质的颜色所决定的，也与天空状况、水体底质的颜色有关。当湖中悬浮质增多时，水呈蓝绿色或绿色，甚至呈黄色或褐色；当含有较多钙盐、铁盐、镁盐时，常呈黄绿色；当含有较多腐殖质时，呈褐色或带有铁锈色。

湖水一般呈浅蓝、青蓝、黄绿或黄褐色，一般采用位于透明度 1/2 深处，在透明度板上人眼所见的湖水颜色，并用水色计 1 号（浅蓝）至 21 号（棕色）的号码来表示，即水色号越高，湖水的颜色越深；反之，水色号越低，湖水的颜色越浅。湖泊水色与透明度关系密切，水色号越低，透明度越高；水色号越高则透明度越低。湖水空间物理性质的差异，如悬移质、浮游动植物的含量，以及湖泊水体受污染程度等，均可造成同一湖泊不同湖区湖水水色的差异。由于受入湖径流泥沙的丰枯水期变化、浮游生物生长的季节变化及水生高等生物季相更替等因素影响，湖水水色具有明显的年内变化。例如，太湖湖水水色冬季为 13～20 号，夏季为 10～17 号，春秋为 13～19 号。

（二）湖水的化学成分

湖水化学性质的主要指标是矿化度，又称含盐量，反映单位湖泊水体中所含盐量的多寡。一般将 HCO_3^-、CO_3^{2-}、SO_4^{2-}、Cl^-、Ca^{2+}、Na^+、K^+、Mg^{2+} 八大离子含量之和作为湖泊水体的矿化度。

湖泊是陆地表面天然洼陷中流动缓慢的水体。湖泊的形态和规模、吞吐状况、湖泊流域的水文和气候条件、风化地壳、土壤性质等对湖水的化学成分和矿化度都有直接和间接的影响，造成了湖水化学成分及其动态变化的特殊性，不同的湖泊具有不同的化学成分和矿化度。湖水化学成分和海水化学成分不同，其主要离子之间，并不保持一定的比例关系；湖水与河水、地下水的化学成分也不同，湖水化学成分变化常有生物作用参加。不同湖泊主要离子含量与比例常不相同；同一湖泊不同湖区也不相同。大型湖泊，影响湖水化学成分及矿化度的因子较多，过程复杂，湖区各部分的化学性质和含盐量有显著的差异；小型湖泊，情况比较单一，全湖的化学性质也较一致。此外，浅湖与深湖化学成分也有差别。随着水深的增加，溶解氧的含量降低，CO_2 的含量增加；在湖水停滞区域，会形成局部还原环境，以致湖水中游离氧消失，出现 H_2S、CH_4 类气体。

气候条件不同地区的湖泊，湖泊矿化度差异很大。年降水量大于年蒸发量的湿润地区，湖泊多为吞吐湖，水流交替条件好，湖水矿化度低，为淡水湖。湖面年蒸发量远大于年降水量的干旱地区，内陆湖的入湖径流全部耗于蒸发，导致湖水中盐分积累，矿化度增大，形成咸水湖或盐湖。

三、湖泊水文特征

（一）湖水运动

湖水运动是湖泊最重要的水文现象之一。湖泊虽属流动缓慢的水体，但是，在风力、重力和密度梯度力等的作用下，湖水总是处在不断的运动之中。它对湖盆形态的演变、湖中泥沙运动、湖水的物理性质、化学成分和水生生物的活动等都有重大意义。

1. 湖水混合

湖水混合是湖中的水团或水分子，从某一位置移到另一位置，相互交换的现象。湖水的混合方式有紊动混合和对流混合，紊动混合也称紊动扩散，是由风力和水力坡度力作用引起的；对流混合也称对流扩散，主要是湖水密度差引起的。

湖水混合的结果，使湖水的理化性状在垂直及水平方向上均趋于均匀。湖水表层吸收的热量和其他理化特性可被传送到湖泊深处，同时把湖底的二氧化碳、溶解的营养物质上升到湖水的表面，从而有利于生物的生长。

湖水发生混合的倾向性与湖水密度沿垂直方向的分布和变化有关。湖水密度沿垂直方向差值越大，对湖水混合的阻力也就越大，这种阻力称为湖水的垂直稳定度。当湖水密度随深度的增加而变大时，湖水较稳定，不易混合；反之，湖水不稳定，容易混合。

2. 波浪

波浪是湖水水质点在外力作用下产生的周期性起伏运动。波浪出现时，高低起伏的波形向前传播，但水质点并不向前传播。

湖泊中的波浪主要是由风力作用形成的，故又称风浪。波浪的产生与停止主要取决于风速、风向、吹程、风持续的时间、水深、湖水内摩擦及湖底摩擦阻力等因素。在风作用的初期，湖面可出现周期短（常小于 1s）、规模很小（波长仅有数厘米）的波；随着风力的增大，波形变陡达最大值；当风沿一定方向继续作用时，湖面就会出现与风向垂直排列，并沿风向运动的强制波；如果风力强大到足以掀起倒悬波峰，由于空气的侵入，湖面呈现一片白色的浪花；当风力停息，波浪停止发展，在惯性作用下，波浪继续存在；波浪所具有的能量在传播过程中，逐渐消耗于湖水内摩擦和湖底摩擦，波浪逐渐消失，湖面恢复平静。我国湖泊波高实测最大值为呼伦湖，达 2.05m，青海湖为 1.8m，洪泽湖为 0.86m，而且大都瞬长迅衰，风力停息后，1～2h 即平静，只有个别湖泊超过 3h 才恢复平静。

3. 湖流

湖流是湖泊中水团大致沿一定方向前进的运动。它是湖中悬浮物、溶解质、有机质等的载体，也是这些物质运动的基本动力。按成因一般可分为重力流、风成流和密度流。不同的湖泊这三种湖流的强弱、规模等具有显著的不同。湖水的流动也很少是单一流态，往往是这三种流态组合而成的混合流，但在特定条件下，特定的湖泊具有其主导流态。

1）重力流

重力流是由于湖泊水位势空间分布不均匀（表现为湖水面倾斜）时，在地球重力的作用下形成的湖水运动。有河流连通的湖泊，因水的流入或流出，湖水面局部上升或下降，由此使水面倾斜而形成的重力流称为吞吐流。吞吐流的大小受出入河湖水情、湖泊上下游水面比降控制，当出入水量及比降显著时，流势强，反之则弱。一般来说，吞吐湖都有吞吐流存在，吞吐流出现时，湖中的水量会发生变化。

湖水在风的作用下，迎风岸水位升高，背风岸水位下降，湖水面出现倾斜，风停之后湖水自迎风岸向背风岸运动也形成重力流（图5-4）。出现这样的重力流，湖水量不会发生变化。

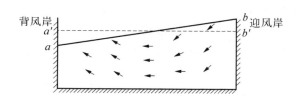

图5-4　重力流示意图

2）密度流

在湖泊中，由于太阳辐射造成浅水区增温快于深水区，出现水温差异，或者湖水中含盐量及泥沙含量的差异，造成不同部分或不同深度的湖水密度差异而形成的运动称为密度流。在湖泊中密度流一般比较弱，在讨论湖水运动时经常忽略不计。

3）风成流

在风的作用下，湖水随湖面风向运动，这种湖水运动称为风成流。

风场作用初期，风成流指向顺风方向，风成流流速大小随风速的大小、风时的长短而异。风速若大，风成流到达稳定态时间就长，反之亦然。风速越大，风成流也越大；风速越小，风成流也越小。风成流是大型湖泊最显著的水流形式，可引起全湖广泛的、大规模的水团运动。风成流是暂时性湖流，当风停止之后，它也逐渐停息。

风成流的流向在地转偏向力的作用下与风向并不一致，对于北半球的湖泊，风成流通常偏向风向的右边，偏角小于22°。

4. 定振波

全部湖水围绕着某一个或几个重心而摆动的现象，称为定振波，是湖泊中经常存在的一种周期性振荡的水动力现象。产生定振波的原因可以是风力、气压突变、地震或两种波相互干扰。定振波和暴风雨的关系最密切，主要是风力作用造成的。

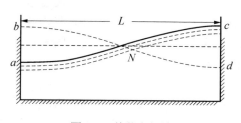

图5-5　单节定振波

湖中出现定振波时，总有一个或几个点水位没有发生升降变化，这些点称为振节或节。只有一个振节的定振波称为单节定振波（图5-5），两个振节的定振波称为双节定振波（图5-6），多个振节的定振波称为多节定振波。定振波周期的计算公式如下。

单定振波：

$$T = \frac{2L}{\sqrt{gH}}$$ （5-1）

双定振波：

$$T = \frac{L}{\sqrt{gH}}$$ （5-2）

多节定振波：

$$T = \frac{2L}{n\sqrt{gH}}$$ （5-3）

式中，L 为水体长度；g 为重力加速度；H 为水深；n 为节数。湖水面积、湖盆的形态和湖水深度对定振波的水位变化、周期长短均有影响。面积小、深度大的湖泊，定振波振动快，周期短；反之，周期长。不同湖泊定振波周期差别很大。例如，在瑞士日内瓦湖，曾测到周期仅为 210s 的单节定振波；而在北美的密歇根湖、休伦湖中定振波的周期可长达 46h。

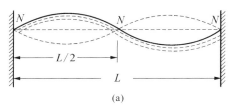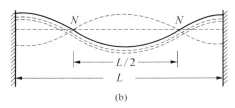

图 5-6　双节定振波

5. 增水和减水

风成流将大量的湖水从迎风岸移动至背风岸，使湖泊迎风岸水量聚积，水位上涨，称为增水；背风岸水位下降，称为减水。增水、减水仅是水的位置发生变化，对全湖水量没有影响。水是液体，迎风岸上涨的湖水在重力作用下下沉，可在湖水下形成与风成流流向相反的补偿流，流向背风岸。如果风向稳定，可形成全湖性闭合垂直环流系统（图 5-7）。

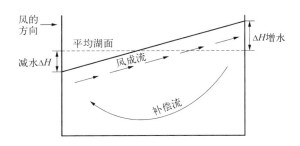

图 5-7　风成流、补偿流、增水与减水示意图

在深水湖，补偿流的范围可超过风成流的厚度，如果湖盆平缓，水的密度差别不大，补偿流的范围可达湖底。

增水、减水幅度的大小与风力的强弱、湖水的深度、湖盆的形态及原有水位状况等有关。风速越大，湖泊两岸增水、减水的幅度也越大。在深水岸边，补偿流流势较大，增水幅度较小；在浅水岸边，水下补偿流因受湖底的摩擦阻力作用，其规模不及水面的风成流，流入的水量多，流出的水量较少，增水现象明显，通常浅水湖增水、减水远大于深水湖。在沿盛行风向延伸的湖泊及狭长的湖湾中，增水、减水很明显。如果原来湖水的水位较低，增水、减水现象相对明显，如果原来的湖水的水位较高，增水、减水现象相对不明显。增水、减水幅度有时可以超过湖水水深。例如，平均水深仅 1.9m 的太湖，在强风作用下增水、减水幅度一般为 0.2～0.3m，但在 1956 年 8 月 1 日遇台风、全湖水量不变的情况下，迎风岸新塘和背风岸胥口水面一升一降，相差达 2.45m。

（二）湖水的水位变化和水量平衡

1. 湖水的水位变化

湖水的水位变化与水量平衡紧密联系，当湖水的收入超过支出时，水位就上升；相反，当湖水的支出超过收入时，水位就下降。

湖水收支有季节变化，湖泊水位也发生相应的季节变化。融雪补给的湖泊，春季出现最高水位；冰川补给的湖泊，夏季出现最高水位；雨水补给的湖泊，雨季出现最高水位。

吞吐湖水位的变化受河川水情的控制，湖水水位与河川水位在年内变化过程中具有趋势上的一致性。吞吐湖具有水量调节作用，可使水位变化过程平缓，洪峰滞后。湖泊的最高水位一般出现在汛期，最低水位一般出现在枯水期，也可出现在农业用水的高峰时期。

2. 湖水的水量平衡方程

湖水的水量平衡是指在一定时期内湖泊水量的变化，等于以各种途径流入和流出水量之差。如果流入水量大于流出水量，湖水量增加，如果流入水量小于流出水量，湖水量减少。

根据湖泊水量平衡概念，水量平衡方程表示为

$$P_L + R_{LsI} + R_{LgI} - E_L - R_{LsO} - R_{LgO} - q_L = \pm \Delta S_L \tag{5-4}$$

式中，P_L 为湖面降水量；R_{LsI} 为入湖地表径流量；R_{LsO} 为出湖地表径流量；R_{LgI} 为入湖地下径流量；R_{LgO} 为湖水渗透量；q_L 为工农业和生活用水量；E_L 为湖面蒸发量；ΔS_L 为一定时期内湖水量的变化。

对于闭合流域，因无地下径流的流入与流出，则式（5-4）可以简化为

$$P_L + R_{LsI} - E_L - R_{LsO} - q_L = \pm \Delta S_L \tag{5-5}$$

对于内流湖泊，因无地表径流从湖泊中流出，式（5-4）可以简化为

$$P_L + R_{LsI} + R_{LgI} - E_L - R_{LgO} - q_L = \pm \Delta S_L \tag{5-6}$$

对于湖水收入量仅用于蒸发的内陆湖泊，如果多年期间地下水的收入与支出水量可认为没有变化，则内陆湖泊的水量平衡方程可以简化为

$$P_L + R_{LsI} = E_L \tag{5-7}$$

四、水库

（一）水库基本概念

1. 水库的概念与类型

水库是人类为了供水、灌溉、防洪、发电、航运等目的，在河流、山溪谷地等筑坝拦水，将坝以上流域内的径流蓄积起来而形成的一定数量的水体。水库是人类改造河流、综合利用水资源的重要的方式。水库是人工湖泊，故其水文现象与湖泊相似。

水库的规模差别很大，通常根据库容大小对其进行类型的划分（表 5-1）。

表 5-1　按库容划分的水库类型

水库类型	巨型	大型	中型	小型		塘坝
				小（一）型	小（二型）	
总库容/m	>10 亿	1 亿～10 亿	1000 万～1 亿	100 万～1000 万	10 万～100 万	<10 万

2. 水库的组成

根据兴建水库的河段地形特征、建筑物规模，水库可分湖泊型和河川型两类。湖泊型水库具有坝身高、库容大、水面比降很小、流速小等特点；河川型水库具有坝身低、库容小、库形狭长、水面比降大、流速较大、基本保持原河流形状等特点。

水库一般由拦河坝、输水建筑和溢洪道组成。拦河坝是阻水建筑物，起到拦蓄坝前来水，抬高水库水位的作用；输水建筑是用于引水发电、饮用、灌溉，或者放空水库水量、排泄部分洪水的水库建筑；溢洪道是用于排放洪水，保障水库安全的泄洪建筑。此外，有些水库增设通航、水电站厂房及排沙底孔等建筑物用于航运、发电和排除水库泥沙等。

3. 水库的特征水位和特征库容

水库水位随着水库的运行，会发生变化，蓄水量也随之发生变动。人们根据不同的目的设计了同一水库不同的水位或库容，这些水位或库容反映了水库运行的特性，称为特征水位或特征库容（图 5-8）。水库的特征水位和特征库容有如下几种。

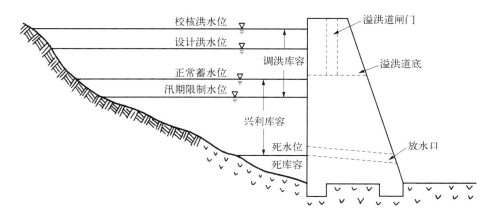

图 5-8　水库特征水位和库容示意图

（1）死水位和死库容。死水位又称设计最低水位，是指水库正常运行情况下允许水库水下落的最低水位，是根据发电最小水头、灌溉最低水位、泥沙的淤积情况设计的。死水位以下的库容称为死库容，死库容不能用以调节水量。

（2）正常蓄水位和兴利库容。正常蓄水位又称设计兴利水位，是指水库正常运用情况下，为满足灌溉、发电等要求设计的水位。正常蓄水位与死水位间的库容是兴利库容。

（3）防洪限制水位。防洪限制水位又称汛期限制水位，指水库在汛期允许兴利蓄水的最高水位，根据当地洪水特性和防洪设计要求确定。

（4）设计洪水位和蓄洪库容。设计洪水位是指水库遇到设计洪水时，水库允许达到的最高水位。设计洪水位与防洪限制水位间的库容称为蓄洪库容。

（5）校核洪水位和调洪库容。校核洪水位是指水库遇到特大洪水时，水库允许达到的最高水位。显然，水库坝顶高程应在校核洪水位以上。校核洪水位与防洪限制水位间的库容称为调洪库容。

（6）总库容和有效库容。校核洪水位以下的全部库容称为总库容。校核洪水位与死水位之间的库容称为有效库容。

（二）水库水量平衡和调蓄作用

1. 水库水量平衡

水库水量平衡是指在任一时段内，进入水库的水量和流出水库的水量之差，等于水库在这一时段内蓄水量的变化，这种变化一般用水量平衡方程表示。以此方程来表征水量平衡要素之间的数量关系。水库水量平衡方程与湖泊类似，只是库岸调节及库区、坝下渗漏损失比湖泊大，同时还要考虑弃水问题。

水库的水量平衡方程式为

$$\Delta V = (Q_\text{入} - Q_\text{出})\Delta t \tag{5-8}$$

式中，$Q_\text{入}$ 为计算时段 Δt 内的入库平均流量；$Q_\text{出}$ 为计算时段 Δt 内的出库平均流量；ΔV 为计算时段 Δt 内蓄水量的变化值，蓄水量增加为正，蓄水量减少为负。其中，出库平均流量包括各兴利部门的用水量、蒸发损失量、渗漏损失量及水库蓄满后产生的无益弃水量等。

2. 水库的调蓄作用

修建水库的目的是将河流径流按人们的意志在时间和空间上重新分配，将河流径流洪水期（或丰水期）多余的水量蓄存起来，以提高枯水期（或枯水年）的供水量，或用于调峰发电，或满足各兴利部门的用水要求，这就是水库的调蓄作用，也称水库调节。水库是通过径流调节来达到防洪、灌溉、发电、航运等效益的。水库建成后的调度运行工作，就是如何合理调配水量。

按调节周期长短，水库调节可分为日调节、年调节和多年调节。日调节（图 5-9），调节周期为一天，将昼夜变化基本均匀的河流径流，通过水库调节，满足如发电、灌溉等日夜需求差异大的需水部门的要求，要求调节的库容较小；年调节（图 5-10），调节周期为一年，将一年内的天然径流重新分配，解决兴利部门枯水期水量不足，丰水期水量过剩的问题；多年调节，调节周期长达几年，通过水库调节，将丰水年多余的水量蓄入库内，以补足枯水年水量的不足。对于北方水库而言，其调节大多数为年调节和多年调节。

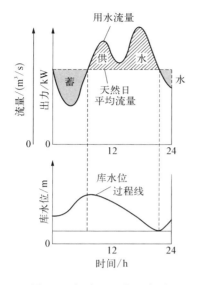

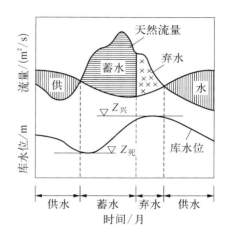

图 5-9　径流日调节示意图　　　　　　　　　图 5-10　径流年调节示意图

按径流利用程度，水库调节分为完全年调节和不完全年调节。完全年调节是指将设计年内全部来水量完全按用水要求重新分配而不发生弃水的调节；不完全年调节是指仅能存蓄丰水期部分多余水量的调节。对于同一水库而言，可能在一些年份能进行完全年调节，但遇丰水年就可能发生弃水，只能进行不完全调节。

（三）水库的冲淤规律

水库建成运行后，随径流挟带的泥沙会在水库中淤积。水库中的泥沙，一方面来自库区上游，另一方面来自库岸崩塌。水库来沙量的大小与暴雨、土壤、植被等综合因素影响有关。淤积的形态主要有三种：三角洲淤积、锥体淤积和带状淤积。三角洲淤积多发生在库中水位较稳定，水位较高，库容比入库洪量大的水库；锥体淤积多发生在来沙量较多，库区较短，水深不大的水库；带状淤积多发生在水库水位变动较大，库形狭窄，来沙量较少的水库。

大量泥沙入库对水库的寿命会构成严重的威胁，大大降低其综合利用功能。例如，三门峡水库建成后，因泥沙淤积严重，被迫改建和改变运用方式，其综合效益比原设计方案大大降低，陕西人大代表曾提出停止三门峡水库蓄水发电、放弃其应有功能的建议。又如，大渡河龚嘴水电站 1971 年蓄水运行，总库容为 3.74 亿 m^3，到 1987 年累积淤积泥沙为 2.2 亿 m^3，占总库容的 58.8%。

水体中，输沙不平衡引起了冲淤，冲淤的最终结果是达到不冲不淤的平衡状态，这是冲淤发展的基本规律。水库蓄水造成泥沙淤积，若水库中水位下降到一定程度，在某一断面水流必将会冲刷泥沙，随着水位不断下降，这种冲刷会不断向上游发展。库区泥沙的冲淤变化，必将破坏库区下游原河道的水沙平衡条件，引起原河道的再造过程，形成新的水沙平衡河道。

（四）水库对地理环境的影响

水库的建设是将陆地生态系统改变为水域生态系统，从一个狭窄的河流转变为开阔的水体，这一转变必将对水库周围的自然地理环境产生影响。库区由陆地转变为水域，会导致库区与大气的热量、水分交换等发生改变，从而改变库区周围的气候环境。例如，20 世纪 50 年代末建成的新安江水库（又称千岛湖），使该区从一个狭窄的河流变成为一个面积为 394km² 的水库，水量平衡发生了变化，蒸发量由 1951～1958 年建库前的 720mm 变为 1965～1972 年建库后的 775mm，湖区蒸发量增加了 55mm；湖泊周围地势高处降水增加，影响范围一般为 8～9km，最大不超过 60～80km。建库后，库区年平均气温升高 0.4～0.8℃，温度年较差减小，常年多晨雾，无霜期延长 25d，库周植被也发生了相应的变化，湖面风速增大 30%，并且风向发生改变，白天由湖面吹向陆地，夜晚由陆地吹向湖面，湖区雷雨现象相对减少，甚至消失。

水库对河流径流、地下径流和坝后土壤水分的影响也较为为明显。例如，官厅水库建成后，库岸调节水量就占水库蓄水量的 10%左右；由于坝和坝基渗漏，坝后地下水位抬高，土壤的理化性质也发生了变化。由于土壤水分增加和土壤性质的改变，坝后一定区域内土壤沼泽化或盐碱化，植被类型也发生相应的变化。

水库建成后，随着库区蓄水量的增加，库区的地应力也随之发生变化，有可能诱发水库地震。

第二节 沼 泽

沼泽是湿地的重要组成部分，是过度湿润的地势较平坦或稍低洼的地面。具有三个基本的特点：地表有多年积水或土壤处于过湿状态；主要生长着沼生植物和湿生植物；有泥炭的累积，或土壤具有明显的潜育层。如果只有地表积水或土壤过湿，没有沼泽植被的生长，只能称为湖泊或盐碱湿地。沼泽是一种特殊的自然综合体，随着人们认识的不断提高，其生态功能越来越受到人们的重视。

沼泽主要分布在冷湿或温湿地带。我国从南到北均有沼泽的分布，呈现由北向南减少的趋势。沼泽早在古代就已经引起人们的注意，称为沮洳或沮泽，指水草聚集之地。根据沼泽的景现特征，我国不同地区的人们给予了沼泽不同的名称，如塔头甸子、漂筏甸子、苇塘、草海、湿地或草滩地等。我国古代沼泽很多，苏北里下河地区、东北三江低地等曾经都是沼泽，现已成为农田。

一、沼泽的形成

（一）影响沼泽形成的主要因素

在沼泽物质中，水占 85%～95%，干物质（主要是泥炭）只占 5%～10%。水分条件是沼泽形成的首要因素，低平的地貌和黏重的土质，有利于过湿环境的形成，这些因素促使喜湿植物侵入，土壤通气状况恶化并在生物作用下形成泥炭层。沼泽形成是个复杂的过程，是多种自然地理因素相互作用、相互制约而形成的，主要的影响因素有气候、地质地貌、水文和人类活动等因素。

1. 气候因素

气候因素中的降水和蒸发直接控制沼泽的形成。在降水丰富的过度湿润地带，地表水分过多、空气湿度大、蒸发弱，在其他条件适宜的情况下，沼泽可以广泛分布，甚至分水岭也有沼泽发育；在降水量少、空气干燥、蒸发强、水分不足地带，沼泽分布较少，只在河流泛滥地带或地下水出露地带才有沼泽发育。

气候因素中的温度对沼泽的形成也有重要的影响。大气和土壤温度影响植物的生长，也影响植物残体的分解速度。寒冷的气候条件植物生长慢，但植物残体分解的也很少，易于泥炭的积累；热带和亚热带气候条件下植物生长快，植物残体分解的虽然多，但也有一定泥炭的积累。

我国三江平原沼泽的形成，气候因素起了主要作用。

2. 地质地貌因素

地质地貌对沼泽形成的影响主要体现在沼泽空间场所、地表形态的影响。新构造运动长期下沉的地区，会形成四周高、中间低洼并堆积深厚疏松物质的地貌结构。这样的地貌结构，地表坦荡低平，侵蚀能力弱，排水能力低，有利于水分的汇集和停滞。

我国三江平原是新构造运动长期下沉的地区，形成三面环山、中间低洼的平坦地形；若尔盖沼泽区在第四纪冰期以后长期下沉，形成海拔 3400m 以上的完整山原，四周被高山环绕。

3. 水文因素

水文因素在沼泽的形成过程中，也起着重要作用，主要体现在对沼泽水量补给的多少。在河段地区形成的沼泽大多发育在河流比降小、弯曲度大、汊流多、河漫滩宽广、河槽平浅的河段。一般情况下，河流上游比降大、河网发达、排水条件好，沼泽发育少；河流下游比降小，河槽曲率大，河网密度小，来水量增多，沼泽覆盖率大。例如，若尔盖高原沼泽区黑河上游，沼泽覆盖率为 18%，下游覆盖率明显增加为 32%。

4. 人类活动因素

人类活动对沼泽形成的影响，主要体现在抬高地下水位，使地表过湿，或者毁坏地表植被，生物群落从沼泽生物群落开始演替。例如，在东北林区，一些砍伐地和火烧地，常演变发育成沼泽。又如，在大中型水库周围和回水范围内、运河区、灌溉区和水利工程修建区，地下水位抬高使地表过湿，逐渐形成沼泽。

当然，人类活动也能控制沼泽的发展，可以人工排干沼泽水，使之变成陆地。

（二）沼泽的形成

沼泽的形成大致可以分为水体沼泽化和陆地沼泽化。

1. 水体沼泽化

水体沼泽化是指在江、河、湖、海边缘或浅水地带因泥沙堆积，水深变浅，水生植物丛生，水生植物残体被微生物分解，逐渐演变为沼泽的过程。水体沼泽化是分布最广泛的一种沼泽化现象，它可以分为海滨沼泽化、湖泊沼泽化和河流沼泽化三个类型。其中湖泊沼泽化又是水体沼泽化中最常见的沼泽化形式，它又可以分为浅湖沼泽化和深湖沼泽化两类。

1）海滨沼泽化

在海滨高低潮位之间，随着海洋带来的泥沙在平坦的海滨地带不断堆积，海滨地带逐渐摆脱海水的影响。海滨沉积物在雨水淋溶作用下，盐分逐渐减少，植物开始生长并逐步繁茂。植物的生长过程又常因海水倒灌或河流的泛滥而中断，植物残体上堆积了海水或河流带来的泥沙，在一定条件下，植物又在该堆积物上生长。如此反复多次，该海滨地带逐渐演变为盐渍沼泽地带。

2）湖泊沼泽化与河流沼泽化

浅水湖泊水深不大、湖岸倾斜平缓，从湖岸到湖心都有繁茂的水生或湿生植物生长，由于生长环境条件的差异，这些植物呈有规律的环带状分布[图 5-11（a）]。岸边浅水地带生长苔草植物；水深 2m 左右处生长芦苇和莞属类植物；水深 4m 以上处生长藻类和眼子菜属植物；再深，由于湖底光线不足，只能生长孢子植物。浮游生物散布全湖。由于水生植物或湿生植物的不断生长与死亡，大量植物残体沉入湖底，在缺氧的条件下，未经充分分解便堆积于湖底形成泥炭，泥沙的淤积使湖水变浅，植物也不断地从湖岸向湖心大量生长，进一步使湖水变浅，湖面也随着水深的变浅逐渐缩小。最后整个湖泊就演变成沼泽。

深水湖泊水深大、湖岸陡峻，植物沿湖分布[图 5-11（b）]。由于湖水中生长长根茎的漂浮植物，其根茎交织成网，与湖岸相连形成"浮毯"，苔藓等植物就在漂浮植物的网孔上生长。由风或水流带入湖中的植物种子便在浮毯上生长起来。如果浮毯的厚度不大，在风的作用下可离开湖岸，在湖中形成漂浮岛，散布湖中。以后由于植物的不断生长和死亡，植物残体便累积在浮毯层上形成泥炭，浮毯厚度不断增大，在重力作用下不断向水深处下沉。当浮毯层发展到一定厚度时，浮毯层下部的植物残体在重力作用下脱落沉入湖底，形成泥炭，并与来湖泥沙一起使湖底不断淤高。随着时间的推移，湖底与浮毯之间的距离逐渐缩小，直至完全相连，最后使湖泊演变成沼泽。

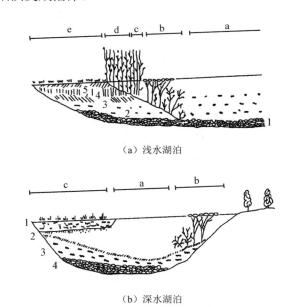

（a）浅水湖泊

（b）深水湖泊

图 5-11　浅水湖泊与深水湖泊的植物分布

（a）垂直方向：1.泥灰石；2.泥炭；3.莞属泥炭；4.芦属泥炭；5.苔属泥炭。水平方向：a.浮游生物带；b.水百合；c.莞属；d.芦苇；e.苔属

（b）垂直方向：1.各种植物残体组成的泥炭；2.泥炭游泥；3.泥炭；4.泥灰石。水平方向：a.浮游生物；b.水百合；c.漂浮筏

在低洼平原的河流沿岸，水浅、流速小的河段，常会发生河流沼泽化，其形成过程同浅湖沼泽化相似。

2. 陆地沼泽化

陆地沼泽化过程与水体沼泽化过程是两个相反的过程，水体沼泽化过程是由湿趋向干发展，而陆地沼泽化过程是由干趋向湿发展。陆地沼泽化是森林地、草甸区、灌溉区、坡地及冻土地带等，因排水不畅或蒸发微弱，地表过湿，大量喜湿植物生长，逐渐形成沼泽。陆地沼泽化主要表现为森林沼泽化和草甸沼泽化。

1）森林沼泽化

在一定条件下，森林的自然演化过程可以出现沼泽化，也可以在森林去除后出现沼泽化，这样的沼泽化称为森林沼泽化。

在一般情况下，森林是不易发育成沼泽的，但在寒带和寒温带森林地区，由于森林的自然演替，较容易形成沼泽化。茂密的森林阻挡了阳光和风，使林下温度更低，水分不易蒸发；低温下分解较慢的枯枝落叶覆盖了地面，使地面水分蒸发减少，同时又拦蓄了部分地面径流；季节性冻土时间长并有永冻层分布的地区或者土质黏重的地方，水分就不易下渗。在以上因素的共同作用下，引起森林地表过湿，森林退化，适合这种环境的草类、薛类等喜湿植物入侵，而这些喜湿植物又有很强的保水性能，使森林退化进一步加剧，森林逐渐演变为沼泽。森林被采伐或火烧以后往往也会出现沼泽化现象。森林被去除以后，土层失去了巨大的吸水能力，破坏了土层的水分平衡，使上层过湿或地表积水，逐渐演变成沼泽。

森林沼泽可以分布在林下，也可分布于林间空地，面积不等。林下或林间空地的沼泽不断向四周扩展，树木的生长环境受到破坏，会造成大量树木死亡，出现"站杆"现象；或者出现正常生长发育受到影响、生长缓慢、矮小的"小老树"。在大兴安岭、小兴安岭和长白山地，常可看到这种现象。

2）草甸沼泽化

在地势较平、地表湿润的草甸植物群落地带，土壤孔隙长期被水和植物残体填充，通气状况不良，形成嫌气环境，引起土层严重的潜育化。植物残体在嫌气条件下，分解非常缓慢，地表形成的植物残体堆积层不断加厚。草甸植物残体堆积层具有很强的吸水能力，地表湿度进一步加强，致使大量的喜湿植物侵入。由于植物残体的累积量大于分解量，地表植物残体堆积层进一步加厚，土壤营养元素不断累积在未分解的植物残体中，致使土壤营养元素逐渐贫乏，草甸植物生长营养不良的情况不断恶化，对营养成分要求不太高的沼生植物逐渐占据草甸植物的空间，最后草甸演变成沼泽。三江平原沼泽区的大部分沼泽是由草甸演替而来。

二、沼泽的类型

沼泽分类是一个比较复杂的问题，不同的学者按照不同的研究目的和标准，提出了多种分类方案，目前还没有一个公认的沼泽分类系统。以下介绍两种较为常见的沼泽分类方法。

（一）按发育阶段的沼泽类型划分

沼泽形成以后不是一成不变的，而是不断发展、变化的，在沼泽发育的不同阶段（图5-12），其特征是有区别的，由此将沼泽分为低位沼泽、中位沼泽和高位沼泽。

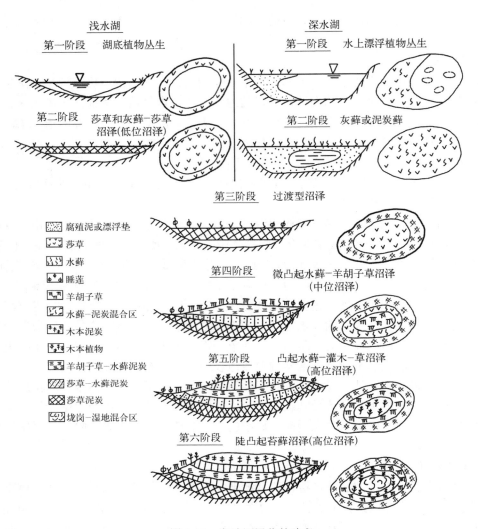

图 5-12 湖泊沼泽化的阶段

1. 低位沼泽

处在沼泽发育初级阶段的沼泽称为低位沼泽，根据沼泽的营养状况特点，也称为富营养沼泽。这类沼泽的特点是：沼泽形成的时间不长，泥炭积累不多，泥炭层厚度不大，地面低洼，沼泽表面呈浅碟形；水源补给以地表水和地下水为主，水量丰富；植物生长所需的矿物质营养丰富，生长着莎草科占优势的富养分植物。东北三江平原的大片沼泽就是低位沼泽。

2. 中位沼泽

处在沼泽发育过渡阶段的沼泽称为中位沼泽，发育过渡阶段是沼泽从低位向高位转化的阶段，故又称为过渡型沼泽，根据沼泽的营养状况特点，也称为中营养沼泽。这类沼泽的特点是：随着沼泽的进一步发育，泥炭积累增多，泥炭层厚度增大，沼泽表面趋向平坦；随着沼泽表面逐渐增高，水分运动状况也发生了改变，地表水和地下水补给逐渐减少，水源补给逐渐转化为以大气降水为主；土壤营养元素不断累积在泥炭中，退出生物循环，土壤营养元素逐渐减少；沼泽上生长着以中养分植物为主的植物。我国大兴安岭、小兴安岭和长白山地局部地区分布有这种沼泽。

3. 高位沼泽

处在沼泽发育高级阶段的沼泽叫高位沼泽,发育高级阶段也是沼泽发育的贫营养阶段,故又称为贫营养沼泽。这类沼泽的特点是:随着沼泽的不断发育,泥炭积累更多,泥炭层厚度较大;由于沼泽边缘的泥炭分解速度比中心部位快,沼泽表面呈现四周低中间凸起的形状,有的沼泽中央部分高出四周边缘7~8m;随着沼泽地表形态的变化,水文状况也随之发生了显著的变化,补给水源以大气降水为主;沼泽的养分大部分集中在泥炭中,退出了生物循环,土壤养分非常贫乏,只能生长以泥炭藓为主的少养分植物。我国大兴安岭、小兴安岭局部地区的沼泽和四川若尔盖沼泽属于高位沼泽。

(二)按有无泥炭累积的沼泽类型划分

我国绝大部分泥炭沼泽分布在高原和高寒山区,泥炭沼泽发育程度较轻,大多处于低位阶段,少有中位沼泽,高位沼泽就更少,但是我国广泛发育了无泥炭累积、土层潜育化严重的沼泽,面积远远超过泥炭沼泽。沼泽有无泥炭的累积,制约着沼泽的水文状况、土壤性状、微地貌特征及植被情况。因此,以有无泥炭作为主要依据,将沼泽划分为两大类:泥炭沼泽和潜育沼泽,再按沼泽的主要植物组成将沼泽划分为七个亚类(表5-2)。

表5-2 泥炭沼泽和潜育沼泽

类	亚类
泥炭沼泽	草本泥炭沼泽
	木本-草本泥炭沼泽
	木本-草本-藓类泥炭沼泽
	木本-藓类泥炭沼泽
	藓类泥炭沼泽
潜育沼泽	草本潜育沼泽
	木本-草本潜育沼泽

1. 泥炭沼泽

泥炭沼泽最主要的特征,就是有泥炭的累积。在沼泽中,植物残体的累积速度大于分解速度,因而有泥炭的形成和累积过程。因沼泽形成的环境不同、发育阶段各异,泥炭累积的厚度及类型也有所不同。沼泽表面一般有微小的起伏,这种微地貌特征,是由沼泽的水分、土壤、植物等特性造成的。

2. 潜育沼泽

潜育沼泽最主要的特征,就是土层严重潜育化,无泥炭累积。由于地势低洼,土层中又有黏土或亚黏土,排水不畅,透水能力极差,地下水经常接近地表或出露地面,使地表过湿或形成大面积地表积水;但到枯水期或枯水年,由于水分蒸发,地表又常常干涸。因而,土层严重潜育化。在沼泽中,植物残体的累积速度等于或小于分解速度,因而无泥炭的形成和累积过程,有较厚的草根层,有机质含量一般为10%左右。

三、沼泽的水文特征

沼泽一般排水不畅，水的运动十分缓慢，径流特别小，蒸发比较强烈，因而其水文特征不同于地表水的水文特征，也不同于地下水的水文特征，而是二者兼有。

（一）沼泽的含水性

沼泽的含水性是指沼泽中草根层和泥炭层的含水性质，水大都以重力水、毛管水、薄膜水等形式存在于草根和泥炭之中。沼泽，特别是泥炭沼泽，含水量大，持水能力很强，是良好的蓄水体，例如，草根层较厚的潜育沼泽，持水能力多为 200%～400%；草本泥炭沼泽为 400%～800%；藓类泥炭一般大于 1000%。泥炭沼泽的水分大多储存在疏松的植物残体和泥炭的空隙中，水分所占比例为 85%～95%。

泥炭沼泽一般分为上、下两层。上层由枯枝落叶及大量的植物根系组成，透水性强，潜水位变化大，含水量变化无常。潜水位下降时，空隙中无水，空气可进入其中，有利于好气细菌对泥炭的分解。下层由不同植物残体及不同分解程度的泥炭组成，含水量基本保持不变，空气不能进入其中，呈厌气状态，对水文情况影响较小。

（二）沼泽的蒸发

沼泽的蒸发是指沼泽表面水的直接汽化及沼泽植物的蒸腾，是沼泽水分支出的主要形式，其蒸发量主要取决于沼泽的水分状况和植物的生长状况。

当地下潜水出露地表或者埋藏深度较浅，在毛管水上升高度范围内时，毛管作用能将大量的水分输送到沼泽表面供给蒸发，其蒸发量能接近或超过水面蒸发量。当地下潜水埋藏深度较深，在毛管水上升高度以外时，毛管水上升不到沼泽表面，毛管水的蒸发只能在沼泽某一深度空隙中进行，又因沼泽上层大量植物残体的覆盖，沼泽蒸发量很小。当植物生长繁茂，覆盖率大时，植物的蒸腾作用强烈；反之，蒸腾作用较弱。

（三）沼泽的渗透

沼泽的渗透是指沼泽中的草根层和泥炭层的渗透作用。泥炭沼泽上的覆盖层，其空隙比砂土空隙还要大，渗透系数也很大，降落在沼泽表面的雨水能很快下渗到地下水面，很少形成地表径流。

沼泽的渗透系数随着深度的增加而减小。在沼泽中，自表面向下植物残体分解程度增大，泥炭灰分含量增高，密度加大，同时深处的自重压力也增大，空隙也随之变小，致使水的渗透系数急剧变小。例如，上部草根层的渗透系数平均为 1～10 cm/s，分解较弱的藓类泥炭可达 20 cm/s，而下部泥炭层的渗透系数在 0.001 cm/s 以下。

（四）沼泽径流

沼泽径流是指流向沼泽或由沼泽流向小溪、小河和湖泊的水流。

许多沼泽中发育有小河和小湖。在沼泽形成之前就已存在的称为原生小河和小湖；而在沼泽形成之后发育的称为次生小河和小湖。大气降水、地下水和河湖泛滥水使沼泽地表出现常年积水、季节积水和临时积水三种情况。在少水或干旱季节，地下水位降低，临时积水或季节积水消失，常年积水变浅；进入多水季节，河湖水泛滥，地下水位上升，沼泽地达到饱和，水分逐渐聚积起来，沼泽积水面积扩大。因而，沼泽也具有一定的滞蓄洪水，缓解洪峰的作用。

　　沼泽地表水，处于停滞或微弱流动状态，除在个别时段有表面流以外，大都是空隙介质中侧向渗透的沼泽表层流。表层流存在于潜水位变动带内，呈层流状态。速度与水力坡度和渗透系数成正比。流量大小与潜水位高度、各层渗透系数和泥炭层或草根层的厚度有关。径流的流向，与水面倾斜方向有关，而且发育阶段不同流向也不同。在低位沼泽中，由于四周高中间低，沼泽径流一般由四周流向低洼的中心；而在高位沼泽中，由于中部凸起四周较低，沼泽径流一般由中部流向周边。

　　（五）沼泽水量平衡

　　沼泽水量平衡就是指沼泽水的总收入与总支出之差等于沼泽蓄水量的变化值。

　　根据水量平衡的概念，某一沼泽地区或单一沼泽在一定深度范围内的水量平衡方程式为

$$P + R_{地表入} + R_{地下入} = E + R_{地表出} + R_{地下出} + \Delta hK \qquad （5\text{-}9）$$

式中，P 为计算时段内沼泽上的降水量；$R_{地表入}$ 为计算时段内流入沼泽的地表水；$R_{地下入}$ 为计算时段内流入沼泽的地下水；E 为计算时段内沼泽面上的蒸发量；$R_{地表出}$ 为计算时段内由沼泽流出的地表水；$R_{地下出}$ 为计算时段内由沼泽流出的地下水；Δh 为计算时段内沼泽地下水位的变值；K 为计算时段内 Δh 层的给水度。

　　应该指出的是，在沼泽水量平衡中，水量支出的主要形式是蒸发，研究表明，蒸发占沼泽水量支出的75%，而径流支出仅占25%。

第三节　冰　　川

　　在现代科学系统中，冰冻圈被视为与大气圈、生物圈、岩石圈和水圈并列的地球系统层。冰冻圈的分布范围非常广泛，它是由一定低温下的固态水组成的，包括冰川、积雪、海冰、河湖冰等，以及地下冰掺杂的多年冻土、季节冻土等。冰川是由固态降水积累演化而成的，在自身重力作用下能沿着一定的地形向下滑动的天然冰体。冰川以冰为主体，包含一定数量的气体物质、液体物质和岩屑。冰川是冰冻圈的重要组成部分，是陆地上的重要水体之一，是自然界中最宝贵的淡水资源。

一、成冰作用与冰川类型

　　（一）成冰作用

　　成冰作用是指由积雪转化为粒雪，再经过变质作用形成冰川冰的过程。冰川冰是一种浅蓝而透明、具有塑性的多晶冰体。雪线以上的雪如果不变成冰川冰，就还是永久积雪，不是冰川。新降落的雪，经圆化转化为粒雪，经成冰作用形成冰川冰，这是非常复杂的过程。

　　新降下来的雪很疏松，其密度只有 0.05g/cm^3，经过风雪流搬运后，积雪密度增大到 0.1 ～

$0.15g/cm^3$，经过多次风雪流搬运，积雪密度可达 $0.30 \sim 0.40g/cm^3$。新雪堆积具有成层性等特点。雪花晶体与所有的晶体一样，具有使其内部所包含的自由能最小，以保持晶体稳定的性质。因而，新雪落地后，其棱角很快消失，形成表面自由能最小的圆球体，这个过程称为圆化过程。雪的圆化是通过固相的重结晶作用、气相的升华和凝华作用、液相的再冻结作用来实现的。结果是消灭晶角、晶棱，填平凹处，增长平面，合并晶体，形态变圆，雪花变成粒雪，这个就是粒雪化过程。

粒雪化过程可以分为冷型和暖型两类。冷型发生在低温干燥的情况下，例如，在南极地区，粒雪化过程无融化和再冻结过程，因而粒雪化过程很缓慢，气温在-20℃以下时，这个过程可达数月。粒雪的扩大也很有限，粒雪细小，粒径通常不及 1mm。暖型发生在温度较高的情况下，例如，在中低纬山地地区，由于温度较高，有融化及再冻结的过程，粒雪化过程快，粒雪较大，新雪落地不过数天或数小时，就能演变成粒雪。粒雪化的必然结果是缩小了积雪孔隙度，引起雪面下沉，积雪厚度变薄，增大了积雪单位体积的容重。粒雪的密度一般为 0.4 $\sim$ $0.7g/cm^3$，孔隙与大气相通，可透水，易重新分散成颗粒状态。

由粒雪变质成冰川冰的成冰过程中，总的趋向是粒雪密度不断增大，孔隙率不断降低。一旦孔隙完全封闭成气泡，与大气不再沟通，则认为粒雪变成了冰。此时，冰的密度在 $0.83g/cm^3$ 左右。成冰作用按其变质性质，也分为冷型和暖型两类。冷型成冰过程是在低温干燥环境下发生的，巨厚雪层在自重压力作用下，下部粒雪孔隙变小，孔隙中的空气逐步被排出，最后形成重结晶冰。这种冰密度小，气泡多，气泡压力大，成冰过程历时很长。在南极中央，成冰的厚度至少要 200m，成冰时间往往超过 1000 年。暖型成冰过程是在气温较高的环境下发生的，当冰雪消融活跃时，融水渗入雪层，排出孔隙中的空气，下渗水以雪粒为核心再结晶或冻结成冰。这种冰气泡少，透明度高，密度较大，冰晶粒径也很大。我国大多数冰川是由暖型成冰过程形成的。

冷型过程和暖型过程成的冰都属于成冰作用初期的原生沉积变质冰，它们仅分布于冰川的表层。冰川冰绝大部分是原生沉积变质冰在运动过程中经受压力形成的次生动力变质冰。冰川冰的结构是成层的，在积累区形成以后，由于具有塑性，在定向应力作用下沿坡向下移动，在冰川移动过程中，冰川冰又具有了新的特征，如片理、晶体的定向排列及褶皱、断裂等构造变形现象，也就是由原生沉积变质冰向次生动力变质冰转化。冰川的成冰过程是个很复杂的过程，不同高度的水热条件是不同的，而冰川从源头到末端，可能穿越数千米的高度，因而不同高度上的冰川其成冰作用也是不同的。

（二）冰川类型

现代冰川规模大小不一，相差悬殊，形态各异，生成时代不尽相同，冰川性质和地质地貌也各有千秋。根据冰川的不同标志可以划分出不同的冰川类型。

1. 按形态、规模、运动特点及所处地形条件划分

按照冰川的形态、规模、运动特点及所处地形条件可以将冰川划分为大陆冰川和山岳冰川。

1）大陆冰川

大陆冰川也称大陆冰盖或冰被，厚度超过千米，面积可达数百万平方千米。冰川外形凸起，呈盾状或饼状覆盖，是补给区占优势的冰川。由于面积和厚度都很大，冰川运动基本不受下伏地形影响，自中央向四周呈辐射状挤压流动，至冰盖边缘往往伸出巨大的冰舌，断裂后入海，成为巨大的海洋漂浮冰。冰川之下常掩埋巨大的山脉和洼地。据勘探，在南极地区，从高达 2000～3000m 的山脉，到低至海平面以下 1600m 的海渊，均为南极大陆冰盖的巨厚冰层所覆盖。

大陆冰川曾经占据过地球上很广阔的陆地面积，现在的大陆冰川主要分布在南极和格陵兰两处，它们形成的年代很古老，在古近纪—新近纪时就存在了。

具有大陆冰川特性的还有高原冰川（也称高原冰帽）和岛屿冰帽等，是大陆冰川向山岳冰川过渡的类型。冰川覆盖在起伏和缓的高地上，向四周伸出许多冰舌。一般将它们划分为大陆冰川的亚类。

2）山岳冰川

山岳冰川又称山地冰川，是运动占优势的冰川，一般散布于分割的山地。主要分布于中低纬山区，由于雪线较高，积累区面积不大，因而冰川形态受地形的严格控制，其规模和厚度远不及大陆冰川。

现代山岳冰川主要分布在亚欧大陆和北美大陆的高山区，这类冰川研究得较多。山岳冰川按形态又可分为悬冰川、冰斗冰川、山谷冰川和山麓冰川。

悬冰川是指悬挂在山坡上的短小冰川。这种冰川数量多，厚度较薄，规模小，其厚度一般只有 10～20m，面积通常小于 1km^2。对气候变化的反应十分灵敏。

冰斗冰川是指发育在雪线附近呈斗状的洼地中，由冰雪补给而成的冰川。这种冰川分布广，数量多，规模差异较大。面积大的可达 10 km^2，小的不足 1 km^2。

山谷冰川是指谷地中呈条带状的冰川。在有利气候和冰雪补给条件下，冰斗冰川从冰斗中大量溢出，沿坡流至山谷，在山谷中流动，形成山谷冰川。这种冰川规模大，长度从数千米至数十千米不等，厚度可达数百米。低于雪线流入山谷的冰川称为冰舌。

山麓冰川是指数条山谷冰川在山麓扩展汇合成广阔的冰原。它是山岳冰川向大陆冰川转化的中间环节。阿拉斯加的马拉斯平冰川由 12 条山谷冰川组成，山麓部分面积达 2682 km^2。

2. 按物理性质划分

根据冰川的物理性质，可将冰川划分为海洋性冰川和大陆性冰川。

1）海洋性冰川

海洋性冰川又称暖冰川或温冰川，是发育在降水充沛的海洋性气候区的冰川。由于这些地区雪线附近年降水量在 1000mm 以上，冰川的补给量大，冰川增长迅速，冰川运动速度也很快，不仅能运动到雪线以下，冰舌尾端甚至可达森林中。冰川的温度高，接近 0℃或压力融点，冰川的消融量也大。降水量和温度的变化对冰川的影响较为明显，因而冰川的进退变化幅度很大，冰蚀作用明显。我国西藏东南部喜马拉雅山脉东段、念青唐古拉山中东段和整个横断山系就是海洋性冰川。我国现代冰川的 22%属海洋性冰川。

2）大陆性冰川

大陆性冰川又称冷冰川，是发育在干冷的大陆性气候地区的冰川。由于这些地区降水量少，雪线附近年降水量在 1000mm 以下，冰川补给量少，又由于冰川处于较低的温度，雪线附近年平均气温低于–8℃，冰温恒为负温，冰川消融量也小。冰川运动缓慢，冰川作用也弱。雪线较海洋性冰川高，冰舌远在森林带之上。我国西部许多冰川属大陆性冰川。

除了以上的分类之外，还有多种分类方法，例如，根据冰川的动力活动性可以将冰川划分为积极冰川、消极冰川和死冰川。

二、地球上冰川的分布

根据 *World Glacier Inventory*，全球冰川面积约为 1590 万 km^2，占陆地总面积的 10% 以上；总储量为 2406.4 万 km^3，约占地表淡水资源总量的 68.7%。冰川在各大洲的分布极不均衡（表 5-3），96.6% 分布在南极洲和格陵兰，其次为北美洲（1.7%）和亚洲（1.2%），其他各洲数量极少，非洲最少，仅为 10km^2。据《中国冰川目录》，我国共发育有冰川 46298 条，面积 59406 km^2，冰储量 5590km^3，主要分布于西部高山地带，涉及省区有新疆、青海、甘肃、四川、云南和西藏等，其中西藏的冰川数量最多，面积最大，新疆单个冰川的规模大，冰储量最大。

表 5-3　世界冰川分布

地区	冰川面积/km^2	储水量/km^3
南极大陆	13980000	21600000
格陵兰	1802400	2340000
北极岛屿	226090	83500
亚洲	109058	15630
欧洲	21415	4090
北美洲	67522	14062
南美洲	25000	6750
大洋洲（新西兰和新几内亚）	1014.5	107
非洲	22.5	3
合计	16232522	24064142

冰川在全球的分布是有规律的，它的高度受雪线的严格控制。任何地区，如果地表没有高出雪线，就不可能形成冰川。雪线是指多年积雪区和季节积雪区的分界线。雪线是常年积雪的下界，亦即年降雪量与降雪年消融量的平衡线。雪线以下地区气温较高，年降雪量小于可能的降雪消融量，降雪在地表无法累积，不会形成冰川；雪线以上地区气温较低，年降雪量大于可能的降雪年消融量，降雪在地表长期累积，就会形成冰川。因而，在雪线以上并符合成冰条件，则可形成冰川。但是，雪线上固态降水与消融的零平衡的绝对值在不同的地区差别很大，例如，在气温较低的负温地区，其消融量和蒸发量都很小，很小的固态降水就能达到零平衡；而在气温较高的地区，其消融量和蒸发量都较大，只有在很大的固态降水时才能达到零平衡。因而，自然地理环境不同，雪线的高度也就不相同（图 5-13）。我国不同地区雪线高度也不相同，例如，最低雪线出现在阿尔泰山哈巴河流域，约为海拔 2800m；而喜马拉雅山珠穆朗玛峰北坡雪线高度则约为 6000m。

影响雪线高度的因素主要有气温、降水量和地形。多年积雪的形成要求地面空气温度长期保持在 0℃ 以下，因而雪线高度与气温成正比。地球表面气温具有从赤道向两极递减及自低海拔向高

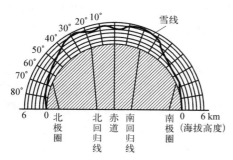

图 5-13　地球上雪线位置

海拔递减的规律，所以雪线高度从全球范围来看总的趋势是：随着纬度的升高，雪线高度下降。同一山体，因为阳坡温度高于阴坡，所以阳坡雪线高度高于阴坡。

雪线高度最高处不在温度最高的赤道地区，而是在南北半球的两个亚热带高压地带，其原因是这两个地区年降水量在 250mm 以下，其消融量和蒸发量又很大，因而使雪线上升到最高处。南美 20°S～25°S 的安第斯山雪线高度达到 6000m，是世界上雪线最高的地方。海洋性气候较强的南半球的雪线高度，几乎全部低于同纬度的北半球地区，其原因是海洋性气候地区降水量多，固态降水与消融、蒸发的零平衡高度也低，雪线高度相对也低。

地形不仅对温度有影响，也对降水的分布造成影响。例如，东西走向的喜马拉雅山阻挡了印度洋的西南季风，致使南坡多雨，雪线高度为 4400～4600m，北坡降水很少，雪线高度上升到 5800～6000m。此外，地形起伏也会影响雪线的高度。平坦的缓坡，在风的作用下，容易积雪，雪线位置高；陡峻的山坡，在重力作用下，不易积雪，雪线位置低；洼地、盆地易积雪形成冰川。

夏季冰川上隔年粒雪的下限，称为粒雪线。海洋性冰川粒雪线和零平衡线的位置比较吻合，大陆性冰川粒雪线通常要高出零平衡线数十米至一二百米。冰川数量多少和其规模大小，受到山脉或山峰的绝对高度及其雪线以上的相对高差的影响。海拔越高，随着雪线以上面积的增加，冰川形成的积累空间就越大，为冰川发育提供了更多冷储和拦截更多降水的空间，因而冰川的发育规模增大。反之，冰川的发育规模就小。山脉的走向、坡向、形态和切割程度等地形要素，通过影响降水、积雪再分配和热量条件决定冰川的形态类型、规模和活动性。

三、冰川运动与物质平衡

（一）冰川运动

冰川运动是指冰川冰不断地从冰川上、中部向其末端运动。冰川有别于自然界其他冰体的最主要特征，就是它进行着缓慢的运动，是一种运动着的天然冰体。冰川运动的动力源自重力和压力。由于冰川自重而沿斜坡向下的运动称为重力流；由冰川堆积的厚薄不同，内部所受到的压力分布不均引起的冰川运动称为压力流。大陆冰盖的运动以压力流为主，山岳冰川中重力流与压力流两种都有，但以重力流为主。

冰川运动机理有冰川冰变形、冰川的滑动和冰床的变形。冰川冰具有可塑性，能变形。在冰层下部，由于受到上部冰层较大的压力，冰的融点降低，冰体内部出现冰、水、气三相共存的状态，在外力的作用下，产生塑性变形，使内部所受到的压力分布不均，引起冰川运动。当冰川底部的冰处于融点状态时，冰川在冰床上滑动，由于有水的参与，冰床的摩擦阻力下降，冰川产生运动。冰川很少直接盖在基岩上，在冰川与基岩之间通常有一层厚度不等的碎屑物质，在冰川运动过程中，冰床变形，坡度变陡，冰川重力流加大。冰川运动是以上三种机理的集中体现。

冰川运动的决定性因素是冰川底面的温度和水力状况。冷冰川由于底面未达到融点，融水到不了冰床，底部滑动和冰床变形即使有也很少，主要靠冰川冰的变形来运动，冰面运动速度低，夏冬差别不明显，冰面速度在 10m/a 以下。温冰川由于底部达到融点和有融水的参与，底面滑动和冰床变形得到充分发展，冰面运动速度大，夏季高于冬季。例如，横断山脉梅里雪山的明永冰川中部 1991～1998 年平均速度为 533m/a。因此，温冰川的运动速度要大于冷冰川。

在冰川运动过程中，若遇到阻碍，因具有可塑性也可逆坡而上，越过阻碍，继续前行。厚度大、坡度大，运动速度就大，因此地理位置相同且形态相同的冰川，大冰川比小冰川运动速度大。在横剖面上，冰川中心比边缘运动速度大。在纵剖面上，零平衡线附近运动速度最大。冰川运动速度自补给区向雪线方向逐渐增大，在雪线附近最大，自雪线附近向末端方向因消融，运动速度又逐渐变小。冰川运动速度还随时间而变化，一般夏季快、冬季慢；白天快、夜间慢，但其变化幅度较小。冰川运动的速度一般很缓慢，但有些冰川在一定的时段内有快速前进的情况。例如，喀喇昆仑山赫拉希南峰南坡的斯坦克河上游的库蒂亚冰川，于1953年3月21日至6月11日间，该冰川以平均113m/d，即4.7m/h的速度前进。

（二）冰川物质平衡

冰川物质平衡是指冰川积累与冰川消融的数量关系。冰川积累是指与冰川物质收入有关的所有过程，由降雪、水汽凝华、雨水再冻结及吹雪与雪崩等雪的再分配组成。冰川消融是指与冰川物质损耗有关的所有过程，包括冰雪融化并形成径流、蒸发、风吹雪及冰崩流失等过程。

冰川消融有冰面、冰内及冰下消融三种方式。冰面消融是冰川最主要的消融方式，冰川中绝大部分冰体是通过冰面消融而损耗掉的。太阳辐射能是冰面消融的最重要热源，其他如空气乱流交换热、两侧山坡的辐射热及水汽凝结放的潜热等，也会使冰川消融。冰内消融的热源主要来自冰面消融水向下渗漏传热、冰川运动而引起的机械内摩擦热等，在裂隙较多的大型冰川中，冰内消融可占一定的比例。冰下消融的热量来自地热、冰下径流的传导热及冰层压力和冰川运动时与冰床摩擦所产生的机械热。显然，温度是冰川消融的决定条件，因此冰川消融与太阳辐射、天气状况、冰面性质、冰川分布的坡向、高度等因素有关。

全球代表性冰川的物质平衡研究表明，受海洋性气候影响较强烈的冰川或冬季降水是主要物质来源的冰川，冰川的积累主要在冬半年，冰川的消融主要在夏半年。而我国西部的大陆性冰川，由于冬季降水少，冰川表面积雪厚度薄，夏季降水多，冰川的积累和消融同时发生在暖季。我国的海洋性冰川，冰川消融期持续时间要长于大陆性冰川，消融强度也远大于大陆性冰川，与大陆性冰川一样也表现为暖期积累的特点。

冰川物质平衡与外界气候环境密切相关。当气候没有发生明显的变化时，冰川积累量与冰川消融量相等，冰川处于平衡状态；当气候变得冷湿时，因固态降水增多，冰川积累量大于冰川消融量，导致冰川流速加快，冰舌向前推进，山岳冰川有可能发展成为大陆冰川；当气候变成干热时，冰川的补给量减少而消融量增加，导致冰川流速减小，冰舌后退，大陆冰川有可能转化为山岳冰川。

目前已经确认，在6亿~7亿年前的震旦纪、2亿~3亿年前的石炭纪—二叠纪和距今200万~300万年以来的第四纪，都曾出现过大规模的冰川。现在地球正处在第四纪冰期向间冰期过渡时期。自19世纪中期以来，全球气候在波动变暖。随着全球气候变暖，全球范围内冰川退缩成为主导趋势，但由于各地的气候条件不同，冰川退缩的幅度各不相同。例如，我国西部山地冰川减少的面积，据推测相当于现代冰川面积的20%；而欧洲阿尔卑斯山冰川自1870~1970年冰川减少的面积，相当于现代冰川面积的50.2%。目前，我国西部地区大部分冰川也是以退缩为主导趋势（表5-4）。

表 5-4　中国境内 20 世纪以来冰川进退变化统计

统计年份	统计冰川总条数	退缩冰川		前进冰川		稳定冰川	
		条数	比例/%	条数	比例/%	条数	比例/%
1900～1930	6	1	16.7	4	66.6	1	16.7
1950～1970	116	62	55.4	35	30.2	19	16.4
1950～1980	195	93	47.7	45	23.1	57	29.2
1960～1970	224	99	44.2	59	26.3	66	29.5
1973～1981	178	117	65.7	23	12.9	38	21.4

四、冰川对自然地理环境的影响

（一）冰川对气候的影响

冰川是寒冷气候的产物，但一经形成，又对气候有重大的反馈作用。冰川对于气候系统的反馈作用之一，表现在其表面气候要素的变化特征上。冰雪面反射大，在春季反射 80% 的阳光，夏季（冰雪融化的季节）反射 40%～50% 的阳光；加之冰雪融化和蒸发耗热使得下垫面对大气的加热作用强度较其他下垫面弱得多。因而，冰川对大气就形成了"冷却作用"，这种"冷却作用"首先表现为对当地自然地理环境的影响，在极地和中低纬高山冰川区，冰川本身是自然地理要素之一，形成独特的冰川景观。这种独特的冰川景观形成独特的气候。例如，在南极地区，辽阔的冰盖是一个巨大的"冷源"，形成一个全年都存在的冷高压中心，强大的冷高压又形成强大的极地南风或东南风，年平均风速达到 20m/s；同时，稳定的冷高压使气旋很难深入南极大陆，因而在南极冰盖中心部分年降水量仅有数十毫米，和撒哈拉沙漠差不多。又如，根据对天山、祁连山和喜马拉雅山等高山冰川区的气象观察，在相同高度上，冰川表面温度一般比无冰川覆盖的山地低 2℃ 左右，湿度却高很多，水汽容易饱和，在高山冰川带出现降水带，为了区别因地形升高形成的降水带，冰川工作者将其称为"第二降水带"；由于冰川覆盖山头是个冷中心，在傍晚会形成风势特强的"冰川风"。另外，不同规模的冰川"冷却作用"的影响范围是不同的。巨大的冰川如南极和格陵兰冰盖，对广大地区甚至全球气候产生影响，而规模较小的冰川只对附近地区的气候产生影响。

冰川末端进退、厚度增减、面积扩缩等都可反映气候变化状况，是气候变化的指示器。而冰川的这种变化又可对气候产生反馈作用，成为气候形成的重要因子。例如，巨大的南极和格陵兰冰盖作为一种特殊的下垫面，冰盖的扩展将大大增强地球的反射率，从而促使地球进一步变冷。也就是说，如果没有大量极地冰川来反射阳光，地球变暖会加速。因而，巨大的冰川（如南极和格林兰冰盖）面积的扩展或缩小将会使地球气候加速变冷或变暖，并影响气团性质和环流特征，从而影响全球气候的变化。规模较小冰川的面积变化，只对其附近地区的气候发生影响。

（二）冰川对基面的影响

1. 海平面的变化

地球上气候的变化直接影响冰川的规模，进而影响海平面的变化。当气候变冷时，冰川规模变大，地球上的水大量转移到冰川上储存起来，导致海平面降低；气候转暖时，冰川规模变小，大量冰川融水进入海洋，导致海平面升高。第四纪海面升降运动重要的原因是冰川的停积、消融，在冰期大陆上冰川面积增加，海面下降；间冰期气候较暖，冰川缩小和消融，海面上升。据研究，更新世末全球最后一次冰期全盛时期，海面约比今日的海面低 130～150m，大陆架的大部分当时都已成为陆地；随着冰后期的气候转暖，冰雪消融，海水得到补充，海面不断上升，最后趋于稳定。在全新世中期，曾出现过比现今的海面高 3～5m 的高海面期。

自 19 世纪中期以来，全球气候在波动变暖。随着全球气候变暖，冰川规模也在缩小，海平面在上升（图 5-14）。由图 5-14 可知，1880～1980 年 100 年间，海平面波动的趋势是上升。如果目前全球所有的冰川全部融化，将使海平面升高约 70m。

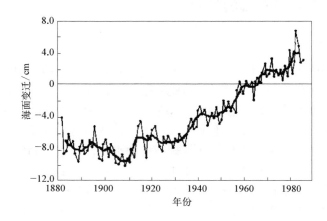

图 5-14　100 年来全球海面上涨曲线

基线是 1951～1970 年的平均海面，在此用作比较基准；虚线表示年平均值，实线表示 5 年滑动平均值

2. 地壳局部升降

巨厚的冰层对下伏的岩床能产生巨大的压力，100m 厚的冰体，冰床基岩所受的静压力达到 90t/m²。由于地壳表层（硅铝层）下面为可塑性软流层（硅镁层），地表局部受压后会逐渐下沉，压力解除以后，又会抬升到原来的位置。例如，巨厚的格陵兰冰盖的中心部分冰层厚达 3411m，是全岛下伏岩床最低的地方，海拔为–366m，而冰盖边缘的冰层较薄，地面则相对高起。又如，欧洲北部斯堪的纳维亚半岛是第四纪冰川作用的中心之一，自最后一次冰期结束后的近一万年内，地壳一直在抬升。

（三）冰川对冰川区河流水情的影响

冰川是河流的补给来源。尽管冰川储量的 96% 位于南极大陆和格陵兰岛，但是其他地区的冰川由于临近人类居住区而具有利用的现实意义，特别是亚洲中部干旱区，历史悠久的灌溉农业一直依赖高山冰雪融水。内陆河水量的很大部分来自山区积雪和冰川的季节性融化。据 1999 年冰川统计资料分析，中国冰川融水年平均径流总量为 604.53 亿 m³，约为全国河流年径流量 2%，相当于黄河多年平均入海径流量。不同地区冰川融水对河流的补给比重是不同的。例如，我国西部，新疆最大，补给比重占 25.4%；其次是西藏，占 8.6%；甘肃最小，仅占 3.6%；云南和四川由于冰川面积较小，对河流的补给可忽略不计。对具体的冰川而言，其补给的比重是不同的。例如，祁连山的冰川，其融水径流对甘肃河西走廊三大内陆河水系的补给比重可达 14%。又如，冰川融水径流量基本相近的塔里木盆地水系和雅鲁藏布江水系，前者的冰川融水径流对河流的补给比重为 38.5%，而后者仅为 12.3%。

冰川融水的日变化很大。冰川融水反映了当天的天气状态，冰面产流时间一般在每天的 9~10 时，断流时间在 20~21 时。融水最高水位除了与最高气温有关外，还与天气状况、冰川类型、冰面污染程度和离出口断面距离等有关。

冰川融水径流的季节变化非常明显。径流年内分配极不均匀，其融水径流高度集中于 6~8 月，约占消融期径流量的 85%~95%。海洋性冰川冰面的气温较高，消融期长，径流的年内分配不如大陆性冰川那样集中。

冰川融水径流与降水径流的年际变化呈相反的趋势，即高温干旱年份因冰川消融强烈而为丰水年，低温湿润年份因冰川消融减弱而为枯水年。因此，冰川融水径流既可加剧河流径流年内分配的不均匀性，又可缓解河流径流年际变化的不均匀性。例如，受到冰川融水径流补给的天山西段台兰河，在降水量比常年少 19.6% 的 1962 年，河流径流量却比常年大 23.2%；在降水量比常年大 46.5% 的 1971 年，河流径流量却比常年小 9.9%。

冰川具有调节河川径流量的作用。在低温湿润的年份，冰川消融受到抑制，降水可以弥补冰川消融量的不足；而在高温干旱年份，消融则加强，冰川融水可以弥补因降水减少而造成的河流水量不足。同时，在低温湿润的年份，冰川上的积雪补给冰川，形成冰川冰保存起来，以弥补高温干旱年份较强的消融。因而，冰川区河流年径流量变化相对较小。在我国西部干旱地区，冰川融水补给量较大的河流受旱涝威胁相对较小，冰川对这些地区的农业生产稳定和持续发展起着重要的作用。

冰川湖突发洪水是高山冰川作用区常见的自然灾害之一，往往会引发山区泥石流。在有些冰川作用地区因融水会形成冰面湖或冰碛湖，在一定的天气条件下，冰川融水径流可形成洪峰或加剧中低山地区的降雨径流过程，使湖水面迅速上涨，一旦溃决，可造成特大洪水或泥石流，其危害程度可超过暴雨洪水。冰湖溃决形成的突发洪水，是我国西部某些高山冰川作用区常见的灾难性洪水，很难预防。例如，喀喇昆仑山叶尔羌河，1961 年 9 月 4 日出现的洪峰流量等于多年平均流量的 40~50 倍之多，在短短的 20 分钟内起始流量由 80.6m³/s，陡涨到 6270m³/s 的洪峰流量。又如，西藏定结县吉莱普沟于 1964 年 9 月 21 日下午，由于源头终碛堰塞湖溃决而形成大型冰川泥石流，流动距离达 30km，形成巨型堆积。

（四）冰川的其他影响

冰川是重要的水资源，是大江大河的发源地。在高山流域，冰川积雪及其融水径流对于维持江河源区的水量稳定、保护高山脆弱的生态环境都具有重要的作用。因此，冰雪资源在江河源区的水量平衡和生态平衡上都起着重要的作用，它的变化直接影响到区域的生态环境波动，在未来生态建设中是一重要的因素。冰川是干旱区重要的水资源，对维系干旱区域脆弱的生态平衡也具有重要的意义。

由于冰川的运动特征对地表具有侵蚀和堆积作用，它成为塑造地表形态的重要外营力之一。冰川推进时，将毁灭它所覆盖地区的植被，动物被迫迁移，土壤发育过程也中断。自然地带相应向低纬和低海拔地区移动。冰川退缩时，植被、土壤逐渐重新发育，自然地带相应向高纬和高海拔地区移动。冰川的侵蚀和堆积作用显著改变地表形态，形成特殊的冰川地貌。

在古冰盖掩盖过的地区，如欧洲和北美，这种冰川地貌可以占据成千上万平方千米的广大区域。在山岳地区，冰川地貌也显示出许多独有的特征。

冰川上的美丽风光是重要的旅游资源。在发达国家，早在100年前冰川便被开发为旅游资源，现在许多冰川区已成为旅游胜地，例如，在瑞士，冰川旅游已成为国民经济的重要支柱；我国云南玉龙山冰川专门建立了欣赏冰川景色的索道；阿根廷在巴达哥尼亚开辟了冰川公园。

复习思考题

1.湖泊有哪些类型？

2.湖温的分布有哪些特点？

3.何为透明度？它与水色之间有什么关系？

4.湖水运动有哪些基本形式和特点？

5.试述湖泊水量平衡概念及方程。

6.试述水库的基本组成、分类和对地理环境的影响。

7.何为沼泽？它有哪些基本特点？

8.试述沼泽形成的主要影响因素和形成过程。

9.沼泽有哪些类型？

10.试述沼泽的水文特征。

11.冰川有哪些类型？地球上冰川的分布有何规律？

12.冰川是如何运动的？

13.试述冰川对自然地理环境的影响。

主要参考文献

邓绥林等. 1985. 普通水文学. 2版. 北京: 高等教育出版社.

窦鸿身, 姜加虎. 2003. 中国五大淡水湖. 合肥: 中国科学技术大学出版社.

顾慰祖. 1984. 水文学基础. 北京: 水利电力出版社.

黄锡荃. 1985. 水文学. 北京: 高等教育出版社.

南京大学地理系, 中山大学地理系. 1978. 普通水文学. 北京: 人民教育出版社.

牛焕光, 马学慧. 1985. 我国的沼泽. 北京: 商务印书馆.

潘树荣, 伍光和, 陈传康, 等. 1985. 自然地理学. 2版. 北京: 高等教育出版社.

沈永平. 2003. 冰川. 北京: 气象出版社.

施雅风. 2000. 中国冰川与环境. 北京: 科学出版社.

王红亚, 吕明辉. 2007. 水文学概论. 北京: 北京大学出版社.

王志良. 2005. 现代水库管理理论与实践. 郑州: 黄河水利出版社.

杨针娘, 曾群柱. 2001. 冰川水文学. 重庆: 重庆出版社.

Mcknight T L. 1990. Physical Geology—A Landscape Appreciation. Third Edition. New Jersey: Prentice-Hall, Inc.

Montgomery C W. 1988. Physical Geology. Second Edition. Dubuque: Wm. C. Brown Publishers.

第六章　地　下　水

地下水是以不同形式蓄存于地表以下岩石中的水的统称。地下水主要来源于大气降水和地表水的下渗，是地球水体的一部分，其运动是自然界水循环的重要环节，在自然地理环境的形成与演化中起着重要作用。作为水资源的重要组成部分，地下水与人类有着密切关系，在人类社会发展中起着重要作用。

第一节　地下水的赋存

一、含水介质的空隙性

含有地下水的岩石称为地下水的含水介质。地下水在地下的赋存空间是岩石的空隙，岩石存在空隙的性质称为含水介质的空隙性，这是岩石具有赋存地下水性能的基本条件。岩石的空隙有孔隙、裂隙和溶隙之分。

（一）孔隙

松散岩石是由大小不等的固体岩石颗粒及其集合体组成的，岩石颗粒及其集合体之间的空隙称为孔隙。岩石中孔隙体积的大小是影响其储容地下水能力大小的重要因素，可用孔隙度表示。孔隙度 n 又称孔隙率，是指岩石中孔隙体积 V_n 与包括孔隙在内的岩石体积 V 之比，即

$$n = \frac{V_n}{V} \times 100\% \tag{6-1}$$

孔隙度 n 大小的影响因素有多种，起决定作用的是岩石颗粒的分选程度和排列情况。理想圆形颗粒圆心连线呈正方体排列时的孔隙度最大，为 47.64%（图 6-1）；呈菱形四面体排列时的孔隙度最小，为 25.95%（图 6-1）。颗粒分选程度越差，孔隙度越小；反之，分选程度越好，孔隙度越大。此外，颗粒形状及胶结填充情况也会影响孔隙度。

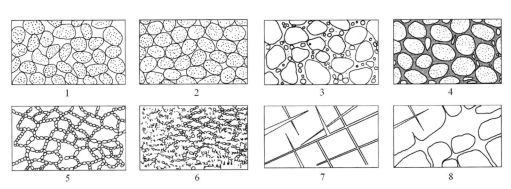

图 6-1　岩石中的各种孔隙示意图

1.分选良好，排列疏松的砂；2.分选良好，排列紧密的砂；3.分选不良的砂；4.经过部分胶结的砂岩；5.具有结构性孔隙的黏土；
6.经过压缩的黏土；7.具有裂隙的基岩；8.具有溶隙和溶穴的可溶岩

孔隙度只反映孔隙的数量多少，而不反映孔隙的大小。孔隙的大小与岩石颗粒粗细，即粒径大小有关，通常是粒径越大孔隙越大，粒径越小孔隙越小。但是，因细颗粒岩石的表面积增大，孔隙度反而增大。例如，黏土的孔隙度可达 45%～55%，而砾石的孔隙度平均只有 27%。孔隙的大小还与颗粒形状的规则程度有关。

（二）裂隙

固结的坚硬岩石包括沉积岩、岩浆岩和变质岩，其中一般不存在或只保留一部分颗粒之间的孔隙，而主要发育的是在各种应力作用下岩石破裂变形而产生的裂隙。按成因划分，裂隙有成岩裂隙、构造裂隙和风化裂隙之分。成岩裂隙是岩石在成岩过程中由于冷凝收缩（岩浆岩）或固结干缩（沉积岩）而产生的。构造裂隙是岩石在构造变动中受力而产生，这种裂隙具有方向性，大小悬殊（由隐蔽的节理到大断层），分布不均一。风化裂隙是风化营力作用下，岩石破坏产生的裂隙，主要分布在地表附近。

岩石中裂隙的多少以裂隙率表示。裂隙率 K_T 是指裂隙体积 V_T 与包括裂隙在内的岩石体积 V 的比值，即

$$K_T = V_T/V \times 100\% \qquad (6\text{-}2)$$

与孔隙相比，裂隙的分布具有明显的不均匀性，即使是同一种岩石，某些部位的裂隙率可以达到百分之几十，有的部位则可能小于 1%。此外，裂隙的多少还可用面裂隙率或线裂隙率表示。

（三）溶隙

可溶性岩石如岩盐、石膏、石灰岩和白云岩等在地下水溶蚀下所产生的空隙称为溶隙或溶穴。溶隙的多少用岩溶率（喀斯特率）表示。溶隙率 K_K 是指溶隙体积 V_K 与包括溶隙在内的岩石体积 V 之比，即

$$K_K = V_K/V \times 100\% \qquad (6\text{-}3)$$

与裂隙相比较，溶隙在形状、大小等方面变化更大，小的溶孔直径仅有数毫米，大的溶洞可达几百米，有的形成地下暗河可延伸数千米。因此，岩溶率在空间上极不均匀。

综上可知，虽然裂隙率 K_T、岩溶率 K_K 与孔隙率 n 的定义相似，均可在数量上说明岩石中空隙所占比例的大小，但是他们的实际意义存在区别。孔隙率具有较好的代表性，可适用于相当大的范围；裂隙率由于裂隙分布的不均匀性，适用范围受到极大限制；岩溶率即便是平均值也不能完全反映实际情况，局限性更大。

二、含水介质的水理性

岩石空隙为地下水的存在提供了空间，但是水能否自由进出这些空间，以及岩石滞留水的能力，与岩石表面控制水分活动的条件、性质有很大的关系。含水介质与水接触而表现出的与水分的储容、运移有关的岩石性质称为含水介质或岩石的水理性质，包括岩石的容水性、持水性、给水性、透水性、储水性等。

（一）容水性

含水介质的容水性是指常压下岩石能够容纳一定水量的性能，以容水度来度量。容水度 W_n 为岩石完全饱水时所能容纳的水的最大体积 V_n 与岩石体积 V 之比，即

$$W_n = V_n / V \times 100\% \tag{6-4}$$

容水度的大小取决于岩石空隙的多少和水在空隙中充填的程度。如果岩石的全部空隙均被水充满，则容水度在数值上等于孔隙度。对于具有膨胀性的黏土，充水后其体积会增大，容水度会大于孔隙度。

（二）持水性

饱水岩石在重力作用下排水后，依靠分子力和毛管力仍能保持一定水分的能力称为含水介质的持水性。持水性在数量上用持水度表示。持水度 W_r 被定义为饱水岩石经重力排水后所保持水的体积 V_r 与岩石体积 V 之比，即

$$W_r = V_r / V \times 100\% \tag{6-5}$$

也可以将持水度定义为地下水位下降一个单位深度，单位水平面积岩石柱体中反抗重力而保持于岩石空隙中的水量。

持水度的大小取决于岩石颗粒表面对水分子的吸附能力。在松散沉积物中，颗粒越细，空隙直径越小，同体积内的比表面积越大，持水度越大。

（三）给水性

含水介质的给水性是指饱水岩石在重力作用下能够自由排出水的性能，其值用给水度表示。给水度 μ 定义为饱水岩在重力作用下能自由排出水的体积 V_g 与岩石体积 V 之比，即

$$\mu = V_g / V \times 100\% \tag{6-6}$$

也可以将给水度定义为地下水位下降一个单位深度，从地下水位延伸到地表面的单位水平面积岩石柱体，在重力作用下释出的水的体积。

岩性对给水度的影响主要表现在空隙的尺度和数量。颗粒粗大的松散岩石、具有较宽大裂隙和溶穴的坚硬岩石，在重力释水过程中，滞留于岩石空隙中的结合水与孔角毛细水的数量很少，理想条件下给水度的值接近于孔隙度、裂隙率和岩溶率。而空隙细小的黏土、具有闭合裂隙的岩石等，由于重力释水时大部分水以结合水或者悬挂毛细水的形式滞留于空隙中，给水度往往很小。

对于均质的松散岩石，由于重力释水不是在瞬时完成的，往往滞后于地下水位下降，所以即时测得的给水度数值往往与地下水位下降速率有关。如果下降速率大，因释水滞后于地下水位下降，测得的给水度往往偏小。对于非均质层状岩石，快速释水时由于大小孔道释水不同步，大的孔道优先释水，小孔道中往往形成悬挂毛细水而不能释出，也会导致测得的给水度偏小。

由上述三个定义可知：岩石的持水度和给水度之和等于容水度或孔隙度，即 $W_n = W_r + \mu$ 或 $n = W_r + \mu$。

（四）透水性

岩石的透水性是指在一定的条件下，岩石允许水透过的性能。表征岩石透水性的度量指标是渗透系数 K，其值大小取决于岩石空隙的大小和连通性，并和空隙的多少有关。例如，黏土的孔隙度很大，但孔隙直径很小，水在这些微孔中运动时，由于水与孔壁的摩阻力难以通过，同时由于黏土颗粒表面吸附形成一层结合水膜，这种水膜几乎占满了整个孔隙，使水更难通过。因此，孔隙直径越小，透水性越差，当孔隙直径小于两倍结合水层厚度时，正常条件下是不透水的。

（五）储水性

岩石的容水性和给水性适合用于分析埋藏不深、厚度不大的无压潜水，但用于埋藏较深的承压水往往存在明显的误差，其主要原因是岩石在高压条件下释放出来的水量，与承压含水介质所具有的弹性释放性能及来自承压水自身的弹性膨胀性有关。通常埋藏越深，承压越大，则误差越大。因此，需要引入储水性的概念。

承压含水介质的储水性可用储水系数或释水系数来表示。承压含水介质的储水系数（释水系数）是指当承压水头上升（下降）一个单位时，从单位面积含水介质柱体中储存（释放）的水的体积。其计算公式为

$$\mu_s = \rho g (a + n\beta) \tag{6-7}$$

式中，μ_s 为储水系数；ρ 为流体密度；g 为重力加速度；a 为多孔介质的压缩系数；n 为孔隙度；β 为水的体积压缩系数。储水系数是一个无量纲的参数，大部分承压含水介质的值为 $10^{-5} \sim 10^{-3}$。

对于潜水含水层，如果将储水系数除以含水层厚度（M），所得值称为储水率，$\mu^* = \mu_s M$，即储水率是含水介质单位厚度的储水系数。

潜水含水层的给水度（又称为潜水含水层储水系数）与承压含水层的储水系数（又称为弹性给水度）虽然在形式上十分相似，但是二者在储存或释出水的机理方面是不同的。水位下降时潜水含水层所释出的水来自部分空隙的排水，与承压含水层的厚度有关；而承压水头下降时承压含水层所释出的水来自水体积的膨胀及含水介质的压密，与承压含水层厚度有关。承压含水层的储水系数一般为 0.005～0.00005，较潜水含水层的储水系数小 1～3 个数量级。因此，开采承压水往往会形成大面积的承压水头大幅度下降。

三、含水介质的含水空间

（一）含水层和隔水层

岩石空隙是地下水的储存空间，其多少、大小、形状、连通状况和分布规律直接决定了地下水的埋藏、分布和运动特性。不同类型和性质的岩石的空隙特点不尽相同，它们的含水和透水性能也不尽相同。因此，可以根据岩石中水分的储存和运移状况，将岩石分为含水层和隔水层。

在重力作用下，能够透过并给出相当数量水的岩层称为含水层，虽然含水但几乎不透水或者透水性很弱的岩层称为隔水层。最为常见的含水层有砂、砾石、砂岩、砂砾岩等，一些

石灰岩、破碎程度较高的火山岩和结晶岩也可构成含水层；最为常见的隔水层有黏土、页岩等，一些质地致密的岩浆岩和变质岩也可构成隔水层。

含水层与隔水层的划分是相对的，二者之间没有严格的界定标准，并在一定的条件下可以互相转化。岩性、渗透性完全相同的岩层，在地下水相对丰富的地区可能被当作含水层，而在地下水相对缺乏的地区可能被当作隔水层。一般认为，渗透系数小于 0.01m/d 的岩石属于隔水层，大于或等于此值的岩石属于含水层。严格地讲，地壳中没有绝对不含水的岩石，但不能说所有岩石都是含水层，构成含水层应满足三个基本条件，即有储运地下水的空隙空间，有储存地下水的地质地貌条件，有一定数量的补给水量。

有学者将渗透系数小于 1.1574×10^{-5}cm/s 的岩层称为弱透水层。弱透水层是指渗透性相当差的岩层，在一般的供、排水条件下所能提供的水量微不足道，可以看作隔水层；在发生越流时，由于驱动水流的水力梯度大且发生渗透的过水断面很大（等于弱透水层的分布范围），相邻含水层通过弱透水层的水量较大，可以看作含水层。松散沉积物中的黏性土，坚硬基岩中裂隙稀少而狭小的砂质页岩、泥质粉砂岩等，可以归为弱透水层。

含水层中地下水量的丰富程度取决于含水层的、厚度、透水性和补给条件，可用含水层的富水性来表示。《矿区水文地质工程地质勘探规范》（GB 12719—1991）定义，对于由松散沉积物组成的平原区含水层，采用钻孔口径 91mm、抽水水位降深 10m 的单位涌水量来划分富水性的强弱级别，单位涌水量（L/s·m）大于 5.0 为极强富水性，1.0～5.0 为强富水性，0.1～1.0 为中等富水性，小于 0.1 为弱富水性；对于由坚硬岩石组成的山区含水层，采用天然泉流量来划分富水性的强弱级别，泉水量（L/s）大于 50.0 为极强富水性，10.0～50.0 为强富水性，1.0～10.0 为中等富水性，小于 1.0 为弱富水性。

（二）含水岩组与蓄水构造

1. 含水岩组

广大平原、河谷盆地及古近纪—新近纪和第四纪松散沉积物中间，含水层极其复杂，岩性多变，且含水层与隔水层的层次较多，其间具有一定的水文地质联系。平原、河谷、盆地松散沉积物中这种具有一定水文地质联系的含水系统称为含水岩组或含水岩系。构成含水岩组的基本条件有三：第一，含水岩组内部各含水层之间具有明显的水力联系，含水层内部存在一个统一的水压力系统；第二，含水岩组内部的地下水具有一定的水化学特征，即同一含水岩组的地下水常是同一水文地球化学环境作用的产物；第三，包含在同一含水岩组中的各个含水层，在地质上常具有一定的成因联系，往往属于同一地质年代，并常属于同一地质单位。

含水岩组之间存在的区域性隔水层是相对的，含水岩组之间存在着三种不同形式的相互联系：第一，含水岩组间存在着厚度十至数十米的半含水层或隔水层，作为一个区域性底层出现，则常代表着某一区域沉积旋回的一个阶段；第二，局部沉积断层或埋藏古剥蚀面往往使两个含水岩组在一定空间发生沟通的联系；第三，表现为岩层不发生断裂位移而是塑性形变的新构造运动，使含水岩组间地下水产生广泛的联系。

2. 蓄水构造

蓄水构造是透水岩层相互结合而构成的能够富集和储存地下水的地质构造，对地下水的赋存和运移具有明显的控制作用。构成蓄水构造需要三个基本要素，即透水岩层或岩体是构成蓄水构造的含水介质，相对隔水层或掩体是构成蓄水构造的隔水边界，具有地下水的补给和排泄条件，亦即蓄水构造有透水边界、补给水源和排泄出路。所以，蓄水构造是既有含水层又有确定的隔水边界、能够富集地下水、把含水层和隔水层及补给和排泄条件连为一体的、半封闭的整个地质构造形体。

蓄水构造的类型多种多样，有单式蓄水构造、复式蓄水构造和联合蓄水构造之分，其中单式蓄水构造又有水平岩层蓄水构造、单斜蓄水构造（包括承压斜地）、褶皱型蓄水构造（包括向斜蓄水构造和背斜蓄水构造）、断裂型蓄水构造、接触型蓄水构造、风化壳蓄水构造等具体类型。它们在寻找地下水源、指导水文地质勘探、建立地下水研究定量模型、发展基岩水文地质科学等方面具有重要意义。

地下水的水文体系可按地下水的储存和循环系统性，区分为一系列独立或半独立的单元，这些单元称为水文地质单元。水文地质单元是评价地下水资源、建立水文地质计算模型的重要基本单位。一个完整的独立水文地质单元，由作为地下水储运场所的含水层、作为地下水储运约束条件的相对隔水层、作为地下水循环通道的补给区和排泄区所组成，可以是一个地下区域，即地下水流的集水空间范围，也可以是一个蓄水构造或重叠的水文地质体。

第二节　地下水的类型

地下水的分类方法有多种，例如，按照成因可将地下水分为入渗水、凝结水、沉积水、原生水和再生水；按照力学性质可将地下水分为结合水、毛管水和重力水；按照储存空间的性质可分为孔隙水、裂隙水和喀斯特水（岩溶水）。应用最为广泛的是按照地下水的储存和埋藏条件进行的分类。这种分类首先按照储存部位将地下水分为包气带水和饱水带水，然后按照力学性质进行次一级分类。在次一级分类中，包气带水被分为结合水、毛管水（毛细水）和重力水，其中结合水又分为吸湿水和薄膜水，毛管水又分为毛管悬着水和毛管上升水，重力水又分为上层滞水和渗透重力水；饱水带水分为潜水和承压水，其中承压水分为自流水和半自流水。

一、包气带水

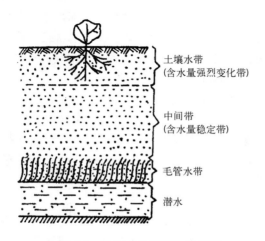

图 6-2　地下水分布层次示意图

地表以下一定深度上，岩石的空隙被重力水所充满，形成地下水面。地下水面以上的岩层称为包气带，以下的岩层称为饱水带（图 6-2），其中所包含的各种形式的水称为包气带水。包气带中，空隙壁面吸附有结合水，细小空隙中含有毛细水，未被液态水占据的空隙中包含空气及气态水。包气带自上而下分为土壤水带、中间带和毛管水带。包气带的顶部植物根系发育和微生物活动的层次称为土壤水带，其中含有土壤水。该带土壤富含有机质，具有团粒结构，能以毛管水形式大量保持水分。包气带底部由地下水面支持的毛管水分布层次为毛管水带，该带的高度与岩性有关。毛管水带的下部也是饱水的，但因受毛管负压的作用，压强小于大气压强，故毛管饱水带的水不能在重力作用下流动。包气带厚度较大时，在土壤水带与毛管水带之间还存在中间带。若中间带由粗细不同的岩性构成，在细粒层中可含有成层的悬挂毛管水，细粒层之上局部还可滞留重力水。

包气带水易受外部环境的影响，尤其是大气降水、气温等因素的影响。多雨季节，雨水大量入渗，包气带含水率显著增加，雨后，浅层的包气带水以蒸发和植物的蒸腾形式向大气圈排泄，一定深度以下的包气带水继续下渗补给饱水带。干旱季节，土壤蒸发强烈，包气带含水量迅速减少，呈现强烈的季节性变化。

包气带在空间上的变化，主要体现为垂直剖面上的差异，一般规律是越近表层含水率的变化越大，逐渐向下层含水率变化趋于稳定而有规律。此外，包气带含水率变化还与岩石层本身结构，岩石颗粒的机械组成有关，颗粒组成不同，使得岩石的孔隙大小和孔隙度发生差异，从而导致了含水量的不同。

当包气带存在局部隔水层时，其上会积聚具有自由水面的重力水，即上层滞水。上层滞水分布接近地表，接受大气降水的补给，通过蒸发或向隔水底板的边缘下渗排泄。雨季获得补充，积存一定水量，旱季水量逐渐耗失。当分布范围小且补给不很经常时，不能终年保持有水。由于其水量小，动态变化显著，只有在缺水地区才能成为小型供水水源或暂时性供水水源。包气带中的上层滞水，对其下部的潜水的补给与蒸发排泄起到一定的滞后调节作用。上层滞水极易受污染，利用其作为饮用水源时要格外注意卫生防护。

二、潜水

（一）潜水的概念与特征

潜水是指饱水带中第一个稳定隔水层以上具有自由表面的重力水。潜水主要来源于大气降水和地表水的入渗，主要分布于松散岩石的孔隙及坚硬岩石的裂隙和溶洞之中，没有隔水顶板或只有局部的隔水顶板。潜水的表面为自由表面，称作潜水面；从潜水面到隔水底板的距离为潜水含水层的厚度；潜水面到大地基准面的距离为潜水位；潜水面到地面的距离为潜水埋藏深度。潜水含水层厚度与潜水面埋藏深度随潜水面的升降而发生相应的变化。

潜水具有如下特征：①从力学性质看，潜水是具有自由水面的稳定重力无压水。潜水是地面之下饱水带中第一个稳定隔水层以上的地下水，含水层之上没有稳定的隔水层，所以它有自由水面，不受静水压力，在重力作用下可以自潜水面高处向低处缓慢流动，形成地下径流，一般为无压水流。②从埋藏条件看，潜水埋藏深度较小，潜水埋藏深度和含水层厚度的时空变化较大。受地质构造、地貌和气候条件的影响，潜水的埋藏深度不大，易于开采，但也极易受地表污染源的污染，应注意加强防护。同时，潜水的埋藏深度和含水层厚度各处不一，变化较大，而且经常发生变化，降低了作为水源的稳定性。③从分布、补给与排泄条件看，潜水的分布区与补给区一致。潜水面之上没有稳定的隔水层，潜水通过包气带和地面直接相通，分布区和补给区几乎完全一致，可以在其分布范围内直接接受大气降水和地面水体的入渗补给，在农灌区还可以接受灌溉水的回归入渗补给。④从动态变化看，潜水的季节变化较大。受降水、气温、蒸发等气候因素的影响，潜水的水位、水量、厚度及水质有明显的季节变化，与气候条件年内变化的周期性规律完全吻合。多雨季节或多水年份，降水补给量增多，潜水面上升，含水层厚度增大，埋藏深度变小，水质也会相应改善；少雨季节或少水年份则相反，降水补给量减少，潜水面下降，含水层厚度减小，埋藏深度加大，水质也将随之变差。⑤从与其他水体的水力联系看，潜水与大气降水和地表水有着密切的相互补给关系。大气降水是潜水的主要补给源，随着降水的发生和结束，潜水量会发生剧烈变化。地表水则与潜水互为补给源。一般而言，汛期河流等地表水体为地下水的补给源，枯水季节地下水补给河流等地表水体，构成河流等地表水体的基流。

（二）潜水面的形态

1. 潜水面的形状

一般情况下，潜水面是一个由补给区向排泄区倾斜的不规则曲面，起伏状态与地形大势基本一致，变化相对较为和缓。潜水自高处向低处流，潜水位随之不断下降，形成具有一定

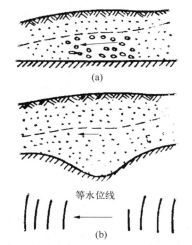

图 6-3 潜水面形状与含水层透水性
和厚度的关系

曲率的倾斜曲面，在工程上称为"浸润面"，其高端在分水岭，低端在河湖等低洼地区。在某些情况下，如在潜水湖处，潜水面可以是一水平面。

潜水面的起伏程度和变化主要受地质、地貌和人类活动的影响，其形状是其自身状态和环境因素综合作用的结果。它不仅反映地质、地貌、气候等环境条件的影响，同时也反映潜水的流向、水力梯度、流速、埋藏条件等自身要素的特征。山区地形起伏剧烈，潜水面的坡度及其变化较大；平原地区地形平坦，潜水面的坡度及其变化较小。在河网对地面的切割程度相同的情况下，河间地带含水层透水性越好，潜水埋深越大，潜水面就越平缓。含水层岩性和厚度的变化对潜水面的形状也有显著影响。如果沿潜水流方向含水层因岩性变粗而透水性增大，或因厚度增大而过水断面面积增大，潜水面的坡度将会趋于平缓（图6-3）。人工抽取地下水和地下水人工回灌，都将会改变局部地区潜水面的坡度。

2. 潜水面的表示方法

潜水面一般有两种表示方法，即地质剖面图和潜水等水位线图，其中后者在实际工作中应用广泛。

潜水等水位线是指潜水面上水位相等点的连线，绘有潜水等水位线的地形图称为潜水等水位线图。垂直于潜水等水位线顺其梯度方向由高水位指向低水位即为潜水的流向（严格地说是潜水流向的水平投影）。相邻两条等水位线的水位差除以其水平距离即为潜水面坡度，潜水面坡度不大时可视其为潜水水力梯度，常为千分之几至百分之几。利用潜水等水位线图，可以确定潜水流向，计算潜水面坡度，合理布设排灌水渠、提水井等水工建筑物。配合以同一地区的地形图，可以计算潜水埋深和含水层厚度，判断泉、沼泽等地下水露头的出露地点，确定潜水与地表水体的水力联系。

（三）潜水与地表水的关系

潜水与地表水之间存在着密切的相互补给与排泄关系，亦即水力联系。在靠近江河、湖库等地表水体的地区，潜水常以潜水流的形式向这些水体汇集，成为地表径流的重要补给水源。特别在枯水季节，降水稀少，许多河流依靠地下潜水补给。但在洪水期，江河水位高于地下潜水水位时，潜水流的水力梯度形成倒比降，河水向两岸松散沉积物中渗透，补给地下潜水。汛期一过，江河水位低落，储存在河床两岸的地下水重回河流。上述现象称为地表径流的河岸调节，此种调节过程往往经历整个汛期，并具有周期性规律。通常距离河流越近，潜水位的变幅越大，河岸调节作用越明显。在平原地区，这种调节作用影响范围可向两岸延伸 1～2km。

潜水与地表水之间的水力联系一般有三种类型：①周期性水力联系。这种类型多见于大中型河流的中下游冲积、淤积平原。如果平原上地下水隔水层处于河流最低枯水位以下，亦即河槽底部位于潜水含水层中，在江河水位高涨的洪水时期，河水渗入两岸松散沉积物中，补给潜水，部分洪水储存于河岸，使得河槽洪水有所消减；枯水期江河水位低于两岸潜水位，潜水补给河流，于是原先储存于河岸的水量归流入河，从而起到调节地表径流的作用。②单向的水力联系。这种类型常见于山前冲积扇地区、河网灌区及干旱沙漠区。这些地区的地表江河水位常年高于潜水位，河水常年渗漏，不断补给地下潜水。③间歇性水力联系。这是介于单向水力联系和无水力联系之间的一种过渡类型。通常在丘陵和低山区潜水含水层较厚的地区比较多见。在这些地区，若隔水层的位置介于河流洪枯水位之间，地下潜水与地表河水之间就可能存在间歇性水力联系。洪水期河水水位高于潜水位，河流与地下水之间发生水力联系，河流成为地下潜水的间歇性补给源；而在枯水期，地表水与地下水脱离接触，水力联系中断，此时潜水仅在出露点以悬挂泉的形式出露地表。因此，间歇性水力联系仅存在部分的河岸调节作用。

三、承压水

（一）承压水的概念与特征

充满于两个稳定隔水层之间的含水层中具有承压水头的地下水称为承压水。承压含水层上部的隔水层称为隔水顶板，下部的隔水层称为隔水底板，隔水顶板底面与底板顶面之间的垂直距离称为承压含水层的厚度。当钻孔揭穿含水层顶板时，即可在钻孔中顶板底面见到水面，该水面的高程称为初见水位。受到静水压力的作用，钻孔中的初见水位会不断上升，直至升到水柱重力与静水压力相平衡，水位才会趋于稳定，此时的静止水位称为承压水位，或称为测压水头、承压水头等。顶板底面高程与承压水位之间的距离称为压力水头或承压高度。承压水位高于地面高程时称为正水头，低于地面高程时称为负水头。具有正水头的承压水可自溢流出地表，称为自流水或全自流水；具有负水头的承压水只能上升到地面以下某一高度，称为半自流水。有时承压含水层因压力小而未被水完全充盈，含水层中的水不具有压力水头而存在自由水面，这种地下水称为无压层间水，是潜水和承压水的过渡形式。

承压水具有以下特征：①从力学性质看，承压水具有压力水头。这是承压水最基本的特征。承压水充满于两个隔水层之间，承受静水压力，顶板被揭穿时可以自动流出地表或上升至近地表处，天然露头处常形成泉。②从埋藏条件看，承压水一般埋藏于地下较深的部位，上部有稳定隔水层的存在，不与地表发生直接的联系，受当地气候和地表水变化的影响较小，水量和水质较为稳定，不易被地面污染源污染，但一旦被污染不易消除。③从分布、补给与排泄条件看，承压水的分布区、补给区与排泄区不一致。承压水含水层上部存在稳定隔水顶板，使其不能直接从上部接受大气降水和地表水的补给，主要是通过含水层出露地表的"天窗"部位获得潜水的补给，并通过范围有限的排泄区排泄，因而其分布区、补给区和排泄区是分离的。承压水的分布区即承压区，补给区一般位于分布区水位较高的一侧，排泄区一般位于分布区水位较低的一侧。④从动态变化看，承压水的季节变化较小，动态较为稳定。承压水含水层上部稳定隔水层的覆盖，使其受当地气候和地表水的影响较小，水量和水质的季节变化较小，动态稳定，是良好的供水源。但是由于其上部受到隔水层的隔离，与大气和地表水的联系较差，水循环较为缓慢。当埋藏深度很大时，承压水的补给水量很小，不宜作为主要供水源。⑤从水质的变化看，承压水的水质具有垂直分带现象。是自上而下一般依次为低矿化的重碳酸盐型水、中等矿化的硫酸盐型水、高矿化的氯化物型水，水质逐渐变差。承压水的水质主要取决于埋藏条件及其与外界联系的程度。与外界联系越密切，参加水循环越积极，承压水水质就越接近于入渗的大气降水与地表水。与外界联系越差，水循环越缓慢，水的含盐量就越高。埋藏深度很大的承压水由于受隔水层的封闭，与外界几乎不发生联系，经过漫长的溶滤和浓缩作用，可以形成含盐量很高的卤水。

（二）承压水形成的地质构造条件

承压水的形成主要取决于适宜的地质构造条件。适宜形成承压水的地质构造是向斜构造和单斜构造，水文地质学中将适宜于形成承压水的向斜盆地构造称为构造盆地、向斜盆地或自流盆地，将适宜于形成承压水的单斜构造称为承压斜地、自流斜地或单斜蓄水构造。

1. 承压盆地

承压盆地可以是大型复式构造，也可以是小型单一向斜构造。承压盆地可分为补给区、承压区和排泄区三个部分（图6-4）。补给区一般在盆地边缘地形较高的部位，接受大气降水和地表水的补给。此处的地下水不承压，为具有自由水面的潜水，水分循环交替强烈。承压区一般位于盆地的中部，为承压水的分布区，分布范围最大，水循环交替较弱。排泄区位于盆地边缘的地形低洼地段，在被河流切割的地方，地下水常以上升泉的形式出露地表。

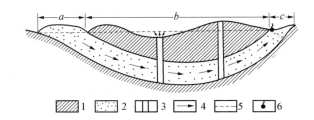

图6-4　承压盆地示意图

1.隔水层；2.含水层；3.不自喷的钻井；4.地下水流向；5.承压水位；6.泉

2. 承压斜地

承压斜地主要由单斜岩组所组成，其特征是含水层自身的倾没端没有阻水条件，常靠其他地质现象起阻水作用。承压斜地阻水的成因主要有三种：①含水层和隔水层相间分布，并向同一方向倾斜，而使充满于两个隔水层之间的含水层中的地下水承压。这种现象常见于山前承压斜地[图 6-5（a）]。②含水层上部出露地表，下部发生尖灭，岩性变为透水性较差的种类，而使含水层中的地下水承压[图 6-5（b）]。③含水层倾没端被断层或岩体封闭，使含水层中的地下水承压[图 6-5（c）]。承压斜地亦可划分为补给区、承压区和排泄区三个部分，但其位置视情况而定，既可补给区、排泄区和承压区分列于承压斜地的两侧和中部，又可补给区和排泄区同居一侧而承压区居于另一侧。

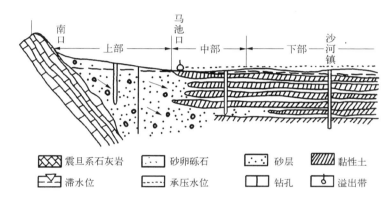

（a）南口冲洪积扇水文地质剖面

上部：径流带；中部：溢出带；下部：承压带

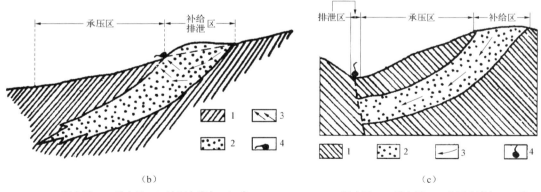

（b）

1. 隔水层；2. 透水层；3. 地下水流向；4. 泉

（c）

1. 隔水层；2. 透水层；3. 地下水流向；4. 泉

图 6-5 承压斜地示意图

（三）承压水等水压线

承压水等水压线是指某承压含水层中承压水位相等点的连线。将承压水等水压线绘于同一幅图上，即可得到承压水等水压线图，又称等承压水位线图。承压水面是一虚拟水面，实际中是看不到的,常与地形不相吻合。因此,承压水等水压线图通常应附含水层顶板等高线。

承压水等水压线图有许多用途,利用它可以确定承压水的流向、埋藏深度、承压水头和水力梯度,并可服务于承压水开采条件评价、井孔布设等实际工作。但是,仅根据等水压线图,无法判断承压含水层和其他水体的补给关系。因为任一承压含水层接受其他水体的补给必须同时具备两个条件:第一,其他水体的水位必须高于此承压含水层的承压水位;第二,其他水体与该含水层之间必须有联系通道。而这两个条件利用承压水等水压线图是无法确定的。

四、潜水与承压水的相互转化

在自然与人为条件下,潜水与承压水经常处于相互转化中。除构造封闭条件下与外界没有联系的承压含水层外,所有承压水基本上都是由潜水转化而来,或由补给区的潜水侧向流入,或通过弱透水层接受潜水的补给。

孔隙含水系统中不存在严格意义的隔水层,只有作为弱透水层的黏性土层,其中的承压水与潜水的转化更为频繁。山前倾斜平原缺乏连续的、厚度较大的黏性土层,地下水基本上均具潜水性质。进入平原后,作为弱透水层的黏性土层与砂层交互分布。浅部发育的潜水赋存于砂层与黏性土层中,深部分布着由山前倾斜平原潜水补给形成的承压水。由于承压水水头高,在此通过弱透水层补给其上部的潜水。因此,在这类孔隙含水系统中,天然条件下存在着山前倾斜平原潜水转化为平原承压水,最后又转化为平原潜水的过程。

天然条件下,平原区潜水同时接受来自上部的降水入渗补给和来自下部的承压水越流补给。随着深度的加大,降水补给的份额减少,承压水补给的比例加大。同时,隔水性能较强的黏性土层向下也逐渐增多。因此,含水层的承压性是自上而下逐渐增强的。换言之,平原区潜水与承压水的转化是自上而下逐渐发生的,二者的界限不是截然分明的。在开采条件下,深部承压水的水位可以低于潜水,这时潜水便反过来成为承压水的补给源。

基岩组成的自流斜地中,由于断层不导水,天然条件下潜水及与其相邻的承压水均通过共同的排泄区以泉的形式排泄。含水层深部的承压水基本上是停滞的。如果在含水层的承压部分打井取水,井孔周围承压水位下降,潜水便全部转化为承压水而通过井孔排泄。

由此可见,作为地下水类型的划分,潜水和承压水的界限十分明确,但是自然界中的情况十分复杂,远非简单的分类所能包容,实际情况下往往存在着各种过渡与转化状态,切忌用绝对的、固定不变的观点去分析水文地质问题。

第三节 地下水的运动

一、渗流的基本概念

根据岩石空隙中水的饱和程度,地下水运动有非饱和水运动和饱和水运动之分。其中前者包括结合水运动和毛管水运动;后者为重力水运动,是水文学研究的主要内容。重力地下水在岩石空隙中的运动称为渗流或渗透,发生渗流的区域称为渗流场。

地下水渗流有多种类型。根据地下水运动过程中渗流要素(水位、流速、流向、水力梯度等)随时间的变化情况,可将地下水渗流划分为稳定流和非稳定流。在地下水运动过程中,各种渗流基本要素均不随时间发生变化的地下水流称为稳定流，有任意一个及以上基本要素发生变化的地下水流称为非稳定流。根据研究过程中考虑的地下水渗流方向的多少，可将地下水流划分为一维流（线状流）、二维流（平面流）和三维流（立体流）。根据地下水的流态，可将地下水流划分为层流和紊流。地下水运动过程中，水质点做有序、互不混杂的平行运动的水流称为层流，水质点做无序、相互混杂的乱流运动的水流称为紊流或湍流。地下水的流态可以雷诺数大小来判断。

定量描述地下水渗流运动的指标是渗流基本要素，其中最主要的是渗流速度和水力梯度。

渗流速度 V 是指单位时间内地下水运动的距离，数值上等于渗流量 Q 与过水断面面积 F 之比，即

$$V=Q/F \tag{6-8}$$

应该说明的是，渗流是地下水在岩石空隙中的运动，受到岩石固体骨架的影响，其实际过水断面面积应为 nF，其中 n 为岩石的孔隙度，因此地下水的实际平均运动速度 u 应为 $u=Q/nF=V/n$。由于岩石的孔隙度 n 总是小于 1 的，故渗流速度 V 必然大于实际平均流速 u。但是，工程中实际应用的仍是渗流速度 V。

水力梯度 I 又称水力坡度，是指地下水运动过程中克服阻力所形成的单位距离 L 内的水头损失 Δh，即

$$I=(h_1-h_2)/L=\Delta h/L \tag{6-9}$$

式中，h_1 和 h_2 分别为地下水在上、下游 1、2 两断面的水头。地下水面在垂向剖面上的投影即水力梯度。水力梯度的大小决定着渗流速度的大小，二者呈正相关关系。地下水在渗流过程中，克服沿程阻力要产生水头损失，表现为水头下降曲线，该曲线称为潜水面下降曲线，反映了渗流速度的大小。水力梯度大，曲线的曲率半径就小，表明渗流速度大；水力梯度小，曲线的曲率半径就大，表明渗流速度小。地下水面线上各点的水位不同，坡度不一，所以曲线上任一点的水力梯度用曲线上该点的斜率表示。

二、渗透的基本定律

（一）线性渗透定律

1. 线性渗透定律——达西定律

线形渗透定律是关于重力水在多孔介质中渗流运动的基本定律，由达西（Darcy）于 1856 年基于大量渗流试验而提出。他的实验结果表明，单位时间内地下水渗流量 Q 与水力梯度 I、过水断面面积 F 和渗透系数 K 成正比，即

$$Q=KFI \tag{6-10}$$

两端同除以 F，得
$$V=KI \tag{6-11}$$

式中，V 为地下水的渗透速度。式（6-11）表明，地下水的渗透速度 V 与水力梯度 I 成正比，被称为达西定律。由于在此式中渗透速度 V 与水力梯度 I 呈线形关系，故又称为线性渗透定律。

在达西试验中，假设含水介质是均质、各向同性的，地下水在圆管中做一维稳定渗流运

动。也可以将其推广到二维和更为一般的三维情况，在渗流场中建立直角坐标系，如以 v_x，v_y，v_z 表示沿着三个坐标轴方向的渗流速度分量，则有

$$v_x = K \cdot \frac{\partial H}{\partial x}; \quad v_y = K \cdot \frac{\partial H}{\partial y}; \quad v_z = K \cdot \frac{\partial H}{\partial z} \tag{6-12}$$

$$v = v_x i + v_y j + v_z k \tag{6-13}$$

式中，i、j、k 分别为三个坐标轴上的单位矢量，给出了渗流速度场和水头场之间的相互关系。

由达西试验总结出的达西定律是对地下水渗流规律性的认识，其合理性在理论上也得到了以能量守恒定律为基础的推导证实。达西定律是地下水渗流理论的重要基础，在应用领域是水文地质定量计算和各种水文地质过程定性分析的重要依据。它的出现是地下水动力学作为一门学科诞生的标志。

2. 渗透系数的物理意义

渗透系数 K 又称水力传导系数，是表征含水介质透水能力的重要水文地质参数。由达西定律可知，渗透系数 K 在数值上等于水力梯度为 1 时的渗流速度，与渗透速度有着相同的度量单位。建立渗透系数 K 的精确理论计算公式比较困难，通常通过试验方法或经验估算法来确定。渗透系数 K 值的大小与含水介质的性质有关，如粒径大小、粒级组成、颗粒排列方式、胶结密实程度等；还与液体的性质有关，如液体的黏滞性、水温、水压、矿化度等。在这些众多的影响因素中，岩石颗粒的粒径大小和液体的黏滞性对渗透系数的影响最为显著。颗粒的粒径越大，渗流液体的黏滞性越小，岩石的渗透系数 K 值就越大。渗透系数 K 与液体黏滞性的关系为

$$K = k_0 \gamma g / v \tag{6-14}$$

式中，k_0 为内在透水率；γ 为水的密度；v 为液体的黏滞性系数；g 为重力加速度。不同类型的岩石，渗透系数差异很大，主要是它们的粒径不同所造成的（表 6-1）。

表 6-1 常见松散岩石的渗透系数 （单位：m/d）

岩石类型	渗透系数 K	岩石类型	渗透系数 K
黏土	<0.001	中砂	5～20
亚黏土	0.001～0.1	粗砂	20～50
亚砂土	0.10～0.50	砾石	50～150
粉砂	0.50～1.0	卵石	100～500
细砂	1.0～5.0		

3. 达西定律的适用条件

达西定律提出之后，长期被认为其适用于层流流态的任何地下水运动，故曾被称为层流渗透定律。20 世纪 40 年代以后，大量实验证明，达西定律并非适用于所有的地下水层流运动，其适用范围要比层流的范围小。研究表明，达西定律的适用范围是雷诺数 Re＜10 时的地下水渗流运动。

液体流态的判断指标是无量纲的雷诺数 Re，其表示式为

$$Re = ud / v \tag{6-15}$$

式中，u 为地下水的渗流速度；d 为岩石颗粒的平均粒径；v 为地下水的黏滞系数。实验表明，随着雷诺数 Re 的不断增大，多孔介质中液体的流动状态经历三个区域：①线性层流区：临界雷诺数 Re 为 1～10，黏性力占优势，达西定律成立；②非线性层流区（过渡区）：临界雷诺数 Re 为 60～150，为主要被惯性力制约的层流，达西定律不成立，当雷诺数 Re 到达上限临界雷诺数范围附近时，开始出现层流与紊流的过渡；③紊流区：高雷诺数 Re 区域，惯性力占优势，达西定律不成立。由此可见，达西定律适用的上限为 Re =1～10，下限为地下水起始运动的水力梯度，即产生重力水流动的临界状态。

大量实践表明，达西定律在绝大多数情况下适用于孔隙含水层中的渗流；对于井孔周围或基坑边缘，当由于强烈抽水形成紊流状态渗流时，则不适用；对于一定条件下的裂隙含水层与岩溶含水层中的渗流可适用。

（二）非线性渗透定律

当地下水呈紊流状态，即当雷诺数 Re 大于 10 时，不再遵循达西定律。紊流的渗流速度 V 与水力坡度 I 之间不是线性关系，而是呈非线性关系。1912 年谢才提出了适用于紊流状态的渗流运动规律，其表达式为 $Q=KFI^{1/2}$ 或 $V=KI^{1/2}$。其实，适用于各种流态的渗流运动规律的形式应为

$$Q=KFI^{1/m} \tag{6-16}$$

或

$$V=KI^{1/m} \tag{6-17}$$

式中，m 为流态指数，取值为 1～2。

式（6-16）和式（6-17）是适用于各种流态饱和渗流的一般性定律，达西线性渗透定律和谢才非线性渗透定律都是其中的一种特例。当 $m=1$ 时，属渗流速度很小的层流线性定律，即达西定律；当 $1<m<2$ 时，属渗流速度较大的层流非线性定律；当 $m=2$ 时，属渗流速度很大的紊流非线性定律，即谢才非线性渗透定律。

三、地下水的补给与排泄

地下水系统通过参与自然界的水循环，以各种方式不断从外界获得补给水源，以径流的方式不断地将水量排泄向外部环境。通过水量的补给和排泄过程，实现了地下水系统与外界的水量、能量与盐分的交换，使地下水系统的水不断得到更新。由此可见，地下水的补给和排泄是地下水循环的两个基本环节，也是地下径流形成的基本条件。地下水补给与排泄的方式、数量及其变化，对地下水运动，地下水资源数量和质量的动态变化等均有很大影响。

（一）地下水的补给

地下水含水层从外界获得水量的过程称为地下水的补给。地下水的补给来源主要有大气降水入渗补给、地表水下渗补给、含水层间补给、凝结水补给及人工补给等。

1. 大气降水入渗补给

大气降水抵达地表后便向土壤孔隙渗入。如果雨前土壤极端干燥，降水量足够大，则入渗水先形成土壤薄膜水，达到最大薄膜水后填充毛细孔隙形成毛细水；当土壤含水率超过田

间持水量时形成重力水，并持续下渗补给地下水。降水入渗过程十分复杂，影响因素众多，主要有降水特征、包气带岩性和厚度、潜水位埋深、地形、地表植被等，它们对降水入渗补给量均有影响。降水入渗补给量可以利用土层包气带水量平衡方程进行估算。包气带水量平衡方程式为

$$W_v = (h-h_s)(W_m-W_0) \tag{6-18}$$

式中，W_v 为包气带土层的蓄水能力；h 为雨前地下水埋深；h_s 为地下水面以上毛管水上升高度；W_m 为田间持水量；W_0 为雨前土层平均含水量。次降水入渗补给量 W_p 的估算公式为

$$W_p = P - R_s - (h-h_s)(W_m-W_0) \tag{6-19}$$

式中，P 为降水量；R_s 为地表径流量。降水入渗补给量也可以利用降水入渗系数进行估算。降水入渗系数 α 为年降水入渗补给地下水量 W_a 与年降雨总量 P_a 的比值，即

$$\alpha = W_a/P_a \tag{6-20}$$

2. 地表水下渗补给

地表水与地下水之间存在的水力联系，使地表水成为地下水的补给源。二者之间的相互补排关系主要取决于二者水位的对比关系。在没有人为干预（人为铺设防渗墙、防渗膜等）的情况下，当地表水位高于地下水位时，就会形成地表水对地下水的下渗补给。地表水下渗补给与降水入渗补给有诸多相同的地方，估算方法也相似。它们的主要区别有二：第一，地表水的补给面较窄，仅限于地表水的分布区域；第二，地表水的补给时间较长，发生于地表水体有水的整个时期。在干旱区的平原或者盆地，由于气候干旱少雨，降水对地下水的补给量往往较小，而发源于山区的河流由于源头高山冰雪融水和降水比较充沛，常成为地下水的主要补给源。

3. 含水层间补给

当相邻含水层之间存在水头差且有联系通道时，水头高的含水层便会对水头低的含水层形成补给。当隔水层空间分布不稳定时，在其缺失部位两相邻含水层便会通过"天窗"发生水力联系。当开采钻孔穿越多层含水层而止水不良时，也会使含水层发生垂向上的水力联系。在水平方向上，当研究含水层在边界处有侧向的水平径流流入时，称为侧向补给。在垂向方向上，当两个含水层通过其间的弱透水层发生水量的交换时，称为越流补给。地下水的水平径流补给量可以利用基于地下水运动理论所建立的有关方法进行估算，越流补给量可以根据达西定律进行估算。弱透水层越薄，隔水性能越弱，两含水层水头差越大，两层间的越流补给量就越大。由于弱透水层的渗透系数往往很小，所以单位面积上的越流补给量是十分小的，但是由于其补给面积很大，因此含水层间的越流补给量仍是十分可观的。

4. 凝结水补给

在高山、沙漠等昼夜温差大的地区，凝结水对地下水的补给也具有一定的意义。在夏天，白昼时分大气和土壤同时吸收热量，温度增加；到晚上，由于热容量的差异，土壤降温快于大气。当地温降低到一定的程度时，土壤空隙中的水汽达到饱和，就会凝结成水滴。同时，由于地温明显低于气温，地面大气的水汽压高于土壤空隙的水汽压，从而引起大气水汽向土壤空隙的运动。如此不断补充，不断凝结，当形成足够的液滴状水时，便下渗补给地下水。

5. 人工补给

地下水的人工补给包括灌溉水回渗补给、工业和生活废污水排放下渗补给、人工回灌补给等。随着人口、社会、经济的不断发展，灌溉水量和人工废污水排放量日益增大。为防止因地下水超采而引起水资源、水环境和环境地质等问题，人工回灌水量也不断增多。因此，人工补给在地下水各种补给源中所占的比重越来越大。但是灌溉回归水、工业和生活废污水往往含有大量的污染物质，此类补给会造成地下水的污染，对此问题应给予足够重视。

（二）地下水的排泄

含水层向外界排出水量的过程称为地下水的排泄。地下水的排泄方式主要有泉水溢出、向地表水泄流、地下水蒸散发、含水层间排泄和地下水的人工排泄等。

1. 泉水溢出

泉是地下水的天然露头，属于集中式点状排泄方式。泉是地下水的主要排泄形式之一，也是水文地质调查的主要对象和良好的天然供水源。根据补给泉含水层的性质，可以将泉分为上升泉和下降泉两大类。上升泉为地下水在压力水头作用下由地下涌出地表而形成的泉。上升泉由承压水补给，泉水在水压作用下呈上升运动并向外排泄，流量相对比较稳定，水温年变化较小。上升泉的形成主要与地质构造和侵蚀切割有关，根据地下水上升出露于蓄水构造的关系，可分为断层泉、自流斜地上泉和自流盆地上升泉三类。断层泉是指当断层沟通下部承压含水层，承压水沿导水断面上升至地表而形成的泉。自流斜地上泉是指承压水在自流斜地排泄区边缘涌出地表而形成的泉。自流盆地上升泉是指承压水在向斜自流盆地一翼或中心部位上涌出地表而形成的泉。下降泉为地下水在重力作用下自由流出地表而形成的泉。下降泉主要由潜水或上层滞水补给，地下水在重力作用下溢出地表，水量和水温等水文要素的季节变化较为明显。按照形成条件，下降泉可分为悬挂泉、侵蚀泉、接触泉、堤泉四类。悬挂泉是指石灰岩面上的上层滞水或潜水沿石灰岩倾斜面流出地表而形成的悬挂于岩壁之上的泉。侵蚀泉是指由河谷或冲沟下切揭露潜水或上层滞水含水层而形成的泉。接触泉是指当河谷切割至含水层下的隔水层时，地下水沿两地曾接触面流出地表而形成的泉。堤泉又称溢出泉，是指潜水在流动过程中受到隔水层的阻挡壅高水位溢出地表而形成的泉。当地下水集中于某点排泄于河、湖底部时，还会形成水下泉。

2. 向地表水泄流

当河床切割含水层，地下水位高于地表水位时，地下水呈带状向河流或其他地表水体排泄，成为地下水的泄流。泄流是地下水的重要排泄方式之一。泄流量即水文学中的河流基流量，其量的多少取决于含水层的透水性能、河床切穿含水层的面积、地下水与地表水的水位高差，可以通过绘制并分割流量过程线的方法概略确定，亦可通过水文模型、水文统计等方法求得。

3. 地下水蒸散发

地下水的蒸散发包括土面蒸发和叶面蒸腾两部分，是浅层地下水消耗的重要途径之一。当潜水位埋藏较浅，大气相对湿度较低的时候，地下水可以沿着潜水面上的毛细孔隙上升，毛细弯液面上的水不断由液态转化为气态，逸入大气。由于蒸发会使盐分滞留于毛细带上缘，因此强烈的蒸发排泄会造成土壤表层的盐渍化。影响土面蒸发的主要因素是气候、潜水位埋深及包气带的岩性。植物在生长过程中，会经由根系吸收土壤中的水分，通过叶面蒸发散逸。

与土面蒸发不同，植物的蒸散作用深度主要受植被根系分布深度的控制。同样，叶面蒸发只消耗水分，不带走盐类。但是根系在吸收水分的同时，会吸收一部分溶解盐类，不过只有喜盐植物才会吸收较大量的盐分。

4. 含水层间排泄

类似于含水层间的补给，在研究含水层与相邻含水层之间存在水头差且有联系通道时，便会形成含水层间的排泄。在水平方向上，当研究含水层在边界处有侧向的水平径流流出时，称为侧向排泄。在垂向方向上，当两个含水层通过其间的弱透水层发生水量的交换时，称为越流排泄。

5. 地下水的人工排泄

随着人工开采地下水量的快速增长，地下水量日益减少，地下水位逐年降低。在强采水区，区域性的水位下降形成大面积地下水位降落漏斗，改变了天然的地下水排泄方式，导致蒸散发量大为减少，泉流量减小甚至干枯，使地表排泄流量减小甚至反过来补给地下水。

第四节　地下水的动态与均衡

地下水动态是指地下水水位、水量和水质等要素的时空变化，主要是含水层水量、盐量、热量等物质和能量收入与支出不平衡的结果。地下水动态和其补给与排泄有着密切的关系，补给与排泄的状况决定着地下水动态的基本特征，地下水动态反映了补给与排泄的对比关系。当地下水系统物质和能量的补给量与消耗量相等时，地下水处于均衡状态；当补充量小于消耗量时，地下水处于负均衡状态；当补充量大于消耗量时，地下水处于正均衡状态。天然状态下的地下水多处于动态均衡状态，在人类活动的影响下，地下水可能会出现负均衡或正均衡状态。天然状态下地下水的动态变化一般具有极为缓慢的趋势性或明显的周期性，在人类活动扰动下，其变化速率可大大加快。天然条件下，地下水动态是地下水埋藏条件和形成条件的综合反映。根据地下水的动态特征，可分析地下水的埋藏条件，区分含水层的不同类型等。地下水动态与均衡研究不仅有助于了解地下水的形成机制和运动变化规律，而且对地下水资源评价、预测预报和合理开发利用也具有重要意义。

一、地下水的动态

（一）地下水动态的影响因素

地下水动态是含水层对环境影响所产生的响应。影响地下水动态变化的因素有自然因素和人为因素两类，其中前者包括气象气候、水文、地质地貌、土壤生物等因素；后者包括人工抽取和排泄地下水、人工回灌，以及耕作、植树造林、水土保持等活动。

气象因素对潜水动态影响最为普遍。降水和蒸发直接参与了地下水的补给与排泄过程，是引起地下水各要素发生时空变化的主要原因之一。气温升降对潜水蒸发强度变化有显著影响，并会引起地下水温的波动和水化学特征的变化。气候因素对地下水动态的影响主要表现为形成了地下水要素的日、年和多年等周期性变化，浅层地下水的日、年变化尤为明显和强烈。这种现象还因为气候要素的地域差异性而具有地域分异规律。但是由于受到其他影响因素的制约，与气候要素相比，地下水的动态变化速度和程度要缓和得多，且存在滞后现象，滞后的时间长短则视地下水的补给和排泄条件而定。在有的地区，地下水最高水位或泉最大涌水量会比降水峰值滞后 3～5 个月甚至更长。

水文因素对于地下水动态的影响主要取决于地表水与地下水的水位差和地下水与地表水之间的水力联系。地表水补给地下水而引起地下水位抬升时，随着与河流距离的增加，水位变幅逐渐减小。河水对地下水动态的影响一般可达数百米至数千米。

地质地貌因素对地下水的影响通常反映在地下水的形成特征方面，其中包气带厚度与岩性控制着地下水位对降水的响应。潜水埋藏深度越大，对降雨脉冲的滤波作用越强，相对于降水时间，地下水抬升的时间滞后越长。地质构造决定了地下水的埋藏条件，地貌条件控制了地下水的汇流条件，这些条件的变化，将会形成地下水动态在空间上的差异性。此外，局部地区的地震、火山喷发等地质现象亦能引起局部地区地下水动态发生剧变。

生物和土壤因素通常会通过影响下渗和蒸发，间接影响地下水的动态，表现为地下水的化学特征和水质的动态变化。

天然条件下，由于气候因素在多年中趋于某一平均状态，含水层或含水层系统的补给量与排泄量在多年中保持平衡状态。人类活动改变了地下水的天然动态，进而会对地下水的动态产生影响。人类活动对地下水动态的影响有直接和间接两类，前者如人类的打井抽水、人工回灌等一系列活动，其目的为直接影响和控制地下水动态；后者如为农田灌溉、城乡供水与排水等修筑的各种拦水、引水、蓄水、灌溉和排水等工程，虽然其目的并非针对地下水动态，但是活动本身会对地下水动态产生影响。人类活动对地下水造成的影响极为广泛而深刻，并且随着人类社会的发展还将不断地扩大和加深。

（二）地下水动态的特征

地下水动态影响因素所存在的时空变化，导致地下水动态也具有显著的时间变化和地域分异规律，并且二者的特点具有相当明显的共性。尤其是易受外界环境条件影响的浅层地下水，这种时空分布上的特征更加明显。

1. 地下水动态的地域特征

受自然地理环境地域分异规律的作用和影响，地下水的地域性差异十分明显，下面以我国为例说明。我国地域辽阔，南北之间自然地理条件差异很大，自然环境复杂多样，地下水动态呈现出明显的地带性分异规律，山地区则存在着较为明显的垂直分异。

（1）地下水动态的地带性分异。我国自南向北地下水动态变化具有明显的地域分异规律。华南地区降水丰沛，年内分配相对均匀，各月降水量相差甚小，广州市最大月降水量与最小月降水量仅差 15mm，地下水位起伏次数多，高差不大，呈现锯齿状的多峰形态。华北地区降水较少且集中于夏季，7～9 月降水量占全年降水量的 60%～70%，冬春降水稀少，地下水位过程线呈现不对称的单峰形式，水位年较差大，一般低水位出现在春夏之交，高水位出现在 8～9 月。东北地区年降水量多于华北，冬季漫长，固态降水比例大，冰雪期长达 5～6 个月，土壤冻结期可达 160 天，土壤冻结深度达 2～4m。地下水动态过程线呈和缓单峰形，4 月出现最低水位，5 月以后随着冻土融化，逐渐补给地下水，水位逐渐上升，7～8 月降水增多，水位明显上涨。

（2）地下水动态的垂直分异。地下水动态的垂直分异在我国西北内陆地区有明显的表现，其他地区一般不明显，其原因是西北内陆地区地表高差大，气候垂直变化显著。以祁连山地至河西走廊为例，山顶降水量达 400～500mm，终年积雪，有多年冻土带；海拔 3800～4500m 地带为季节性冻土带；山麓及山前倾斜平原地带干旱少雨，地下水主要依靠高山积雪融水补给。祁连山地区一般每年 4～9 月为融冰期，融水自源头下泄，河水沿途入渗，沿山麓→山前倾斜平原→河西走廊低平原沼泽地带发生径流，以蒸发的形式排泄至大气。该地区的地下水动态过程相应地自上向下可划分为四个带，即高山带、山麓带、山前倾斜平原带和低平原沼泽水带，各带水位动态过程及水质均存在着明显差异。

2. 地下水动态的多年变化特征

地下水动态的时间变化有日、年和多年变化，其中前两者主要由气候因素影响而形成，后者主要由天文因素影响而形成。如前所述，地下水动态的日、年变化规律与气候因素的日、年变化规律具有高度的一致性，且具有变化幅度更小、时间滞后的特征。地下水动态的多年变化较为明显，并具有一定的准周期性。有研究表明，地下水的多年动态与太阳黑子活动周期变化有关。例如，我国北京地区、苏联卡明草原地区的井水位多年变化具有和太阳耀斑相同的 11 年变动周期；俄罗斯圣彼得堡的地下水位呈现出较为明显的 30 年变动周期；德国维纳河威特比斯克城的地下径流变化呈现出 19 年变动周期，这说明地下水动态还存在其他因素的影响。

（三）地下水动态类型

根据补给与排泄条件和地下水变动特征，可将地下水动态划分为六种成因类型。

（1）渗入-蒸发型。主要分布于干旱、半干旱的平原区与山间盆地。地下水主要从降水和地表水获得补给，消耗于蒸发。地下水以垂向运动为主，水平径流微弱。在开发利用上，宜发展井灌事业，既可人工调控地下水，又利于防治土壤盐渍化和沼泽化。

（2）渗入-径流型。主要分布在地下水径流条件比较好的山麓冲积扇及山前地带。补给主要来自大气降水和地表水入渗，排泄以水平径流为主，蒸发消耗量相对较少。由于地下径流同时排泄水中盐分，所以长期来说水质矿化度越来越小。此类地下水在开发利用上，宜采用截流建筑物，截取地下径流以供使用。

（3）过渡型。主要分布于气候比较湿润的平原地区。由于当地降水丰沛，在满足了蒸发之后，仍有盈余以地下径流形式侧向排泄，故兼有径流和蒸发两种排泄形式。长期来说水质亦日趋淡化。

（4）人工开采型。主要分布于强烈地下水开采地区。地下水动态要素随着地下水开采量的变化而变化，汛期地下水位上升也不明显，或有所下降。当开采量大于地下水的年补给量时，地下水水位逐年下降。

（5）灌溉型。主要分布于引入外来水源发展灌溉地区。包气带土层有一定的渗透性，地下水埋藏深度不大，地下水水位明显随灌溉期的到来而上升。

（6）越流型。主要分布于垂直方向上有含水层与弱透水层相间的地区。开采条件下越流表现明显。当开采含水层水位低于相邻含水层时，相邻含水层（非开采层）的地下水将越流补给开采含水层，水位动态随开采层次的变化而变化。

二、地下水的均衡

（一）地下水均衡方程

地下水均衡是地下水系统各要素在循环变化中各个环节的数量平衡关系，包括水量均衡、盐分均衡和热量均衡等。水量均衡是地下水各要素均衡中最基本的均衡，也是其他要素均衡的基础。

地下水均衡方程是以水量平衡方程为基础而建立的。进行地下水均衡计算的地区称为"均衡区"，它最好是一个完整的地下水流域；进行均衡计算的起讫时间称为"均衡期"，可按特定的要求而定。在均衡计算期间，如果地下水的水量收入大于支出，必然表现为地下水储存量增加，称为"正均衡"；反之，如果收入小于支出，则称为"负均衡"；如果水量收支相等，即认为地下水处于动态均衡状态。地下水均衡方程的一般表达式为

$$(P_g + R_1 + E_1 + Q_1) - (R_2 + E_2 + Q_2) = \Delta W \tag{6-21}$$

式中，P_g 为大气降水入渗量；R_1 为地表水入渗量；E_1 为水汽凝结量；Q_1 为自外区流入的地下水水量；R_2 为补给地表水的量；E_2 为地下水蒸发量；Q_2 为流入外区的地下水水量；ΔW 为地下水水流系统中的储水变量，由均衡期内包气带水变量（ΔC）、潜水变量（$\mu \Delta H$）和承压水变量（$s_c \Delta H_p$）所组成。式（6-21）亦可写为

$$P_g + (R_1 - R_2) + (E_1 - E_2) + (Q_1 - Q_2) = \Delta C + \mu \Delta H + s_c \Delta H_p \tag{6-22}$$

式中，μ 为潜水含水层的给水度；s_c 为承压水的储水系数（或称释水系数）；ΔH 为潜水位变幅；ΔH_p 为承压水头的变幅。式（6-21）和式（6-22）即为地下水均衡方程，是建立潜水均衡方程和承压水均衡方程的基础。

（二）地下水的均衡

1. 潜水的均衡

如果潜水含水层与下伏承压含水层之间存在水力联系，在上述地下水均衡方程的基础上考虑越流补给量，即得潜水均衡方程

$$(P_g + R_1 + E_1 + Q_1 + Q_n) - (R_2 + E_2 + Q_2) = \mu \Delta H \tag{6-23}$$

式中，Q_n 为承压水越流补给量。

若不存在越流补给现象，潜水隔水底板平坦、水力梯度小，渗透系数 K 亦比较小，Q_1、Q_2 极小，基本上无地下水向地表的排泄，当 R_2 可不计时，式（6-23）可改写为

$$P_g + R_1 - E_2 = \mu \Delta H \tag{6-24}$$

在多年平均状况下，$\mu \Delta H \to 0$，则

$$\overline{P}_g + \overline{R}_1 - \overline{E}_2 = 0 \tag{6-25}$$

式中，$\overline{P}_g$ 为多年平均降水量；$\overline{R}_1$ 为多年平均地表径流量；$\overline{E}_2$ 为多年平均蒸发量。这是大多数干旱、半干旱地区渗入–蒸发型的潜水平衡方程。

2. 承压水的均衡

承压水一般埋藏较深且有隔水顶板的阻隔，短期的降水、蒸发变化对其影响很小，其动

态变化仅与补给区的气候、水文要素的多年变化有关，故通常以多年平均状况来讨论承压水的均衡。多年平均状况下，许多承压水均衡参数，如包气带水量变化、地表水量变化等均趋近于零。如果研究区域为封闭的承压盆地，与邻近地区不发生水量交替，则该承压盆地的承压水均衡方程为

$$\overline{P} - \overline{R} - \overline{E} - \overline{Q}_a = \overline{Q}_0 \qquad (6\text{-}26)$$

式中，$\overline{P}$ 为多年平均降水量；$\overline{R}$ 为补充区多年平均地表径流量；$\overline{E}$ 为补给区多年平均蒸发量；$\overline{Q}_a$ 为补给区潜水排泄多年平均值；$\overline{Q}_0$ 为补给区渗入承压水的多年平均水量，或盆地排泄区内多年平均排泄量。

（三）地表水与地下水的转化

地表水与地下水之间存在着互补关系，在人工开采地下水的情况下，二者之间的关系会发生变化。基于地下水均衡方程，分析自然条件下和人工开采条件下地表水与地下水之间的相互转化及均衡关系，具有十分重要的意义。

自然条件下的流域多年平均水量平衡方程为

$$\overline{P} = \overline{R}_s + \overline{R}_g + \overline{E}_s + \overline{E}_g + \overline{\mu} = \overline{R} + \overline{E} + \overline{\mu} \qquad (6\text{-}27)$$

式中，$\overline{P}$ 为多年平均降水量；$\overline{R}_s$ 为多年平均地表径流量；$\overline{R}_g$ 为多年平均地下径流量或河流基流量；$\overline{E}_s$ 为多年平均地表、土壤和植物的蒸散发量；$\overline{E}_g$ 为多年平均潜水蒸发量；$\overline{\mu}$ 为多年平均地下潜流量；$\overline{R}$ 为多年平均河流径流量，$\overline{R} = \overline{R}_s + \overline{R}_g$；$\overline{E}$ 为多年平均流域总蒸发量，$\overline{E} = \overline{E}_s + \overline{E}_g$。其中，有

$$\overline{P}_g = \overline{R}_g + \overline{E}_g + \overline{\mu} \qquad (6\text{-}28)$$

式中，$\overline{P}_g$ 为多年平均降水入渗补给量。

人工开采地下水可引起流域地下水均衡各要素的变化。例如，平原地区地下水的开采，将导致降水入渗补给量、地表蒸散发量的增加和地表径流量、地下径流量或河流基流量、潜水蒸发量的减少。如以 $\Delta \overline{P}_g$ 和 $\Delta \overline{E}_s$ 分别表示多年平均的降水入渗补给和地表蒸散发的增加量，$\Delta \overline{R}_s$、$\Delta \overline{R}_g$ 和 $\Delta \overline{E}_g$ 分别表示多年平均的地表径流、地下径流和潜水蒸发的减少量，以 $\overline{V}$ 表示地下水开采的多年平均净消耗量，则流域水量平衡方程可改写为

$$\overline{P} = (\overline{R}_s - \Delta \overline{R}_s) + (\overline{R}_g - \Delta \overline{R}_g) + (\overline{E}_s - \Delta \overline{E}_s) + (\overline{E}_g - \Delta \overline{E}_g) + \overline{V} + \overline{\mu} \qquad (6\text{-}29)$$

相应地多年平均降水补给量计算公式也可改写为

$$\overline{P'_g} = \overline{P}_g + \Delta \overline{P}_g = (\overline{R}_g - \Delta \overline{R}_g) + (\overline{E}_g - \Delta \overline{E}_g) + \overline{V} + \overline{\mu} \qquad (6\text{-}30)$$

式中，$\overline{P'_g}$ 为开采条件下的多年平均降水入渗补给量。

经简化整理，得

$$\overline{V} = \Delta \overline{R}_s + \Delta \overline{R}_g + (\Delta \overline{E}_g - \Delta \overline{E}_s) \qquad (6\text{-}31)$$

$$\Delta \overline{P}_g = \Delta \overline{R}_s - \Delta \overline{E}_g \qquad (6\text{-}32)$$

由此可知，地表水、地下水是水资源的两种存在形式，它们之间互相联系，互相转化，

在开发利用地区水资源过程中，如果地下水开采多了，必然导致当地地下潜流量与河川基流量减少，甚至引起河流断流，泉水枯竭。同样，地表水的大量开发利用，亦会影响地下水，使其补给量明显减少，尤其是河流上游地区大规模修建蓄水工程，会使下游平原地区地下水资源受到严重影响。因此，为了合理利用区域水资源，必须对地表水与地下水统筹兼顾，全面考虑。

复习思考题

1. 试述岩石含水空间的类型及其定量指标。

2. 试述含水性、容水性、透水性的含义及其定量指标。

3. 何为含水层与隔水层？含水层的富水性等级是如何划分的？

4. 何为蓄水构造，它的构成条件是什么？

5. 试述地下水的分类。

6. 何为潜水，它有哪些基本特点？

7. 试述潜水面的形状及其表示方法。

8. 何为承压水，它有哪些基本特征？

9. 试述承压水形成的地质构造条件。

10. 试述地下水渗流的基本定律。

11. 试述渗透系数的物理意义。

12. 试述地下水补给与排泄的基本形式。

13. 地下水的动态类型有哪些，它们的基本特点是什么？

主要参考文献

曹剑锋, 迟宝明, 王文科, 等. 2006. 专门水文地质学. 3 版. 北京: 科学出版社.

黄锡荃. 1993. 水文学. 北京: 高等教育出版社.

王大纯, 张人权, 史毅虹, 等. 1998. 水文地质学基础. 3 版. 北京: 地质出版社.

王蕊, 王中根, 夏军. 2008. 地表水和地下水耦合模型研究进展. 地理科学进展, 27(4): 37-41.

薛禹群. 1997. 地下水动力学. 2 版. 北京: 地质出版社.

周维博, 施垌林, 杨路华. 2007. 地下水利用. 北京: 中国水利水电出版社.

Bear J. 1972. Dynamics of Fluids in Porous Media. New York: Elsevier.

Bodman C B, Coleman E A. 1944. Moisture and energy conduction during downward entry of water into soil. Soil Sci. Soc. Am. Proc. , 2 (8): 166-188.

第七章　水质与水资源

第一节　水资源开发与利用

水资源是人类社会发展不可或缺的重要自然资源之一，在生产与生活活动中具有广泛的用途和不可替代的作用。随着人口的增长和社会经济的发展，人类对水资源的需求日益增加，而地球上可供利用的水量有限，加之水资源的时空分布不均和人类对水资源的污染日益加剧，水资源紧缺问题日益突出，世界各国均不同程度地出现了水资源危机。因此，加强水资源研究，以获取合理开发利用和保护水资源的途径，是当前全世界所面临的一个紧迫的重大课题，受到全世界人们的广泛关注。

一、水资源的概念与分类

（一）水资源的概念与特性

关于水资源的概念，目前尚无统一认识，国内外文献中对水资源的定义有多种。英国《大不列颠大百科全书》将水资源定义为自然界全部任何形态的水，包括气态水、液态水和固态水。联合国《水资源评价活动——国家评价手册》给出的水资源定义为可资利用或有可能被利用的水源，具有足够的数量和可用的质量，并能在某一地点为满足某种用途而被利用。斯宾格列尔在其著作《水与人类》中，认为水资源为某一区域的地表水和地下水储量，并把水资源划分为更新非常缓慢的永久储量和年内可以恢复的储量两类。《中国大百科全书》定义水资源为地球表层可供人类利用的水，包括水量（质量）、水域和水能资源，但主要是指每年可更新的水量资源。《中国水资源初步评价》将水资源定义为逐年可以得到恢复的淡水量，包括河川径流量和地下水补给量，大气降水是它们的补给来源。《中国水资源评价》提出的水资源定义为当地降水形成的地表和地下产水量，即此区域水资源总量。《中华人民共和国水法》第二条所称谓的水资源是指地表水和地下水。

上述水资源的定义在文字表述和所定义的水资源范围上均有一定差异，广义的水资源包括自然界所有的水，狭义的水资源仅指逐年可以得到恢复的淡水。如何定义水资源，编者认为水资源应满足以下几项要求：①在当前的经济技术条件下，可为人类开发利用；②能够满足用水的水质要求；③补给条件好，水量可以得到不断地更新。只要是能够满足以上要求的水体，均属于水资源的范畴。因此，可以将水资源定义为当前的经济技术条件下可为人类开发利用，满足一定水质要求的动态水体，它可以为人类提供一定数量的水量、水能和水域。

与其他自然资源相比，水资源具有一些其自身固有的特性。

1. 蕴藏量的循环更新性

水在常温下的三态共存特性和太阳辐射能、地心引力对其的作用，使得自然界的水不断发生着蒸发、水汽输送、降水和径流等形式的运动，从而处于周而复始的循环过程之中。在水循环的同时，水体的水量不断得到更新，处于动态平衡状态。由于水循环是无限的和连续发生的，虽然地球上水的总量不变，但是从时间上来说，水资源是取之不尽、用之不竭的，其时间蕴藏量是无限的。只要人们的取水速度不超过水资源的更新速度，就可以达到水资源可持续利用的目的。

2. 时空分布的不均匀性

区域水资源的多寡和时间变化情况，在极大程度上取决于降水的时空分布规律。降水具有明显的区域差异和时间变化，从而使得水资源在时空分布上具有明显的不均匀性。水资源的地区分布受到海陆位置、地理纬度、大气环流及地形的影响，表现出纬度地带性分异规律、干湿度分异规律和垂直带性分异规律。其时间变化则有年内变化和年际变化规律。水资源时空分布的不均匀性，使得各地及同一地区不同时间的水量有盈有亏，给水资源的开发利用带来了一定困难，并且由于水量时间变化的不稳定性，常导致水旱灾害的发生。

3. 数量的有限性

从水循环的角度来看，水资源的数量是无限的。然而水循环受到速度的限制，参加循环的水量是有限的。如果人类取水的速度超过了水循环的速度，就会动用静态储量，而这部分水量是难以得到及时补充的，从而就会导致水资源量的日益减少。循环过程的无限性和更新量的有限性决定了水资源在一定的限度内才是取之不尽、用之不竭的。在水资源开发利用中，不应破坏水资源的更新环境。为了保护自然环境和维持生态平衡，一般不应动用水资源的静态储量，即取水量不应超过水资源的多年平均补给量。

4. 利用的广泛性和作用的不可替代性

水资源既是生产资料，又是生活资料，在人们的日常生活和国民经济建设中有着广泛的用途。许多部门利用水的方式各不相同，农业灌溉、工业和城市生活用水主要是消耗水量，水力发电主要是利用水能，水产养殖、水道航运用水主要是利用水体和水环境。因此，一个水体的利用，会形成各部门之间的用水矛盾。水的溶剂性和流动性，决定了水资源在多方面具有不可替代的作用，归纳起来有三种，即维持人类及其他生物的生命活动、维持国民经济各业的生产活动和维持优良的生态环境。水资源利用的广泛性和作用的不可替代性，是水资源开发利用中各部门、各区域之间用水矛盾产生的原因之一。因此，在水资源开发利用规划中，应遵循统筹兼顾、保障重点的原则，科学、合理地分配水资源，以求收到水资源利用的经济、社会和生态环境三方面的良好效益。

5. 经济上的二重性

水是客观存在的自然物质，水文过程具有其特定的自然规律。在当前的科学技术条件下，人类还不能实现对水文过程的完全控制。水资源不是只会给人类带来福利，在水资源时空分布不均匀性的作用下，还常会形成洪涝和干旱灾害，造成重大的经济损失并危害人类的生命安全。因此，在开发利用水资源时，必须重视水资源在经济上的合理开发，兼顾兴水利、除水害的双重目的。

（二）水资源的分类

关于水资源的分类，目前尚无统一的分类系统。不同学者从不同的角度进行分类，提出了多种水资源分类方案。

按照水资源的赋存空间，可将其分为地表水资源和地下水资源。其中前者包括河流、湖泊、沼泽、冰川、积雪等地表水体；后者包括地下水、地下冰、土壤水等。地下水依据其力学性质可以分为潜水和承压水，按照埋藏深度可以分为浅层地下水、深层地下水等。此外，尚有"中水资源"之说，指的是城市通过下水道排水系统所排放的污水、废水。

按照水资源的特殊物理性质和化学性质，可将其分为淡水资源、卤水资源、热水资源、矿泉水资源、肥水资源等，它们均因具有某一方面的特殊物理性质或化学性质而具有特殊的用途。

按照水资源开发利用方式，可将水资源分为水量资源、水能资源（又称水力资源）、水域（水面、水深）资源等。

按照水资源的形成地区，可将其分为当地水资源和过境水资源。其中前者是指由当地的降水、冰雪融水、地下水等形成于当地的地表水资源和地下水资源；后者又称入境水资源、客水资源等，是指形成于境外而流经研究区域的河流水资源和人工跨区域调水资源。

二、水资源计算与评价

水资源计算是指区域地表水资源量、地下水资源量和水资源总量的计算；水资源评价是指在满足水质要求的前提下，以水量计算和未来水资源需求量预测为基础，确定水资源的可利用量或可开采量，进行区域水资源供需分析。水资源计算与评价一般包括资料收集与整理、水资源量计算和水资源供需分析三个步骤，其中水资源供需分析包括可供水资源量估算、水资源需求量预测和水资源供需关系分析三项内容。

（一）资料的收集与整理

水资源评价的工作内容涉及面较多，资料收集的范围较广，只要是与水资源及其开发利用有关的资料均在收集之列。归纳而言，应收集的资料主要有以下四类：水文气象资料、流域特征资料、水资源开发利用工程资料和各部门用水情况资料。资料的收集方法主要是到有关部门收集各种已有观测资料、统计资料、相关专项报告及综合报告等。另外，根据资料收集中存在的不足和问题，尚需有重点地进行补充调查和考察。

现行水文计算模型与实际水文过程存在一定的差异，加之日益频繁和强烈的人类活动的影响，天然状态下的河川径流特征已经发生了显著变化。为了提高计算精度，需要对水文资料进行技术性处理。即水文资料的检查与整理。水文资料检查与整理的重点，是对资料进行可靠性、代表性和一致性分析。

收集得到的资料来源不同，精度不一，加之一些主观因素的影响，往往具有"失真"现象，因此有必要对资料可靠性进行审查分析，尤其是对有战争、动乱、重大自然灾害、水文站迁址、观测方法改变等事件发生的年份的资料，更需进行可靠性分析。资料可靠性分析主要是采用对比方法，与参证地区的资料进行比较，发现研究地区资料存在的问题。一旦发现资料有疑，就需对其进行仔细审查，甚至复查原始资料。

收集到的资料常常是通过典型调查而得，资料系列长度有限，可以看作从总体中抽取的样本。这些样本资料应能正确反映总体的实际情况，代表地区水文状况的基本特征，否则便缺乏代表性。单纯依据某地区的资料系列，无法判断该资料系列自身代表性的好坏，必须参证其他信息来进行代表性分析，如自然条件相同或相近的相邻地区的水文和气象资料长期系列、太阳黑子数、大气环流指数等。实际工作中，资料的代表性分析就是选择在成因上具有联系、并且具有较长长度的参证信息资料，与研究地区资料进行对比分析。参证地区的资料系列应包含完整的丰水、平水和枯水周期。当参证地区资料的统计参数比较稳定时，用其来代表总体，判断研究地区实测资料与总体的接近程度，并做必要的修正。

资料的一致性是指资料形成的基础一致，即具有相同的成因和条件。人类活动的影响常会导致流域条件的变化，进而引起水文特征的改变，导致河川径流失去原有的联系性和一致性，水文观测资料不能真实反映当地径流的固有规律。这就要求对实测资料进行还原改正，把已经改变的实测径流资料还原到统一的基础上，即要求现有样本系列具有统一的总体分布规律，以便进行径流的统计计算与分析。因此，资料一致性分析又称为资料的还原计算。

（二）水资源量的计算

区域水资源一般由地表水资源和地下水资源所组成，二者具有不同的特征和运动规律，估算的方法也不同。因此，水资源量计算的思路是先分别计算地表水资源量和地下水资源量，然后以此为基础计算区域水资源总量。水资源量计算的主要内容是确定区域多年平均水资源量和不同水平年（频率为25%的丰水年、频率为50%的平水年、频率为75%的偏枯年、频率为90%的枯水年）的水资源量。

1. 地表水资源量的计算

区域地表水资源量计算的主要任务是统计计算多年平均地表径流量和不同水平年的地表径流量。在有些情况下，还包括统计计算径流量的年内分配和年际变化及区域分布规律。

根据区域气候、下垫面条件及地表径流量实测资料情况，地表水资源量计算常选用不同的计算方法，如代表站法、等值线法、年降水径流关系法、水文比拟法等。

1）代表站法

代表站法是指在研究区域内选择一个或数个基本能够控制全区、实测径流资料系列较长并且具有足够精度的代表站，将代表站的年径流量按面积比例的方法移用到整个研究区域，从而推求区域年径流量的方法。若代表站控制面积与研究区域面积差别不大且产流条件基本相同，可以该代表站的径流量为依据，按式（7-1）计算区域径流量。

$$W_{研} = \frac{F_{研}}{F_{代}} W_{代} \tag{7-1}$$

式中，$W_{研}$、$W_{代}$ 分别为研究区域、代表站的年径流量；$F_{研}$、$F_{代}$ 分别为研究区域、代表站的区域面积。若研究区域内气候和下垫面条件差异较大，则应选择两个或两个以上代表站，先根据各代表站的径流量分别计算各分区的径流量，然后按式（7-2）计算全区域的径流量。

$$W_{研} = \frac{F_{研_1}}{F_{代_1}} W_{代_1} + \frac{F_{研_2}}{F_{代_2}} W_{代_2} + \cdots + \frac{F_{研_n}}{F_{代_n}} W_{代_n} \tag{7-2}$$

式中，$W_{研}$ 为研究区域的年径流量；$W_{代_1}, W_{代_2}, \cdots, W_{代_n}$ 分别为代表站1,代表站2,$\cdots$,代表站 n 的年径流量；$F_{研_1}, F_{研_2}, \cdots, F_{研_n}$ 分别为研究区域1，研究区域2，$\cdots$，研究区域 n 的区域面积；$F_{代_1}, F_{代_2}, \cdots, F_{代_n}$ 分别为代表站1，代表站2，$\cdots$，代表站 n 的区域面积。

2）等值线法

等值线法是指依据包含研究区域在内的面积更大区域的径流量等值线图推求研究区域年径流量的方法。应用此法推求区域年径流量的步骤是：首先计算研究区域内每相邻两条径流量等值线间的面积 F_i（i=1, 2, …, n）；然后按相邻两径流量等值线的平均值计算 F_i 的年径流深 R_i；最后按式（7-3）计算研究区域的年径流量 R。

$$R = \frac{1}{F} \sum_{i=1}^{n} F_i R_i \qquad (7\text{-}3)$$

式中，R 为研究区域的年径流量；F 为研究区域的区域面积。

　　3）年降水径流关系法

　　年降水径流关系法是指选择代表流域内具有实测降水径流资料的代表站建立降水径流相关关系，并以此推求研究区域年径流量的方法。若研究区域与代表区域的气候和下垫面条件相似，可采用此法。

　　4）水文比拟法

　　水文比拟法是指将代表区域的径流资料移置于研究区域以推求研究区域年径流量的方法。在无实测资料的区域，可采用此法推求年径流量。此法的关键是选择合适的代表区域，要求是：研究区域与代表区域属于同一气候区，气候条件具有较高的一致性；区域面积差异不大，一般为10%～15%；影响产流的下垫面条件相似；代表区域有 30 年以上的长期径流观测资料。

2. 地下水资源量的计算

　　平原区和山丘区地下水的特征与运动规律不尽相同，因此，区域地下水资源量先按平原区和山丘区分别计算，然后计算区域地下水资源总量。

　　1）平原区地下水资源量的计算

　　平原区地下水的计算通过计算地下水的补给量来实现，其中地下水补给量包括降水入渗补给量、河流渗漏补给量、山前侧渗补给量、渠系渗漏补给量、灌溉回归补给量、越流补给量等。

　　降水入渗补给量是指降水渗入土壤形成的重力水对地下水的补给水量，其计算方法有入渗系数法和地下水动态分析法等。降水入渗系数法是依据降水入渗补给量占降水量的比例，即降水入渗系数来计算降水入渗补给量的方法，计算公式为

$$Q_{降} = \alpha P F \qquad (7\text{-}4)$$

式中，$Q_{降}$ 为降水入渗补给量；α 为降水入渗补给系数；P 为降水量；F 为研究区域的面积。地下水动态分析法是依据地下水渗流基本定律，即达西定律来计算降水入渗补给量的方法，计算公式为

$$Q_{降} = \Delta H \mu F \qquad (7\text{-}5)$$

式中，ΔH 为降水入渗引起的地下水位上升幅度；μ 为给水度。

　　河流渗漏补给量是指河流水量下渗所形成的地下水补给水量，其计算方法有断面测流法和断面法等。断面测流法是依据河流水量平衡方程来计算降水入渗补给量的方法，计算公式为

$$Q_{河渗} = \left[(Q_{上} - Q_{下}) - E_0 \beta L \right] T \qquad (7\text{-}6)$$

式中，$Q_{河渗}$ 为河流渗漏补给量；$Q_{上}$、$Q_{下}$ 分别为河流上、下断面的流量；E_0 为河流水面蒸发量；β 为河流水面宽度；L 为河段长度；T 为计算时段。断面法是依据达西定律来计算降水入渗补给量的方法，计算公式为

$$Q_{河渗} = KJLhT \qquad (7\text{-}7)$$

式中，K 为含水层渗透系数；J 为水力坡度；h 为含水层厚度。

山前侧渗补给量是指山前地带地下水以地下径流方式补给平原区地下水的水量，一般采用断面法来计算，计算公式为

$$Q_{侧补} = KJL_s hT \tag{7-8}$$

式中，$Q_{侧补}$ 为山前侧渗补给量；L_s 为山前地带长度；其他符号意义同前。

渠系渗漏补给量是指引水渠系水量下渗所形成的地下水补给水量，计算公式为

$$Q_{渠系} = m_{渠} Q_{首引} \tag{7-9}$$

式中，$Q_{渠系}$ 为渠系渗漏补给量；$m_{渠}$ 为渠系渗漏补给系数，即渠系渗漏补给量占渠首引水量的比例；$Q_{首引}$ 为渠首引水量。

灌溉回归补给量是指农田灌溉水量下渗所形成的地下水补给水量，计算公式为

$$Q_{回归} = \beta_{灌} Q_{灌} \tag{7-10}$$

式中，$Q_{回归}$ 为灌溉回归补给量；$\beta_{灌}$ 为灌溉水量入渗补给系数，即灌溉入渗补给水量占灌溉水量的比例；$Q_{灌}$ 为灌溉水量。

越流补给量是指不同含水层间因水量交换而形成的补给水量，计算公式为

$$Q_{越} = \Delta H F \sigma T \tag{7-11}$$

式中，$Q_{越}$ 为越流补给量；ΔH 为两含水层的水头差；σ 为越流补给系数，即两含水层间弱透水层的渗透系数与其厚度的比值；T 为计算时段。

2）山丘区地下水资源量的计算

山丘区地下水的计算通过计算地下水的排泄量来实现，其中地下水排泄量包括河流基流量、河床潜流量、泉水出露量、侧渗流出量、地下水开采消耗量、潜水蒸发量等。

河流基流量是指河流径流量中由地下水渗漏补给而形成的那部分水量。河流基流量是山丘区地下水向河流的主要排泄项，也是水资源量计算中地表水量与地下水量重复计算的部分。河流基流量一般通过分割河流断面流量过程线求得，也可通过经验公式计算计得。河流基流量的分割方法有直线分割法、直线斜割法等。

河床潜流量是指河流在出山口处以潜流形式补给地下水的水量。河流出山口处的河床往往被厚度较大的第四纪沉积物所覆盖，河流的河床未能深切至基岩，部分河流径流量以潜流形式下泄转变为地下水。这部分水量未被水文站径流测验所测到，即未包含在河流径流量或基流量中，故应单独计算。河床潜流量往往因资料缺乏和水量小而不做计算。如需计算，可以根据达西定律采用断面法求得，计算公式为

$$Q_{潜} = KJAT \tag{7-12}$$

式中，$Q_{潜}$ 为河床潜流量；K 为渗透系数；J 为水力坡度，可以河床比降代替；A 为垂直于地下水流向的河床潜流过水断面面积；T 为计算时段。

泉水出露量是指地下水以泉的形式出露地表的水量。如果泉分布于山前地带，泉的出流水量往往未被计入基流量，就需要单独计算。泉水出露量可以采用调查和实测的方法来确定。

侧渗流出量是指地下水以地下径流的方式排泄至研究区外的水量，通常采用断面法来确定。

地下水开采净消耗量是指人工开采并被消耗的地下水量，一般采用开采净消耗系数法来

计算，计算公式为

$$Q_{采耗} = \delta Q_{采}$$ （7-13）

式中，$Q_{采耗}$ 为地下水开采净消耗量；δ 为地下水开采净消耗系数，即地下水开采净消耗占地下水开采量的比例；$Q_{采}$ 为地下水开采量。

潜水蒸发量是指潜水由于蒸发作用而消耗的水量。潜水蒸发是浅层地下水的主要消耗项目之一，其水量的计算公式为

$$E = E_0 CF$$ （7-14）

式中，E 为潜水蒸发量；E_0 为水面蒸发量；C 为潜水蒸发系数，即潜水蒸发量与水面蒸发量的比值；F 为研究区域面积。

3. 水资源总量的计算

水资源总量即区域地表水资源量和地下水资源量的总和。常用的水资源总量计算方法有两种，叠加法和保证率曲线法。

1）叠加法

为确定区域水资源总量，可将地表水资源量和地下水资源量进行叠加，作为水资源总量。地表水资源量和地下水资源量的叠加，并非简单地将二者相加。由于地表水资源量和地下水资源量有年内变化和年际变化，这就决定了二者的叠加应是相同水平年二者的相加。因此，地表水资源量和地下水资源量的叠加可有三种情况，一是典型年地表水资源量和地下水资源量的相加；二是逐年地表水资源量和地下水资源量相加，然后统计计算最大水资源量、最小水资源量和多年平均水资源量等特征值；三是同步系列多年平均地表水资源量和地下水资源量相加，作为正常年水资源总量。

此外，计算水资源总量时，还应考虑因地貌影响而产生的水资源重复计算量。如果研究区域为单纯的平原区或山丘区，则区域水资源总量为地下水各项补给量或排泄量之和。如果研究区域属于混合地貌区，则还应在各项补给量和排泄量之和中扣除重复计算量。此时，区域水资源总量的计算公式为

$$W = W_{地表} + W_{地下} - W_{重复}$$ （7-15）

式中，W 为区域水资源总量；$W_{地表}$ 为区域地表水资源总量；$W_{地下}$ 为区域地下水资源总量；$W_{重复}$ 为区域水资源重复计算量。

2）保证率曲线法

依据保证率曲线计算水资源总量的方法有两种，一是分别统计和绘制地表水资源量和地下水资源量保证率曲线，然后进行同保证率地表水资源量和地下水资源量的叠加，得到不同保证率的水资源总量；二是依据叠加后的水资源总量系列，统计和绘制水资源总量保证率曲线，据此得到不同保证率的水资源总量。

（三）水资源供需分析

1. 可供水资源量的计算

1）可供水资源量的概念与影响因素

区域的天然水资源量需经过蓄水、引水、提水、调水等各类工程设施的运行，方能全部

或部分地成为可供水资源量。而受到供水工程能力的影响，和高级别区域水资源规划确定的水资源分配指标的限制，区域的天然水资源量并非能够全部成为当地的可供水量。因此，区域的可供水资源量往往小于水资源量总量。由此可见，区域可供水资源量是指由区域水资源条件、水资源分配指标和供水工程能力所决定的，不同水平年、不同保证率的可以利用的水资源量。在一定时期之内，区域的天然水资源是相对不变的，高级别区域水资源规划确定的水资源分配指标也是相对稳定的，而供水工程的供水能力则是会发生变化的，因此，区域的可供水资源量是一个动态变化的水量。

区域可供水资源量的大小，受到多种因素的影响，主要因素有以下几个：①水资源条件。水资源数量、时空分布的变化，都会影响到可供水资源量的多少。区域内水资源量越丰富，可供水资源量就越大，反之越小。水资源时空分布变化越剧烈，则水资源的保证程度就越低，可供水资源量就越小，反之越大。②用水要求与条件。不同年份的用水结构和规模、地区差异、保证度要求、合理用水水平等会有较大差异，它们都对可供水资源量有着较大影响。③供水工程条件。供水工程的供水能力、不同运用方式、调节能力等，对可供水资源量有着较大影响。④水质条件。不同水平年的水资源泥沙含量和污染程度等，也对水资源供给量有着较大影响。严重的水质污染，会在很大程度上减少可供水量。

2）可供水资源量的计算方法

区域可供水资源量可通过两种途径来计算，即按供水系统可供水量、区域综合可供水量来计算。

（1）供水系统可供水量的计算。考虑到区域供水系统一般由多个供水工程所组成，区域水资源供应量应按先上游后下游、先支流后干流的顺序，按照水量平衡原理逐个计算单元进行计算。某个单元计算公式为

$$W_{供} = W_{区供} + W_{调供}$$
$$= W_{表供} + W_{下供} + W_{调供} \tag{7-16}$$

式中，$W_{供}$ 为区域可供水资源量；$W_{区供}$ 为当地水资源可供水资源量；$W_{调供}$ 为区外调水可供水资源量；$W_{表供}$ 为当地地表水可供水资源量；$W_{下供}$ 为当地地下水可供水资源量。其中：

$$W_{区供} = W - W_{调出} - W_{弃} \tag{7-17}$$

式中，W 为当地天然水资源量；$W_{调出}$ 为由本区调出的水资源量；$W_{弃}$ 为本区弃水量。

（2）区域综合可供水量的计算。区域可供水量是区域内各单元可供水量之和，而各单元的水量丰枯情况不尽相同，因此在计算区域可供水资源量时，应考虑到这种情况。具体处理方法有二：第一，按整个区域某一保证率选择典型年，用该典型年水资源的时空分布特征，计算各单元的可供水资源量，相加后作为全区的可供水资源量。第二，某个或数个主要计算单元按与全区相同的保证率计算可供水资源量，其他单元采用相应频率的可供水资源量，相加后作为全区的可供水资源量。

2. 需水量的预测

需水量预测一般是先进行行业需水量预测，然后以此为基础，预测区域水资源需求总量。

1）工业需水量预测

工业需水量是指工矿企业生产过程中用于制造、加工、空调、冷却、净化、洗涤及职工

生活等方面的需水量。在预测工业需水量时，由于所掌握的现状资料、预测的目的和用途、企业所在城市的性质，以及工业发展水平、工业结构和布局等的不同，所采用的预测方法也不相同。具体的工业需水量预测方法很多，归纳起来可分为产量法、产值法、相关法和综合法四类，它们适用的范围不尽相同。一般而言，在做粗线条规划时，多采用产量法和产值法；在做详细规划、供水工程设计、供水计划和节约用水管理时，要求的预测精度较高，常用相关法或综合法，或对多种方法预测结果进行对比论证而确定较为适宜的预测结果。

（1）产量法。产量法是指通过各种工业产品年生产总量和单位产量需水指标推求工业需水量的方法，计算公式为

$$W_{工} = \sum_{i=1}^{n} l_i L_i \tag{7-18}$$

式中，$W_{工}$ 为预测年份工业需水量；l_i 为第 i 种工业产品单位产量需水指标；L_i 为预测年份第 i 种工业产品年生产总量。

产量法具有简便易行、资料容易获得的优点，但是也存在未考虑因工艺改革而形成的单位产量需水指标的未来变化、未来工业结构的变化应用于工业产品种类过多的区域时工作量偏大等缺点。该方法适用于工业结构比较单一、工业品种类较少的新兴工业城市或工矿区需水量的预测，但因产品数量巨大、调查工作繁重而不适宜于综合型城市需水量的预测。

（2）产值法。产值法是通过综合的或分行业的工业生产总值和单位产值需水指标推求工业需水量的方法，计算公式为

$$W_{工} = \sum_{i=1}^{n} r_i R_i \tag{7-19}$$

式中，$W_{工}$ 为预测年份工业需水量；r_i 为第 i 种工业行业单位产值需水指标；R_i 为第 i 种工业行业预测年份年的生产总值。

产量法也具有简便易行、资料容易获得的优点，但是除了存在未考虑因工艺改革而形成的单位产值需水指标的未来变化、未来工业结构的变化等缺点外，还有因未细分工业产品种类而带来的计算结果精度不高的不足。该方法适用于工业部门较为齐全、工业品种类较多的综合性城市。

（3）相关法。相关法是通过建立工业需水量与相关要素之间的相关函数关系来预测未来年份工业需水量的方法。该方法提出的主要目的在于，考虑因工艺改革而形成的单位产值需水指标的未来变化。选择的相关分析参证要素的不同，形成了不同的工业需水量的相关分析方法，常用的有趋势法、增长率法、复相关法等，它们的回归方程形式亦有所区别。

趋势法（时间相关）的回归方程为

$$W_{工} = W_0(1+e)^z \tag{7-20}$$

式中，$W_{工}$ 为预测年份工业需水量；W_0 为起始年份工业需水量；e 为所选用阶段工业需水量年平均增长率；z 为预测时段（年数）。

增长率法（产值相关）的回归方程为

$$W_{工} = W_0(1+EK)^z \tag{7-21}$$

式中，$W_{工}$ 为预测年份工业需水量；W_0 为起始年份工业需水量；E 为工业年产值增长 1% 时相

应的工业需水量的增长率；K 为预测时段年工业产值增长率；z 为预测时段（年数）。

复相关法采用多因子相关分析的方法，预测未来工业需水量。按照选取因子及因子处理方法的不同，复相关法有多种具体的预测方法，如加权系数法、多元回归法等。

加权系数法将实测的单位产值需水量分别与产值和时间进行相关分析，得出两个回归方程，据此分别计算起始年份与产值和时间相关的单位产值需水量，并应用式（7-22）所示的方程组求其加权系数。

$$\begin{cases} xr_R + yr_T = r_0 \\ x + y = 1 \end{cases} \qquad (7\text{-}22)$$

式中，x、y 分别为产值和时间的权重系数；r_R、r_T 分别为起始年份与产值和时间相关的单位产值需水量；r_0 为起始年份单位产值需水量，由历史资料推求而得。利用式（7-22）所示的两个回归方程分别求出 r_R、r_T，再依据未来预测年份的产值和时间序号，利用第一个回归方程经加权平均计算，即可计算未来年份的工业需水量预测值 r。

多元回归法认为，单位需水量的变化主要受工业总产值和工业生产用水重复利用率的影响，并假定二者的关系是线性的，则可建立线性多元回归方程

$$r = a + bR + cD \qquad (7\text{-}23)$$

式中，r 为单位需水量；a、b、c 为回归系数；R、D 分别为年工业生产总值和工业用水重复利用率。利用回归方程，即可进行未来工业需水量的预测。

（4）综合法。综合法是指综合考虑工业结构改变、长远规划制定、用水水平提高等因素对某种预测方法进行适当修正，或综合数种方法的工业需水量预测方法。具体的工业需水预测综合法有多种，下面仅介绍主要考虑提高工业用水重复利用率的综合法。

该方法根据单位产值及工业用水重复利用率复相关的原理，通过简单运算，求得未来年份的单位产值需水量。它主要通过经实际调查所得的起始年份工业用水重复利用率和相关部门所规划的未来年份工业用水重复利用率，来推求未来年份的单位产值需水量。由工业用水重复利用率的定义，有

$$D_0 = \frac{W_0}{W_u} = \frac{W_u - W_s}{W_u} = 1 - \frac{W_s}{W_u} \qquad (7\text{-}24)$$

式中，D_0 为起始年份工业用水重复利用率；W_0 为起始年份工业用水重复利用量；W_u 为工业用水量；W_s 为实际工业供水量。

若用单位产值需水量表示，则为

$$D_0 = 1 - \frac{r_0}{r_{t0}} \qquad (7\text{-}25)$$

式中，r_{t0} 为起始年份单位产值用水量；其余符号含义同前。

2）城乡生活需水量预测

城乡生活用水包括居民用水和公共用水两部分，其量的多少与城镇人口的增长、生活水平和居住条件的提高、城市性质和规模大小等因素有关。一般说来，中、小城市和村镇生活用水以居民用水为主，大城市公共用水占比例相对较大。城乡生活需水量预测方法有许多，通常应用的是"综合用水指标趋势法"，即

$$W_{生} = \sum_{i=1}^{N} w_i r_i p_i \tag{7-26}$$

式中，$W_{生}$为预测年份城乡生活需水量；r_i为预测年份第 i 种用户的人均生活需水指标；p_i为预测年份第 i 种用户的人口数量；w_i为预测年份第 i 种用户的权重。

　　3）农业需水量预测

　　（1）农田灌溉需水量。灌溉需水量为灌溉定额与作物种植面积的乘积，即

$$W_{灌}=MF \tag{7-27}$$

式中，$W_{灌}$为灌溉需水量；M 为灌溉定额；F 为作物种植面积。

　　灌溉定额有净灌溉定额和毛灌溉定额之分，所以，农田灌溉需水量的预测也就有两种途径。

　　净灌溉定额为单位面积作物在整个生育期内所需要的灌溉水量。由净灌溉定额 $M_{净}$与作物种植面积 F 的乘积计算得到的水量为田间需水量 $W_{田}$，即

$$W_{田}=M_{净}F \tag{7-28}$$

灌溉需水量为田间需水量与灌溉损失水量（渠系渗漏量 $S_{渠}$、渠系蒸发量 $E_{渠}$等无效水分损失量 $W_{损}$）之和，即

$$W_{灌}= W_{田}＋W_{损}=W_{田}＋S_{渠}＋E_{渠} \tag{7-29}$$

　　毛灌溉定额 $M_{毛}$为考虑了灌溉无效水分损失量 $W_{损}$的灌溉定额。据其预测灌溉需水量的计算公式为

$$W_{灌}=M_{毛}F \tag{7-30}$$

　　（2）林牧渔业需水量。林业需水量 $W_{林}$主要是指苗圃育苗和果树灌溉用水，一般按苗圃、果园面积或树苗、果树株数和林木灌溉定额估算，计算公式为

$$W_{林}=mA \tag{7-31}$$

式中，$W_{林}$为林业需水量；m 为林木灌溉定额；A 为林地面积或林木株数。各地的林木灌溉定额差异较大，需根据实际调查和实测资料确定。

　　牲畜饲养有家庭舍饲、饲养场集中饲养和牧场放养之分，牧业需水量应对其分别估算，然后相加求得。其计算公式为

$$W_{牧} = \sum_{i=1}^{n} n_i m_i \tag{7-32}$$

式中，$W_{牧}$为预测年份牧业需水量；n_i为第 i 种畜禽养殖数量；m_i为第 i 种畜禽用水定额。

　　渔业需水量仅指养殖水面由于蒸发和渗漏消耗水量所需的补水量，计算公式为

$$W_{渔}=A（aE–P＋s） \tag{7-33}$$

式中，$W_{渔}$为预测年份渔业需水量；A 为养殖水面面积；a 为蒸发器折算系数；E 为蒸发皿实测水面蒸发量；P 为年降水量；s 为年渗漏量。

3. 水资源供需关系分析

　　水资源供需关系分析是指在一定区域、一定时段内，对某一发展水平年和某一保证率的各部门供水量与需水量平衡关系的分析。水资源供需分析是水资源利用研究的一项重要内容，它从宏

观角度分析未来水资源供给与需求的矛盾，找出水资源利用中可能出现的问题，并尽可能地提出解决水资源问题的途径，可为制定区域社会与经济发展规划提供水资源方面的决策依据。

区域水资源供需关系分析是一项复杂的基础性课题，研究方法尚不完善，目前常用的方法是利用区域水资源供需平衡表来进行分析（表 7-1 和表 7-2）。亦有学者提出以供水和用水平衡为基础，建立供水余缺程度分析模型，采用系统分析的方法进行区域水资源供需平衡分析。

表 7-1 地区×阶段×水年供需关系分析表

项　目			月　份											
			1	2	3	4	5	6	7	8	9	10	11	12
来水量	产水量	当地地表和地下水量												
		过境水量												
		合计												
	可用水量	当地地表和地下水量												
		过境水量												
		合计												
需水量	农业用水量													
	工业用水量													
	城市供水量													
	其他用水量													
	不可预见用水预留量													
	总计													
供需关系	余水量													
	缺水量													
	废泄水量（出境水量）													

表 7-2 ×地区水资源供需关系估算汇总表

项目			近期				近期	远景
			25%	50%	75%	90%	…	…
来水量	资源量							
	可利用量	地表						
		地下						
		合计						
	地表	来量						
		可用量						
		出境量						
	地下	储藏量						
		可开采量						
		未利用量						

续表

项目			近期				近期	远景
			25%	50%	75%	90%	…	…
需水量	总用水量							
	其中	农业						
		工业						
		城市供水						
		其他						
		不可预见						
	由地表供水量							
	由地下供水量							
供需关系	余水量							
	缺水量							
	出境水量							

根据水资源供需分析成果，可以进行区域水资源供需关系评价。《中国水资源利用》在开展我国水资源供需关系分析时，首先，把我国划分为 7 个评价区、31 个评价大区、302 个评价小区；其次，选择 10 个指标，确定它们的 6 级分级标准（表 7-3），进行各区单项指标水资源供需关系评价；然后按照式（7-34）计算各区的水资源供需关系综合评价指数。

表 7-3　中国水资源供需关系评价指标及其分级标准

评价指标	单位	5 级	4 级	3 级	2 级	1 级	0 级
耕地率	亩/km²	>650	400~650	200~400	100~200	10~100	<10
耕地灌溉率	%	>80	60~80	40~60	20~40	0~20	0
人口密度	人/km²	>500	300~500	150~300	80~150	5~80	<5
工业产值模数	万元/km²	>30	15~30	5~15	1~5	0.3~1	<0.3
供（需）水量模数	万 m³/km²	>30	15~30	5~15	1~5	0.3~1	<0.3
人均供水量	m³/人	>800	600~800	400~600	200~400	0~200	0
水资源利用率	%	>50	25~50	10~25	5~10	1~5	<1
缺水率	%	>20	15~20	10~15	5~10	1~5	<1

$$J = \sum_{i=1}^{10} a_i J_{im} \qquad (7\text{-}34)$$

式中，J 为全区域水资源供需关系综合评价指数；a_i 为第 i 项评价指标的权重；J_{im} 为第 m 区第 i 项评价指标的评价指数值；再次，根据 J 值确定区域水资源供需关系评价结论：$J \geqslant 10$ 为缺水区，$5 \leqslant J < 10$ 为基本平衡区，$3 \leqslant J < 5$ 为平衡区，$J < 3$ 为余水区；最后，根据综合评价结论，并从缺水率及其变化、人均需水量、水资源利用率 3 个方面的具体情况，综合分析各区域和全区域的水资源供需形势。

第二节 水质分析与评价

水质是指水的物理、化学和生物性质，包括水的温度、颜色、透明度、味道、气味、无机物质、有机物质、微生物的成分与含量。自然界的水体在水循环过程中，通过降水、蒸发、径流和下渗等，水质发生着复杂的变化，形成了天然水质。自然界的水体都具有一定的自净能力，在自然条件下污染物的浓度一般不会太高。随着工农业的发展和城市规模的扩大，人类排入水体的污染物越来越多。当水体的自净作用不能使水质恢复时，就会形成水体污染，导致水资源的紧缺。因此，水质问题是区域水资源研究的一项重要内容。

一、天然水质

（一）天然水质与溶质径流

自然界中纯净的水是不存在的，所有水体中均含有来自自然界的和人类社会的各种物质。蒸发到达空中的洁净水汽，凝结过程中要求有凝结核的存在；凝成水滴形成降水的过程中，要淋洗大量空气，吸纳一定数量的可溶性物质和非溶解性物质；降水到达地面沿着地表和地下形成径流的过程中，要氧化、溶解大量物质，改变原来的物理和化学性质，从而形成了天然水质。

水体中的溶解物质以离子、分子和胶体的形式呈真溶液和胶体溶液状态随水流的迁移称为溶质径流或化学径流，溶解物质随水流迁移的数量称为溶质径流量。不同学者对全球溶质径流总量的估算结果差异较大，介于 25 亿～50 亿 t。马克西莫维奇 1949 年的估计值与洛帕金 1950 年的估计值较为接近，分别为 37 亿 t 和 36 亿 t，一般认为这一数值是较为正确的。我国的年离子径流总量约为 4.23 亿 t，其中 81.2% 流入太平洋。

影响溶质径流量的自然因素主要有流域面积、产水率和水的矿化度，影响溶质径流化学组成的自然因素主要有风化壳产物的种类和性质。这些影响因素的空间分布是不均匀的，时间变化是不稳定的，因而溶质径流的数量和化学组成也存在区域差异和时间变化。就不同自然地带而言，苔原带的面积较小，河流的水量不大，气温较低，河水的矿化度不高，溶质径流量也较小，仅为 0.62 亿 t/a；热带和亚热带湿润地区河流的矿化度不高但水量巨大，荒漠带地区的水量不大但河水的矿化度很高，所以溶质径流量均较大，分别为 6.2 亿 t/a 和 7.5 亿 t/a。

（二）自然水体的水质特征

各类水体是自然界水循环的基本载体，水中化学物质的迁移转化是自然界物质循环的重要组成部分。各类水体均有其自身的形态特征和环境条件，所以其水质形成过程和时空变化也各具特点。研究各类水体之间的水质联系及其各自的水质特征，对水质保护与控制有着重要作用。

1. 大气降水的水质特征

（1）可以反映大气层的物质组成。大气降水中的物质组成来自大气层，在空中呈悬浮状态。大气水在降落过程中，洗涤近地面大气而获得其中的物质，因此大气降水的水质特征基本上能够反映大气层物质组成的状况。特别是地方性降水分析，对揭示大气污染状况很有帮助。

（2）杂质含量不高，HCO_3^-占优势。在天然条件下，大气降水中的杂质含量一般不高，且随着水汽输送距离的增加而不断减小，近海和干燥地区较高。一般情况下，大气降水中HCO_3^-含量占优势。近海沿岸的降水中Cl^-含量占绝对优势，内陆干燥的盐土地区的降水也会含有大量的Cl^-和SO_4^{2-}，工业区或大城市周围地区的降水中SO_4^{2-}的含量有增高趋势。

（3）污染物质可远距离迁移，扩大污染范围。大气水中的物质呈悬浮态存在，可随大气环流做远距离迁移，输送大气污染物，并扩大污染对地表水和土壤污染的范围，其中酸雨是备受关注的大气污染现象之一。

（4）污染物质含量存在时间变化。降水中的杂质含量比水汽高，降水初期尤其如此。随着降水过程的进行，其含量逐渐减小，最终趋于"稳定"。由于大气中杂质含量有着自然的时间变化，大气流动也会干扰其"稳定性"，因此在采集大气样品时，要注意降水过程的变化特征。

（5）物质含量受降水特征和天气形势的影响。不同降水类型的物质含量不同，天气形势及降水特征也对降水的物质含量有一定的影响。因此，分析大气降水的水质特征时，应充分考虑这些因素的影响作用。

2. 河流的水质特征

（1）矿化度较低，污染后易于恢复。河流与其他陆地水体相比，循环更新周期相对较短，水流与地表物质接触的时间相对较短，水面蒸发较弱，因此矿化度较低，遭受污染后易于恢复，有利于水质的保护。

（2）化学成分受大气降水化学成分的影响较大。在流域内水文、气象条件的影响下，河水化学成分的变化迅速。河水在流动过程中，其化学成分随着水量的增减和支流或坡面水流的汇入而变化。气象条件影响下的大气降水不仅可以改变河流的水文动态，而且也为河水增补了大气中的溶解物质。河水与大气的良好接触，使河水中经常含有大气的化学成分，在一定程度上改变了河流水质。

（3）微量气体成分受水生生物的影响。水生生物的生命活动过程为河水提供了大量有机物质及大气中所没有的微量气体成分，但是生物过程对水中离子和气体成分的作用较弱，气体成分多以分子形态存在。

（4）化学组成的时空变化较大。河水化学成分与水流的补给源密切相关。河水不仅与其他地表水之间有着交换过程，而且与地下水有着水力联系，使得其化学成分复杂多样，主要表现为河水化学组成的沿程变化和时间变化均比较大。

（5）与人类活动有密切关系。河流是人类社会的主要水源，也是人类活动频繁的场所，在许多地区还是废水的排放通道，被污染的机会多，污染物来源广泛、种类复杂。河流一旦遭受污染，既会对人类社会的水源安全产生威胁，也会对人类的生存环境形成破坏，对人类生产和生活活动产生重大影响。

3. 湖泊的水质特征

（1）水流状态特征对水质有显著影响。湖泊的水流迟缓，更新周期长，具有降低水的混浊度和提高透明度的优点。但是，湖泊水流不易混合，会出现水质成分分布的不均一性，深水湖泊或容量大的湖泊更是如此。另外，湖泊的静水环境也会减弱大气的充氧作用。

（2）矿化度较高，并对水化学成分有影响。水在湖泊中的停滞时间较长，与湖盆长时期直接接触，会增强湖水对湖盆岩石、土壤的溶蚀作用。湖面较为宽阔，水面的蒸发作用强烈。因此，湖水的矿化度较高，并且会因此而对湖水化学成分产生影响。例如，高矿化湖水中的盐分的结晶并沉凝析出、湖水与底泥的离子发生作用等，均会引起湖水化学成分的变化。干旱地区的无出流湖具有盐分积聚作用。

（3）湖泊规模对湖水化学成分有影响。湖泊规模大小会对湖水化学成分的变化产生影响，一般而言，大湖的水化学成分比小湖稳定。小湖的水质具有强烈的区域特征，大湖的水质接近于所在区域水质的平均状况。

（4）湖泊水生生物对小型湖泊水质的影响显著。湖泊水生生物对水质的影响较大。受热条件好、矿化度低的小型湖泊，生物活动频繁，往往是影响水质动态变化的主要因素之一。大型湖泊或矿化度高的湖泊，生物作用减弱，甚至消失。

4. 地下水的水质特征

（1）含水层地质条件是水质的主要形成因素。地下水的水质主要取决于含水层的地质条件。大气降水和地表物质的影响仅限于接近地表的含水层。随着埋藏深度的增大，温度和压力的影响随之增大，生物的作用随之减弱。

（2）矿化度高，水质成分多样。地下水的矿化度高，水质成分具有多样性和复杂性。在特殊的地质环境条件下，某种或某些元素含量特别高，甚至使地下水成为有特殊意义的矿水。

（3）水质动态变化较小。大多数深层地下水的水质动态变化较小，化学成分较为稳定。

（4）受人类活动影响较小。地下水的水质受人类活动的影响较小，不易被污染，但一旦遭受污染，不易恢复。

5. 海洋的水质特征

（1）化学成分种类较为齐全，时间变化小。海洋是地表溶质径流的最终归宿，汇集了风化壳中所有的化学元素。海水盐度的时间变化很小，增加速度较慢，但在以后的地质时代中会进一步提高。

（2）溶解物质中 Cl^- 和 Na^+ 含量最大，主要离子含量间的比例恒定。海水中的溶解物质主要以离子状态存在，其中 Cl^- 和 Na^+ 的含量最大。海水的各种运动，使海水得以充分混合，同时海水体积巨大，局部条件不会对整个海洋产生大的影响，因此海水中主要离子含量之间的比例几乎是常数，即海水组成的恒定性。

（3）海水的矿化度存在空间差异。虽然海水组成在某种程度上具有恒定性，但是海水的矿化度并非完全均一，不同海区或同一海区不同深度的矿化度不尽相同，这种变化具有一定的地理规律。

（4）溶质径流和生物沉淀作用对近海和河口水域的化学成分影响显著。海水中化学物质的平衡关系主要取决于陆地溶质径流及生物沉淀作用。生物沉淀作用在近海及海湾水域特别强烈，对氮的化合物及磷的化合物影响尤为显著。在河口地区，河水中的机械悬浮物及有机质与富含电解质的海水发生混合，会形成凝聚沉淀。

（三）水体的自净作用

水体自净作用是指水体中污染物的浓度随着时间和空间的变化而自然降低的现象。自然界中，各种水体都具有一定的自净能力。例如，进入河流的污染物质在河水向下游流动的过程中，由于物理、化学和生物的作用，其浓度将不断降低，当流经一定的距离后，河水的质量将恢复原貌，即得到了自我净化。

从净化的机制来看，水体自净作用有物理净化、化学净化和生物净化三类。物理净化是指由于稀释、扩散、混合、沉淀、挥发等物理作用而使污染物浓度降低的现象，其中以稀释作用最为重要。化学净化是指由于氧化、还原、分解、化合、酸碱反应、吸附和凝聚等化学作用而使污染物浓度降低的现象。生物净化是指由于生物活动而使污染物浓度降低的现象，其中以水生微生物对有机物的氧化分解作用最为重要。

水体的自净作用是一个十分复杂的过程，污染物的性质、水情要素、水中生物情况，以及周围大气、太阳辐射、底质、地质地貌等自然环境条件，均对其有着重大影响，使得不同水体及同一水体的不同时期的自净作用存在一定的差异。

河流具有一定的流速，有利于污染物质的稀释混合，但沉淀作用较弱。在受潮汐影响的河口段，水流具有双向流动的特点，不利于污染物的排泄。

地下水的自净作用是其在运动过程中所含污染物质逐渐减少的过程，这种改变形成的原因主要有土壤和岩层的过滤作用、土壤颗粒表面的吸附作用和离子交换作用、化学反应所产生的沉淀作用、土壤表层微生物的分解作用等。由于地下水的循环速度较慢，生物和化学条件较为稳定，在地表水中容易分解的污染物一旦进入地下水，常经久不消，并会随地下水流扩散至很远，扩大污染范围。因此，地下水污染后，污染源常不易查出，消除污染也十分困难且需要很长时间。所以，防止地下水污染十分重要。

湖泊、水库的深度较大，水流流速较小，自净作用以沉淀为主。湖泊和水库的水温垂直分布有季节性的分层和对流现象，这对其自净作用有着特殊的影响。

海洋是一切污染物的最终归宿，各种形式、各种来源的污染物最终大部分都要进入海洋。污染物进入海洋后，不能再转移到其他地方，要长期存在于海洋中，或被分解，或累积起来。海洋水体庞大，理化性质和运动形式独特，这对其自净作用有着巨大影响。例如，海水密度较大，常使由陆地排入海洋的污水集中于表层，而后随洋流运移到很远的地方。

（四）自然界水的性质

水的物理、化学和生物性质是天然水质的具体表现，所以通常把水体中溶存的各种物理、化学、生物的物质及由此产生的特性称为水的性质。水的性质分析是了解水质状况和污染类型的基本途径，也是水质评价和保护的基础。

1. 水的主要物理性质

1）水温

水的温度是一项重要的物理指标，一般用刻度为 0.1℃ 的温度计现场直接测定。在某种情况下，一定的水温是所需要的。在一定的限度内，适当提高水温会促进水生生物的生长发育，有利于水产养殖业的发展。但是，若水体接纳过多的热量，将会导致水的物理、化学和生物过程发生改变，进而引起水质恶化。

水体中多余的热量主要来源于工业高温废水，如热电站、核电站、冶金和焦化工业等生产中排出的废水。水温过高可造成三个方面的不良影响，第一，温度升高，水生物的活性增加，溶解氧减少。由于水温过高，水中溶解氧减少，同时水中有机物加快分解，增加氧的消耗。当水中溶解氧含量低于某一标准值时，鱼类等水生生物就难以生存。当水与周围空气处于平衡状态时，溶解氧的饱和浓度随着温度的增高而降低，而水生生物的代谢速度也随之增强。一般说来，在 0～30℃ 范围内，温度每升高 10℃，生物代谢速度和化学反应速度将会提高一倍，影响水中离子的平衡。水温升高的结果是水中溶解氧减少，从而危及鱼类等水生生物的生存。第二，水温升高会加大水中某些有毒物质的毒性。例如，水温每升高 10℃，氰化钾的毒性将提高一倍。

2）嗅味

嗅味是判断水质优劣的主要指标之一。洁净的水是没有气味的，水受污染后会产生各种臭味，饮用水质标准和地面水环境质量标准都规定水不得有异臭。目前测定臭味的方法是以人的嗅觉经验来进行，定性描述臭味的种类和强度。臭味的强度常分为无、极弱、微弱、明显、强烈和极强六个等级。

3）水色

水色是水的光学性质指标之一。纯水是一种无色透明的液体，自然界中的水之所以呈现各种颜色，是因为其中含有悬浮物质和浮游生物。水的颜色取决于水质点的光学性质和水中所含悬浮物、浮游生物的颜色。例如，黄海水呈青黄色，是由黄河带来的黄土泥沙决定的；海洋发生"赤潮"时水呈红色，是由海水中含有大量赤潮藻决定的；有造纸、印染废水排入的水体呈深褐色、黑色。因此，根据水的颜色，可以推测水中悬浮杂质的种类和数量。水色具有一定的地理分布规律，尤其是海水，热带多呈蓝色（1～2 号），温带、寒带多呈青绿色（3～6 号），极地多呈绿色（9～10 号）。

水色是水体对光的选择性吸收和散射作用的结果。自然界的水体对各种光的吸收能力不同，红、黄光最易被吸收，而蓝、绿光不容易被吸收，所以蓝光容易透过表层射入水体深处，其中一部分被反射到水面，因而水体多呈蓝、绿色。

需要说明的是，要将水色和水面的颜色区别开来。水面颜色是其对光线的反射造成的，与天气状况有关，与水的光学性质无关。当站在岸上远眺水面时，映入眼帘的是水面的反射光而非水的反射光。云多浪大天气下的湖、海水面昏暗；霓虹灯下水面五光十色，均不是水的颜色。

水色通常是将水样和水色计进行比较而测得。水色计是包括各种色度标准溶液的仪器。水色计中的标准溶液由蓝、黄、褐三种基本颜色的溶液按一定比例配成而成，共有 21 种不同的色级，分别密封在 21 支无色透明玻璃管内，置于敷有白色衬里的两开盒子中，盒子的左边为 1～11 号，右边为 12～21 号，从深蓝色至褐色，依次编号。号码越小，水色越近蓝色，习惯上称水色高；号码越大，水色越近褐色，称为水色低。色度的定量指标是色度，单位为度，清洁水的色度一般为 15～25 度，饮用水的色度不得超过 15 度。

4）透明度

透明度指物质透过光线的能力。透明度也是水的光学性质指标之一，用来描述水的透光性。

河流、湖泊、水库和海洋等地表水体的透明度一般用透明度板来目测确定。透明度板又称塞克板，一般为直径 30 cm 的白色圆盘，是测量水体透明度的一种仪器。观测时，将其系在有刻度的绳上，沉入水中，以下沉目光刚不能见深度和提起刚能见深度的平均值作为水的透明度。用这种方法测得的水的透明度受天气条件和观测者视力影响，精度不高，只有相对意义，它是目力所见深度，而不是光线可透入深度。

地下水的透明度一般用十字图形法测定，测定方法是将取得的地下水样装入带刻度的专用透明玻璃管内，透过水层能清晰地看到底部 3cm 粗的十字图形标记，此时的水层厚度即为透明度读数，一般以厘米计。地下水的透明度一般分为四级，测定厚度大于 60 cm 者为透明，30～60 cm 厚度者为微混浊，30 cm 深度以内能看见者为混浊，水很浅也看不见者为极混浊。

透明度也可用仪器测得。将透明度定义为一束平行光线在海水中传播一定距离后其光能流与原来光能流之比，即

$$v = \frac{I}{I_0} \qquad (7\text{-}35)$$

式中，v 为光能流强度变化值；I_0 和 I 分别为初始和传播一段距离后的光能流强度。

水色和透明度都是反映水体光学性质的指标，而且都受水中悬浮物/浮游生物的影响，二者之间有着一定的关系（表 7-4）。水色号越小，水色越高，透明度也越大。分析表明，赛克板测定的透明度与水中悬浮物质的数量呈双曲线关系。

表 7-4　水色与透明度对照表

水色号	1～2	2～5	5～9	9～10	11～13
水色	蓝	青蓝	青绿	绿	黄
透明度/m	26.7	23.2	16.2	15.5	5.0

5）电导率

电导率是水样导电能力的一种度量，单位为 S/m（西门子/米）。水中的各种盐类均以离子状态存在，所以水具有导电性。将截面积为 1cm²、相隔 1cm 的两个电极片插入电解溶液中，测得的电导就是溶液的电导率。天然水的电导率一般为 500μΩ/cm，工业废水可为 10000μΩ/cm。

6）浊度

水中含有悬浮及胶体状态的微粒，使得原来无色透明的水产生浑浊现象。水的浑浊程度以浊度来表示，用标准溶液作为衡量尺度，来表示水中悬浮物质的种类和数量。浊度的单位为 JTU，1JTU=1mg/L 的白陶土悬浮体，用"度"来表示。浊度 1 度或称 1 杰克逊，相当于 1L 的水中含有 1mg 的 SiO_2 时所产生的浑浊程度。

2. 水的主要化学性质

1）pH

pH 是衡量水的酸碱度的指标。水的酸碱度是用水中氢离子 H^+ 的浓度来表示的。水是弱电解质，水中氢离子 H^+ 和氢氧根离子 OH^- 的浓度之积为一常数。当温度为 22℃ 时，10^7 个水分子中有一个水分子离解而生成一个 H^+ 和一个 OH^-，此时 H^+ 和 OH^- 的浓度之积为 10^{-14}。在淡水中，H^+ 和 OH^- 的浓度相等，因而呈中性；当水中 H^+ 的浓度大于 OH^- 的浓度时，水呈酸性；当水中 H^+ 的浓度小于 OH^- 的浓度时，水呈碱性。为方便起见，通常采用 H^+ 的负对数来代替 H^+ 的浓度，即 pH，pH= $-\lg[H^+]$。当 $[H^+]=10^{-7}$ 时，pH= $-\lg 10^{-7}=7$，水呈中性；当 $[H^+]>10^{-7}$ 时，pH<7，水呈酸性；当 $[H^+]<10^{-7}$ 时，pH>7，水呈碱性。根据 pH 的大小，可以将水划分为五类：pH<5，为强酸性水；pH=5～6.5，为弱酸性水；pH=6.5～8，为中性水；pH=8～10，为弱碱性水；pH>10，为强碱性水。天然水的 pH 受二氧化碳、重碳酸盐、碳酸盐平衡的影响，一般为 4.5～5.8。水的 pH 影响底泥中金属化合物的溶出度和悬浮物的溶

解度，对水中其他物质的存在形态和各种水质控制过程都有广泛的影响。一些污染物（如氰化物）的毒性，随 pH 下降而增加。因此，它是重要的水质指标之一。

2）硬度

水的硬度是指水中钙、镁离子的含量。其中水加热至沸腾形成钙、镁的碳酸盐而沉淀下来的钙、镁离子的数量称为暂时硬度，水中剩余的钙、镁离子含量称为永久硬度，二者之和即水中钙、镁离子的总含量称为水的总硬度。水的硬度通常以"德国度"为单位。1 德国度相当于 1L 水中含有 10mg 氧化钙或 7.2mg 氧化镁。若用 Ca^{2+}、Mg^{2+} 的毫克当量数表示，则 1 德国度等于它们的毫克当量数的 2.8 倍。根据水的硬度，可将水分为五级（表 7-5）。若水中 Ca^{2+}、Mg^{2+} 的数量过多，水加热后会形成钙、镁的碳酸盐沉淀，即水垢，对工业锅炉极为不利，也会影响洗涤剂的效用。近年来有研究表明，水的硬度与心血管疾病（动脉硬化、高血压等）的死亡率呈负相关关系。因此，这一指标越来越引起人们的重视。

表 7-5　水的硬度分级

水硬度级	硬度		
	德国度	Ca^{2+}、Mg^{2+}毫克当量数	Ca^{2+}、Mg^{2+}含量/（mg/L）
极软水	<4.2	<1.5	<75
软水	4.2～8.4	1.5～3.0	75～150
微硬水	8.4～16.8	3.0～6.0	150～300
硬水	16.8～25.2	6.0～9.0	300～450
极硬水	>25.2	>9.0	>450

3）矿化度

矿化度又称含盐量，是指水中含有的各种离子、分子的总称。通常采用烘干法测定矿化度，即把水加热至 $105\sim110^{\circ}C$，使水分全部蒸发，所剩残余物质的重量与水样重量之比即为水的矿化度。由于烘干过程中会有部分物质逸出，同时也可能有悬浮杂质掺入，所以烘干法所得矿化度是近似值。按照矿化度的大小，可以将水分为五级：矿化度<1g/L，为淡水；1～3g/L，为微咸水；3～10g/L，为咸水；10～15g/L，为盐水；>50g/L，为卤水。水的矿化度是水的化学成分的重要标志，对水质有重要影响。一般情况下，低矿化淡水以 HCO_3^- 为主要成分，中等矿化水以 SO_4^- 为主要成分，高矿化水以 Cl^- 为主要成分。矿化度越高，水质越差。

4）碱度

碱度为水中能与强酸发生中和反应的全部物质总量，即接受质子 H^+ 的物质总量。水中 HCO_3^-、CO_3^{2-}、OH^- 三种离子的总量称为总碱度。碱性物质除非含量过高，一般不会造成危害。碱度影响凝结，城市供水中要注意。

3. 水的主要生物性质

1）细菌总数

水中细菌总数反映水体受细菌污染的程度。细菌总数不能说明污染的来源，必须结合大肠菌群数来判断水体污染的来源和水体的安全程度。

2）大肠菌群

大肠菌群是大肠菌及其他相似细菌的总称，其数量一般以每升水中的大肠菌群数来表示。大肠菌群经常生活在温血动物肠道内，在粪便中大量存在，对人体无害。如水体中发现了大肠菌群，说明水体已受到粪便污染，可能伴有病原微生物存在。如果水体中没有发现大肠菌群，病源菌就不可能存在。水是传播肠道疾病的一种重要媒介，而大肠菌群被视为最基本的粪便传染指示菌群。大肠菌群的值可表明水样被粪便污染的程度，间接表明有肠道病菌（伤寒、痢疾、霍乱等）存在的可能性。

二、水体污染

（一）水体污染的概念与分类

水体中所含溶解物质和悬浮物质对水质都有一定的影响，这些影响有的是有利的，有的是有害的，其中可引起水质向着不利于人类的方向变化的物质称为水质污染物，它们的水质影响的结果是使水质恶化。当水质恶化到一定的程度，水体丧失了其原有的利用价值时，即称为水体污染。由此可见，水体污染是指进入水体外来物质的数量达到了破坏水体原有用途的程度。

自然界水的一个突出特征就是具有流动性。在流动过程中，水与水道固体边界、大气之间相接触，将溶解并获得岩石、土壤和大气中的部分物质成分。另外，人类在利用水的过程中，将部分物质成分输入水中，然后又以废水的形式将其排放到自然水体之中。水处于不断的循环之中，水的不断循环和反复利用，使污染物不断地进入水体。当污染物积累到一定的程度，就会引起水体污染。

水质优劣与人体健康、工农业生产和环境质量密切相关，水体污染可对人类社会形成多方面的危害，危害程度取决于污染物的浓度、毒性、排放总量、排放地点与时间等多种要素。水质污染对人体健康大致有引起传染疾病的蔓延和引起人的急慢性中毒两个方面的危害，对工农业生产有造成影响产品质量和造成生产损失两个方面的危害，对生态环境也有多方面的破坏。

造成水体污染的因素有自然的和人为的两种。自然因素主要是指可造成某种元素大量富集而引起水体污染的特殊地质条件，例如，元素氟富集于地下水和泉中；火山喷发导致区域内汞的含量增加；放射性矿床使流经其上的水流的放射性物质作用增加；干旱地区风蚀作用使水中悬浮物质增加；河口区海水对淡水的侵入使水的盐分增加等。人为因素是指可产生并向水体排放"三废"（废水、废气、废渣）从而引起水体污染的人类活动。"三废"之中，废水是水体的主要污染源，主要来源有工业废水、农业废水和生活污水三类。这三类污染源各具特点，对水体的污染程度和类型不尽相同，治理难度也有区别。工业废水中的污染物主要来源于工业生产流程，并随废水通过排污管道排入水体。工业废水量大而集中，种类繁多，成分复杂，可形成的水体污染的类型也多种多样，对其收集相对容易，但处理困难。农业废水中的污染物主要是农药和化肥，并随雨水或灌溉水进入水体，造成水体污染。农业废水量大而分散，种类很少，成分单一，处理容易，但收集困难。生活污水量小而集中，种类较少，收集和处理相对较为容易。生活污水的一个突出特征是含有大量的细菌、病毒等致病微生物，可造成慢性流行病的感染和传播。

根据引起水体污染的物质的性质，水体污染可以分为物理污染、化学污染和生物污染三类。物理污染是指污染物进入水体所引起的水的物理性状的改变，如水文、水色、透明度、味道、嗅味、导电性、放射性等的改变。化学污染是指污染物进入水体所引起的水的化学性质的改变，如酸碱度、硬度、矿化度、溶解氧量、重金属含量、无机物质成分、有机物质成分等的改变。化学污染种类多，毒性大，能引起人体急性、亚急性和慢性中毒。生物污染是指排入水体的病原微生物对水体的污染，如大肠杆菌、细菌等引起的污染。

根据污染源的特征，可将水体污染分为点源污染和面源污染两类。点源污染主要是指工业废水和生活污水所引起的污染，其排放量和排放方式在很大程度上受到人为的控制。面源污染主要是指农业废水所引起的污染，其污染物的具体发生地不易明确，只能指出大致发生范围，且污染物的运移在时空上是不连续和不确定的，故而难以控制。

（二）水体的主要污染物

水体中的污染物种类繁多，可从不同的角度进行分类。根据污染物的化学性质和毒性，可以简单地分为无机无毒物、无机有毒物、有机无毒物和有机有毒物。环境科学与环境工程领域，常用的污染物分类方法有以下两种。

1. 水体污染物的环境工程学分类

环境工程学根据污染物质或能量所造成的不同类型环境问题及其相应的治理措施，对水体污染物进行了类型划分（表 7-6）。

表 7-6　水体污染类型、污染物、污染标志及废水来源

污染类型			污染物	污染标志	废水来源
物理性污染	热污染		热的冷却水	升温缺氧或气体过饱和热富营养化	动力电站、冶金、石油、化工等工业废水
	放射性污染		铀、锶	放射性	核研究、核产生、核试验、核医疗、核电站
	表观污染	水的浑浊度	泥、沙、渣、屑、漂浮物	混浊	地表径流、农田排水、生活污水、大坝冲沙、工业废水
		水色	腐殖质、色素、染料、铁、锰	染色	食品、印染、造纸、冶金等工业废水和农田排水
		水臭	酚、氨、胺、硫醇、硫化氢	恶臭	污水、食品、皮革、炼油、化工、农肥
化学性污染	酸碱污染		无机或有机的酸碱物质	pH 异常	矿山、石油、化工、造纸、电镀、仪表、颜料等工业
	重金属污染		汞、镉、铬、铜、铅、锌等	毒性	矿山、冶金、电镀、仪表、颜料等工业废水
	非金属污染		砷、氰、氟、硫、硒等	毒性	化工、火电站、农药、化肥等工业废水
	需氧有机物污染		糖类、蛋白质、油脂、木质素等	耗氧、进而引起缺氧	食品、纺织、造纸、制革、化工等工业废水、生活污水、农田排水
	农药污染		有机氯农药类、多氯联苯、有机磷农药	含毒严重时，水中无生物	农药、化工、炼油等工业废水、农田排水
	易介解有机物污染		酚类、苯、醛等	耗氧、异味、毒性	制革、炼油、煤矿、化肥等工业废水及地面径流
	油类污染		石油及其制品	漂浮和移化、增加水色	石油开采、炼油、油轮等

续表

污染类型	污染物	污染物	污染标志	废水来源
生物性污染	病原菌污染	病菌、虫卵、病毒	水体带菌、传染疾病	医疗、屠宰、畜牧、制革等工业废水、生活污水、地面径流
	病菌污染	霉菌毒素	毒性致癌	制药、酿造、食品、制革等工业废水
	藻类污染	无机和有机氮、磷	富营养化恶臭	化肥、化工、食品等工业废水、生活污水、农田排水

2. 水体污染物的环境科学分类

根据治理方式的一致性，大致可将水体污染物分为以下几类。

1）固体物质

水中所有残渣的总和称为总固体（TS），总固体包括溶解物质（DS）和悬浮固体物质（SS）。水样经过过滤后，滤液蒸干所得的固体即为溶解性固体（DS），滤渣脱水烘干后即是悬浮固体（SS）。固体残渣根据挥发性能可分为挥发性固体（VS）和固定性固体（FS）。将固体在600℃的温度下灼烧，挥发掉的量即是挥发性固体（VS），灼烧残渣则是固定性固体（FS）。溶解性固体表示盐类的含量，悬浮固体表示水中不溶解的固态物质的量，挥发性固体反映固体中有机成分的量。

固体物质是水体含盐量、悬浮物质多少的标志。水中含有过多的盐量，将会影响生物细胞的渗透压和生物的正常生长；含有过多的悬浮固体，将会可能造成水道淤塞；挥发性固体是水体有机污染的重要来源。

2）需氧污染物

生活污水和某些工业废水中所含的碳水化合物、蛋白质、脂肪、木质素等有机化合物在微生物作用下，最终将分解为简单的无机物，如二氧化碳和水。这些物质在分解过程中，需要消耗大量的氧，故称需氧污染物。水中需氧污染物过多，将会造成水中溶解氧缺乏，影响鱼类等水生生物的正常生活。需氧污染物是水体中经常和普遍存在的污染物质，主要来源于生活污水、牲畜污水及食品、造纸、制革、印染、焦化、石化等工业废水。从排放量来看，生活污水是这类污染物的主要来源。

实际工作中，一般采用以下指标来表示需氧污染物的含量。

溶解氧：溶解氧（DO）是指溶解于水中的分子态氧表，主要来源于水生生物的光合作用和大气。水中溶解氧是水生物生存的基本条件。水中溶解氧含量多，适于微生物生长，水体的自净能力也强。当水中溶解氧含量低于4mg/L时，可导致鱼类窒息死亡。水中缺氧时，厌氧细菌繁殖，水体将会变臭。水中DO值越高，表明水质越好。

生化需氧量：生化需氧量的全称是生物化学需氧量（BOD），表示水中有机污染物经微生物分解所需的氧量。微生物的活动与温度有关，测定BOD时，一般以20℃作为标准温度。在这样的温度条件下，一般生活污水中的污染物完成分解过程需要20d左右。为了省时，一般以5d作为标准测定时间，测得的BOD称为五日生化需氧量（BOD_5）。BOD间接反映了水中可被微生物分解的有机物总量，其值越高，水中需氧有机物越多，水质越差。

化学需氧量：化学需氧量（COD）是指用化学氧化剂氧化水中有机污染物时所需的氧量。

目前常用的氧化剂为重铬酸钾和高锰酸钾。由于水中各种有机物进行化学反应的难易程度不同，COD 只是表示在规定条件下可被氧化物质的耗氧量总和。如果废水中有机质的组分相对稳定，那么 COD 与 BOD 之间应有一定的比例关系。

总有机碳：总有机碳（TOC）是指水体中有机物含碳的总量。水中有机物的种类很多，目前还不能全部进行分离鉴定。常以 TOC 表示。TOC 是一个快速检定的综合指标，它以碳的数量表示水中含有机物的总量。它不能反映水中有机物的种类和组成，因而不能反映总量相同的总有机碳所造成的不同污染后果。

3）含氮化合物

水质分析中的含氮化合物是指水中氨氮、亚硝酸盐氮、硝酸盐氮的含量，是判断水体有机物污染的重要指标。氮是生命的基础，故含氮化合物在环境学中又被称为植物营养物。但是含氮化合物也给人类生活带来了负面影响：含氮化合物可导致空气污染；水体中含氮化合物过多可引起水体污染；过多的氮进入水体，可导致水体富营养化；饮用水中硝酸盐过高，进入人体后被还原为 NO_2^-，直接与血液中血红蛋白作用生成甲基球蛋白，引起血红蛋白变性，对三岁以下的婴儿的危害尤为严重；亚硝酸盐在人体中可与仲胺、酰胺等发生反应，生成致癌的亚硝基化合物。

4）油类污染物

随着石油的广泛使用，油类物质对水体的污染越来越严重，其中海洋受到的油类污染最为严重。水体中油类污染物主要来源于船舶石油运输，少量来源于海底石油开采、大气石油烃的沉降，以及炼油、榨油、石化、化学、钢铁等工业的废水。油类进入水体后所造成的危害是明显的：油的比重小于水，不会与水混合，往往以油膜的形式漂浮于水面，阻止氧向水中扩散，并促使厌氧条件的形成和发展，导致水环境恶化，影响水生生物的正常生长；油类会黏附于固体表面，石油类污染物在岸边积累，降低海滨环境的实用价值和观赏价值，破坏海滨设施，并可影响局部地区的水文气象条件，降低海洋的自净能力；油类可黏附于鸟类的羽毛上和鱼鳃上，使鸟类丧失飞行能力，鱼类因缺氧而窒息。

5）酚类污染物

酚是一种具有特殊臭味和毒性的有机污染物质，主要来源于炼焦、石化、木材加工、制药、印染、纤维、橡胶回收等工业的废水。另外，动物粪便也是水体酚类污染物的重要来源。进入水体的酚属于可分解有机物，其中挥发性酚更易分解。因此，在可能的条件下，合理利用含酚废水是可能的，但必须以不造成其他污染为前提。高浓度含酚废水必须经过处理后才能排入天然水体。水体受到酚污染后，会严重影响水产品的产量、质量和人体健康。

6）氰化物

氰化物是一种含碳的有机化合物，来源较广，主要来源于含氰废水，如电镀、焦炉和高炉的煤气洗涤冷却水、化工厂的含氰废水及选矿废水。氰化物是剧毒物质，人只要误服 0.1g、敏感者误服 0.06g 即可致死，水中含量达 0.3～0.5mg/L 即可使鱼类死亡。

7）重金属

重金属是指汞、镉、铅、铬及类金属砷等生物毒性显著的重元素，也指具有一定毒性的一般金属，如锌、铜、钴、镍、锡等，目前最为令人关注的是汞、镉、铅和铬。天然水体中重金属含量很低，大量的重金属来源于化石燃料燃烧、采矿和冶炼。从毒性及对生物体的危害看，重金属污染表现出三个特点，一是天然水中只要有微量重金属即可产生毒性效应；二是水体中的某些重金属可在微生物的作用下转化为毒性更大的金属化合物，例如，汞可以转化为甲级汞；三是重金属可以通过食物链的生物放大作用，逐级在高级的生物体内成千万倍地富集。

三、水质调查与评价

（一）水质调查与监测

1. 污染源调查

水体污染源即水体污染的发生源。水体污染源调查是水环境质量研究的一项基础工作。

水污染源调查一般分为三个阶段。第一，准备阶段，包括明确目的、制定计划、调查组织、物质准备和调查试点；第二，调查阶段，包括社会调查、实地监测和理论计算；第三，总结阶段，包括数据整理分析、建立档案、评价和报告。污染源调查通常要深入到污染源内部进行实地考察访问，以获得第一手资料，这对分析和认识污染源的特点、动态评价等有着重要作用。

污染源调查有普查和详查两种类型，通常采用二者相结合的方法，首先对流域或集水区域内所有可能影响水质的各种污染源进行普查，找出其中的重点污染源；其次对重点污染源进行详查，弄清主要污染源的排放特征及所排污染物的物理、化学和生物学特征；最后确定污染物排放量，这是污染源调查的核心工作。

2. 水质监测

1）水质监测的内容

反映水质的项目有很多，实际工作中应根据监测的目的和被评价水体的具体情况而定。一般说来，应尽量选取常规项目、综合项目和特殊项目。从反映污染类型的角度看，检测项目大致有以下几类：第一，反映水的一般形状的项目，如水色、嗅度、味道、透明度、浊度、悬浮物总量、电导率、pH、硬度、矿化度、$[Ca^{2+}]$、$[Mg^{2+}]$、$[K^{+}+Na^{+}]$、$[HCO_3^-]$、$[CO_3^{2-}]$、$[Cl^-]$、$[SO_4^{2-}]$等；第二，反映有机污染的项目，如 DO、COD、BOD、TOC、挥发性酚、油类、有机氯、有机磷、农药、洗涤剂、多环芳烃、多氯联苯、芳香胺等；第三，反映无机污染的项目，如氰化物、氟化物、硫化物等；第四，反映重金属污染的项目，如汞、镉、铅、铬等；第五，反映富营养污染的项目，如氨氮、亚硝酸盐氮、硝酸盐氮、磷酸盐等；第六，反映放射性污染的项目，如铀、钍、镭、氡等；第七，反映病原微生物污染的项目，如细菌总数、大肠菌群数等。

2）监测站点的布设与采样

合理布设采样和监测站点是搞好水体污染调查的基础，应从整个研究区域出发，统一规划，合理布设。监测站点的布设，可根据水体、污染源、污染物和污染类型的具体情况与特点进行，所布设的监测站点应能控制污染源和区域内水质的空间变化情况。对于湖泊、海湾、地下水等面状水体，多采用网格布点法或辐射状布点法；对于河流等线状水体，多沿河流及污染源布点。监测站点的密度视监测精度要求、采样条件及工作量而定。

采样要求考虑样品的代表性，一般分瞬时取样、混合取样、连续取样三种类型。取样次数根据水文特征及污染特点而定，一般按月或水文期（封冻期、汛期、枯水期、平水期）取样，按实际情况酌情增减。例如，清洁对照点可减少取样次数，但需注意资料的可靠性和连续性。有些项目需现场马上测定，如味、嗅、水温、pH、透明度等，并记录现场情况。不能在现场测定的，应将水样存于样品容器中，做好标志，标明采样地点及需分析项目。取样深度根据水深、水体流动混合情况及监测项目而定，大江大湖需分层取样，混合均匀；较浅河湖取表层水（0.5m 深处）即可。底泥、水生生物采样与水样采集可同时进行，测次、测点可酌情减少。

（二）天然水质综合分类与水质评价

1. 天然水质综合分类

1）阿列金分类法

阿列金分类法是一种适用于河流天然水质分类的方法，按照水中主要阴离子和阳离子及其对比进行水质类型的划分。该法首先按水中含量占多数的阴离子将水质分为 3 类，即重碳酸盐和碳酸盐（$HCO_3^- + CO_3^{2-}$）类水，以 C 表示；硫酸盐（SO_4^{2-}）类水，以 S 表示；氯化物（Cl^-）类水，以 Cl 表示。其次在每类中，按占多数的阳离子将水质分为 3 组，即钙质组，用 Ca 表示；镁质组，用 Mg 表示；钠质组，用 Na 表示。然后每组按阴离子和阳离子含量的对比关系，将水质分为 4 型，即第 I 型：$[HCO_3^-] > [Ca^{2+} + Mg^{2+}]$；第 II 型：$[HCO_3^-] < [Ca^{2+} + Mg^{2+}] < [HCO_3^-] + [SO_4^{2-}]$；第 III 型：$[HCO_3^-] + [SO_4^{2-}] < [Ca^{2+} + Mg^{2+}]$ 或 $[Cl^-] > [Na^+]$；第 IV 型：$[HCO_3^-] = 0$。由于在 S、Cl 类中无 I 型水，在 C 类中无 IV 型水，故该法共将水质划分为 3 类 9 组 27 型，一般用组合符号"类$_{型}^{组}$"表示。例如，Cl_{II}^{Ca} 表示氯化物类钙组第 II 型水。

2）舒卡列夫分类法

舒卡列夫分类法是一种适用于地下水化学类型划分的方法，以 6 种主要离子（Na^+ 和 K^+ 合并为 Na^+）和矿化度进行地下水质类型的划分。该法首先将地下水中含量大于 25%毫克当量的阴离子 HCO_3^-、SO_4^{2-}、Cl^- 和阳离子 Ca^{2+}、Mg^{2+}、Na^+ 进行组合，将水质分为 49 类，每类分别以数字 1～49 来表示（表 7-7）；其次按矿化度将每类划分为 4 组（表 7-8）。水型按阴离子在前、阳离子在后，含量大的在前、含量小的在后的方法命名。例如，1-A 型水即为矿化度小于 1.5g/L 的 HCO_3^- - Ca^{2+} 型水。

表 7-7　舒卡列夫水化学类型分类表

主要离子	HCO_3^-	$HCO_3^- + SO_4^{2-}$	$HCO_3^- + SO_4^{2-} + Cl^-$	$HCO_3^- + Cl^-$	SO_4^{2-}	$SO_4^{2-} + Cl^-$	Cl^-
Ca^{2+}	1	8	15	22	29	36	43
$Ca^{2+} + Mg^{2+}$	2	9	16	23	30	37	44
Mg^{2+}	3	10	17	24	31	38	45
$Na^+ + Ca^{2+}$	4	11	18	25	32	39	46
$Na^+ + Ca^{2+} + Mg^{2+}$	5	12	19	26	33	40	47
$Na^+ + Mg^{2+}$	6	13	20	27	34	41	48
Na^+	7	14	21	28	35	42	49

表 7-8 水的矿化度分组

组	A	B	C	D
矿化度	<1.5	1.5～10	10～40	>40

在实际应用时，常不采用表 7-7 中的编号，也很少用矿化度分组，而是用主要阴离子和主要阳离子的组合来直接表示水的化学类型，如 1 号水表示为 HCO_3-Ca。

舒卡列夫分类法表示形式简单，包括水型多，从表的左上角到右下角正好是从低矿化向高矿化变化，有明显规律，使用方便，在实际工作中得到了较为广泛的应用。但是该法也存在一些问题，例如，分类标准毫克当量数超过 25% 是人为划定的，并无严格的科学依据，有时小于 25% 的离子在水中也有很大作用，却未考虑；49 级水类及每级的 4 组水型纯为机械组合而成，有些水类型自然界中并不存在，如 17 号水、23 号水等。

2. 污染源评价

污染源评价是指在污染源调查、监测的基础上，通过综合对比分析，确定研究区域内主要污染物和主要污染源的综合性筛选工作。污染源评价的作用，在于可为水环境质量评价参数确定和区域环境规划编制提供依据。

污染物和污染源的综合对比分析，需要考虑排污量和污染物毒性两个方面的因素。为了对比分析多种污染源和污染物，需进行量纲标准化处理。量纲标准化就是将各种污染物的实测浓度或绝对量与某一评价标准进行比较，得出无量纲指数。利用这种无量纲指数，可以进行量纲不同的污染物、污染源之间的对比分析，找出其中的主要污染物和污染源，并判断其污染程度。污染源评价中所应用的无量纲指数确定方法的不同，形成了不同的污染源评价方法。

污染源评价方法有多种，按照评价的依据可将其划分为两种类型。第一，以潜在污染能力为指标的污染源评价。这种评价是以环境质量标准为依据的标准化处理方法。这类评价体系内容丰富，表达形式多样，可以归纳为类别评价和综合评价两类。类别评价主要是描述单项污染物对环境的潜在污染强度，常用的指标有超标率、超标倍数、检出率等。综合评价主要是考虑多种污染物、多种污染类型和多种污染源对环境总的潜在污染能力，常用的方法是指数法。第二，以经济技术指标为评价依据的污染源评价。此类方法是以某些经济技术指标为依据，揭示污染源单位产品产量的污染物排放强度。水体污染源评价常用的方法有等标污染负荷法、排毒系数法、等标指数法、水环境影响潜在指数法等。

3. 水质评价

1）水质评价的概念与类型

水质评价是水环境质量评价的简称，是指根据不同的用途和一定的评定标准，采用一定的方法，对水质进行的定性的或定量的描述。水质评价是水质保护的基础性工作，可以简明、定量地反映水体污染的状况，指出水体污染的程度、主要污染物的来源、污染的时空分布规律和发展趋势，为水环境保护规划与管理、水质控制与保护提供科学依据。

由于评价对象、目的和范围的不同，水质评价有不同的类型。

按照评价的时期，可将水质评价分为水质回顾评价、水质现状评价和水质影响评价三种类型。水质回顾性评价是指根据过去的资料对历史上某时期的水质状况进行的评价，旨在回顾水质的历史状况，分析水质的发展变化规律，总结以往水质管理与保护、水污染治理的经验和教训，为今后的水质保护工作提供科学依据。水质现状评价是指根据目前的水质资料对水质的现状进行的评价，旨在找出目前水质方面的主要问题，为合理开发水资源、制定水环境保护规划、确定水质保护途径与措施提供科学依据。水质影响评价又称水质预断评价，是指根据区域社会经济发展规划，或结合具体的工程建设项目设计方案，对社会发展、区域开发活动或工程项目建设等可能导致的水质影响所做出的预测和评估，旨在保证关井经济不断增长的前提下，控制和减少新建和扩建工程项目对水体的污染和破坏，为制定科学合理的水资源开发利用规划和水质管理与保护规划、工程项目的可行性论证决策等提供科学依据。虽然水质评价有回顾评价、现状评价和影响评价之分，但是从本质上说，前二者均属于水质影响评价的范畴，可归入水质影响评价。因此，如不作特别说明，通常所称谓的水质评价一般指的是水质影响评价。

按照评价的目的与用途，可将水质评价分为饮用水水质评价、渔业用水水质评价、灌溉用水水质评价、工业用水水质评价、工业排放废水水质评价等。

按照评价的水体类型，可将水质评价分为河流水质评价、湖泊水质评价、水库水质评价、海洋水质评价、地下水水质评价、湿地水质评价等。

按照参评要素的多少，可将水质评价分为单要素水质评价和水质综合评价。

水质评价的类型和目的不同，选择的参数和标准亦不尽相同。实际工作中，应根据评价对象的实际情况，综合考虑存在的主要水环境问题、经济社会发展的具体要求和所具备的条件，选择适当的评价要素和方法。

2）水质评价的一般程序

水质评价的技术工作程序一般包括四个阶段。

准备阶段：该阶段的工作包括了解工程设计、现场勘察、了解水环境法规和标准、确定评价级别和评价范围、编制水环境影响评价工作大纲等。在此阶段，还要做水质现状调查和工程分析方面的工作。

水质现状调查、监测与评价阶段：该阶段是水质评价中工作量最大的环节，工作内容包括详细开展水质现状调查与监测、仔细进行工程分析，在此基础上完成水质现状评价。

水质影响预测、评价和对策研究阶段：根据水环境排放源特征，选择或建立并验证水质模型，预测拟议行动对水体的污染影响，对影响的意义及其重大性做出评价，并研究相应的污染防治对策。

撰写评价报告阶段：提出污染防治和水体保护对策，总结工作成果，撰写专题研究报告和水质评价报告，并为项目监测和事后评价做准备。

3）水质评价的方法

（1）水质现状评价的方法。水质现状评价的方法有多种，大致可以分为直观描述法和模型评价法两类。

直观描述法是根据各种水质要素监测因子的实测值与评价标准的比较结果，用检出率、超标率、平均超标倍数和最大超标倍数等指标，直接描述水质污染程度，以说明水质的现状。虽然此类方法过于简单，并具有一定的局限性，但是在不能选用合适的评价模型和分级依据而造成评价工作困难时，仍不失为一类较为有效的基本评价方法。

20 世纪 60 年代以来，数学模型被广泛应用于水质现状评价。此类评价方法用各种污染物的相对污染值进行数学归纳和统计，得出一个简单的数值，用以代表水质的污染程度，并以此作为水质污染分级和分类的依据。目前应用于水质现状评价的数学模型很多，如污染指数、模糊综合评判模型、熵、神经网络系统等，其中计算简便和应用较为广泛的方法是污染指数法。

将污染因素监测值换算为各种形式的污染指数，并将其与评价标准值对应的指数值进行比较，这种评价方法称为污染指数法。污染指数有单因子污染指数和综合污染指数两类，其中前者又称为某污染物的分指数，用于进行单项污染物的评价；后者用于水质综合评价。实质上二者是水质综合评价的两个步骤。在进行水质综合评价时，首先计算各种污染物的分指数，即进行单要素评价；然后在单要素评价结果的基础上，计算水质的综合污染指数，即进行水质综合评价。污染指数的定义很多，在我国影响较大的就有数十种。虽然各种污染指数的定义和形式各不相同，但是它们的物理意义大致相同。单因子污染指数的计算通式为

$$P_i = \frac{C_i}{C_{0i}} \tag{7-36}$$

式中，P_i 为 i 污染物的分指数；C_i 为 i 污染物的实测浓度值；C_{0i} 为 i 污染物评价标准的浓度值。计算得各种污染物的分指数后，即可进行综合污染指数的计算，计算方法常用的有加和、算术平均值、加权平均值、均方根、兼顾极值的均方根等。

（2）水质影响评价的方法。水质影响评价的方法有多种，常用的主要有模式计算法、类比调查法、模拟实验法三种。

模式计算法主要用于污染物浓度的预测，该方法通过选用或建立合适的数学模型，模拟污染物在水体中的迁移规律，对污染物可能形成的浓度分布情况及其对水质的影响进行预测。此类方法是我国水质影响评价中应用最多的一种方法。

类比调查法的做法是，选择与被评价项目类似的已建成投产并积累有较为完整资料的工程项目作为类比对象，通过对类比对象所造成的水环境影响及多年来积累的水环境影响因素资料的调查分析，来类推被评价项目投产后可能产生的水环境影响，推断所采取的环境工程措施的可行性及可能出现的环境问题，对被评价项目的水环境影响进行评价。类比调查法简便易行，如果类比对象选择得当，评价结果是比较可靠的。

模拟实验法的做法是，在实验室乃至更大规模上进行类似条件下的工艺实验，以验证某些工艺或工程设计、设备的实际效果。在水质影响评价中，常采用扩散实验、水体自净能力实验、污染物在水体中的降解实验等模拟实验方法。进行模拟实验时，应注意使选用的模拟条件尽量符合工程设计的实际情况。

第三节　水资源与水质管理

从工作的内容上来看，水资源管理主要有水资源量管理和水环境管理两个方面，二者有着密不可分的联系，管理工作应统一实施。然而，受到管理体制的限制，水资源管理工作实践中，常把二者作为两项相对独立的管理工作来开展，分别由不同的职能部门来实施。因此，在水资源与水环境管理工作实践中，水资源管理的概念有广义的和狭义的两种理解。广义的水资源管理包括水资源量管理和以水质管理为主要内容的水环境管理；狭义的水资源管理则

仅指隶属于水务部门管理工作范畴的水资源量管理，而水质管理则指隶属于环境保护部门工作范畴的水环境管理。因此，水资源管理实践中一般按照狭义的理解来开展管理工作。

一、水资源管理

（一）水资源管理的概念与特征

1. 水资源管理的概念

关于水资源管理的概念，目前尚无公认的定义，不同学者从不同的角度对其做出了不尽相同的界定。1996 年联合国教育、科学及文化组织给出的定义为支撑从现在到未来社会及其福利而不破坏他们赖以生存的水文循环及生态系统稳定性的水的管理与使用。《中国大百科全书·水利卷》中的定义为水资源开发利用的组织、协调、监督和调度。《中国大百科全书·环境科学卷》中的定义是为防止水资源危机，保证人类生活和经济发展的需要，运用行政、技术、立法等手段对淡水资源进行管理的措施。在我国，一般把水资源管理定义为国家水行政主管部门运用行政、法律、经济、技术和教育等手段，组织各种社会力量，开发水利和防治水害，协调社会经济发展与水资源开发利用之间的关系，处理各地区、各部门之间的用水矛盾，监督、限制不合理的水资源开发利用和水环境污染破坏行为，制定供水系统和水库工程的优化调度方案，以实现水资源科学合理和可持续开发利用目标的管理活动。总之，水资源管理是一个动态概念，在不同时期、不同环境条件和不同视角下，其内涵与外延均有不同。实现水资源可持续开发利用，必须借助于科学的水资源管理。水资源是维持人类生存与发展的重要物质性支撑因素之一，是人类社会发展的基础性自然资源和战略性经济资源，是生态环境的重要控制因素。随着人类社会的快速发展，水资源需求急剧增长，水环境污染破坏不断加剧，全球性的水资源供需矛盾日益突出，水资源问题已经成为人类社会发展的主要制约因素之一。要使水资源问题得到有效解决，必须加强水资源管理。

水资源管理的终极目标是实现水资源的可持续开发利用，具体目标主要有以下几个：①建立水生态环境安全保障体系。通过开展水污染防治和水资源保护，加强水土保持和生态环境建设，开展河流综合整治，有效控制和减少水污染，提高水环境的承载能力。②建立防洪减灾保障体系。以水利枢纽工程为基础，以水资源系统管理指挥系统为手段，加强大江大河治理，确保城市和重点地区的防洪安全。③建立水资源供给与高效利用体系。通过水资源科学分配等途径和开源节流等措施，形成水资源的合理配置格局，提高水资源利用效率和效益，建设节水防污型社会。④建立科学合理的水资源管理体系。通过改革体制、创新机制、健全法制，建立流域管理与区域管理相结合的水资源统一管理体制，依靠科技进步和技术创新，充分发挥水资源的综合效益。

2. 水资源管理的特征

1）计划性

水资源短缺、水质污染、水环境恶化是当前人类在水资源开发利用过程中面临的突出问题，需要通过科学规划和计划、严格管理加以解决。例如，我国的水资源具有数量有限和时空分布不均两个基本自然特征，这是我国水资源供需矛盾日益尖锐的根本原因。我国的水资源本就有限，加之水资源调节能力较低、浪费严重和污染严重这三个主要的人为原因，使得中国的水资源问题十分突出。要解决我国的水资源紧缺问题，统筹考虑各地区、各部门和各时期的水资源需求，合理安排和科学分配水资源，必须以科学的水资源规划为依据，有计划地开展水资源管理。

2）组织性

水资源开发利用规划和计划制定之后，需要进行有组织性的实施。如果缺乏有组织性的实施，那么再好的水资源规划和计划，也得不到有效的落实和实施，规划和计划的目标也难以实现。在水资源管理中，组织有两方面含义，一是组织的职能，即为了实施规划和计划而建立起来的一种管理结构，它在很大程度上决定着规划和计划能否得以实现；二是组织的过程，即为了实现规划和计划目标所进行的组织程序。当然，任何组织都是在一定的环境下生存和发展的。组织与其环境是相互作用的，环境依靠组织得以优化，组织依靠环境来获得资源及某些必要的机会，环境给予组织活动某些限制和实现的基础，而且决定着组织活动是否能够得到顺利接受。组织环境包括的主要要素有人力、物质、资金、气候、市场、文化、政府政策和法律等。

3）协调性

在水资源管理过程中，可能会出现预先制定的水资源开发利用规划和计划与其实际实施过程存在不一致之处，这就需要管理机构根据现实情况进行协调。在协调过程中，需要科学处理水资源管理中的各种关系，化解用水矛盾和纠纷，妥善处理与用水有关的各项事务，为水资源管理规划和计划的正常实施创造良好的条件和环境，促进水资源管理目标的实现。

4）控制性

为了实现水资源管理的目标，水资源管理者必须对各种用水行为进行有效的监督和控制。水资源管理者在决定用水者取水量和取水时间方面发挥着极大的控制作用，此类控制作用主要体现为统筹考虑水资源的供给与需求状况，兼顾各水资源用户的水资源需求，实现水资源开发利用与水环境保护的协调关系，最大限度地满足各个水资源用户的用水需求，实现水资源的合理开发利用。

（二）水资源管理的原则与内容

1. 水资源管理的原则

为实现水资源可持续开发利用的目标，水资源管理应遵循以下原则。

1）人类社会与水环境相协调的原则

在水资源管理中，既要适当控制水灾害，开发利用水资源，改造水自然，又要规范人类自身的活动，顺应自然规律，主动适应水环境的客观规律，积极防治水灾害和保护水资源，协调人与自然的关系。要树立任何水资源开发利用工程本质上都应是生态工程，任何一项水利工程建设都要考虑其生态安全性的观念，约束各种不顾环境后果、破坏生态环境、过渡开发利用水资源的行为。要使人们的观念实现从向大自然无节制地索取水资源向按照自然规律办事、人与自然和谐相处的转变，从防治水对人类的危害向同时防治水对人类的危害和人类对水的危害的转变。

2）可持续开发利用的原则

水资源可持续开发利用的观念，就是要求人们的水资源开发利用行为兼顾代与代之间、区域之间和人类与水环境之间的水资源需求，促进各方的协调和共同发展。水资源可持续开发利用目标的实现，要求统筹考虑水资源开发、利用、节约、配置、治理和保护等各项水资源行为，逐步减少和消除影响水资源可持续开发利用的生产和消费方式，开源与节流并举，建立节水防污型社会，实现水资源的合理开发、优化配置、高效利用和有效保护。

3）开发利用综合效益最优的原则

社会经济的发展要与水资源和水环境的承载能力相统一，通过水资源管理，有限的水资源可以发挥最大的社会效益、经济效益和生态环境效益。在制定水资源规划和水资源配置方案时，要充分考虑生产、生活和生态环境的用水需求，实现水资源开发利用经济、社会和生态环境等方面效益的统一。对水资源开发利用的规划、设计、运用等各个环节的管理，都要以综合效益最大化为准则，追求以最小投资获得最大效益的目标。

4）开发与保护并重的原则

水资源数量和水资源质量是水资源的两个主要内容，二者具有相互影响和相互依存的关系。水资源开发量的合理与否，严重影响水质的优劣；水质的优劣，对水资源量也具有显著影响。目前因水资源过度开发而引起水质恶化的现象十分普遍，水质污染严重所导致的水质性水资源紧缺问题也十分突出。因此，开发利用水资源必须注重开发与保护并重，统筹考虑水量和水质问题。

5）水量和水质统一管理的原则

水量管理和水质管理是水资源管理的两个方面，二者既有区别又紧密联系。因此，水资源管理应重视水资源开发利用中的水量和水质统一管理问题。从现行水资源管理体制方面考虑，水量管理和水质管理可以分别进行。然而，从水资源管理问题的统一性考虑，应通过探索和创新水资源管理体制，逐步实现水量和水质的统一管理。

2. 水资源管理的内容

在人类水资源开发利用的初期，水资源供需关系较为单一，水资源管理的内容较为简单。随着人类社会水资源需求的不断提高和水资源问题的日益突出，水资源管理面临的问题不断增多，内容不断扩展，已逐步发展成为一项专门的技术和学科。水资源管理通常可分为日常行政管理和技术运行管理两个方面。日常行政管理主要是指对水资源开发利用行为的组织协调，如水资源法规政策的制定与执行、水资源税费的征收与管理、水资源节约保护和违法行为的奖惩、水资源工程的维护、水灾害的防治等。技术运行管理主要是指对水资源工程规划方案执行的管理和水资源工程运行的管理。水资源管理的目标，就是按最优方案进行水资源量的科学分配和调度。具体而言，水资源管理包括以下内容。

1）水权管理

水权是指水资源的产权，是水资源的所有权、开发权、使用权、收益权、处分权及与水的开发利用有关的各种水资源权益的总称。水权是调节个人之间、地区与部门之间及个人、集体与国家之间使用水资源及相邻资源的一种权益界定的规则，也是水资源开发规划与管理的法律依据和经济基础。水资源的开发权、使用权及其他权益服从于所有权，所有权取决于社会制度。在生产资料私有制社会中，土地所有者可以要求获得水权，水资源为私人专用资源。在生产资料公有制社会中，水资源的所有权和开发权均属于全民或集体所有，使用权则属于从管理机构获得水资源使用证的用户所有。

水权管理是指国有水资源产权代表部门和各级政府的行政主管部门运用法律、行政、经济等手段，对水权持有者在水权的取得和使用及履行义务等方面所进行的监督管理行为或活动。进行水权管理的目的，在于使水资源得到公平合理的开发利用和保护，最大限度地满足全社会对水的需求，从而取得最大的社会效益、经济效益和环境效益。2016年7月2日实施的《中华人民共和国水法》对我国确定水资源各项权益做出了具体规定，为水资源管理提供了法律基础，是规范和约束管理者与被管理者的权力和行为的法律依据。在各项水权之中，最能体现水资源与水环境权益的是水资源所有权和水资源使用权。因此，水权管理最重要的内容是水资源所有权制度和水资源使用权制度。关于水的所有权，《中华人民共和国水法》第三条规定，水资源属于国家所有。水资源的所有权由国务院代表国家行使。农业集体经济组织的水塘和由农村集体经济组织修建管理的水库中的水，归各该农村集体经济组织使用。国务院是水资源所有权的代表，代表国家对水资源行使占有、使用、收益和处分的权利；地方各级人民政府行政主管部门依法负责本行政区域内水资源的统一管理和监督，并服从国家对水资源的统一规划、统一管理和统一调配的宏观管理。关于水的使用权，《中华人民共和国水法》规定，国家对用水实行总量控制和定额管理相结合的制度，确定各类用水的合理用水量，为分配水权奠定基础；水权分配首先要遵循优先原则，保障人的基本生活用水，优先权的确定要根据社会、经济发展和水情变化而有所变化，同时在不同地区要根据当地特殊需要，确定优先次序；开发、利用水资源的单位和个人有依法保护水资源的义务。

2）水资源开发利用管理

水资源开发利用管理是指地表水的开发、治理与利用，地下水开采、补给和利用的全过程管理。目前水资源紧缺形势日益严峻，供需紧张关系不断加剧。因此，实行严格的水资源开发利用管理，是解决水资源紧缺问题的根本途径。水资源开发利用管理是一项涉及面广、限制因素众多的问题，其有效方法是贯彻落实水资源政策和水资源规划，严格实行用水总量控制。为了管好、用好水资源，应该根据不同时期国民经济发展的需要和可能，制定水资源政策，如流域规划、综合开发利用政策、投资分摊和移民安置政策、水费和水资源费征收政策、水资源保护和水污染防治政策等，以规定科学合理的水资源开发规模、程序和时机、保护措施等。水资源规划是开发利用水资源的纲领，是制定水利建设规划和安排水事活动的主要依据，也是水资源工程可行性研究和初步设计的前提。为了协调水资源供求关系，规范水资源开发利用行为和加强用水管理，需要在水资源调查评价和区域规划的基础上，以社会和国民经济发展规划为依据，遵循供需协调、综合平衡的原则，科学编制水资源规划，作为水资源管理的指导性法规文件，并在水资源开发利用中得到贯彻落实。

水资源开发利用管理的内容主要有以下几个方面：第一，创新水资源管理体制。水资源的主要载体河流、湖泊、地下水等均是以流域为赋存空间单位的，而水资源的管理则是以行政区域为实施单位，这就为全流域水资源的统筹管理带来了诸多困难。因此，有必要创新水资源管理机制，建立具有较高威望、较高效率的流域监管机制，合理分配水资源，整体管理水资源并进行合理的监管，明确流域内管理部门的职权，对于流域内的管理实行事与权的区分。目前我国实施的"河长制"，就是对创新水资源和水环境管理机制所做的有益探讨。第二，制定和实施科学的水资源开发利用规划。水资源科学分配方案是水资源可持续利用的具体体现和实现保证。为满足当前和未来社会经济发展的用水需要，必须制定和落实科学的水资源开发利用规划。按照区域主体功能区的要求，对流域和区域水资源开发利用进行统一规划，确定和落实流域和区域水资源开发利用总量控制指标，制定流域和区域水资源开发利用方案，控制流域和区域水资源开发利用总量。第三，实施水资源开发利用许可制度。制定和严格实施取水许可审批管理制度，对取水总量达到控制指标的地区，暂停审批建设项目新增取水。

以达控制和节约用水的效果。第四，实行水资源有偿使用制度。合理调整水资源费征收标准，扩大征收范围，严格水资源费征收、使用和管理。加大水资源费调控力度，严格依法查处挤占和挪用水资源费的行为。

3）水资源利用效率管理

水资源利用效率管理的目的是"开源节流"。为满足当前和未来社会经济发展的用水需要，必须加强水资源利用效率管理，以获得最大的水资源开发利用综合效益。水资源利用效率管理的重点是全面推进节水型社会建设，建立健全有利于节约用水的体制和机制，发展节水产业和技术，大力提倡节约用水。限制高耗水产业项目和产行业的建设与发展，遏制粗放用水。制定用水定额，建立用水单位重点监控名录，强化用水监控管理。制定节水强制性标准，禁止生产和销售不符合节水强制性标准的产品。

水资源量科学分配与调度是水资源利用效率管理的重要手段之一。在一个区域供水系统内，有许多供水工程和用水单位，它们之间往往容易发生供需矛盾和水利纠纷，这就需要按照统筹兼顾、综合利用的原则，制定合理的水资源分配计划和科学的供水工程调度方案，以此作为水资源管理的依据，最大限度地满足各类和各个水资源用户的需求，最大程度地发挥水资源的综合利用效益。水资源调配必须满足民众生活、产业发展、生态环境维护等各种用途的水资源需求，保证重点，兼顾各业，提高水资源利用效率。

4）水源地管理

水源地是指用水的取水地，有地表水源地和地下水源地两类，其中地表水源包括河流、湖泊、水库等，地下水源包括潜水、承压水、泉水、岩溶水等。水源地有饮用水水源地和非饮用水水源地两种，其中后者是水源地保护的主要对象。依法划定和管理水源地保护区，禁止在水源地保护区内设置排污口，是保障水源地安全的基本方法。水源地管理的基本途径和措施有防治水源地污染与破坏行为、编制和实施水源地突发事件应急预案、建立备用水源、推进水生态系统保护与修复，保障水体基本生态用水需求、建立健全水生态补偿机制等。

5）水资源保障措施管理

水资源保障措施管理是指水资源保障措施建设与实施的管理工作。通过水资源保障措施管理，可以使各项水资源保障措施得以健全与落实，以保障水资源管理的顺利开展，从而收到良好效果。水资源保障措施管理有水资源管理制度建设和水资源保障措施落实情况管理两项。

在水资源管理制度建设方面，目前我国主要开展了水资源管理责任和考核制度建设，将水资源开发、利用、节约和保护的主要指标纳入地方经济社会发展综合评价体系，考核结果作为地方人民政府相关领导干部综合考核评价的重要依据。在水资源保障措施落实情况管理方面，目前我国主要开展了水资源监控体系和水资源监控能力建设，包括重要控制断面、水功能区、流域的水资源监测能力建设，国家水资源综合管理系统建设，水资源应急机动监测能力建设等，使我国的水资源监控、预警和管理能力得到了全面提高。今后，我国应继续完善流域管理与行政区域管理相结合的水资源管理体制，强化城乡水资源统一管理，促进水资源优化配置；完善水资源管理投入机制，建立长效、稳定的水资源管理投入机制；健全政策法规和社会监督机制，完善水资源配置、节约、保护和管理等方面的政策法规体系；开展基本水情宣传教育，强化社会舆论监督，完善公众参与机制。

（三）水资源管理的措施

1. 行政法令措施

水资源管理行政法令措施主要是指运用国家行政权力，制定管理法规，或专门管理机构，来实施水资源管理的措施。管理机构所具有的水资源管理权力包括审批水资源开发方案、办理取水许可证、检查和监督水资源法规执行情况和水资源合理利用情况等。水资源管理法规有综合性法规和专门性法规之分，前者如《中华人民共和国水法》，后者如《中华人民共和国水土保持法》、《中华人民共和国水污染防治法》、各地水利工程管理条例等，各种水资源管理法规均应按照立法程序由国家颁布执行。

2. 经济措施

水资源管理经济措施是指运用经济杠杆进行水资源管理的措施，其主要内容包括审定和调整水价、征收税费和水资源费、明确水资源开发利用中"谁投资谁受益"的原则、对水资源开发利用和保护中的有功者和违法者实施奖惩等。

3. 技术措施

水资源管理技术措施是指采用先进技术进行水资源调查研究，为水资源管理提供科学可靠的理论和技术支持的措施，其主要内容包括应用先进的理论、方法与技术，加强水资源、供水和用水等基本资料调查和研究，总结推广先进的管理经验，指定优化可行的水资源开发利用方案等。

4. 宣传教育措施

水资源管理宣传教育措施是指通过多种宣传和教育途径，开展水资源国情、知识、政策、法规等的宣传教育，提高全民的水资源自觉意识，以达到水资源管理的目的。在水资源形势日益严峻、民众水资源意识比较淡薄的今天，有必要利用报刊、广播、影视、展览报告会等多种形式，向公众开展水资源知识、法规的宣传教育，使广大民众了解水资源形势和基本常识，形成自觉的水资源节约和保护意识。

（四）水资源保护

作为自然环境的重要组成要素和用途最广泛的自然资源之一，水最易受到污染和破坏。目前水资源和水环境的污染与破坏已经达到相当严重的程度，加强水资源保护迫在眉睫。水资源保护包括水量保护和水质保护两个方面，其中前者主要应搞好水资源工程建设，以满足人类社会发展对水资源的需求；后者主要应搞好水质调查评价，通过多种途径解决水环境破坏和水质污染问题，以保持其正常用途。当前水资源保护主要应做好以下几个方面的工作。

1. 水源地保护

1）建立水源地保护区

为保证用水特别是生活饮用水安全，应在一定河段、湖库区、基引水渠划出明确的范围，建立水源地保护区。国家级水源地保护区的水质应符合国家规定的水环境质量标准，各地所划定的地方性水源地保护区应制定相应级别的水质标准。水源地保护区内，应实行污染物总量控制或浓度控制措施，或二者结合的管理办法，防止出现新的水污染，保证水质安全。水源地保护区内不得新建排污口，原有排污口应留有监测孔。为防止水源地水体污染，一般应采取严格的管理措施，严禁堆放、倾倒和填埋各类有毒、有害物品和固体废弃物，严禁使用有机氯农药和其他高残留农药，严禁向水体排放和倾倒未达标有毒、有害废液，严禁开展围湖造田、乱砍滥伐及其他破坏水环境生态平衡的活动，严禁开展破坏和污染水环境的建设项目和经济活动，严禁一切污染地下水的行为。

2）加强水土保持

严重的水土流失可以给国民经济造成诸多方面的危害，如土壤肥力下降、淤积河湖库渠、诱导滑坡和泥石流等地质灾害发生、提高暴雨洪水发生频率等。因此，水土保持是水资源保护的一项重要内容，应采取多种措施和途径予以加强。水土保持的措施主要有工程措施、生物措施和耕作措施三类。工程措施主要有治坡工程、治沟工程和小型蓄水工程等。生物措施的主要手段是植树种草。耕作措施又称水土保持耕作法，主要包括两个方面的措施：一是改变小地形的水土保持耕作措施，如沿等高线耕作的横坡耕作、沟垄种植和水平犁沟等；二是增加地面覆盖和改良土壤的耕作措施，如间作套种、草田轮作、草田带状间作等。

2. 水体污染治理

目前世界各地的水体污染已十分普遍，严重危害着生态环境和人类社会，治理水体污染已成为保护水资源刻不容缓的紧迫任务。国内外水环境保护的经验表明，加强水质管理和采取技术措施加强治理是水体污染治理的两个有效途径。

1）加强水质管理

水质管理主要从四个方面加强：第一，建立健全水质管理机制。为了提高水质管理的效果，应着重理顺水质管理机制，建立健全各级水质管理行政机构。国家级水质管理机构主要负责全国范围水污染控制和管理工作的协调，制定水环境管理的目标和行动准则，地方级水质管理机构主要负责贯彻落实国家水质管理体系中对于区域水质的指定目标和行动方案。第二，制定和执行水质控制法规。环境立法是以控制污染源排污行为为主要手段的水质控制措施。水质控制法规条款主要包括排污许可、排污税费征收、水质保护违规行为惩处等内容。第三，完善水质标准和排污控制标准。水质标准和排污控制标准是依法控制和保护水质、规范放排废水行为的约束性法规，是水质控制和管理的依据。国家和地方立法机构按照各类水体的用途、水质和污染源状况，制定科学的水质标准和排污标准，从排污总量和排污浓度控制的角度，保证纳污水体的水质符合水质标准。第四，建立排污收费制度。排污收费制度是防治水污染的经济措施，按规定缴纳排污税费和污水处理费是任何排污单位应尽的环境保护经济义务。排污收费制度可调动排污单位治污的积极性，减少排污量，起到减轻水质污染的作用。

2）采用有效的技术措施

水污染治理技术措施是指采用清洁生产工艺和治污技术以减少向水体的排污量的水质控制措施。水污染治理技术是水质保护的技术保障，在此方面应主要发展和推广四个方面的技术，即以节能减排为目的的清洁生产工艺、以废物资源化为目的的循环经济、以高效处理污染物为目的的先进污水处理技术、以减少废水排放量为目的的生产与生活水资源利用技术。为实现水质保护目标，我国以强制性政策的方式实施了多方面的水质保护技术手段，如城镇排水雨污分流工程、污水处理厂全覆盖工程、中水资源利用工程等，城镇污水处理设施快速发展，2015年城市污水处理率达到45.67%，但是依然存在许多问题，如污水处理厂运行监管不力、雨污分流"面子工程"普遍存在、中水资源成本较高等。因此，应继续积极学习和引进发达国家先进的污水处理技术和先进经验，加大水污染治理技术措施的实施力度，提高水污染治理的效果。

3. 节约用水

节约用水是水资源保护的重要内容，也是解决水资源紧缺问题的有效途径。农业、工业和生活用水方面均有巨大的节水潜力，同时国内外均有许多值得推广的有效节水措施。

1）农业节约用水

我国农业用水占总用水量的比重很大，浪费现象也很严重，节水潜力巨大。在农业生产节约用水方面，应重点做好以下工作：第一，提高农业用水利用率。目前我国多数地区灌溉用水的渠系利用系数极低，地面灌溉渠系利用系数为 0.3～0.5，地下水灌溉渠系利用系数约为 0.7。如果通过渠道衬砌硬化、利用管道改明渠输水为暗渠输水等措施，将全国的渠系利用系数提高 0.1，年节约水量可达 400 亿 m³。第二，搞好农田水利配套工程建设。在基本农田建设方面，各地比较重视干渠、支渠等骨干渠系的建设和管理，而对田间工程重视不够，对毛渠、农渠等从渠道出口到田间渠系及田面配套水利工程的建设和管理重视不够，而通常这些低级别渠系的水量损失最为严重。如果搞好农田水利配套工程建设，加之实行科学的灌溉方案和节水灌溉方式，将会收到显著的节水效果。第三，发展节水灌溉技术。目前我国大部分农村地区仍然实行的是大水漫灌方式，水资源浪费十分严重。如果喷灌、滴灌、渗灌等节水灌溉方式大面积推广应用，配合以土地整理、田间覆盖、合理施肥等综合节水保墒措施，将会收到 40%～60%的节水效益。第四，发展节水农业。我国北方粮食主产区的天然降水量较少，灌溉是作物产量的基本保证。然而，冬小麦生长期的天然降水量仅能满足作物需水量的 20%～30%，夏玉米生长期的天然降水量仅能满足作物需水量的 80%～90%，棉花生长期的天然降水量仅能满足作物需水量的 60%～70%，灌溉需水量巨大。因此，在不影响经济效益的前提下，通过合理调整作物结构、发展节水种植制度和推广节水作物品种，可以大大节省灌溉用水。

2）工业节约用水

工业用水是城市用水的主要组成部分，一般占城市用水量的 70%～80%。工业用水数量巨大，不仅消耗了大量宝贵的水资源，同时工业废水的排放减少了可利用水资源量，导致水资源紧缺局面不断加剧。即便在水资源丰富地区，也因水质污染而出现水质性缺水的现象。因此，不论水资源丰富与否，各地都应将节约工业用水作为长远的水资源战略方针。节约工业用水的主要措施有：第一，提高工业用水重复利用率。提高工业用水重复利用率是降低新鲜水消耗量和减少污水排放量的有效措施。近些年来，我国在提高工业用水重复利用率方面做了卓越成效的工作，从 20 世纪 80 年代的 30%上升到 60%左右，但是与发达国家的 80%左右相比，尚存在不小的差距，进一步提高工业用水重复利用率仍有较大潜力。第二，调整工业结构。各行业用水的差别很大，这就使通过调整工业结构来达到节约用水的目的成为可能。对于缺水地区而言，限制高耗水产业，发展少用水产业，是建设节水型工业的有效措施。在我国供水形势相对紧张的西部和北方地区，应通过工业结构调整，适当限制冶金、化工、造纸、建材等高耗水产业的发展，实现节水目标。第三，发展节水技术和工艺。相同产业不同的工艺流程和技术设备，具有不同的用水需求。近年来，应水资源形势的要求，旨在节水的新技术和工艺流程不断涌现，在一定程度上减少了工业用水环节，节水效果显著。例如，冶金工业气化冷却技术代替水冷却技术可节水 80%以上，又如，炼钢工业氧气转炉代替老式平炉可节水 90%左右。因此，发展和推广节水技术和工艺，是节约工业用水的主要途径之一。

第四，发展中水资源和海水利用事业。利用经处理的工业废水作为工业用水，既可节约用水，又可减少污水排放，是节约工业用水的重要途径。目前工业发达国家对工业废水的再利用，既有较为成熟的理论、技术和设备，又有比较广泛的应用和经验，值得学习和借鉴。利用海水作为工业冷却水是一项重要的工业节水措施，许多沿海工业发达国家都有较高的利用量，日本工业用海水量约占工业用水量的 50%。我国青岛、大连、天津等一些沿海城市的火电厂、化工厂等，90%以上的冷却水取自海水，大大减少了工业淡水使用量。

3）生活节约用水

我国生活用水标准较低，但浪费较为严重。因此，在民众中大力提倡节约用水十分必要。生活节约用水主要有以下措施：第一，实行合理的用水收费制度。取消包费制，实行分户装表，计量收费，这是有效节约生活用水的一条成功经验。国内一些城市的实践证明，分户装表可节水 20%～50%。应按照用水户类型区别制定水价，对经营性用水执行较高的水费标准，对居民生活性用水执行较低的水费标准，并按用水量大小推广实行阶梯水费制度，鼓励节约用水。机关、商店、宾馆、饭店、学校等单位公共用水具有量大、浪费严重的特点，因此可实行计划供水，促进这些单位节约用水。第二，逐步建设生活循环用水系统。生活用水中有相当比例的水可以实现重复利用，例如，空调设备冷却水、洗涤废水可以再用于卫生用水。应逐步建立起生活循环用水系统，实现一水多用的目的。第三，逐步推广分质供水。生活用水中，饮用、洗涤、卫生等不同用途对水质的要求不尽相同，可以建立两套供水系统，实行分质供水。国外一些城市的实践表明，城市生活分质供水的节水效果十分明显。第四，研制和推广节水设备。随着人们生活水平的提高，家用生活用水设备不断增加，如洗衣机、洗碗机、沐浴系统、洗车系统等，家庭生活用水量不断上升。在研制这些设备时，应把节水作为设计指标之一，并制定相应的经济措施，鼓励民众购置节水设备。对于水龙头、卫生洁具等传统用水设备，应进行技术改造，研制节水型设备或配件，降低耗水量。

二、水质管理

（一）水质管理的概念与原则

水质管理指国家各级政府运用行政、法律、经济和科学技术等手段，协调社会经济发展与水质保护的关系，控制污染物质进入水体，维持水环境的良好状态和生态平衡，满足工农业生产和生活水质要求的管理活动。水质管理是指国家依据有关法律法规对水环境进行管理的一系列工作的总称，其主要目的是保护水源和综合治理受污染水体。广义上讲，凡为满足对河流、湖泊、水库、地下水等水体设定的环境标准及为符合用水要求而进行的水质保护行为，均可称为水质管理，包括对流入水域的污染源进行控制和监视，实施水域内水质改善的措施，定期水质调查和异常水质的控制等各种水质保护措施等。狭义上讲，水质管理是指对净水厂各种工程进行的水质监视、饮用水的水质保护、符合产业排水的处理措施、污水处理厂等排放水水质标准的管理等。

关于水质管理，我国政府 20 世纪 90 年代提出了"五统一"原则，即坚持实行统一规划、统一调度、统一发放取水许可证、统一征收水资源费、统一管理水量水质，加强全面服务的基本管理原则。2018 年 12 月 6 ～7 日召开的第二届环境监测与预警技术大会暨第十三次全国环境监测学术交流会上，生态环境部副部长刘华传达了水质管理的"五统一、一加强"的精神，即统一组织领导，理顺生态环境监测体制机制；统一规划布局，完善生态环境监测网络体系；统一制度规范，提高生态环境监测数据质量；统一数据管理，深化生态环境监测数据应用；统一信息发布，提升环境信息的公信力和权威性；加强生态环境自动监测体系建设。这是当前和今后一个时期我国确立水质管理原则的政策依据。

（二）水环境管理的主要内容

20 世纪 70 年代以前，一般把水环境管理单纯看成对废污水控制与治理的管理，其工作主要是通过法律、行政手段限制废水排放，促进企业采取工程措施对废水进行处理。水环境管理的实践表明，这种管理的代价太大，并且难以从根本上控制水环境的污染与破坏。此后，水环境管理逐渐转向采取水环境污染与破坏预防性措施落实的管理，旨在从预防入手，通过科学规划和合理利用水资源，实现水环境与社会经济的协调发展。目前的水环境管理主要包括水质宏观计划管理、水体污染源管理和水质管理三个方面的内容。

1. 水质宏观计划管理

水质宏观计划管理是指从对区域、流域国土开发整治出发，从水资源合理开发利用和保护着手，结合区域地产业布局、产品结构调整，进行水质全面规划，制定综合防治水质污染和破坏方案，并纳入计划经济管理轨道，确定防治水质污染的技术政策和技术发展方向，并有计划地组织实施。水质宏观计划管理的主要工作包括编制和实施区域国土整治规划、流域水质管理规划等。

2. 水体污染源管理

水体污染源是指向水体排放污染物的场所、设备和装置等水体污染的发生源。水体污染源是造成水体污染的根源，也是水质管理的主要对象。水体污染源管理是指通过采取行政、法律、经济和技术等手段，控制水体污染源的污染物产生量及排放量的管理活动。水体污染源管理是从源头上防治水质污染的预防性管理手段，主要是通过控制水体污染源的污染物排放种类、数量、浓度和排放方式来实现控制水体污染的目的。

3. 水质管理

水质即水环境质量优劣的程度。水质管理是指通过采取行政、法律、经济和技术等手段，控制水质和水污染行为的管理活动。其内容主要有制定水环境质量标准和废水排放标准、进行水体功能区划、开展水质监测、进行水质评价、制定水质规划、开展水质监督、进行水环境质量治理与保护等。

（三）水质污染的防治

为了有效防止水质污染，应遵循预防为主、重在管理、综合治理、经济合理的原则，通过行政、法律、经济、技术等方面的措施，做好以下工作。

1. 建立健全水环境管理机构

水环境管理机构的责任是负责制定和执行区域、流域的水环境保护方针、政策、法规、标准、制度，应尽快建立健全，形成强有力的水环境管理队伍，切实起到水污染防治和水环境保护的行政管理作用。为了防治水污染，保护水环境，水环境管理机构还应采取行政、法律、经济、教育和科学技术手段对水环境进行强化管理，提高全民的环保意识。应切实起到水污染防治法规贯彻执行的监管作用，以保证防治水质污染的措施落到实处。

2. 加强水环境保护规划与监测

制定科学合理的区域、流域水环境规划，切实实行水环境规划，统筹安排和合理分配水资源，有效控制水污染，使水污染防治和水环境保护措施落到实处。尽快完善各级水环境监测网络系统，加强水质监测的组织和领导，保证水环境监测工作的正常开展，让水质监测工作切实起到水污染监督和水质保护的作用。

3. 建立健全水质保护法规制度

目前我国已经颁布了一系列的水污染防治和水环境保护方面的法律和法规，地方也都有自己相应的条例、制度。这些法律法规和制度的制定与实施，在我国的水污染防治和水环境保护中发挥了巨大作用，然而在此方面依然有不尽如人意的地方，还有许多工作亟待加强。因此，应继续完善相关法律法规，使其更加具体化、详细化，增强可操作性。应加大执法力度，杜绝执法过程中的人为因素干扰，使执法过程正常化。应积极推行水源保护区制度、排污收费制度、排污登记制度、环境影响评价制度、"三同时"制度、限期治理制度、现场检查制度，制定和完善各种水环境标准，加大水质保护的力度。

4. 积极推行水质保护的各种经济措施

经济手段是水污染治理的重要手段之一。随着城市经济体制改革，企业自主权的扩大，乡镇工业的迅猛发展，指导性计划和市场调节部分的扩大，要自觉运用价值规律，发挥经济杠杆作用，使经济和治理污染协调发展。具体而言，在此方面要建立和推行征收排污费和实行排污许可证制度、征收水资源费、环境补偿费制度和水污染罚款与赔偿制度。此外，还应积极探讨对环境保护工程实施低息或无息贷款、对"绿色"生产技术实行奖励政策、对没有直接经济收益的环境保护工程措施进行经济补贴等经济措施。

5. 积极探讨和推广水污染治理、水环境保护和无污染水资源利用技术

应大力发展循环经济，搞好节能减排，积极探讨和推广节约用水、无污染用水工艺，促进水的循环利用，提高水的重复利用率。探讨和推广水质污染治理和污染与破坏水体修复技术，治理水质污染，加强水环境保护。污水处理分为三个级别。一级处理采用的是物理处理方法，即筛滤法、沉淀法、气浮法和预曝气法等，主要去除污水中不溶解的悬浮物或块状体污染物。经过一级处理，一般能去除 30%～35%的 BOD_5，并初步中和污水的酸碱度。二级处理以生物处理为主体工艺，主要采用高负荷生物滤池和活性污泥法，主要除去胶状的溶解性有机污染物。经过二级处理，能去除 85%～95%的 BOD_5 和 90%～95%的固体悬浮物（均包括一级处理），一般能达到排放标准。三级处理又称为高级处理或深度处理，主要方法有化学处理法、生物化学处理法和物理化学处理法等。经过三级处理，可以去除二级处理后仍存在的磷、氮和难以生物降解的有机物、矿物质、病原体等。经一级处理的污水常达不到排放的标准，故通常以二级处理为主体，必要时再进行三级处理。

（四）水质保护

水质保护是指通过各种保育途径和措施，使未受污染和破坏的水环境质量免于下降和恶化，已污染和破坏的水环境得以治理和恢复，以促进水环境质量的维护和良化。作为自然环境的重要组成要素之一，水具有最易遭受破坏和在人类各种活动影响下迅速发生变化的特点。随着工农业生产和人口的迅猛发展，由人类所引起的对水质的污染和破坏，已经达到了严重影响人类社会可持续发展的程度，水质保护迫在眉睫。

1. 河流的水质保护

河流水环境的污染与破坏较为普遍，河流水质保护为人类面临的一个严峻问题。河流治理的基本原则就是节污水之流和开清水之源，即减少污染源和增强河流的自净稀释能力，其措施主要为加强管理和采取技术措施两个方面。

1）加强管理

管理措施是技术措施实施的保证，主要包括如下四个方面：第一，设立行政管理机构。国家级机构负责全国范围内水污染控制和管理的协调工作，确定总的管理目标和准则。区域级的管理机构包括地方、地区及流域的管理机构，这些机构主要负责国家政策总体中指定目标和行动的落实。第二，制定水污染控制法律。立法是防止、控制并消除水污染，保障水的合理利用的有力措施，各国制定各种水法的主要目的是严格控制各种污染源向水体排放废水。立法条款主要包括：规定将废水排入河道要得到当局的同意；提出必须领取排放许可证方可排污、取水；规定征收污染税的制度；规定各类水质标准与排放标准；规定对违反条例而造成水体污染事故的给予罚款、停产或刑事起诉处分等。第三，规定水质标准与排污标准。按河流水域的不同用途及水质污染程度，制定不同的水质标准；按污染源的不同类型，制定不同的排污标准，以保证纳污水体水质符合水质标准。上述标准一般以浓度为计量单位，近年来有的国家已趋向于用排污总量为计量单位，以便于将排入水域的污染物总量控制在环境允许的限度之内，使水域水质经常保持在所规定的水平。第四，实行排污、取水收费制度。这是防止水污染的经济措施。污水接纳费和处理费是任何排污单位、城市、企业、事业、家庭等所必须负担的经济义务。收费制度在某种程度上也带来了诸如"排污合法化""增加企业经济负担"等问题，但也调动了排污单位污水处理的积极性，从而减少了排污量，减轻了河流污染。

2）采取技术措施

技术措施是立法和采取经济措施得以贯彻实施的重要条件。国外采取的技术措施包括严格控制污染源，减少排污量；建设工艺处理厂，减轻污染负荷；合理利用水资源，增强水体自净能力等。第一，采用先进技术，减少排污量。河流治理的关键在于严格控制污染源向河道直接排污。许多国家除了加强管理，用法律规定发放排污许可证及排放标准外，还采用了生产工艺无害化，闭路化，工业用水循环化等措施，做到少排污或不排污。例如，无水印染法新工艺，无染料损失，无污水排放；炼油厂以气冷代替水冷，使炼制 1 t 原油的耗水量降至 0.2t。此外，日本、西德、英国等国钢厂采用水闭路循环工艺，使循环用水率达 90%～98%。第二，整顿下水道，建设污水处理厂。近 20 年来，不少国家成倍增长整顿下水道与建设城市污水处理厂的费用，提高了下水道普及率，扩大了污水处理范围。下水道的普及率法国为 69%，美国为 73%，西德为 81%，瑞典为 83%。英国的下水道普及率居世界各地之冠，污水总管道可接受纳排污水量的 95%以上。据统计，英国下水道总长度可绕地球 9 圈。城市污水处理厂的建设方向是区域化、大型化发展。由最初的改进排水设备转向目前的建立区域废水处理系统。世界上最大的污水处理厂日处理废水能力可达数百万立方米。大型污水处理厂管理效率高，处理效果及经济效益均较为理想。第三，合理利用水体自净能力。合理利用水资源增加河流的径流量，以提高河流的稀释自净能力，这是治理污染河流的有效措施之一。不少国家通过建造水库，修筑蓄水湖来增加河流的枯水流量，引水冲污。此外，还通过疏浚河道清除底泥污染，在河内人工充氧，以增加河水中的溶解氧等途径来提高河流的自净能力。据苏联有关资料报道，如综合利用河流的自净能力，每年可节省污水处理费 10 多亿卢布。

英国泰晤士河的治理被人们认为是河流污染治理的范例。泰晤士河是英国第二大河。18 世纪，泰晤士河盛产鲑鱼，河水清澈见底，水产丰富，野禽成群，风景如画。到了 19 世纪，随着英国资本主义工业的发展，泰晤士河的水质日趋恶化，到 1980 年鱼虾绝迹，后来发展成为名副其实的臭水沟。1957 年，泰晤士水管理局成立后，开始了战略性的治理工作。在 1865～1994 年的初期治理阶段，虽然兴建了污水处理厂，但废水处理量远远低于废水增加量，水质仍继续恶化。1950～1965 年为治理有效阶段，新建了两座采用活性污泥法处理污水的污水处理厂，部分污染物达到了排放标准。20 世纪 60 年代以后，各种水质保护措施有效地发挥了作用，污水治理速度超过了污水增长速度，水质明显好转，在局部水域重新出现了鱼群。到 1982 年，泰晤士河已拥有 92% 的优质水河段，河中出现 102 种鱼类，沿河两岸已成为风景美丽的游览区。目前，泰晤士河全流域已建污水处理厂 470 余座，日处理能力为 360 万 t，几乎与给水量相等。

2. 湖泊、水库的水质保护

湖泊的富营养化给人类生活和生产活动带来很大的危害，因此湖泊水体保护的主要任务是防治湖泊富营养化。湖泊富营养化防治方法可分为外环境防治法和内环境防治法两类。

1）外环境防治法

建立污水处理厂：将富含氮、磷等营养物质的城市生活污水和工业废水引入污水处理厂，通过物理、化学和生物方法的三级处理，去除绝大部分的氮、磷等营养物质，使之达到入湖污染物规定的标准，然后再将其排入湖泊水域。

设置前蓄水池或氧化塘：将含有营养物质较多的污水引入人工的前蓄水池或氧化塘内停留一段时间，利用前蓄水池中天然藻类和细菌固定污水中的氮、磷等营养物质，使水质达到排放标准。

引水灌溉：将富含营养物质的城市污水引到农田、森林或草地，作灌溉之用，既能增加农林的生物收获量，又能避免湖泊富营养化的危害。

挖掘渗透沟：若营养物质主要来自面源，可采用挖掘渗透沟的办法，阻止农田作业场所或粪便堆积处的营养物质直接汇入湖内。污水在渗透过程中，其中的营养物质被土壤吸附。

限制肥料的使用量：合理施肥是增加农业产量的必要措施，过量施肥不仅增加农业成本，而且还会造成营养物质的流失，导致湖水富营养化。因此，适当限制氮、磷等肥料的施用量，也是防止湖泊富营养化的途径之一。

限制合成洗涤剂中的含磷量：目前，家用洗涤剂中 P_2O_5 的含量高达 10%～20%。在发达国家，生活污水中总磷量的 50%～70% 来自合成洗涤剂。因而，严格限制合成洗涤剂中的含磷量，已成为世界各国防治湖泊富营养化的重要对策。

2）内环境防治法

冲洗法：在水源允许的情况下，引进含营养物质较低的外部水源增加入湖水的流量。这样，既可以人为地缩短湖水的滞留时间，抑制浮游生物的生长，流出的湖水又能带走部分营养物质，降低湖水中营养盐类的浓度，从而起到防治湖泊富营养化危害的作用。

深层排水法：由于湖水滞留期间营养盐类是从表层向深层移动的，所以深层水营养盐类的浓度高于表层。对深水湖泊采用深层排水法（如虹吸法），也能起到降低湖水中营养盐浓度的作用。

人工循环抑制法：对小型湖泊、水库，采用喷射性注射泵来加速水的循环，或从湖泊底部注入空气，使湖水发生搅拌，从而使不同深度的湖水达到均匀混合的状态，以抑制湖中浮游植物的生长，减轻湖泊富营养化的危害。

挖深疏浚法：湖水中大量的营养盐类往往伴随泥沙和动植物残体沉入湖底，致使湖泊底质中营养物质富集。储存于底质中的营养盐类，在还原条件下又能向水中迁移，促进水体中浮游藻类的生长。因此，采用疏浚的办法取出富含营养盐的湖底淤泥，将其运至附近的农田作肥料，则既可以利用营养物质增加农业产量，又能降低湖水中营养盐的浓度，增加湖泊的蓄水量，大大改善湖泊的水质状况。

人工捞藻法：采用人工的方法，把湖水中过量繁殖的藻类捞出，用于炮制优质的有机肥料。这既能增加农业产量，又能减轻湖泊营养物质负荷。

植草、栽藕、养鱼等生物措施：湖泊水体中氮、磷转化的一个重要环节是被水生动物、植物所吸收。因而，在实施上述诸种措施的同时，辅以植草、栽藕、养鱼等生物措施，既能将营养物质转化为有用产品，又能减轻湖泊富营养化危害。

3. 地下水的水质保护

地下水保护主要包括两方面的内容：一是防止地下水的污染；二是防止过量开采地下水，以避免由于过量开采而产生的环境问题。地下水的污染除自然因素外，多为地表水的污染所致。工业废水未经处理或未达到排放标准就排入河流，高毒和高残留农药及固体垃圾经雨淋滤，将有害物质带入地下，这些都是造成地下水污染的原因。在岩溶地区，向溶洞排污也可直接污染地下水。

为了防止地下水污染，1984年通过的《中华人民共和国水污染防治法》中作出了如下规定：①禁止企事业单位利用渗井，渗坑，裂隙和溶洞排放，倾倒含有毒污染物的废水，含病原体的污水和其他废弃物。②若无良好隔渗地层，禁止企事业单位使用无防止渗漏措施的沟渠，坑塘等输送或者存储含有毒污染物的废水，含病原体的污水和其他废弃物。③在开采多层地下水的时候，如果各含水层的水质差异大，应当分层开采；对已受污染的潜水和承压水，不得混合开采。④兴建地下工程设施或进行地下勘探，采矿等活动，应当采取防护性措施，防止地下水污染。⑤人工回灌补给地下水，不得恶化地下水。

为了合理的利用地下水资源，必须依据区域水文地质条件对地下水资源进行正确的评价。全国和各省级地下水资源评价报告均已提出。国家已经明确规定，只有全国和地方矿产储量委员会的批准，才能作为地下水开采设计和规划的依据。许多地区结合当地地下水资源的特点，已制定出一些地方性法规，这对于促进地下水资源的合理开发利用起到了积极的作用。上述法规所包含的主要内容之一，就是限制地下水的开发规模，以避免超量开采。

为了发挥地下空间的作用，扩大地下水源，解决因超量开采地下水而引起的诸多环境问题，欧美不少国家通过人工回灌对地下水进行人工补给。我国在北京、上海、江苏、山东等地也进行过此项工作。国内外许多地区的经验表明，地下水的人工回灌技术可行，效果良好。有些地区虽然有较为适宜的水文地质条件，但因缺少河、湖水源或地表水体污染较重而难以利用人工回灌技术。各地应根据当地条件，因地制宜地积极开展此项工作。

复习思考题

1.试述水资源的概念与特征。

2.水资源评价的主要程序有哪些?

3.试述水资源资料分析的内容与方法。

4.试述水资源量计算的基本方法。

5.试述未来需水量预测的基本方法。

6.试述区域水资源供需分析的概念和方法。

7.试述水资源管理的概念与内容。

8.试述水资源保护的基本内容。

9.试述天然水质的形成与溶质径流的概念。

10.何为水体自净作用?自然水体自净作用有何特点?

11.何为水体污染?它有哪些类型?

12.水体的污染物主要是什么?

13.何为水体污染源?水体污染源调查的阶段和类型是什么?

14.试述水质监测站点布设和水样采集的方法。

15.试述天然水质综合分类的阿列金分类法和舒卡列夫分类法。

16.何为污染源评价?它有哪些方法?

17.何为水质评价?它有哪些类型?

18.试述水质评价的一般程序和方法。

19.何为水资源管理?试述水资源管理的特征。

20.试述水资源管理的目标。

21.试述水资源管理的原则与内容。

22.试述水质管理的概念与"五统一、一加强"原则。

23.水质污染防治应遵循哪些原则?基本措施是什么?

主要参考文献

曹万金, 刘曼蓉. 1990. 水体污染与水资源保护. 北京: 中国科学技术出版社.

丁兰璋, 赵秉栋. 1987. 水文学与水资源基础. 开封: 河南大学出版社.

管华. 2018. 环境学概论. 北京: 科学出版社.

管华, 董庆超, 等. 2000. 自然资源学概论. 西安: 西安地图出版社.

侯宇光, 杨凌真, 黄顺. 1990. 水环境保护 水资源保护. 成都: 成都科技大学出版社.

姜文来, 唐曲, 雷波, 等. 2005. 水资源管理概论. 北京: 化学工业出版社.

陆书玉. 2001. 环境影响评价. 北京: 高等教育出版社.

陆雍森. 环境评价. 1999. 上海: 同济大学出版社.

水利电力部水利电力规划设计院. 1989. 中国水资源利用. 北京: 水利电力出版社.

汪承杰. 水资源计算与评价. 1993. 南京: 南京大学出版社.

王华东, 王健民, 刘永可, 等. 1984. 水环境污染概论. 北京: 北京师范大学出版社.

许武成. 2011. 水资源计算与管理. 北京: 科学出版社.

赵秉栋, 管华. 1996. 水资源学概论. 开封: 河南大学出版社.

第八章　人类活动水文效应

第一节　人类活动水文效应的概念与类型

一、人类活动水文效应的概念

自然或人为因素的影响和作用使地理环境发生改变从而引起水循环要素、过程和水文情势发生的变化称为水文效应，其中由人类活动的作用和影响而引起的水循环的变化称为人类活动水文效应。在水循环过程中，人类所从事的一切社会、经济活动均可以直接地或间接地对流域地理环境条件和各种水体施加干扰，导致流域的产流过程和汇流过程发生相应的响应，从而产生相应的水文效应。因此，人类活动的水文效应是指由人类活动所引起的区域水文情势的变化。不同的人类活动，其水文效应的影响规模、变化过程及变化性质的可逆转性等均可有差异。

人类活动水文效应大多仍遵循水与环境关系中固有的自然规律。水文效应的强度与原水体水量的大小有关，影响的改变量与总量是相对而变的。例如，跨流域引水、大型水库等水利工程措施，这类活动时间短、范围小，但可突然改变水循环要素，而且一旦改变，将发生持久变化，长期而不可逆转地存在下去。而植树造林、城市化等长期的人类活动，其水文效应是渐变的，且对水文要素的影响也是逐渐加重的。人类活动对水循环有很大的影响，而水循环的改变，又会引起自然环境的变化。不同方式的人类活动会对水循环产生不同程度的影响，水循环的改变又会导致自然环境的变化。

人类活动水文效应所引起的水循环及自然环境变化，可朝着有利于人类的方向发展，也可朝着不利于人类的方向发展。因此，揭示人类活动水文效应的机理，弄清人类活动水文效应的过程与强度，对于水利工程规划与设计、水资源开发与利用、社会与经济发展规划编制等，在理论上和实践上均具有重大意义。

关于人类活动的水文效应，过去只有一些定性的概念。在人口、经济、城市不断增长扩大，改造自然活动的规模日趋巨大的今天，大型水库、跨流域引水工程、大规模农田基本建设及城市的规划设计中，水文效应定量分析已成为必不可少的依据。因此，20 世纪 60 年代以来，国际水文十年（International Hydrological Decade，IHD1965—1974）、国际水文计划（International Hydrological Programme，IHP$_I$-IHP$_{IV}$1975—1994）中，均曾制定了一系列的研究课题，同时要求深入开展人类活动水文效应的定量研究，以满足生产实践的需求。我国于1988 年 10 月在武汉召开的"人类活动对水文要素影响的研究"学术交流会上，拟定了此领域的三个研究专题，即水利工程、农业措施对水文要素的影响，森林的水文效应，城市化的水文效应，从而进一步推动了我国的人类活动水文效应研究。

二、人类活动水文效应的类型

人类活动种类繁多，影响面广，其水文效应的类型亦很繁杂。按照引起水文效应的人类活动的种类，可将人类活动水文效应划分为许多类型，其中显著的人类活动水文效应有水利工程的水文效应、水利活动的水文效应、农林活动的水文效应和社会经济活动的水文效应四类。水利工程的水文效应：在河道上修建水库、堤、闸、分水和提水工程等，可显著改变水文情势的变化，形成水文效应。水利活动的水文效应：灌溉、排水、蓄洪、整治河道等水利活动可引起水文情势的改变，水文效应十分明显。农林活动的水文效应：开荒、休耕、改变作物种植制度、造林毁林等农林活动，可引起土地利用/覆被变化，进而影响区域水文情势，形成水文效应。社会经济活动的水文效应：城市化、工业化等社会经济发展建设活动对水文要素的影响巨大，其进程中区域水文情势的改变十分明显，水文效应显著。

依据引起水文效应的人类活动作用的方式，可将人类活动的水文效应划分为人类活动直接影响的水文效应、人类活动间接影响的水文效应两类。人类活动直接影响的水文效应是指人类活动使水循环要素的量或质、时空分布直接发生的变化。例如，兴建水库、跨流域引水工程、作物灌溉、城市供水或排水等，均直接使水循环和水量、水质发生时空分布的变化。人类活动间接影响的水文效应是指人类活动通过改变下垫面状况、局地气候，以间接方式影响而形成的水循环各要素的改变。例如，在流域上开展植树造林、农业开发、城镇建设、修筑铁路、公路等活动，都会通过改变下垫面状况而间接影响水循环要素。

人类活动水文效应有多方面的表现，根据因人类活动而发生变化的水文要素的类型，可将人类活动水文效划分为区域水量效应、河流泥沙效应、径流和泥沙年际及年内变化效应、水质效应、"三水"（地表水、地下水和大气降水）转化关系效应、土壤含水量效应等。

第二节　土地利用/覆被变化的水文效应

土地利用/覆被变化（LUCC）研究是目前全球变化研究的热点问题之一，因为 LUCC 代表一种人为的"系统干扰"。就水文效应而言，LUCC 是直接或间接影响水文过程的重要边界条件。也就是说，人类从事开发农业、交通网络及城镇建设等生产经济活动，改变了原来的土地利用方式，使土地利用状况发生变化。而 LUCC 又通过对流域下渗、截留、填洼等蓄渗过程的干扰，来增强或削弱流域下垫面的产流与汇流能力，进而影响流域出口断面的流量过程，放大或缩小流域洪水规模及频率。但是，由于人类活动方式和强度的不同，不同流域的 LUCC 状况所产生的水文效应是不同的。因此，目前对 LUCC 水文效应的研究，主要集中在对特定流域年均产沙量、年均径流量、不同典型年（丰、平、枯水年）产水与产沙量、洪水过程等方面的影响。

一、LUCC 对产水量时空分布的影响

LUCC 对流减产水量的影响，主要是指人类为发展社会经济改变了土地利用方式，使地表的植被、土壤、微地貌等下垫面因素发生改变，直接影响蒸发、截留、下渗和填洼等蓄渗过程，进而导致地表径流集流速度加快，不同程度地增大了流域面上的产水能力。高俊峰和闻余华根据下垫面产流的特性,将太湖流域土地利用分类的 32 种三级土地利用分类归并为水田、建设用地、水面、旱地和非耕地四类，以 1991 年 5~9 月降雨类型分别计算了其在不同年份下垫面状况下的产水量（表 8-1）。从表 8-1 可以看出,在降雨强度大致相近的情景下（1991年 5~9 月），1996 年太湖流域下垫面状况比 1986 年多产水 10.21 亿 m³，其中上游区（湖西

区、太湖区、浙西区）增加产水量 4.11 亿 m³，占增加总产水量的 40%；2010 年将比 1986 年多产水 12.22 亿 m³，其中上游区多产水 4.78 亿 m³，占增加总产水量的 39%；2010 年全流域比 1996 年多产水 2 亿 m³，上游区比 1996 年多产水 0.68 亿 m³，下游区比 1996 年多产水 1.32 亿 m³，这表明：同样的降雨强度，在不同年份旳下垫面状况下的产水量存在明显的差异性。

表 8-1　太湖流域 1991 年（5～9 月）降雨类型的产水量

年份	产水量/亿 m³				总产水量/亿 m³
	水田	旱地和非耕地	建设用地	水面	
1986	56.73	84.52	29.79	26.27	197.31
1996	43.45	85.42	52.38	26.27	207.52
2010	42.88	83.07	57.31	26.27	209.53

随着流域下垫面状况改变程度的增强，1986 年、1996 年和 2010 年各分区的产水量均呈增加趋势。1996 年与 1986 年的产水量相比，以浙西区和杭嘉湖区增加的产水量多，分别为 2.41 亿 m³ 和 2.07 亿 m³；2010 年与 1986 年产水量相比，以浦东浦西区和浙西区增加产水量多，分别为 2.83 亿 m³ 及 2.72 亿 m³；杭嘉湖区和湖西区产水量均超过 2 亿 m³（图 8-1）。

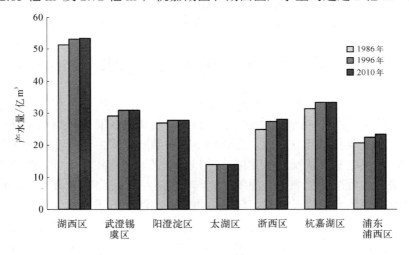

图 8-1　太湖流域 1991 年降雨类型在不同年份和不同区域的产水量

随着土地利用方式的不断改变，在降雨类型大体相近的情景下，太湖流域产水量呈增加趋势，而且不同下垫面状况在不同年份的产水量是不相同的，其主要原因是，20 世纪 80 年代末和 90 年代初土地利用/覆被变化处于相对平缓期，1985 年和 1995 年前后是太湖流域土地利用/覆被变化的高峰期。从土地利用方式上讲，在其他土地类型保持不变和降雨情景相似的条件下，水田改作旱地与非耕地，水田改作建设用地，旱地改作建设用地，产水量均会明显增加；而水面改为旱地或改为水田，产水量会有所减少。这是因为建设用地不透水层面积不断增加，下渗量相应减少，产水量则增加；汛期水稻生长期会消耗水量，同时水田可以调蓄水量，故水田面积减少会增加流域产水量；太湖流域地下水位较高，土壤含水量易于得到及时的补充，汛期前的降雨量已使旱地土壤含水量处于饱和或接近饱和状态，下渗的水量有限，因此，旱地面积的增加也会增加流域下垫面单元的产水量。

二、LUCC 对典型洪水过程的影响

LUCC 加快了流域面上的集流速度，增加了下垫面各单元的产水量，进而影响河网内的洪水过程，即洪峰量级、涨水历时、峰现时间等。

万荣荣等以太湖上游西苕溪流域为研究对象，运用美国陆军工程兵团（United States Army Corps of Engineers，USACE）水文工程中心（HEC）开发的水文模型系统 HEC-HMS 模拟了五种土地利用情景下的两次典型洪水过程，定量分析了单一 LUCC 对洪水过程的影响程度。

首先，他们对于同一场降雨形成的 1984 年 9 月洪水过程，设定情景 A：流域除河流、水库之外的所有土地利用类型均为林地，通过模拟对比，分析了土地利用方式不同变化情景相对于情景 A 的水文效应[表 8-2 和图 8-2（a）]。研究结果表明，情景 B：情景 A 中的林地全部被破坏，变为次生林和灌丛，洪峰流量增加 3.9%，洪水总量增加 4.0%；情景 C：情景 A 中的林地全部改为草地，洪峰流量增加 13.9%，洪水总量增加 21.1%；情景 D：情景 A 中的林地全部变为耕地，洪峰流量增加 24.3%，洪水总量增加 34.5%，峰现时间提前 7h；情景 E：情景 A 中的林地全部改为建设用地（不透水率均取 50%），洪峰流量是情景 A 的 1.7 倍，洪水总量是情景 A 的 2.1 倍，峰现时间提前 12h。

表 8-2　流域出口 5 种土地利用情景下模拟洪水特征值

	1984 年 9 月洪水模拟			1996 年 6 月洪水模拟		
情景	洪峰流量 /（m³/s）	峰现时间	径流总量 /亿 m³	情景	洪峰流量 /（m³/s）	峰现时间	径流总量 /亿 m³
A	771.54	1984-09-03.T06:00	1.072	A	509.01	1996-06-26.T01:00	0.828
B	801.25	1984-09-03.T06:00	1.115	B	553.19	1996-06-25.T24:00	0.875
C	879.01	1984-09-03.T06:00	1.298	C	735.65	1996-06-25.T20:00	1.112
D	959.09	1984-09-02.T23:00	1.442	D	830.65	1996-06-25.T19:00	1.283
E	1289.70	1984-09-02.T08:00	2.219	E	1183.00	1996-06-25.T16:00	2.298

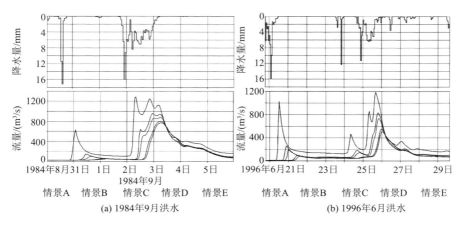

(a) 1984年9月洪水　　　　　　(b) 1996年6月洪水

图 8-2　五种土地利用情景下流域出口洪水模拟结果

其次，他们对于同一场降雨形成的 1996 年 6 月洪水过程，进行了同样的模拟对比分析[表 8-2 和图 8-2（b）]。研究结果表明，与情景 A 相比，情景 B 的洪峰流量增加 8.7%，洪水总量增加 5.7%，峰现时间提前 1h；情景 C 的洪峰流量增加 44.5%，洪水总量增加 34.3%，峰现时间提前 5h，情景 D 的洪峰流量增加 63.2%，洪水总量增加 55.0%，峰现时间提前 6h；情景 E 的洪峰流量、洪水总量分别是情景 A 的 2.3 倍和 2.8 倍。

由图 8-2 可以看出，对于同一场降雨，五种土地利用类型的洪水总量和洪峰流量大小顺序为：建设用地＞耕地＞草地＞疏林灌丛＞林地；涨水历时长短顺序为：林地＞疏林灌丛＞草地＞耕地＞建设用地；峰现时间最早的是建设用地，其次是耕地、草地、疏林灌丛地和林地。由此表明，在同一场降雨强度相近的情景下，由于各类土地类型对降雨的蓄渗量（损失量）不同，其各自的产流能力也不同，其中以建设用地面积扩大的水文效应最显著，其主要表现是集流加快，产水量均呈增多趋势，进而导致流域出口断面洪峰流量、洪水总量增大，而涨水历时缩短，洪峰出现的时间提早。

三、LUCC 对流域产流和产沙的影响

（一）对多年平均产流产沙的影响

为了模拟分析不同土地利用条件下的流域产流量和产沙量，郝芳华等应用基于 Arcview GIS 的 SWAT 模型，模拟分析了黄河下游支流洛河上游的卢氏流域的 LUCC 对产流量和产沙量的影响。首先，将黄河下游支流洛河上游的卢氏流域分为 39 个亚流域；其次，采取 1992～2000 年 24 个雨量站的降雨量和同期的气象资料，选用比例尺为 1∶4000000 的土壤类型图，设定不同的土地利用情景，作为模型的输入；最后，进行 LUCC 的产流量和产沙量的情景模拟，分别计算出各亚流域 1992～2000 年的土地利用类型及不同情景下的流域产流量和产沙量，即以出口断面的径流量和输沙量，来分析 LUCC 对产流量和产沙量的影响。

分析结果表明，在不同的土地利用情景下，卢氏流域的产流量与产沙量呈现如下特征：①草地面积减少 26.06%，农业用地增加 26.06%，产流量与产沙量分别增加 4.04% 及 23.22%，农业用地的增加能增加产流量和产沙量，草地具有减水和减沙的效应。②草地面积减少 26.24%，森林面积增加 26.24%，其他的土地利用类型面积基本保持不变，产流量增加 6.14%，产沙量减少 3.94%，草地相对于森林具有减水和增沙的效应。③农业用地减少 7.33%，草地增加 7.33%，其他的土地利用类型面积基本保持不变，产流量减少 0.43%，产沙量减少 16.83%，草地相对于农业用地具有减水和减沙的效应。

这一结果表明，森林相对于草地和农业用地都具有增水和减沙的效应。就产沙量而言，在其他条件相同的状态下，农业用地大于草地，草地大于森林；而产流量的排序则为森林大于农业用地，农业用地大于草地。

（二）对典型水文年产流与产沙的影响

为了模拟典型水文年（丰水年、平水年、枯水年）产水与产沙量，郝芳华等首先用泰森多边形计算流域 1981～2000 年的流域面降雨量，并求得参数流域面降雨量算术平均值 E_x、离差系数 C_V、偏差系数 C_S 分别为 689mm、4 和 21；其次选用皮尔逊Ⅲ型曲线进行适线，得到流域降水理论频率曲线；再次依据理论频率曲线，选取 90%、50% 和 10% 降水保证率下的

年降水量，选取年降水量与不同保证率降水量相近的 1995 年、1998 年、2000 年的降雨过程，进行同倍比放大，作为模型降雨的输入数据；最后分别模拟卢氏流域三种不同下垫面状况的产流量和产沙量，得到计算结果（表 8-3）。由表 8-3 可知：①平水年的产水量变化最小，枯水年的变化最大；②产沙量的相对误差随着保证率的增大而增大，说明降水量的增大，在一定程度上弱化了下垫面条件对降雨-产沙关系的影响。

表 8-3　卢氏流域不同情景下产流量与产沙量变化模拟结果

降雨频率/%	情景 1		情景 2		情景 3	
	产流量/%	产沙量/%	产流量/%	产沙量/%	产流量/%	产沙量/%
10	3.68	10.41	1.88	−0.27	−0.53	−13.80
50	1.30	28.61	− 0.17	−2.69	0.38	−18.90
90	5.45	16.92	5.84	−5.61	1.65	−22.23

四、LUCC 水文效应的研究方法

对整个流域的 LUCC 水文效应的早期研究，大都采用试验流域方法开展。具体方法主要有：①控制流域法。首先，尽量选取条件相似的相邻流域，采用相同的方法进行平行水文观测；其次，经过一定时期后，将其中的一个流域作为控制流域，使其保持原状态，将其他流域作为处理流域，对其进行短期或连续的实验处理；最后，根据前后控制流域与处理流域水文要素的变化，来分析 LUCC 对水文效应的影响。②单独流域法，即进行同一流域标准期与处理期的比较分析。③平行流域法，即选择除植被条件外其他水文条件大致相同的几个相邻流域，对径流情况及各种径流特征值直接进行比较分析。④多数并列流域法，即在同一地区尽可能地选择自然条件不同的多个流域进行同样的水文观测，用获得的水文资料进行回归分析、方差分析、主因子数量化解析等。试验流域法把土地覆被水文效应的评估引入了科学途径，但也有一定的局限性。试验流域通常为小流域，采用的分析方法多为统计方法。然而实际上野外影响水文效应的因素错综复杂，难以确定主要因子。即使找到主要因子，也难以对其进行控制，研究周期长，可对比性差。此外，无论哪种对比都不严格，因为在自然界找两个条件完全相同的流域是不可能的。即使是同一个流域，在用于对比的两个标准期内，流域的各种条件也不会完全相同。关键问题是，试验流域方法难以像农田对比试验那样做到那么多的组合，而山地立地条件的多样性又远比农田复杂，理论上要求有较多的条件组合。

另一种方法是特征变量时间序列分析法，即针对一个流域，选择较长时段上反映土地利用覆被变化水文效应的特征参数，尽量剔除其他因素的作用，从特征参数的变化趋势上评估 LUCC 的效应。无论是直接影响蒸发，还是延迟产流，从较长时间尺度上讲，LUCC 的水文效应最终表现在流域水量平衡的蒸发分量上。因此，可反映蒸发分量的径流系数（RC）不失为一个较好地反映 LUCC 水文效应的工具。许多学者用这一水文特征参数，评估十年际 LUCC 的水文效应。与此方法类似，也可绘制降水量与径流量在连续时间段上的双累积曲线，查看曲线的拐点是否与 LUCC 的时间相吻合。特征变量时间序列法虽简便易行，但也容易造成"误判"。因为径流系数或者流域蒸发的变化有可能是由人类土地利用引起的，也可能是土壤湿度、大气蒸发需求（包括辐射和气温）、降雨强度类型等自然因素及这些因素的综合效应造成的。

李秀彬等在长江上游梭磨河流域的研究发现，该流域 1960～2000 年 0～10mm 降水日数和降水量同步减少，而 15～25mm 降水日数和降水量却同步增加。气候上的这种变化与土地利用覆被变化一样，都对径流系数的增大具有不同程度的贡献。这种情况下，特征变量时间序列法对于 LUCC 水文效应评估就会失效。

试验流域和特征变量时间序列法的局限性，可以部分地借助室内模拟实验和数学模型模拟的手段来克服。就模型手段而言，研究流域水文过程的数学模型自 20 世纪 60 年代以来，随着计算机技术的发展，有了长足的进展。从此，LUCC 的水文响应研究由传统的统计分析方法转向水文模型方法。Onstad 和 Jamieson 于 1970 年最先尝试运用水文模型预测 LUCC 对径流的影响。目前被用的水文模型种类很多，大致可分为经验模型、集总式模型和空间分布式模型三类，它们各有自己的适用对象和限制因素。经验模型的计算过程无明确的物理法则，在 LUCC 水文效应研究中应用很少。集总式模型，如 IISPF、IIBV、CELTHYM、CHARM、SCS 模型等，将整个流域作为一个单元，表现整个流域的有效反应。其弱点在于不能处理不同土地利用类型和水文过程的区域差异及流域参数的变化性，所以其仅适用于土地利用/覆被类型比较单一的小尺度流域，并且模型参数往往无物理意义，需通过率定求出。基于物理意义的分布式或半分布式模型能够明确地反映出空间变异性，在解释和预测 LUCC 的影响上有着重要的用途，如评价不同降雨、气候和土地利用组合的流域响应模型（PRMS）、模拟山区森林流域 LUCC 水文响应的地形指数模型（TOPMODEL）、LUCC 化对暴雨−径流及洪水动态影响的模型（LISFLOOD、IPII IV、WaSIM-ETII、MIIYDAS）、研究长时期宏观尺度（或大中尺度）流域 LUCC 水文效应模型（CLASSIC、J2000、SIIETRAN、VIC）等。GIS 和 RS 在 LUCC 和水文循环领域的应用为水文模拟提供了新的研究思路和技术方法，如 ARC/EGMO、SWAT、DPIIM-RS 等。

模型模拟手段的优势，在于可以通过模型试验将政策情景与政策效果联系起来，从而实现学术研究支持决策的目的。通过建立较好地刻画流域降雨径流过程及 LUCC 在其中作用的流域径流模型，定量评估流域水量平衡中各要素之间数量关系的变化特征和 LUCC 所起的作用程度，同时利用模型模拟流域未来 LUCC 中各种情景的水文效应。无疑，模型模拟手段为进一步开展 LUCC 的水文效应打下了较好的基础。然而，利用流域水文模型模拟 LUCC 影响的研究仍处在起步阶段，尤其是应用遥感获取信息技术和 GIS 建立分布式水文模型模拟气候与 LUCC 水文效应的研究工作仍然薄弱。目前模型模拟手段在研究 LUCC 水文效应过程中，还存在许多亟待探索的难点问题，例如，如何较好地评估流域水文模型模拟结果的不确定性，尤其是区分 LUCC 的信号与其他参数的不确定性；如何评估和尽量避免空间尺度和时间尺度的影响；在评估过程中，如何区分 LUCC 与土地利用方式变化的效应；如何将目前多用于小流域的分布式和半分布式水文模型扩展到较大的中尺度流域中去等。

第三节　城市化的水文效应

城市化是一个复杂的空间形态变化和社会、经济发展过程。目前，世界城市化水平以每年 1%以上的速度递增，我国也正以世界罕见的速度推行城市化。城市化最显著的特征是人口、产业、物业向城市集中，这一方面导致土地利用性质改变，建筑密度增大，道路及下水管网建设使下垫面不透水面积扩大，加快了地表径流集流速度，直接放大了雨洪径流；另一方面，城市社会经济发展、人口剧增，对水资源的需求量日益增加，排泄废水、污水相应增多。因此，城市化程度越高，对水量的时空分布、水环境产生的影响也就越大。由此可以认为，城市化的水文效应就是指城市化对所涉及市区内水文过程变化的影响（图8-3）。

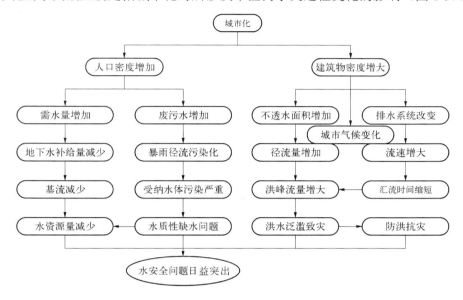

图 8-3　城市化的水文效应及其后果

一、城市化的自然态洪水放大效应

随着城市的兴建和发展，大面积的天然植被和土壤被各类城市建筑物所代替，下垫面不透水面积大幅度增加，降雨过程中的截留、下渗、填洼、蒸发等蓄渗量大量减少，造成地表集流速度加快，从降雨到产流的时间缩短，径流系数明显增大。据观测资料，一般情况下降水量的消耗，城市化前，蒸发量占 40%，地面径流量占 10%，入渗地下水占 50%；城市化后，蒸发量占 25%，地面径流量占 30%，屋顶径流占 13%，入渗地下水占 32%。我国城市化较快的北京市，郊区大

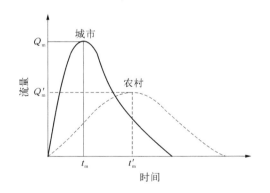

图 8-4　相同暴雨及滞洪条件下城市化对汇流的影响

雨的径流系数小于 0.2，城区大雨的径流系数一般为 0.4～0.5，个别区域可达 0.75～0.85。这表明，在相同的降雨强度下，下垫面改变程度的差异，会导致城市与城市之间、城区与郊区之间地面产水能力的明显差异，城市化程度越高，降雨消耗于地表的损失量越小，产水能力越强。

城市化后，由于地表径流量增大，汇入河网的速度加快，加之城市排水系统管网化增加了排水能力，河道汇流的水力效应也相应增强，进而引起城区河道内的汇流速度加快，洪峰流量急剧增大，行洪历时缩短，峰现时间提早，使洪水过程线呈现峰高坡陡的特征（图8-4）。

Espey 等的研究表明：城市化地区洪峰流量为城市化前的 3 倍，涨峰历时缩短 1/3，由暴雨径流量产生的洪峰流量为城市化前的 2～4 倍。

二、城市化的径流改变效应

与天然区域相比，城市区域年径流量的变化是由城市用水过程扰乱了地表、地下天然径流之间的循环过程而引起的，这种改变在城市边界以外区域有一定程度的恢复。例如，城市不透水面积的扩大，使径流总量增加，同时也使地下水的下渗补给量减少，继而导致地下水对河流补给量的减少。因此，市区径流量的增加必然引起城市边界外地区径流量的减少。如果城市开采的地下水与供水河道有水力联系，而排水又回流于该河流，则可引起当地河道流量的较大变化，但是流域出口断面的总径流量不会有大的变化。

如果城市有从外流域引水或从与本流域河流没有水力联系的地下水提水，则本流域河道的径流量会明显增加。城市区域年径流量的增加量主要有两项，一是城市区域降雨量增加而引起的径流增量，约为 10%；二是径流系数增大所引起的径流增量，约为 15%。因此，城市区域的年径流量一般比天然流域要大。如果城市供水系统包括深层地下水或从外流域引水，则年径流量增加量等于引入水量减去引水和供水系统的损失量。城市区域年径流量的一般表达式为

$$R = R_0 + R' - R'' + C\Delta P \pm \Delta E - L \tag{8-1}$$

式中，R 为城市区域年径流量；R_0 为非城市流域径流量；R' 为从外流域引水量或从与给定河流不存在水力联系的含水层开采的地下水量；R'' 为输送到流域外或直接排入大海的地下水道排水量；C 为年径流系数；ΔP 为城市区降水的增量；ΔE 为城市化所引起的蒸发变化；L 为供水排水系统的损失水量。

三、"海绵城市"建设的水文效应

"海绵城市"是一种城市建设的新理念，是水生态文明建设的具体实践形式，其力求恢复城市开发前的水文循环状态，有利于缓解城市内涝，恢复雨水对地下水的回补，促进雨水资源的开发利用，同时实现径流污染控制。"海绵城市"建设的主要目的，就是增大城市区域降水的下渗量，因此其实施必然会对城市区域的水文要素产生重大影响。

（一）雨水径流控制效应

张爱玲等采用济南市 2012～2017 年汛期降雨数据（表 8-4），模拟分析了济南市历阳河流域的雨水径流控制效应。济南市 2012～2017 年的降雨情况，包含了枯水年、平水年、丰水年，具有一定的代表性。这 6 年中，2017 年为海绵城市建成后的状态。为分析海绵城市试点建设的长期效应，采用 2012～2017 年的降雨数据，模拟海绵城市建成后的效果。

经过海绵城市建设，济南市历阳河流域汛期多年平均雨水径流的控制效应明显（图 8-5），控制比例达 80%左右，在一定程度上缓解了城市洪涝。在建筑小区、道路、公园绿地及山体、河道水系等下垫面进行径流控制，增加了城市雨水集蓄和渗透量，大幅减少了雨水资源的损失，为雨水资源利用提供了保障。

表 8-4　济南市历阳河流域 2012～2017 年汛期降雨数据

日期	降雨量/mm	降雨历时/h	最大雨强/（mm/min）
2017-07-18	30.3	2.2	2.2
2017-08-06	35.5	1.2	2.0
2017-08-18	45.1	1.8	2.0
2017-08-23	33.3	2.1	1.9

图 8-5　济南市历阳河流域 2012～2017 年汛期总降雨量与雨水径流控制比例

多年汛期月降雨量与对应雨水径流控制比例的统计分析结果表明（图 8-6），济南市历阳河流域 6 月和 9 月的雨水径流控制比例略高于 7 月和 8 月，这主要是由于 7 月和 8 月的降雨量明显高于 6 月和 9 月，7 月和 8 月的降雨集中（平均降雨天数分别为 14 天和 13 天）且暴雨场次多。因此，月降雨量与雨水径流控制比例同样存在一定的同步性。单因素方差分析及 t 检验对数据进行分析表明，当以月降雨量作为影响因素时，汛期各月雨水径流控制比例随降雨量的变化而产生相对差异（$P<0.05$），且 8 月差异最明显。由 2012～2017 年的月降雨量-雨水径流控制比例数据可知，月降雨量<166 mm 时，雨水径流控制比例可达 81%左右；月降雨量>166 mm 时，雨水径流控制比例的变化幅度增大；月降雨量为 417 mm 时，雨水径流控制比例仅为 70%，由此可见，海绵城市建设对中小降雨的控制效果更明显，随着降雨量与降雨强度的增加，雨水径流控制比例逐渐降低。

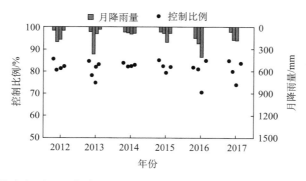

图 8-6　济南市历阳河流域 2012～2017 年汛期月降雨量与雨水径流控制比例

（二）雨水下渗效应

张爱玲等采用 2012～2017 年的降雨数据，分别模拟了海绵城市建设前后的状态，并按月统计，结果（图 8-7）。可知，"海绵城市"建设后的 7 月和 8 月的入渗量最多，分别占汛期入渗量的 35% 和 34%；6 月次之，占汛期入渗量的 19%；9 月最少，仅占汛期入渗量的 12%。与建设前相比，"海绵城市"建设后整个汛期的雨水入渗量显著增多，多年平均入渗量达到 491 万 m^3，是建设前 186 万 m^3 的 2.6 倍。由此可见，"海绵城市"建设的雨水下渗效应明显，有效补给了地下水资源，涵养了泉域水源。

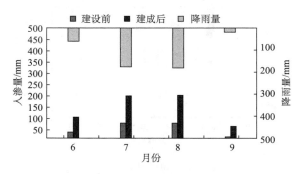

图 8-7　2012～2017 年汛期月平均入渗量的变化

第四节　水利工程和水保工程的水文效应

人类为了兴水利、除水害和保护生态环境，兴建了众多的水利工程和水土保持工程（简称水保工程）。据统计，我国共建有大、中、小型水库约 8.6 万座，总库容 5542 亿 m^3，排灌站 7 亿 hp[①]，水电站装机容量 0.2kW，机电井 0.2 亿余眼；几十年来，我国建立基本农田 0.13 亿 hm^2，营造水土保持林 0.43 亿 hm^2、经果林 470 万 hm^2、草场 430 万 hm^2，建成数百万座小型水保工程。这些水利和水保工程的兴建与运转，在防洪、灌溉、发电、航运、供水、水产养殖、水土保持等方面发挥了巨大的经济、社会和生态等综合效益。同时，水利和水保工程的运行，也会改变河流、湖泊等自然态的水沙过程，产生水文效应。但是，在众多的水利和水保工程中，由于性质、规模的不同，它们产生的水文效应也不尽相同。

一、水土保持综合措施对流域产流的影响

在水土流失较为严重的流域，人类为了防治水土流失，除了实施植树种草等生物措施外，还兴修了小型水库、谷坊、鱼鳞坑、坡地梯田、水平沟等水保工程。它们广泛分布于流域面上，对流域产流和坡面汇流特性有很大影响。在产流过程中，它们可以影响降水的蒸发、植物截留、滇注、下渗、集流等各个环节。因此，人类通过这些综合性的水保工程来改变坡面及覆被状况，增加蓄水量，延续地表集流时间和坡面汇流时间，以从整体上来提高流域面上的蓄渗能力，进而达到减少河网内洪水流量、削减洪峰、延长峰现时间的目的。

----

① hp 为马力，1hp=735.49875W

实验研究表明，不同的水土保持措施对地表径流蓄渗量的影响不尽相同。其中水平梯田、茂密森林和水平沟的蓄渗能力最大，对地表径流的最大拦蓄量可达 25～50mm；水田、鱼鳞坑、牧草次之，最大拦蓄量为 15～25mm；地埂、稀疏灌木林最小，最大蓄渗量一般在 15mm以下。各项水土保持措施对地表径流的蓄渗过程的影响有一个共同特点，即它们的拦蓄量随径流深度的增加而增大，当增加速率逐渐变小时，拦蓄量逐渐接近其最大蓄渗能力。

水土保持措施很多，其水文效应也各有特点。我国目前多采用下述方法估算水土保持措施对径流的综合影响：①通过若干小流域的试验，找出各单项措施水文效应的表征指标；②运用综合治理流域，将各项措施的效应进行叠加，分析综合效应，并与实测径流值进行比较和回归分析，确定小流域表征指标值，以作为大中流域综合措施水文效应的综合修正系数；③将上述成果移植于其他流域，估算水土保持措施实施后的径流变化。

（一）单项水土保持措施径流深影响的表征指数

表征流域面上各单项水土保持措施径流深影响的指数，是通过并列流域实验而取得的。具体做法是，选择一组类似流域，其中一个保持天然状态，其他的施以某项措施，并对降雨、径流等要素进行观测。若干年后，依据各流域的观测资料系列，建立各自的降雨-径流关系。通过各流域降雨-径流关系的对比分析，即可确定各种措施的拦蓄指标 ΔR，亦即在某一降雨量下某项措施减少的径流深。

河南省 22 个径流站的试验研究成果（表 8-5）表明，各种水土保持措施的拦蓄指标 ΔR 均随降雨量的增加而增大，但增大的速率越来越小，ΔR 逐渐接近常数 ΔR_m，该值被称为某项措施可能增加的最大渗蓄量。试验成果还表明，水平梯田、茂密森林和水平沟的拦蓄量最大，鱼鳞坑、牧草次之，地埂、稀疏灌木林最小。

表 8-5 各项水土保持措施的拦蓄指标 ΔR

水土保持措施名称及规格	降雨量（包括前期影响雨量）/mm				
	50	100	150	200	250
鱼鳞坑（10 万个/km², 0.12～0.2m²/个）	2.0	12.5	31.0	43.5	44.0
水平沟（5m/km², 0.3～0.4m³/m）	3.0	17.0	37.0	49.5	51.0
森林（郁闭度≥60%）	2.5	19.5	44.5	59.0	65.5
梯田（宽 88m，埂高 25～35m）	5.5	29.0	59.0	89.0	113.5
平整土地打畦埂（垄高 0.08～0.15m，间距 0.4～0.6m）	1.0	8.0	24.0	31.0	31.0
深翻地（深翻 0.35～0.5 m）	1.0	13.0	42.0	65.5	79.0
沟渠围田（蓄水 2 万 m³/km²）	3.5	13.5	26.0	32.0	41.0
坑塘沟渠网（蓄水 5.2 万～7.3 万 m³/km²）	2.0	16.0	45.5	70.0	83.0

注：据河南省 22 个径流站观测数据资料分析而得

（二）拦蓄指标的综合修正系数

单项措施指标都是在小块面积上进行单项措施试验的成果，对于较大流域而言不一定具有代表性，因此要进行综合修正。在分析确定修正系数时，可选择无蓄水工程（小型水库）且水土保持措施较多、资料较丰富的流域进行综合修正。首先，根据措施前流域的降雨-径流关系，求得一次降雨的径流深 R，求出各种单项措施的拦蓄指标 ΔR_i；其次，按面积加权计算得到流域平均 ΔR，再从 R 中减去 ΔR，得出措施实施后的流域平均径流深 R_j，点绘 R_j 与实测径流深 R 的相关图。在此 R_j-R 相关图上，一般可得到通过坐标原点的直线，其斜率即为综合修正系数 K

$$K = R/R_j \tag{8-2}$$

例如，辽宁省西部拦蓄指标的综合修正系数为 0.833。

（三）水土保持措施实施后的洪水过程的估算

水土保持措施都是设置在坡面上的措施，这些措施改变了地表植被覆盖、坡度、填洼、下渗和坡面糙率等下垫面状况，进而对流域产流和坡面汇流产生直接影响。因此，对于较大流域而言，其汇流时间相对较短，可直接使用原来的单位线，按水土保持措施实施后的净雨推求洪水过程。对面积较小的流域，要同时考虑所引起的地面径流减少、坡面汇流速度减缓，从而使洪峰流量变小和峰现时间推迟等效应。

二、水土保持生物措施的水文效应

扩大森林、牧草等植被是保护水土资源的重要生物措施，森林的作用尤为显著。试验表明，森林的水文效应主要体现在林冠和枯枝落叶层对降水的植物截留、蒸散发、下渗、土壤蓄水、坡面汇流等流域蓄渗与坡面漫流过程的影响，以及在河网汇流中洪峰流量、洪峰涨率、峰现时间的相应响应。

（一） 森林的截留作用

森林的林冠及枯枝落叶层可通过对降雨的截留和增大土壤渗蓄能力而起到拦蓄水量的作用。研究表明，森林地区的降雨量约有 20% 被林冠和枯枝落叶层所截留，其中一部分蒸发返回大气中，减少了直接降落到地面的水量，从而有效地削弱了雨滴对土壤表层的击溅强度，减弱了土壤流失，同时避免了土壤板结，增大了土壤的下渗率。因此，森林地区在降雨强度和森林郁闭度大致相近情景下，植物截留量随降雨量的增加而增加，但其增加的速率很快变小，最后趋近一个截留量的极限值，即为森林的截留能力。一般情况下，林冠截留量与树种、枝叶状况、林冠湿润程度、风速、风向、雨量、蒸发等因素有关，最大值一般为 20mm 左右。枯枝落叶层的持水量与树种、落叶堆积厚度及腐烂程度等因素有关，最大值一般为 20～30mm。

（二） 森林对流域蒸散发的影响

林地蒸散发是植被截留、蒸发、植物散发和土壤蒸发的总和。森林比裸地可吸收更多的太阳辐射能，树木根系可深达 1.5～3.0m，这就给植物散发提供了更多的水分。因此，在林地总蒸发中，植物散发量所占比重最大。有研究表明，每公顷森林每天要从地下吸收 70～100t 水，其中大部分被蒸腾到大气中。一般而言，植物蒸散量要大于海水蒸发量的 50%，大于土壤蒸发量的 20%。由于森林中处于遮蔽状态，一般情况下，气温低、湿度大、风速小、紊动扩散受限，加之森林地土壤有枯枝落叶覆盖，土壤疏松，非毛管性孔隙多，阻滞了土壤水分向大气散发，所以森林内土壤直接蒸发所占比重最小，小于相近自然条件下无森林地土壤的直接蒸发量，一般只相当于无森林地的 2/5～4/5。

（三）森林对流域径流调蓄的影响

森林发育的根系和枯枝落叶层的腐殖质可促使土壤团粒化，进而使相当深的土层变得疏松，孔隙率增大，特别是使输送重力水的大孔隙增加，加之林冠和枯枝落叶层能有效地削弱雨滴对土壤的冲刷，保持了孔隙的畅通，从而增强了土壤的渗透性能。同时，覆有植被和枯枝落叶层的地表较为粗糙，减缓了坡面漫流，延长了雨水在坡面上的滞时，有利于雨水的下渗。此外，森林根深叶茂，能长期保持较大的蒸散发强度，使相当深的土层较为干燥，甚至引起地下水位下降，这就为接纳更多的下渗雨水创造了有利条件。森林能促进雨水大量渗入地下而形成地下水，并以泉的形式流出地面，久不枯竭，具有很强的天然调蓄功能，故有"绿色水库"之称。

森林的径流调节效应可通过分析水文站实测资料得以证实。陕北驼耳巷与皖南东坑两个水文站流量过程线的对比分析表明，两个流域面积大体相等（5.74km² 与 5.65km²），两场雨量差别不大（24.6mm 与 38.7mm），而驼耳巷的洪峰流量为东坑的 7.5 倍（26.1m³/s 与 3.5m³/s），驼耳巷的主要洪水历时为东坑的 1/10（3h 与 30h），驼耳巷的流量过程线高而瘦，洪水暴涨暴落；东坑的流量过程线则矮而胖，洪水涨落缓和，这充分反映出湿润多林山区的东坑森林调节径流的巨大作用。

三、水土流失的洪水响应

（一）　水土流失对自然态水量的放大或减少

我国山丘面积比重大，土壤抗蚀力差，降水时空分布不均，加之人类农业开发过程中的滥伐林木、开垦陡坡、围湖造田等短视行为日益突出，成为世界上水土流失最为严重的国家之一。我国的水土流失有"三大"特点。第一，水土流失面积大。全国第二次遥感调查结果显示，我国轻度以上水土流失面积 356 万 km²，占全国土地总面积的 37.1%，其中水力侵蚀面积 165 万 km²，风力侵蚀面积 191 万 km²。第二，水土流失强度大。全国强度以上水土流失面积 112.7 万 km²，尤其是黄河流域河口镇至龙门区间，年均侵蚀模数高达 1 万 t/km²，局部严重地区更达 3 万～5 万 t/km²。第三，流失泥沙总量大。全国每年流失的土壤总量达 50 亿 t，其中长江流域 24 亿 t，黄河流域仅黄土高原地区即达 16 亿 t。

长期的水土流失，一方面导致土壤、森林植被蓄水保土防护功能下降，另一方面蓄渗能力因土层变薄而减弱，同时随径流迁移的泥沙沿途淤积山塘、水库、湖泊，使一些天然湖泊和水利工程的调蓄能力日益衰退。其结果是在降雨强度相近条件下，流域蓄渗量减少，产水量增大，河网汇流量增加，水位急剧上涨，使中小洪水也可形成较大或特大灾害性洪水，产生放大自然态洪水的效应（图 8-8）。例如，我国湖南省洞庭湖流域水土流失区，植被破坏导致森林涵养水源能力降低约 127 亿 m³，水土流失使土壤薄层化而损失土壤水库容为 60.48 亿 m³。长期的泥沙淤积，造成 63 座大型水库损失库容量 5.57 亿 m³，1.6 万座山塘损失容积 0.454 亿 m³，加之围湖造田使洞庭湖容积减少了 126 亿 m³，近几十年间全流域共损失调蓄容积约 319.50 亿 m³。与新中国成立初期相比，丰水期降雨量相近情况下，洞庭湖流域的产流量增加了 319.50 亿 m³（包括长江上游水土流失区的增加量），使洞庭湖在入湖洪峰流量相似的情景下水量增加，洪水位普遍壅高 0.29～1.51m，高水位持续时间延长 15～18 天。这种情况尤以 1996、1998 年洪水最为典型（表 8-6）。近两年入湖最大组合洪峰流量分别比 1954 年少 562m³/s 及 369m³/s，而洪水位却依次壅高 0.76m、1.39m，且高洪水位持续时间长，1998 年超危险水位（33.00m）持续时间比 1954 年延长 32 天；在枯水期也即相当于在降雨量相近情景下，洞庭湖流域减少了 319.50 亿 m³ 的水量，导致全流域受旱面积扩大，受旱持续时间延长和受旱发生频率增大。这种现象显然是多年的水土流失所导致的森林、土壤、水库及湖泊调蓄功能下降而对自然态洪水产生的放大或减小的结果。

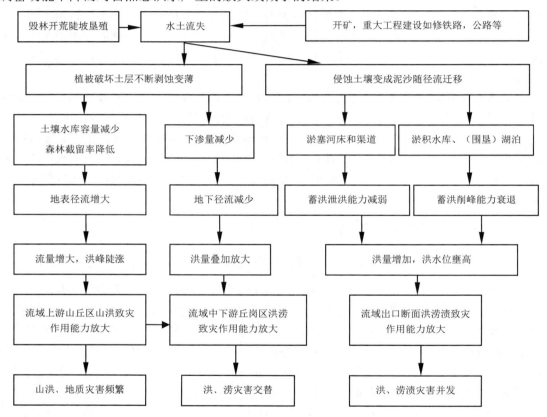

图 8-8　水土流失对自然态洪水的放大过程及其效应

表 8-6　典型灾害性洪水年洞庭湖城陵矶高洪水位及其持续时间

年份	最大蓄水量/亿 m³	最高水位/m	高洪水位持续时间/d		
			33.00m	34.00m	35.00m
1954	469.5	34.55	56（7.1～8.26）	$24\begin{bmatrix}7.17\sim7.41\\7.27\sim7.28\end{bmatrix}$	0
1996	256.6	35.31	29（7.16～8.13）	12（7.17～7.28）	4（7.20～7.23）
1998	330.0	35.94	78（6.29～9.14）	$56\begin{bmatrix}7.2\sim7.9\\7.24\sim9.9\end{bmatrix}$	42（7.25～9.4）

（二）自然态洪水放大与减少效应

人类开发农业的短视行为，放大或减少了自然态洪水，导致水旱灾害交替频繁，主要表现在致灾范围与成灾率日益增大。据湖南省洞庭湖流域 1950～2007 年水旱受灾面积统计表明：除 1970～1979 年水旱灾平均受灾面积较小外，其他各年代水旱受灾面积均大于历年平均值。20 世纪 50 年代水旱灾受灾面积为 825.4 万 hm²，60 年代为 877.8 万 hm²，80 年代增至 1435.0 万 hm²，比 70 年代增加 54.9%，90 年代水旱灾平均受灾面积 1516.8 万 hm²，比 70 年代增大 56.2%。进入 21 世纪以后旱灾受灾面积大于水灾受灾面积；再以水旱灾成灾率（成灾面积与受灾面积之比）而言，20 世纪 70 年代多年平均值为 39.2%，80 年代和 90 年代分别增大至 43.7% 和 50.3%，2000 年以后，流域山丘区山洪灾害和旱灾的致灾范围，成灾率均有同步增大趋势，其中以干旱致灾范围增大的幅度最大，并出现连续干旱年份（2005～2008 年）。很明显，这主要是长期水土流失对水旱致灾能力放大作用的结果。

四、跨流域调水的水文效应

兴建跨流域调水工程的主要目的，是将丰水地区的部分水量调到干旱缺水的地区，以满足人类生产和生活的需要。但是大规模调水工程的运行，会扰乱江河湖泊水沙的时空分布规律，甚至对水量平衡产生深刻影响。以大规模、多目标、远距离为特点的现代调水工程，是 20 世纪中期以来在国外陆续提出来的。目前世界上已建成或正在兴建有多个大型调水工程，例如，巴基斯坦 1960～1970 年兴建的"西水东调"工程，调水总量达 148 亿 m³；苏联 1962～1972 年兴建的额尔齐斯河调水工程，调水量为 22 亿 m³；美国 1961～1971 年兴建的加利福尼亚州"北水南调"工程，输水管道长达 900km，调水总量 52 亿 m³；北美洲跨国调水工程，从阿拉斯加和加拿大西北部调水到加拿大中部、美国西部和墨西哥北部，年调水量达 1375 亿 m³；苏联欧洲部分的"北水南调"工程，调水量为 310 亿 m³。正在建设中的中国南水北调工程，也是世界上大规模的跨流域调水工程。

（一）南水北调工程概况

中国的南水北调工程分别从长江上、中、下游调水，以适应西北、华北各地的发展需要。该工程分东、中、西三条调水线路，即南水北调东线工程、中线工程和西线工程，合称南水北调工程，建成后与长江、淮河、黄河、海河相互连接，构成中国水资源"四横三纵、南北调配、东西互济"的总体格局。

南水北调东线工程利用京杭大运河调长江水北上，实施后可基本解决天津市，河北黑龙港运东地区，山东鲁北、鲁西南和胶东部分城市的水资源紧缺问题，并具备向北京供水的条件。该工程可使苏、皖、鲁、冀、津五省（市）净增供水量 143.3 亿 m³，其中生活、工业及航运用水 66.56 亿 m³，农业用水 76.76 亿 m³。

南水北调中线工程规划通过人工开挖运河和卫河，调汉水和长江水北上，分三个阶段建设实施。近期工程计划 2010 年前后建成，从汉江丹江口水库引水，年均调水量 95 亿 m³；后期工程预计 2030 年完成，进一步扩大引汉规模，年均调水量达 130 亿 m³；远景设想从长江三峡水库调水。南水北调中线工程运行后，可为京、津及豫、冀沿线城市增加生活、工业用水 64 亿 m³，农业用水 30 亿 m³，缓解华北地区的水资源紧缺局面。

南水北调西线工程规划在长江上游通天河、长江支流雅砻江和大渡河上游筑坝建库，通过隧洞穿越巴颜喀拉山，调水入黄河。该工程是补充黄河水资源不足，解决我国西北地区干旱缺水，促进黄河治理开发的重大战略工程。

（二）南水北调工程的水文效应

总体上讲，跨流域调水工程规模大、涉及地域广、沿途区域自然环境复杂，必然会产生一系列的水文效应。关于南水北调工程的水文效应，左大康等从其对水量输出区、输水通过区、水量输入区三个影响区的影响分别进行了研究。南水北调在水量输出区产生的水文效应，是由水量大量减少而形成的。由于水量的减少，枯水季节在引水口以下河段会引起泥沙的沉积、河道特性改变、河水自净能力减低、河口海水入侵加剧。输水通过区的水文效应，是由输水环境效应、渗水环境效应、阻水环境效应和蓄水环境效应等一系列水文环境效应所引起的，调水后将抬高输水线两侧和蓄水体周围的地下水位，加重土壤盐碱化，并给水质及水生生物造成一定的影响。水量输入区的水文效应，是由外水大量引入造成的，可导致地下水位升高，水溶盐的积累，蒸发量增加及土壤次生盐碱化。

五、防洪工程与大型水库的水文效应

自 5000 年前世界上第一座水库在埃及建成以来，世界上建造了大量的水库，目前全世界建成的水库已能调节全球河川径流量的 1/3 以上。通过水库调节，河流上游的水沙过程受到干扰，下游水文过程必会产生响应。这种响应的主要表现有：下游径流总量减少，流量过程起伏变小，汛期洪峰流量削减，枯水期流量加大，中水期流量增大，下游来沙总量减少等。同时，水库造成的河流流量大小、流速及流态的变化，将进而对河流生态环境产生一定的影响，并会引起水体自净能力和污染物混合、稀释能力的变化。

（一）荆江防洪工程与葛洲坝水利枢纽运行的水文效应

我国长江荆江段（湖北枝城—湖南城陵矶）有松滋口、太平口、调弦口、藕池口分泄长江水沙汇入洞庭湖，经湖泊调蓄后于城陵矶泄入长江。近数十年间，荆江河道历经了多次整治事件，例如，1958 年冬季调弦口堵口建闸（四口变三口），1967 年 5 月中洲子人工裁弯取直缩短河长 32.4km；1969 年 6 月上车弯人工裁弯取直缩短河长 29.2km；1972 年 7 月沙滩子自然裁弯取直缩短河长 19.0km，下荆江 3 处裁弯共缩短河长约 80.6km，在一定程度上加大了水沙的下泄量；1981 年葛洲坝水利枢纽开始运行，对荆江河段的水沙过程产生了一定的干扰。受这些水利工程的影响，1951～1998 年，松滋口、太平口、藕池口分泄长江水沙逐期减少。与此同时，湖南湘、资、沅、澧四水兴建各类水利水保工程 1.35 万座，对洞庭湖的径流和泥沙也产生一定的影响。受这些水利工程运行的综合影响，洞庭湖的径流量和输沙量均呈减少趋势（图 8-9）。入湖泥沙量占长江总泥沙量的 80% 以上，荆江入湖泥沙量的减少，导致洞庭湖入湖泥沙和淤积量所减少的幅度均大于径流量的减少幅度。可见，长江水沙过程的变异，深刻影响着洞庭湖的水沙过程。

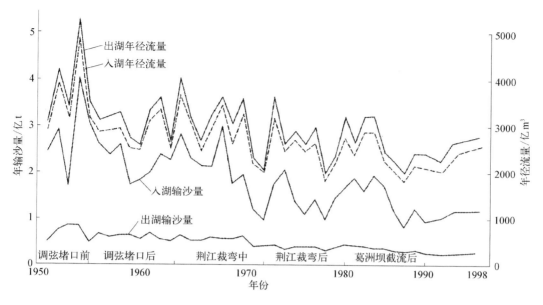

图 8-9　洞庭湖年径流泥沙过程线

（二）三峡水库运行初期对江湖水沙过程的影响

长江三峡位于长江上游干流重庆奉节白帝城至湖北宜昌南津关，全长 192km，处于上游山区与中下游平原的过渡带，控制着长江上游的来水和来沙。三峡水利枢纽工程是当今世界规模最大的水利枢纽工程之一，位于西陵峡中段，坝址位于宜昌市的三斗坪，坝顶总长 3035m，坝顶高程 185m，正常蓄水位 175m，总库容 393 亿 m^3，其中防洪库容 221.5 亿 m^3。长江三峡工程已于 2003 年 6 月开始蓄水运行，至 2008 年底运行初期结束，2009 年开始已按设计标准正式运行，将发挥其巨大的综合效益。从 2003 年 6～12 月开始蓄水至 2007 年底，三峡工程入库泥沙 9.51 亿 t，出库泥沙 3.11 亿 t，水库淤积量为 6.40 亿 t，排沙比（出库沙量/入库沙量）为 32.7%（表 8-7），坝下宜昌站输沙量较多年平均值减少 80% 以上。三峡水库的调蓄，导致下游荆江段水沙条件发生较大改变，这势必使江湖产生连锁性的水文效应。

表 8-7　三峡水库泥沙淤积与排沙情况

年份	入库		出库		淤积量/亿 t	排沙比/%
	水量/亿 m^3	沙量/亿 t	水量/亿 m^3	沙量/亿 t		
2003（6～12 月）	3254	2.08	3386	0.84	1.24	40.4
2004	3898	1.66	4126	0.64	1.02	38.4
2005	4297	2.54	4590	1.03	1.51	40.6
2006	2790	1.021	2842	0.0891	0.932	8.7
2007	3649	2.204	3980	0.507	1.697	23.0
合　计	17888	9.51	18924	3.11	6.40	32.7

1. 水库下游河道沿程冲淤变化显著

据 2002 年 10 月~2007 年 10 月长江干流河道固定断面观测资料（城陵矶至湖口河段为 2001 年 10 月~2007 年 10 月），长江中游宜昌至鄱阳湖口河段（长 955km）的冲淤总体情况为滩槽均冲，一改过去有冲有淤、基本平衡的状况。平滩河槽总冲刷量为 6.89 亿 m^3，平均冲刷强度为 72 亿 m^3/km。河道冲刷以基本河槽为主，其冲刷量为 5.87 亿 m^3，占平滩河槽冲刷量的 85%。从冲淤量沿程分布来看，河道冲刷以宜昌至城陵矶段为主，其平滩河槽冲刷量为 4.662 亿 m^3，占河道总冲刷量的 67.7%；城陵矶至汉口段平滩河槽冲刷量为 0.936 亿 m^3，占河道总冲刷量的 13.6%；汉口至湖口段平滩河槽冲刷量为 1.292 亿 m^3，占河道总冲刷量的 18.7%。

2. 三口断流时间延长且分流量和分沙量持续减少

三峡水库运行初期，长江下游河道总体处于冲刷状态，荆江段河槽下切明显，松滋，太平、藕池三口口门相对抬高，河道水位下降，导致枯水期三口断流时间延长或提早（表 8-8）。2006 年长江属枯水年，三口断流天数为 1951 年以来最大值，其中藕池河西支康家岗分流仅一个月，最大入流量仅 56m^3/s。长江 2008 年属平水年份，藕池口 10 月 20 日开始断流，较正常年份提早 10 天；太平、松滋二口同期虽未断流，但分流量较往年同期偏少 25%~35%。由于枯水期断流时间延长，与三峡水库运行前（1999~2002 年）相比，运行初期三口的分流、分沙量均有所变化，多年平均状况均呈减少趋势。若分别将荆江三口入湖径流量和泥沙量占长江枝城站径流量和泥沙量的百分比称为三口的分流比和分沙比，则三口的分流比减小幅度较大，约为 2.4%；分沙比减小幅度较小，约为 1.09%（表 8-9 和表 8-10）。

表 8-8　洞庭湖三口站年断流天数及枝城相应流量

时段	三口站分时段多年平均年断流天数/天				断流时枝城相应流量/（m^3/s）			
	沙道观	弥陀寺	藕池（管）	藕池（康）	沙道观	弥陀寺	藕池（管）	藕池（康）
1956~1966 年	0	35	17	213	—	4292	3925	13070
1967~1972 年	0	3	80	241	—	3470	4958	15950
1973~1980 年	71	70	145	258	4660	5180	7790	18350
1981~2002 年	171	155	167	248	8920	7676	8665	17390
2003~2005 年	204	152	194	260	9370	7570	9010	15800
2006 年	269	206	235	336	11000	7400	10100	13700
2007 年	213	155	199	261	11300	7650	9800	14200

表 8-9　三峡水库运行初期荆江三口分流比的变化

时段	枝城 /（m^3/s）	松滋口/（m^3/s）		太平口/（m^3/s）	藕池口/（m^3/s）		三口合计 /（m^3/s）	三口分流比 /%
		新江口	沙道观	弥陀寺	康家岗	管家铺		
1999~2002 年	4454.2	277.7	67.2	125.6	8.7	146.1	625.3	14.03
2003 年	4432.4	256.9	69.31	105.7	7.2	129.6	568.7	12.83
2004 年	4218.2	253.2	57.68	103.7	4.6	105.1	524.3	12.42
2005 年	4545.1	300.8	76.17	122.8	7.1	136.5	643.3	14.15
2006 年	3083.2	108.7	10.4	34.3	0.47	28.65	182.5	5.9
2007 年	4238.9	259.3	60.4	106.4	5.7	111.8	543.6	12.8

表 8-10　三峡水库运行初期荆江三口分沙比的变化

时段	枝城 /（m³/s）	松滋口/（m³/s）		太平口/（m³/s）	藕池口/（m³/s）		三口合计 /（m³/s）	三口分沙比 /%
		新江口	沙道观	弥陀寺	康家岗	管家铺		
1999～2002 年	34600	2280	570	1020	110	1690	5670	16.38
2003 年	13100	780	250	290	40	700	2060	15.73
2004 年	8040	578	167	196	22	480	1440	17.91
2005 年	11700	993	312	361	38	697	2401	20.52
2006 年	8324	250	46.8	113.2	96.0	143.2	649.2	7.9

3. 洞庭湖径流量和泥沙量不断减少

荆江三口分流比和分沙比的减小，必然会引起洞庭湖的水沙变化。据统计，三峡水库运行初期与运行前比较，洞庭湖的年入湖径流量减少 473 亿 m³，年入湖泥沙量减少 4202 万 t，年泥沙淤积量减少 3563 万 t。也就是说，三峡水库运行初期的几年间，湖南湘、资、沅、澧四水入湖径流量和泥沙量无明显变化，而荆江与洞庭湖的水沙关系却发生了新的调整变化，洞庭湖年均入湖径流量、输沙量、淤积量均有减少趋势，尤以淤积量的减少幅度为大，平均每年约减少 53.2 万 t（表 8-11），这显然是荆江和洞庭湖对三峡水库运行的水文响应。

表 8-11　三峡工程运行初期洞庭湖年平均径流量和泥沙量的变化

年份	入湖水量 /亿 m³	入湖沙量 /万 t	出湖沙量 /万 t	泥沙淤积量 /万 t	泥沙淤积率 /%
1981～1998	2719	11691	2950	8741	74.1
1999～2002	2813	6835	2025	4810	70.3
2003	2684	3236	1750	1486	45.9
2004	2329	2354	1430	924	39.3
2005	2415	3428	1590	1838	53.6
2006	1987	1647	879	768	46.6
2007	2285	2500	1280	1220	48.8

（三）水库群调水调沙对河道下游过洪能力的影响

在天然洪水减少情景下，利用水库群及区间来水进行调水调沙，在现状边界条件下使下游河床得到全线冲刷，扩大下游河道的泄洪能力，也将会产生明显的水文效应。据水利部黄河水利委员会水文局马骏等研究报道，2008 年汛前利用万家寨、三门峡、小浪底等水库群汛前限制水位以上的水量，成功地进行了一次黄河调水调沙生产运行。本次调水调沙各站的洪峰流量是历年调水调沙洪水的最大洪峰流量，下游各站洪峰流量均超过 4000m³/s，实现了黄河下游主槽的全线冲刷，进而扩大了下游河道的泄洪能力。黄河水库群的调水调沙，使黄河下游的水文过程产生了多方面的变化。

1. 水库群的蓄水量

2008 年 1～6 月，黄河流域未出现过大的降雨过程，干、支流也没有发生明显的洪水过程。黄河流域中上游地区兴建了许多水库，构成了水库群。据实测水文资料统计，尽管截至

2008 年 6 月 19 日 8 时，万家寨、三门峡、小浪底三水库的总蓄水量达 49.92 亿 m³（表 8-12），比 2007 年同期少蓄水 1.18 亿 m³，其中万家寨多蓄水 0.55 亿 m³，三门峡少蓄水 0.23 亿 m³，小浪底少蓄水 1.50 亿 m³，可以利用水量（汛前限制水位以上水量）只有 31.60 亿 m³，其中万家寨水库可利用蓄水 2.32 亿 m³，三门峡水库可利用蓄水 4.01 亿 m³，小浪底水库可利用蓄水 25.27 亿 m³。

表 8-12　黄河主要水库汛前限制水位以上蓄水量

水库	2008 年 6 月 19 日 8 时		汛前限制水位		汛前限制水位以上
	水位/m	蓄水量/亿 m³	水位/m	蓄水量/亿 m³	水量/亿 m³
万家寨	977.16	4.94	966	2.62	2.32
三门峡	317.62	4.38	305	0.37	4.01
小浪底	245.24	40.60	225	15.33	25.27
合计		49.92		18.32	31.60

2. 调水调沙期间黄河下游河段冲淤量的变化

依据各水文站的流量过程，选取过程起涨起落拐点，计算相应历时，并考虑区间加入清水的影响，来分析调水调沙期间黄河下游河段冲淤量的变化。

此次调水调沙期间，小浪底水库共下泄水量 41.36 亿 m³，同期伊洛河和沁河汇入黄河的水量为 0.42 亿 m³，花园口水文站实测径流量为 42.87 亿 m³，通过利津水文站的入海水量为 41.75 亿 m³。如考虑花园口-利津河段区间引水引沙的影响，花园口-利津河段水量基本处于平衡状态。

此次调水调沙期间，小浪底水库共下泄泥沙 0.4815 亿 t，花园口水文站实测输沙量为 0.4527 亿 t，通过利津水文站的入海水泥沙量为 0.6492 亿 t。黄河下游花园口-利津段河道总冲刷量为 0.1965 亿 t。其中花园口-夹河滩段有泥沙的淤积，淤积量为 790 亿 t。花园口以下河段均发生了冲刷，其中夹河滩-高村河段的冲刷量为 0.1408 亿 t，占下游冲刷总量的 71%，是本次冲刷量最大的河段；花园口-艾山河段的冲刷量为 0.1168 亿 t，占下游冲刷总量的 59%；艾山-利津河段的冲刷量 0.797 亿 t，占下游总冲刷量的 40%。

3. 调水调沙期间黄河下游含沙量的沿程变化

从洪水过程中平均含沙量的沿程变化，也可以从另一方面看出黄河下游河段的冲刷变化。由于最后水库异重流下泄的部分沙量暂时淤积在上段的宽河道中，所以调水调沙期间平均含沙量从小浪底的 11.64kg/m³ 到夹河滩的 8.97 kg/m³ 是沿程逐渐减小的，说明此段在整个过程中发生了淤积，需要由后续的洪水进一步向下冲刷。夹河滩水文站的平均含沙量为 8.97 kg/m³，之后沿程不断增加，其中利津水文站达 15.5 kg/m³，含沙量的沿程增加值达 6.58 kg/m³，可见冲刷效果十分明显。特别是历年过洪能力最小的高村-孙口的卡口河段，含沙量的沿程增加最快，说明该河段本次冲刷效果十分明显。另外，在天然情况下高含沙水流最容易出现"冲河南淤山东"的不利情况。而本次调水调沙期间，从含沙量增沿程的加值来看，黄河河南和山东河段均受到了冲刷。

4. 调水调沙期间黄河下游主槽泄洪能力的变化

与 2007 年同时段的水位-流量关系对比分析可知，2008 年调水调沙期间，黄河小浪底水库以下河段各水文站的水位-流量关系均有明显右移。从 $3000m^3/s$ 附近的水位差值来看，除了小浪底站变化不明显外，各站下降幅度均比较明显，在 $0.18\sim0.35m$ 变化，说明各个断面均发生了冲刷。与 2007 年同时段同水位下的流量对比分析可知，除了小浪底站流量增加幅度最小外，花园口、夹河滩及泺口水文站过洪能力都有 $500m^3/s$ 以上的增加，其余多为 $350\sim450m^3/s$，增加最少的艾山断面也达到了 $250m^3/s$。上述现象表明，多沙的黄河在天然洪水减少情况下，利用水库群调水调沙的过程来改变水沙搭配关系，协调冲淤关系，可在较大程度上提高河道下游主槽的泄洪能力。

第五节　人类活动水文效应的研究方法

人类活动水文效应定量分析的基本原理是建立在水循环一系列基本理论和方法之上的。目前国内外有关人类活动水文效应的研究方法主要有三类，即水量平衡法、对比分析法和流域水文模拟法。

一、水量平衡法

水量平衡法的基本原理是利用水量平衡方程，用于分析主要水文要素受人类活动影响后的差异和变化。多年平均状况下的流域水量平衡方程为

$$R_0=P_0-E_0 \tag{8-3}$$

式中，R_0、P_0 和 E_0 分别为流域多年平均径流量、降水量和蒸发量。

受人类活动影响后的降水 P'，径流深 R' 和流域蒸发 E' 仍然满足式（8-3），即

$$R'=P'-E' \tag{8-4}$$

一般情况下，人类活动对降水的影响较小，在水资源评价中，假定降水 P 不变，比较式（8-3）和式（8-4），则有

$$R_0-R'=E'-E_0 \tag{8-5}$$

要鉴别人类活动对径流的影响，可直接分析受人类活动影响后天然径流的变化，如在水资源评价中的调查还原法，其计算公式为

$$W_天 - W_实 = W_灌 + W_工 + W_{库蒸} + W_{库渗} \pm W_{库蓄} \pm W_{引水} \pm W_{分洪} \tag{8-6}$$

式中，$W_天$ 为天然水量；$W_实$ 为实测水量；$W_灌$ 为灌溉耗水量；$W_工$ 为工业耗水量；$W_{库蒸}$ 为水库水面蒸发量与相应的陆地地面蒸发量的差值；$W_{库渗}$ 为水库渗漏量；$W_{库蓄}$ 为水库蓄水量；$W_{引水}$ 为跨流域引水量；$W_{分洪}$ 为河道分洪水量。

该方法概念清晰，具有明确的物理意义，可逐项评价人类活动对径流的影响，而且还能与用水量分析有机地结合在一起。但是，该方法所需资料多，工作量大。因此，也可直接分析流域蒸发的变化，间接求得径流的变化。

二、对比分析法

对比分析法主要有两类具体方法。第一类方法，根据实验流域和代表流域所取得的资料，分析不同人类活动的水文效应，建立各类活动与水文要素变化（或影响水文要素变化的气象

或下垫面因素）之间的关系。例如，安徽省五道沟径流实验站对坡水区排水工程的径流、洪峰流量等的影响进行了实验观测与分析，提出了河网系数 φ 与洪峰流量 Q_m 的关系式，即

$$Q_m=0.137R^{0.5}\varphi^{0.6}F^{0.88} \tag{8-7}$$

式中，R 为净雨深；F 为流域面积；φ 为河网系数。根据式（8-7），就可估算出排水工程对洪峰流量的影响。另外，该实验站还提出了沟渠密度与地下水消退之间的关系及对潜水蒸发的影响等成果，为相似地区评价排水工程的水文效应提供了依据与方法。

第二类方法，将本站受人类活动影响前后的资料进行对比分析，一般采用趋势法和相关分析法两种方法。趋势法是利用本站实测资料系列的累积或差积曲线的趋势，来鉴别人类活动影响的显著性与量级。该法直观简单，应用方便，但使用该法时应注意气候条件变化的影响。相关分析法又包括本站资料相关分析和相似流域资料相关分析两种。本站相关分析即用受人类活动影响前的资料分析径流与其影响因素间的关系，常见的有降水径流相关及多元回归分析等。例如，山东省水文总站提出的年降水径流关系的形式为

$$R = K \cdot (P_{汛} \cdot f_{0.25} + P_{枯}^{0.75}) - C \tag{8-8}$$

式中，R 为年径流深；$P_{汛}$、$P_{枯}$ 分别为汛期与枯期降水量；f 为连续最大 15 天降水量与 $P_{汛}$ 的比值，即 $f=P_{15}/P_{汛}$；K、C 为经验系数。应用式（8-8），只要用未受人类活动影响或影响很小的资料率定参数，就可以用来推算受人类活动影响期间径流量的变化。相似流域分析是用本站受人类活动影响前的资料与参证流域同期资料进行相关分析，然后用参证流域的资料来推求本站的水文要素，从而鉴别人类活动的水文效应。这里要求参证流域的资料具有一致性，即未受人类活动的影响。

三、流域水文模拟法

流域水文模拟法是基于对水文现象的认识，分析其成因及其与各要素之间的关系，以数学方法建立一个模型，来模拟流域水文变化过程。该方法一方面用人类活动影响前或影响很小的资料率定模型中的参数，再对率定的参数进行检验，然后用率定的模型来推求自然状况下的径流过程，并与实测资料进行对比，以此来鉴别人类活动对径流的影响；另一方面，也可改变模型中反映下垫面条件变化较敏感的参数，逐年拟合受人类活动影响后的资料，并分析该参数的变化规律，用以预测未来的水文情势。

目前国内外应用的流域水文模型很多，我国使用较多的是超蓄产流模型和国外研究都市化或工业化水文效应的串并联模型。超蓄产流模型的原理是根据蓄满产流模型的概念，将蓄水容量曲线改为附图的形式，并根据超蓄产流的相关参数，建立关系式，研究人类活动改变直接产流面积的水文效应。应用该模型不仅可模拟自然状况下流域水文过程外，还可直接研究人类活动（增加或减少流域的水面及不透水面积）改变流域直接产流面积的水文效应及模拟人类活动（排水、开采地下水等），对流域地下水影响后的实际水文过程。

复习思考题

1.何为人类活动水文效应？研究人类活动水文效应有何重要意义？

2.简述土地利用/覆被变化的水文效应及亟待解决的科学问题。

3.水利工程运行对流域产流过程和河网汇流过程产生哪些影响？

4.定量评价水土保持工程对流域产流的水文效应。

5.试述我国城市化的洪水响应及对水资源安全的影响。

6.人类短视行为会对水文过程造成哪些影响?

7.试述并评价人类活动水文效应的研究方法。

8.试述"海绵城市"建设的水文效应。

9.运用定量方法预测三峡水库运行20年后对洞庭湖水文情势的影响。

10.试评述人类活动水文效应的研究动向。

主要参考文献

范荣生, 王大齐. 1996. 水资源水文学. 北京: 中国水利水电出版社.

高俊峰, 闻余华. 2002. 太湖流域土地利用变化对流域产水量的影响. 地理学报, 57(2): 194-200.

顾大辛, 谭炳卿. 1989. 人类活动的水文效应及研究方法. 水文, (5): 61-64.

郝芳华, 陈利群, 刘昌明, 等. 2004. 土地利用变化对产流和产沙的影响分析. 水土保持学报, 18(3): 5-8.

黄廷林, 马学尼. 2006. 水文学. 4 版. 北京: 中国建筑工业出版社.

黄锡荃. 水文学. 1985. 北京: 高等教育出版社.

李景保. 2005. 洞庭湖年径流泥沙的演变特征及其动因. 地理学报, 60(3): 503-510.

李景保, 秦建新, 王克林. 2004. 洞庭湖环境系统变化对水文情势的响应. 地理学报, 59(2): 239-248.

李景保, 谢炳庚. 2000. 论湖南水土流失对水旱致灾能力的放大效应. 水利学报, (8): 46-50.

马海波, 刘震. 2007. 城市化引起的水文效应. 黑龙江水专学报, 34(1): 98-100.

马骏, 李晓, 许珂艳. 2008. 2008 年黄河调水调沙效果分析. 水资源与水工程学报, 19(5): 87-89.

宋晓猛, 朱奎. 2008. 城市化对水文影响的研究. 水电能源科学, 26(4): 33-36.

万荣荣, 杨桂山, 李恒鹏. 2008. 流域土地利用/覆被变化的洪水响应——以太湖上西旁溪流域为例. 自然灾害学报, 17(3): 10-15.

张爱玲, 宫永伟, 印定坤, 等. 2018. 济南历阳河流域海绵城市建设的水文效应分析. 中国给水排水, 34(13): 135-138.

张升堂, 拜存有, 万三强, 等. 2004. 人类活动的水文效应研究综述. 水土保持研究, 11(3): 317-319.

第九章 水 文 区 划

第一节 水文区划概述

一、水文区划的概念

水文现象具有复杂的空间差异，在一定的区域内表现为空间分布的相似性和差异性。水文现象空间分布的相似性是指在一定的区域范围内水文现象所表现出的相似的特点；水文现象空间分布的差异性则是指不同区域之间水文现象所表现出的不同特点。区域水文特征的相似性和差异性，为分区研究水文现象的变化规律提供了可能。水文区划是指按照水文现象的相似性和差异性进行的地域分区。水文区划所划分的各个区域内有着相对一致的水文条件，各区域之间则存在着相对显著的水文条件差异。

水文区划的任务，是把一个大的区域划分成水文条件相对一致的若干个小的区域，各区之间有比较显著的差异。划分水文区域的目的，在于探讨区域内水文现象的形成、分布和变化规律及其制约因素，分析水文要素之间的内在联系。因此，水文区划是水文地理学研究的重要课题，可为认识水文规律、水资源合理开发利用、综合自然区划和其他部门区划、水文资料移用和水文站网规划与布设、国民经济工程项目建设等提供区域水文方面的科学依据。

二、中国水文区划研究的发展过程

我国分区进行水文现象研究的历史悠久，早在 2000 多年前，《尚书·禹贡》就将全国划分为九州，分别阐述了各州的水文特征。之后历朝各代编修的《地理志》和《地方志》，均有对区域水文特征的阐述和分析。中华人民共和国成立后，我国开始了具有现代科学意义的全国性水文区划，之后全国性和地方性的水文区划研究一直得以较快发展，取得了丰硕成果。

1954 年，中国科学院地理研究所《中华地理志》编辑部罗开富等拟定了中国第一个水文区划草案。这次全国水文区划以流域、水流形态、冰情及含沙量为指标，将全国划分为三级九区。第一级分区以内、外流域分水线为标准，将全国划分为外流区域和内流区域两个大区。第二级和第三级分区则根据各地具体情况，分别采用不同的标准。第二级分区，外流区以冬季河流结冰与否为标准，分为冰冻区和不冻区；内流区以水流形态为标准，分为西藏区和蒙新区。第三级分区，冰冻区内以含沙量大小为标准，不冻区内以相对流量为标准，西藏区内以潜水的形态为标准，蒙新区内以有无河流为标准。受到观测资料短缺的限制，这次全国水文区划虽然相对较为粗糙，但无疑是一个良好的开端。

从 1956 年开始，中国科学院自然区划工作委员会对全国水文区划进行了大规模的研究，于 1956 编写出《中国水文区划草案》，1959 年编写出《中国水文区划（初稿）》。这时我国的水文站网已经得到恢复和发展，但大多数测站的观测工作干刚刚开始，资料系列仍然很短。这次水文区划研究不仅对水文区划的方向、原则、指标等基本理论问题做了较为深入的探讨，而且对全国水量平衡、径流带和径流季节变化类型等基础性问题做了专题研究。这次以河流的水文特性和水利条件为指标，将全国划分为三级水文区域。第一级以径流深为指标，共划分为 13 个水文区；第二级以河水的季节变化为指标，共划分为 46 个水文地带；第三级以水利条件为指标，共划分为 89 个水文省。这次水文区划的成果基本上反映了全国水文区域的面貌，在科研、生产和教学等方面都曾起过积极作用。

1959 年全国水文区划方案发表以后，许多省区也相继开展了水文区划，如司锡明的河南省水文区划等，这不仅加深了对各省区水文规律的认识，也是对全国水文区划的补充。之后，全国和各省区的水文区划研究基本上处于停滞状态。直至 20 世纪 80 年代末以后，水文区划问题才重新受到一些学者的关注，熊怡、张静怡等开展了水文区划有关理论问题的研究，并且出现了一些省区和流域水文区划的成果，如黄河水利委员会的黄河流域和北方省区的水文区划、熊怡等的横断山区水文区划、陈异植等的福建省水文区划、杨建国等的甘肃公路水文区划、王钊等的广东省公路水文区划、张静等的江西省水文区划和福建省水文区划等。这一时期的水文区划研究的一个突出特点，就是在水文区域划分方法方面对新近出现的数学模型的应用，如主成分分析、人工神经网络、模糊聚类等模型。

20 世纪 90 年代初，中国科学院地理研究所专门成立了中国水文区划课题组。在大量实地科学考察和对全国历年水文观测资料统计、分析和编图的基础上，1995 年熊怡和张家桢等编写出版了《中国水文区划》。这次水文区划采用两级区划系统，第一级以径流量为主要指标，将全国划分为 11 个水文地区；第二级以径流的年内分配和水情差异为指标，划分为 56 个水文区。该水文区划方案较为科学和成熟，得到了广泛应用。但是该项成果仅对中国做了二级水文分区，难以完全满足水文站网中区域代表站评价与调整、无资料河流资料移用等工作的需要。

第二节　水文区划的理论与方法

一、水文区划的对象

水文区划的对象是陆地上的各种水体，如河流、湖泊、沼泽、冰川等，其中河流是陆地水体的最重要的组成部分。水文区划需要以大量的水文观测资料积累为基础。河流在陆地上的分布范围广泛，数量众多，并且拥有较多的观测站网，观测资料相对丰富。而其他水体仅分布于某些特定的区域内，具有很大的局限性。例如，现代冰川仅分布于雪线以上的高山地区或高纬地区；湖泊仅在湿润地区分布较为集中和广泛；沼泽仅分布于气候、土层结构等自然条件适宜的地区。而且这些水体的观测站网和观测资料也有限。因此，河流的水文资料便成为水文分区的重要基础，河流特征也就成为水文区划的主要依据。其他水体与河流有着密切的联系，它们的水文特征可以通过河流水情要素得以反映。例如，冰川融水的水文特征可以通过划分河流补给类型予以反映；湖泊和沼泽的水文特征可以通过区分河流径流量的时间变化特征予以反映。但是，在河流十分稀少、河流水文观测资料十分缺乏的地区，只能以其他水体作为水文区划的依据。例如，羌塘高原河流稀少而且短小，又无水文观测资料，而这里湖泊众多，就可以根据湖泊的密度、大小、水量、水化学性质等划分水文区域。

水文区划依据意义重大的是中小河流，原因是它们的数量多、分布广，并且集水面积相对较小，大多出于同一自然带内，其水情要素特征能够显著地反映所在区域的典型水文特征。

长大河流往往流经多个自然地带，其水情是多个自然地带水文特征的综合反映，并且沿程随着自然地带的更替会发生大的变化，难以作为某一区域水文特征的代表。由此可见，大河的水情不能反映某一区域的水文特征，中小河流的水情能够较好地反映其所在区域水文现象的相似性和差异性。因此，可以很好地起到水文区划依据作用的是中小河流。

二、水文区划的原则

（一）综合分析原则

区域水文现象特征既是区域内各种水文要素的综合反映，也是各种自然地理要素综合作用的结果。因此，在进行水文区划时，一方面要广泛分析各种动态的水文要素，如河流补给类型、水量平衡要素、径流年内分配、河流水文情势等；另一方面也要分析形成水文要素动态的各种自然地理因素，如流域内的地貌、气候、植被、土壤等的特征。这两方面因素是相互作用、相互影响、相互制约、紧密联系的，共同形成了区域水文特征及其差异。只有综合分析引起区域水文现象相似性和差异性的多方面因素，才能科学地认识区域水文规律，揭示区域水文规律的成因。

（二）相似性与差异性原则

进行水文区划的目的，就是揭示水文现象的地域分异规律。因此，在进行水文区划时，应充分考虑水文现象的区域相似性和差异性，这既是水文区划目的的要求，也是水文区划方法的体现。该原则要求进行水文区划时，以一种或几种水文特征值为指标，把水文特性和自然地理条件相似的地段连为一体，相异的地段区分开来。水文条件的相似性和差异性是相对的，在面积相对较大的区域内，各部分的自然条件不可能完全相同，因而区域内部的水文情况仍有一定差异。这些差异就是划分低一级区域的依据。由此可见，水文区域从高级单位到低级单位，其内部的相似性是逐级增大的，而差异性是逐级减小的。低级单位一方面具有高级单位的一般特点，另一方面又表现出局部差异。因此在区划中，尽量保持各分区内部特征的相对一致性，也就是要满足求大同存小异的要求。

（三）成因分析原则

同一水文现象在不同的自然条件下可能由不同的原因所引起，因此不能只求现象表面上的相似，还应该分析这些现象成因的一致性。在众多的区域水文影响因素中，应着重分析引起区域水文要素分异的基本因素气候和地貌，同时兼顾其他因素。只有这样，才能使划分的水文区域能够反映区域水文现象的本质及其与自然条件的联系。

（四）主导因素原则

这一原则要求进行水文区划时，要在遵循综合分析原则的前提下，寻求和筛选导致区域水文现象分异的主导因素，作为划分水文区域的主要依据。不同级别的水文区域内，形成水文现象的主导因素有所区别。高级别区域水文现象更多的是受宏观自然地理要素的作用而形成，而低级别区域水文现象则主要是受微观自然地理要素的作用而形成。在进行水文区划时，应充分考虑这一特点，合理选择不同级别水文区域的划分指标。

三、水文区划的系统与指标

水文区域是根据地区的气候、水文特征和自然地理条件而划分的，同一水文分区内具有相似的水文特征和变化规律。为了科学合理地划分水文区域，应选择合适的水文区域分级系统、具有相对独立性和灵敏性、能充分反映区域水文和自然地理条件特征、与区域水文特征具有一定成因联系、能表现水文区划目的的分区指标。不同的水文区划方法，会有不同的分区指标要求。为便于综合分析和计算，在选择区划指标时，应在满足水文区域划分的要求和不影响分区的科学性的前提下，尽量减少指标的数量。

由于水文区划对象和目的的差异，已有水文区划成果所选择的分区系统和指标不尽相同。在水文区划与分级系统方面，多采用2~4级分区；在水文指标方面，多采用自然地理和气候因素、径流补给源和季节分配、河流水情基本阶段、水量平衡要素的对比关系、正常径流量等。

四、水文区划的方法

区域划分的方法有很多，传统的方法有主导因素法、综合方法等。近些年来，随着一些数学方法的提出，越来越多的数学模型被用来作为区域划分的工具，如聚类分析法、模糊综合评判法、熵信息法、人工神经网络方法等。

（一）主导因素法

主导因素法是指结合研究区域的自然地理条件，选择对区域水文特征影响最大的关键性水文要素作为区域划分指标，对特定区域进行水文区划的方法。在用主导因素法进行水资源区划时，常常仅选用一个基本指标，其中以多年平均年径流深最为常用。如果水文区划是多级别的，同一级区域应采用同一指标进行划分。每一个区域单位都存在自己的水文现象分异主导因素，但反映这一主导因素的不仅仅是某一主导标志，而往往是一组相互联系的因素。这时应从中选择具有决定性意义的某一因素作为主导标志。当采用主导指标确定水文区域界线时，若不参考其他自然地理要素和指标对区界进行订正，所划出的区界可能存在较大的任意性，并且不能保证所划区域内部的相对一致性。因此，主导标志法并非只考虑某一主导指标而忽视其他因素，而是应同时考虑其他自然地理要素的影响。主导因素法实质上是综合性原则与主导因素原则相结合的体现，被视为效果很好的区划方法。

（二）综合法

综合法是指同时选择两个及其以上指标进行水文区域逐级划分的方法。在综合法中，所选用的区划指标不受基本指标和辅助指标的限制。利用综合法进行水资源区划的原则时，较高级的水文区域单元常以较概括的和较稳定的水文特征值作为基本指标，较低级的水文区域单元则常以较具体和较易改变的水文特征值作为基本指标。在各级分区中，均可选用若干辅助指标。

水文区划的综合法有单项要素区划图叠置法和地理相关分析法两种具体方法。部门区划图叠置法采用重叠各单项水文要素区划图的方式，来划分水文区域单位。把各部门区划图重叠之后，以相重合的网络界线或它们之间的平均位置，作为水文区域划分的初始界线，再根据其他自然地理要素的具体情况进行适当的修正，得到水文区域的划分界线。地理相关法是以所选择指标的观测数据为依据，分别计算各站点的相关系数，并按相关系数的大小进行合并归类，确定水文区域界线的方法。地理相关分析法被视为效果较好的水文区划方法之一，运用较为广泛。如果将其与叠置法相结合，会得到更好的效果。

（三）聚类分析法

聚类分析是一种按一定要求对研究对象进行客观分类的数学方法，广泛应用于许多类型划分领域。许多研究问题涉及分类，如从时间上分类、从地域上分类、从形态上分类、从性质成因上分类等，其中某些分类可以应用聚类分析方法。

人们曾用聚类分析中的逐级归并法（逐次形成法）进行水文区划。在特定区域内，选择资料质量好、面上分布均匀的若干代表站；根据选定区划指标的逐年实测资料系列，各站两两组合计算相关系数；然后采用逐次形成法进行联结合群；反复进行直到所选代表站都已合群完为止。这时，大于或等于一定置信水平的相关系数临界值的群，即可作为水资源区划的依据。

聚类分析实际上是对空间点进行相似分析，将相似程度相近的归并为一类。以什么标准来衡量任意两个空间点的相似程度，是聚类分析首先要解决的问题。衡量任意两个空间点相似程度的标准有多种，但最常用的有两个，即相关系数和相关距离系数。

如果对有 p 个空间点的要素场，分别抽取 n 个时间点的样本资料，那么第 k 个与第 l 个空间点之间的相似程度可用相关系数 r_{kl} 来表示，其计算公式为

$$r_{kl} = \frac{\sum_{i=1}^{n}(x_{ki} - \overline{x}_k)(x_{li} - \overline{x}_l)}{\sqrt{\sum_{i=1}^{n}(x_{ki} - \overline{x}_k)^2 \sum_{i=1}^{n}(x_{li} - \overline{x}_l)^2}} \tag{9-1}$$

式中：i 为时间序列的年号；k，l 为空间点序号；x_{ki}，x_{li} 分别为 k 点和 l 点某水文要素的逐年数值；$\overline{x}_k$，$\overline{x}_l$ 分别为 k 点和 l 点的多年平均数值。相关系数 r_{kl} 变化于 $-1 \sim 1$，数值越大，两空间点越相似，$r_{kl} = 1$ 表示完全相似，$r_{kl} = -1$ 表示完全不相似。按照最相似到最不相似的次序进行合群归并，可进行一次聚类和逐次聚类。一次聚类较为简单，逐次聚类则工作量较大，因为它在合群的基础上需重新计算相关系数，以便再次归并。

相关距离系数是由相关系数演变而成的。可以把相关系数 r_{kl} 看作第 k 个和第 l 个距平变量在 n 维空间中的两个向量的夹角余弦，即 $\cos\theta_{kl} = r_{kl}$，其中 θ_{kl} 为两个向量间的夹角，则有

$$\cos\theta_{kl} = \arccos r_{kl} \tag{9-2}$$

用 θ_{kl} 衡量两个空间点之间的相似程度具有距离性质。θ_{kl} 数值变化于 $0 \sim \pi$（用弧度表示），距离为 0 表示完全相似，距离为 π 表示完全不相似。由于距离是可加的，所以可以求出空间点之间的距离之和及平均距离，以判别其相似程度。相关系数则没有这种性质，因为对变量间的相关系数进行相加计算或求取平均值均无任何物理意义。利用相关距离系数可进行空间点之间平均距离的比较，并按照距离最小到距离最大的顺序进行逐级归并。

第三节　中国水文区划

熊怡等于 1995 完成的《中国水文区划》，是目前我国最为完善的水文区划方案，影响广泛。该水文区划采用二级区划系统：第一级称水文地区，概括性地揭示我国水量的地域差异；第二级称水文区，着重解释区域水量的年内分配和水情差异。下面对该中国水文区划方案作以简单介绍。

一、水文地区的划分

（一）水文地区的划分指标

随着我国工、农业和城市建设的飞速发展，各地区和各行业对水的需求量日益增加。在水资源短缺的北方地区，水资源已经成为社会和经济发展的限制性因素。水文区划首先应充分反映我国水资源量的地区分布特点，以满足国民经济和社会发展的需要。径流量的丰枯各年虽有不同，但多年平均流量是个相对比较稳定的特征值，可以根据其大小来判断一个地区水量的多少，并且其具有明显的地带性分布规律，因此可以作为划分水文地区的主要指标。为了增强区域水量多少的可比性，在划分水文地区时以多年平均径流深为具体指标。

在一级区域中，除以径流量为主要指标外，还以河流的补给类型、年径流量与年蒸发量的比值（表示区域水分支出在水量平衡中的优势程度）、干燥指数等为参证指标。

划分一级区域时，虽以径流量为主要指标，但是在确定区域边界时，不可完全依从径流深等值线，必须参照附近显著的地面现象（山脉、河流等），根据实际情况加以修正。如果造成相邻区域间水文现象差异的主导因素是地貌或气候，那么区域界线就应该以地形界线或气候要素等值线来划定。

（二）水文地区的命名

一级区域命名由三部分组成，即地理位置、温度带和径流带，如秦巴大别北亚热带多水地区、东南亚热带丰水地区、内蒙古中温带少水地区等。

分区命名除了可以反映地理位置和水量外，还可以通过温度带反映一定的水文特征。每个温度带的河流都有其特有的补给类型和与之相对应的水文情势。寒带和温带的河流有融水和雨水补给，具有由融水（或有雨水的加入）形成的汛水和由雨水形成的洪水，冬季结冰。亚热带和热带的河流只有由雨水形成的洪水，冬季不结冰。此外，这种命名还可以与综合自然区划、气候区划的命名相对应。

二、水文区的划分

（一）水文区的划分指标

划分水文区的主要指标是径流的年内分配和径流动态。选取此类主要指标的原因在于，全面评价河流的利用价值仅考虑径流量是不够的，还需要了解河流的来水过程与需水过程的配合情况及自然条件。

径流年内分配的表示方法很多，如各月、各季、汛期、连续最大 4 个月、最大水月、最小水月的径流量占年径流量的百分数，径流年内分配系数等。该区划应用模糊数学方法，从众多的指标中选择合适的分区指标，并确定与之相适应的相似性统计量。

径流年内动态的表达指标采用的是逐日流量过程线分析来确定的。流量过程线能够直观反映许多重要水文现象，如洪水和枯水状况、最大流量和最小流量出现时间、汛期起讫时间、河流封冻和解冻日期等。根据流量过程线的相似性与差异性，就可以比较准确地划分出水文区的边界。为此，要绘制大量的流量过程线。一般情况下，应选择能够代表每个水文站正常情况的年份作为典型。选择典型年的原则是：①概念年平均流量和最大流量都接近多年平均值；②汛期、最大水月和最大流量出现时间与大多数年份的情况相同。

根据典型年流量过程线所划出的水文区界线可以代表平均状况，而在水量不同的年份，区域界线可能有少许变动。流量过程线分析表明，相邻水文区之间的水情差异较小，而相距较远水文区的水情差异较大。

（二）水文区的命名

水文区根据不同的情况，采用不同的命名方法。①当水文区位于某一著名河流流域内时，则以该河流的名称命名，如长江河源水文区、黄河上游水文区、雅鲁藏布江中游水文区等。②若水文区跨越数个河流流域，则可采用联合名称，如三江（金沙江、澜沧江和怒江）上游水文区、印度河与雅鲁藏布江上游水文区等。③源于西北山地的河流绝大多数都单独流入盆地，缺乏统一的大水系，难以用河流名称命名，一般采用山地名称命名，如阿尔泰水文区、天山水文区等。④若某一盆地、平原或高原可自成独立的水文区，则以该盆地、平原或高原的名称命名，如四川盆地水文区、三江平原水文区、帕米尔高原水文区等。⑤若水文区位于某省区的某一部分，则以省区名称和方位命名，如滇西南水文区、浙闽粤沿海水文区等。

三、中国水文区域的划分

全国共划分为11个水文地区，其中 I～VI 地区位于东部湿润、半湿润季风区，VII～IX 地区位于西北半干旱、干旱区，X 和 XI 地区位于青藏高寒区；56 个水文区，每个水文区都有自己所特有的径流年内分配和水情特征。

水文地区的分布具有一定的规律：①温带地区径流量由东向西递减的现象十分明显，东北为多水及平水地区，向西到内蒙古为少水地区，再向西到西北盆地地区为干涸地区。西北山地地区由北、西和南三面包围着西北盆地地区，西北山地地区的径流量比西北盆地地区多，为少水及平水地区。这一规律既反映了与海洋距离对降水的影响，也反映出地形对降水的影响。②位于北亚热带的秦巴大别地区具有南北过渡地带的性质，其以北各地区，除东北有一部分为多水地区外，多为平水、少水和干涸地区；以南各地区均为多水地区或丰水地区。③位于亚热带、热带的四个地区径流量分布与温带的不同之处，在于从东西两个方向向中部递减。以西南多水地区为中心，其以东为东南丰水地区，以西为滇西、藏东南丰水地区。

中国水文区划的具体水文区域划分结果如下。

东北寒温带、中温带多水、平水地区 I：大兴安岭北部水文区 I_1，大兴安岭中部水文区 I_2，小兴安岭水文区 I_3，长白山西侧低山丘陵水文区 I_4，长白山东侧水文区 I_5，三江平原水文区 I_6。

华北暖温带平水、少水地区 II：辽东半岛与山东半岛水文区 II_1，辽河下游平原与海河平

原水文区 II_2，淮北平原水文区 II_3，冀晋山地水文区 II_4，黄土高原水文区 II_5。

秦巴大别北亚热带多水地区III：秦岭、大巴水文区 III_1，桐柏、大别水文区 III_2，长江中 III_3、下游平原水文区 III_4。

东南亚热带丰水地区IV：湘、赣、浙西水文区 IV_1，武夷、南岭山地水文区 IV_2，浙闽粤沿海水文区 IV_3，钦州、雷州半岛水文区 IV_4，海南岛水文区 IV_5，台湾水文区 IV_6。

西南亚热带、热带多水地区 V：湘、鄂西山地水文区 V_1，川东、黔北水文区 V_2，四川盆地水文区 V_3，滇东、滇中高原水文区 V_4，黔西、桂西水文区 V_5。

滇西、藏东南亚热带、热带丰水地区VI：藏东南、滇西北水文区 VI_1，滇西南水文区 VI_2。

内蒙古中温带少水地区VII：松辽平原水文区 VII_1，大兴安岭南部山地水文区 VII_2，内蒙古高原水文区 VII_3，阴山、鄂尔多斯高原水文区 VII_4。

西北山地中温带、亚寒带平水、少水地区VIII：阿尔泰山水文区 VIII_1，准格尔西部山地水文区 VIII_2，天山水文区 VIII_3，伊犁水文区 VIII_4，帕米尔高原水文区 VIII_5，昆仑山西部水文区 VIII_6，昆仑山东部水文区 VIII_7，祁连山水文区 VIII_8。

西北盆地温带、暖温带干涸地区IX：准格尔盆地水文区 IX_1，吐鲁番、哈密盆地水文区 IX_2，塔里木盆地水文区 IX_3，河西、阿拉善水文区 IX_4，噶顺戈壁与北山戈壁水文区 IX_5，柴达木盆地水文区 IX_6。

青藏高原东部和西南部温带平水地区 X：长江河源水文区 X_1，黄河上游水文区 X_2，三江上游水文区 X_3，川西东部边缘山地水文区 X_4，藏东、川西西部水文区 X_5，念青唐古拉山东段南翼水文区 X_6，雅鲁藏布江中游水文区 X_7，印度河上游与雅鲁藏布江上游水文区 X_8。

羌塘高原亚寒带、寒带少水地区XI：南羌塘水文区 XI_1，北羌塘水文区 XI_2。

复习思考题

1.试述水文区划的概念和任务。

2.水文区划应遵循哪些基本原则?

3.试述水文区划的系统和指标。

4.试述水文区划的主要方法。

5.试述熊怡等的《中国水文区划》的主要内容。

主要参考文献

陈异植, 庄希澄.1990. 福建省水文区划. 水文, (3): 17-21.

李倩, 荆丹.1999. 河南省水文区域的划分. 人民黄河, 21(8): 31-32.

罗开富, 李涛.1956. 中国水文区划草案. 北京: 科学出版社.

王钊, 袁万杰, 方伟振.2009. 广东省公路水文区划研究. 公路, (4): 66-69.

熊怡.1990. 关于中国水文区划理论问题的探讨. 地理集刊(第 21 号, 自然区划方法论). 北京: 科学出版社.

熊怡, 李秀云, 王玉枝, 等.1989. 横断山区水文区划. 山地研究, 7(1): 29-37.

熊怡, 张家桢, 等.1995. 中国水文区划. 北京: 科学出版社.

杨建国, 谢永利, 张小荣, 等.2008. 甘肃公路水文区划方法与实践. 河北工业大学学报, 37(6): 105-107.

张静怡, 何惠, 陆桂华.2006. 水文区划问题研究. 水利水电技术, 37(1): 48-52.

中国科学院自然区划工作委员会.1959. 中国水文区划(初稿). 北京: 科学出版社.